Lang

Personalmanagement 4.0

Personalmanagement 4.0

Strategien und Konzepte zur aktiven Gestaltung der Arbeitswelt von morgen

Hon.Prof.(FH) Mag. Karl Lang
Senior HR Director

3. Auflage

Linde
international

Zitiervorschlag: *Lang*, Personalmanagement 4.0^{3} (2023) Seite

Bibliografische Information der Deutschen Nationalbibliothek

Die Deutsche Nationalbibliothek verzeichnet diese Publikation in der Deutschen Nationalbibliografie; detaillierte bibliografische Daten sind im Internet über http://dnb.d-nb.de abrufbar.

Hinweis: Aus Gründen der leichteren Lesbarkeit wird auf eine geschlechtsspezifische Differenzierung verzichtet. Entsprechende Begriffe gelten im Sinne der Gleichbehandlung für alle Geschlechter.

ISBN 978-3-7143-0385-8 (Print)
ISBN 978-3-7094-1294-7 (E-Book-PDF)
ISBN 978-3-7094-1295-4 (E-Book-ePub)

1210 Wien, Scheydgasse 24, Tel.: 01/24 630
www.lindeverlag.at

Druck: Hans Jentzsch & Co GmbH
1210 Wien, Scheydgasse 31
Dieses Buch wurde in Österreich hergestellt.

Gedruckt nach der Richtlinie des Österreichischen Umweltzeichens „Druckerzeugnisse", Druckerei Hans Jentzsch & Co GmbH, UW-Nr. 790

Vorwort zur 3. Auflage

„Failure is success in progress. You never fail until you stop trying."

Albert Einstein (1879–1955), theoretischer Physiker

Die tiefgreifenden Veränderungen der letzten Jahre haben viele Bereiche des Lebens völlig auf den Kopf gestellt. Pandemie, geopolitische Krisen, der demografische Wandel und ökonomische Verwerfungen lösten in der Arbeitswelt einen Paradigmenwechsel aus, den sich in diesem Ausmaß vor geraumer Zeit noch keiner hätte vorstellen können. Seit dieser Zeitenwende sprechen wir von der neuen Normalität und dem neuen Arbeiten, da Führung und Zusammenarbeit in der Wirtschaft und in zahlreichen Organisationen nun anders funktionieren.

Leben im Metaverse und die digitale Transformation bestimmen unseren hybriden Arbeitsalltag, der von einer gestiegenen Taktzahl und dem Drang nach mehr Flexibilität geprägt ist. Nicht wie lange und wo wir arbeiten, sind primäre Kennzeichen des Leistungserfolgs, sondern vielmehr, was nach all den Anstrengungen herauskommt und schlussendlich als Ergebnis vorliegt. Dies wirft auch ein neues Licht auf die derzeit geltende und branchenmäßig abhängige Wochenarbeitszeit, deren Auswirkung auf die Produktivität je nach Sichtweise unterschiedlich diskutiert wird. Einführung der Vier-Tage-Woche durch Konzentration der Wochenstunden auf weniger Arbeitstage oder generelle Reduktion der Arbeitszeit bei vollem Lohnausgleich – für beides gibt es Argumente, die dafür oder dagegen sprechen. Dieser Diskussionsprozess ist noch nicht abgeschlossen, weswegen die Zukunft zeigen wird, worauf es letztlich hinausläuft oder ob doch alles beim Alten bleibt.

Gleichzeitig rückt im Vergleich zu früher die Sinnfrage viel stärker in den Vordergrund, denn die wenigsten wollen sich mit stupiden Aufgaben langweilen. Stattdessen streben sie mit ihrem Tun danach, einen wertschöpfenden Beitrag zu einem übergeordneten Unternehmenszweck zu liefern. Letzterer muss sich jedoch viel häufiger als bisher mit ihren Wertvorstellungen decken, insbesondere wenn er beispielsweise omnipräsente Fragen des Klimaschutzes, der ressourcenschonenden Nutzung unserer Lebensgrundlagen oder der Diversität in unserer Gesellschaft in der einen oder anderen Form tangiert. Hier erkennt man schon jetzt, dass die heranwachsenden Generationen weniger kompromissbereit sind als die vorherigen.

Zugegeben – eine breite Palette von Umbrüchen und daraus resultierenden Themenstellungen, mit denen sich Führungskräfte und Personalverantwortliche mehr und mehr konfrontiert sehen. An ihnen wird es in den Unternehmen und Organisationen liegen, passende Antworten gemeinsam mit ihren Mitarbeitern zu finden und nicht die Hände in den Schoß zu legen, um auf die perfekte Lösung zu warten. Nicht in allen Köpfen hat sich eine solche Einsicht bereits durchgesetzt, aber über kurz oder lang werden auch die bewahrenden Kräfte des Bisherigen erkennen müssen, dass sie ohne Umdenken am Markt ziemlich schnell ins Hintertreffen geraten und final auf die Verliererseite katapultiert werden.

Exakt deswegen ist es höchst an der Zeit, sich mit der Arbeitswelt von morgen auseinanderzusetzen, um zukunftsfähige Konzepte und Methoden für die eigene Organisation zu entwickeln. Neue Zugänge und innovative Ansätze sind gefragt, die das Zusammenleben in Wirtschaft und Gesellschaft sowie das Kooperieren im beruflichen Kontext mitunter revolutionieren. Am Ende wird nur der echte Game-Changer in seinem Metier obsiegen.

Die nun vorliegende Auflage greift die aktuellen Trends auf, thematisiert deren Konsequenzen auf essenzielle Bereiche des Personalmanagements und liefert in bewährter Manier Impulse für konkrete Lösungsansätze zur Transformation der betrieblichen Personal- und Führungspraxis. „Personalmanagement 4.0“ beleuchtet überdies jene Themen unserer Zeit, die die Fach- und Unternehmenswelt beschäftigen, wie etwa neue Formen der Vergütung, Konsequenzen des Arbeitens im Homeoffice und kreative Wege bei der künftigen Mitarbeiterentwicklung. Es wurden neue Kapitel eingefügt, bisherige vollständig überarbeitet und zugleich auf den neuesten Stand gebracht. Alle sind wie gewohnt nach personalwirtschaftlichen Stichworten alphabetisch geordnet und können somit in bedarfsgerechter Reihenfolge durchgearbeitet werden. Außerdem hebt der Zusatz „4.0“ vor allem jene hervor, die besonders für die neue Normalität stehen.

Wien, im September 2023 *Hon.Prof.(FH) Mag. Karl Lang*

Vorwort zur 2. Auflage

„Der Schlüssel zum Wandel liegt darin, all seine Energie zu fokussieren, nicht darauf, das Alte zu bekämpfen, sondern darauf, Neues zu erschaffen."

Sokrates (469 v. Chr. – 399 v. Chr.), griechischer Philosoph

Ist das Personalmanagement fit für das digitale Zeitalter und die damit verbundenen Umbrüche? Für manche ist diese Fragestellung zum jetzigen Zeitpunkt nicht eindeutig zu beantworten, da für sie noch unklar zu sein scheint, welche Herausforderungen aufgrund dieser Entwicklungen konkret zu meistern sind. Nicht nur die überall intensiv diskutierte Digitalisierung mit ihren neuen Geschäftsmodellen und die sich etablierenden Formen der geänderten Arbeitsorganisation mit neuen Berufen und Rollenbildern erfordern neue Ansätze im Personalmanagement, die auf die zukünftigen Anforderungen in der betrieblichen Führungsarbeit adäquat eingehen sowie generell die Zusammenarbeit in Unternehmen auf neue Beine stellen. Auch die sich verstärkende Globalisierung, die noch offenen Fragen zum demografischen Wandel und der Eintritt neuer Generationen in die Arbeitswelt halten das Personalmanagement weiterhin auf Trab. Darüber hinaus trägt die zunehmende Vernetzung zu einer immer rascher um sich greifenden Dynamik der Märkte bei, weswegen es kaum mehr längerer Planungszyklen bedarf. Organisationen müssen mit dieser Komplexität umgehen lernen und ihre Strukturen mehrheitlich flexibilisieren. Bisher bewährte Regeln haben ausgedient und wer sich zukünftig behaupten will, muss diese Themen gänzlich neu denken.

Es bleibt somit spannend und bietet gleichzeitig auch die Gelegenheit, das Personalmanagement als Treiber dieser Transformation und Gestalter des digitalen Wandels entsprechend zu positionieren. Die dafür Verantwortlichen sind gefragter denn je und viele sind sich dessen schon bewusst. Sie arbeiten beharrlich an ihrem „Standing" und nehmen diese Herausforderungen bereits aktiv an. Andere, die Personalmanagement noch immer als Selbstzweck – entrückt von den Geschäftsanforderungen – betreiben oder im bisherigen, meist an Prozessen orientierten Tun verharren, werden über kurz oder lang ihre Daseinsberechtigung verlieren. Und dies mit ziemlicher Sicherheit und zu Recht. Das Bild einer „heilen" Unternehmenswelt bekommt immer mehr Risse und lässt sich so nicht mehr länger aufrechterhalten.

Es war daher höchst an der Zeit, in einer weiteren Auflage diese Trends zu beleuchten und die teilweise tiefgreifenden Veränderungen aufzuzeigen, denn diese können nicht ohne Folgen auf das Personalmanagement bleiben. Welche Arbeitswelt werden wir und unsere nachfolgenden Generationen morgen vorfinden? Wie gut müssen wir dafür gerüstet sein und über welche Kompetenzen müssen wir verfügen? Wie werden wir in Zukunft lernen und was bedeutet dies für den Aus- und Weiterbildungsbereich? Wird Führung im Kontext der Digitalisierung aussterben oder müssen auch hierfür neue Zugänge gefunden werden? Wie entsteht zukünftig Produktivität und wer trifft Entscheidungen? Für all diese Fragen liefert „Personalmanagement 4.0" erste Antworten, welche speziell auf diese Themen eingehen und darüber hinaus auch die ersten Erfahrungen aus der Praxis gepaart mit dem aktuellen Forschungsstand zusammenfassen. Sie beinhalten jedoch nicht nur Denkanstöße, sondern geben zusätzlich klare Handlungsempfehlungen für die Umsetzung.

Neben der Aufnahme von vier neuen Kapiteln wurden auch alle bisherigen komplett überarbeitet und aktualisiert. An der bewährten Grundstruktur wurde jedoch festgehalten. Die Kapitel sind alphabetisch geordnet und inhaltlich soweit abgerundet, um dem Leser ein themenspezifisches Aufarbeiten ohne Umschweife zu ermöglichen. Somit kann jedes Kapitel ohne Einhaltung einer bestimmten Reihenfolge je nach Brisanz und individueller Praxiserfordernis ausgewählt werden. Auch die Zielgruppe entspricht jener, die bereits mit der ersten Auflage adressiert wurde.

Wien, im November 2018 *Mag. Karl Lang*

Vorwort zur 1. Auflage

„Gehe so mit deinen Untergebenen um, wie du willst, dass ein Höherer mit dir umgehen möge."

Lucius Annaeus Seneca (ca. 4 v. Chr. – 65 n. Chr.), römischer Politiker, Rhetor, Philosoph und Schriftsteller

Personalmanagement 3.0 erfordert ein neues Denken in Personal- und Führungsfragen. Die schöne heile Welt, in der sich zusätzlich zu den Personalverrechnern[1] einige HR-Manager mit den schöngeistigen HR-Themen zur Entwicklung und Förderung von Mitarbeitern beschäftigt – wenn nicht sogar selbstverwirklicht – haben, ist längst vorbei. Veränderungen in Wirtschaft, Politik und Gesellschaft erfordern ein neues Selbstverständnis des Personalmanagements, das sich nicht auf die reine Themenverantwortung für HR-Prozesse und deren Abwicklung zurückzieht, sondern vielmehr gezielt auf die strategische Unternehmenssteuerung Einfluss nimmt. Dies verlangt nach einem neuen Typus – nämlich nach einem HR-Manager, der die Entscheidungsträger als Partner mit seinem unternehmerischen Weitblick für die Belange des Personalmanagements sensibilisiert und so einen nachhaltigen Wertschöpfungsbeitrag zur Erreichung der Geschäftsstrategien liefert.

Mit dem Business auf gleicher Augenhöhe zu agieren, ist jedoch leichter gesagt als getan, denn erfahrungsgemäß besteht die Personalarbeit oftmals aus dem Bohren dicker Bretter. Führungskräfte lassen sich bei Personalfragen nicht gerne dreinreden, wird hier als Gegenargument gerne ins Treffen geführt. Gerade dann erscheint es umso wichtiger, deren Wahrnehmung zurechtzurücken und als HR-Manager dafür zu sorgen, dass das Personalmanagement jenen Stellenwert erhält, den es verdient. Will man sich als HR-Manager, der nur mal bei einzelnen Führungsfragen oder arbeitsrechtlichen Themen punktuell kontaktiert wird, nicht auf die reine „Angebotsfunktion" reduzieren lassen, ist es stets notwendig, die konkreten – am besten auch messbaren – Beiträge im Hinblick auf die strategische Geschäftsausrichtung aufzuzeigen und sich so als gleichberechtigtes Mitglied am Tisch der Entscheidungsträger zu positionieren. Schließlich geht es darum, einen permanenten Austausch zwischen Business und Personalmanagement zu gewährleisten, der idealerweise dazu führt, dass Führungskräfte die HR-Manager vertrauensvoll und selbstredend in ihre Entscheidungen laufend einbeziehen und diese darüber hinaus auf Basis der HR-strategischen Inputs auch umsetzen. Hat man dies in den Chefetagen verankert, so muss man sich um das Personalmanagement keine Sorgen mehr machen, sondern kann sich vielmehr als Vordenker zur Gestaltung der Arbeit von morgen profilieren.

Klar, wie jedes Fachgebiet hat auch das Personalmanagement eine eigene Sprache, die ein HR-Manager sowohl für Mitarbeiter als auch für Führungskräfte transformieren muss, um nicht als abgehoben und fern jeglicher Praxis zu gelten. Demografiesensible Personalpolitik, Diversity Management, Entwicklung von Talenten, Kompetenzmanagement, Mentoring, Shared Services – alles in allem Themen, die heute für das Überleben eines

1 Gemeint sind stets Personengruppen beiderlei Geschlechts. Zugunsten der Einfachheit und Lesbarkeit wird nur auf die männliche Form zurückgegriffen.

Unternehmens erfolgskritisch, aber auch beim ersten Mal hören nicht sofort selbsterklärend sind. Daher ist es primäres Anliegen des vorliegenden Buches (welches ausgelöst durch den Erfolg eines früheren Werks des Autors entstanden ist), Führungskräften und im Personalmanagement tätigen Mitarbeitern, offene Fragen zum Fachgebiet zu beantworten, für ihre eigenen Überlegungen erfahrungsbasierte Denkanstöße zu liefern sowie gleichzeitig erprobte Umsetzungskonzepte aus der aktuellen Führungspraxis an die Hand zu geben, die eine zielgerichtete Realisierung der Personal- im Hinblick auf die Geschäftsstrategien ermöglichen. Das Begleiten und auch Initiieren von Veränderungen, das Binden von Leistungs- und Potenzialträgern an das Unternehmen sowie das Gestalten einer arbeitsteiligen Personalarbeit (insbesondere im Bereich der Administration) stehen dabei im Fokus, um dem permanenten Wandel adäquat zu begegnen und eine bewegliche Organisation zu formen, die auch bei Gegenwind erfolgreich agiert und sich nicht durch Widerstände an den Rand des wirtschaftlichen Abgrunds drängen lässt. Gerade dafür ist ein strategisch ausgerichtetes Personalmanagement notwendig, das nicht nur die eigenen Prozesse auf seinem Radar hat, sondern da und dort auch mal über den Tellerrand blickt und Innovationen entsprechend zum Durchbruch verhilft. Dies geschieht, in dem es zusätzlich zur wertschöpfenden Positionierung im Unternehmen Rahmenbedingungen schafft, welche zu den dafür erforderlichen Verhaltensänderungen und geänderten Werthaltungen bei den Mitarbeitern im Sinne einer Weiterentwicklung der Organisation führen.

Zahlreiche Abbildungen veranschaulichen die jeweiligen Ausführungen, um den individuellen Nutzen des Lesers zu erhöhen. Die 22 Themenfelder sind alphabetisch geordnet und bieten so die Möglichkeit, daraus Ideen für die Gestaltung der eigenen Personalarbeit zu entnehmen sowie noch nicht bekannte Begriffe für die tägliche Arbeitspraxis nachzuschlagen, um der eingangs erwähnten Richtungsänderung im Personalmanagement nachzukommen. Die einzelnen Kapitel sind in sich abgeschlossen, sodass das Buch nicht zwangsläufig von vorne nach hinten durchgearbeitet werden muss. Je nach Bedarf und Interesse kann jedes Kapitel für sich betrachtet werden.

Zur Zielgruppe zählen sowohl HR-Manager, die ihre strategische Steuerungsfunktion ernst nehmen und bei Entscheidungen in ihrer Organisation mitreden wollen sowie die sich als Gestalter und Promotoren ihres Fachgebiets im obigen Sinne verstehen, als auch Führungskräfte, die sich gegenwärtig und zukünftig mit strategierelevanten Fragen des Personalmanagements auseinandersetzen müssen. Darüber hinaus finden facheinschlägige Trainer und Berater eine kompakte Zusammenfassung jener Themen, die für ihre Dienstleistungen von Bedeutung sind. Schlussendlich ist das Buch auch für all jene gedacht, die am Fachgebiet interessiert sind oder dieses studieren und sich immer wieder mit aktuellen Konzepten sowie Begrifflichkeiten des Personalmanagements konfrontiert sehen, die noch Neuland für sie darstellen.

Wien, im September 2014 *Mag. Karl Lang*

Inhaltsverzeichnis

Abbildungsverzeichnis

1. Arbeiten 4.0 – Leben in der neuen Normalität

1.1. Einführung

Kein Fachtagung, keine berufsbezogene Debatte, keine Wirtschaftszeitschrift – kein Format, das nicht die neue Normalität („*New Normal*") und die Digitalisierung thematisiert. Unser Leben wird sich hinkünftig in einem digitalen Umfeld und vorwiegend im Metaverse[1] abspielen, meinen die einen. Daran führt aus ihrer Sicht kaum ein Weg vorbei. Andere sehen die dadurch vermeintlich ausgelösten Umbrüche weniger dramatisch und konstatieren nur einen wenig nachvollziehbaren Hype, der angeblich die „vierte industrielle Revolution" in Erscheinungsform der digitalen Transformation losgetreten hat.

Aber was steckt tatsächlich dahinter? Was bringt die Industrie 4.0 und welche Auswirkungen auf die Arbeitswelt ergeben sich dadurch? Werden in Zukunft nur mehr Roboter unsere Arbeit erledigen und so unsere Beschäftigung gefährden? Kann mit Erwerbsarbeit zukünftig noch der eigene Lebensunterhalt bestritten werden? Oder zählen nur mehr das Kapital und der optimierte Einsatz von Maschinen? Eine Menge von Fragen, die nicht nur Wirtschaftsfachleute, sondern auch Sozialwissenschaftler beschäftigen, denn diese bereits eingeleiteten Veränderungen sind sicherlich nicht zuletzt auch Auslöser dafür, die sozialpolitische Ausrichtung einer Gesellschaft ebenso zu überdenken. Die digitale Transformation ist unbestritten zugleich auch eine soziale. Folglich lohnt es sich, die Konsequenzen genauer unter die Lupe zu nehmen, denn eines ist klar: Die Wirtschaft wird zunehmend volatiler und damit auch die Arbeitswelt. Diese Instabilität bestimmt die neue Normalität. Das erleben wir tagtäglich, wenn wir den (sozialen) Medien folgen und uns den bereits jetzt wahrzunehmenden Umbau in den einzelnen Wirtschaftsbranchen vor Augen führen, der durch bedeutende Megatrends hervorgerufen wurde. „*New Work*", demografische Umbrüche (beschleunigt durch einen immer gravierender werdenden Arbeitskräftemangel), geänderte Einstellungen der jüngeren Generation im Hinblick auf Leben und Arbeiten (Wertewandel) sind Herausforderungen, von denen jeder in irgendeiner Form betroffen ist – der eine mehr, der andere weniger. Die nachfolgenden Ausführungen in diesem Kapitel geben einen profunden Überblick über die aktuellen Entwicklungen, deren Konsequenzen auf die Beschäftigung und die damit in Verbindung stehenden Anforderungen an die Personalarbeit in Unternehmen und Organisationen.

---

1 Darunter versteht man eine digitale und interaktive Umgebung. Darin können die Nutzer als Avatare arbeiten, spielen, sich treffen oder beispielsweise erlebnisorientiert einkaufen. Dieser digitale Raum entsteht durch das Zusammenwirken virtueller, erweiterter und physischer Realität. Erste Anwendungsbeispiele gibt es auch bereits im Personalmanagement – konkret im Zuge von Bewerbungsprozessen, wenn Interessierte erste Eindrücke über einen potenziellen Arbeitgeber gewinnen wollen. Letztere können dafür einen digitalen Meetingraum anbieten und den Kandidaten einen virtuellen Rundgang durch die zukünftige Arbeitsumgebung inklusive der dortigen Atmosphäre ermöglichen (Voraussetzungen dafür sind entweder ein „*Virtual Reality Headset*" oder „*Augmented Reality Glasses*").

1.2. Wie sich die Arbeitswelt verändert …

Arbeiten 4.0 wird vernetzter, digitaler und flexibler sein. Von Computern gesteuerte Produktionsabläufe, elektronische Geschäftsprozesse, selbstfahrende Verkehrsmittel, transkontinentale Vernetzung über soziale Medien mittels dazugehöriger Endgeräte, die bereits mögliche Analyse und Verwertung großer Datenmengen aus allen beruflichen und privaten Lebensbereichen zur Feststellung sowie Nutzung von Algorithmen (*„Big Data“*) – alles Entwicklungen, die zeigen, dass der technologische Wandel vielschichtig in vollem Gange ist. Er erstreckt sich über alle Branchen und Unternehmensbereiche – und es ist kein Ende in Sicht, denn durch Automatisierung, Robotik und künstliche Intelligenz (KI) werden Maschinen immer mehr Aufgaben übernehmen, die in der Vergangenheit noch von Menschen erledigt wurden. Die Rolle des Menschen in diesem Prozess verändert sich fundamental: vom primären Leistungserbringer zum Überwacher, Problemlöser und Entscheider. Dieser Paradigmenwechsel determiniert die sogenannte vierte industrielle Revolution, die auch unter dem Schlagwort „Industrie 4.0“ firmiert, in der Menschen, Maschinen und Systeme digital miteinander verbunden werden. Konkret gemeint sind damit die enge Vernetzung und der Austausch von Informationen zwischen Menschen und Maschinen entlang der gesamten Wertschöpfungskette mittels Nutzung smarter und sozialer Softwarelösungen. Im „Internet der Dinge“ (im Englischen auch IoT – *„Internet of Things“*) kommunizieren diese Maschinen (oder Gegenstände bzw. Objekte) sogar vollautomatisch und teilweise mit Sensortechnik über das Internet, um so verschiedene Aufgaben im Wirtschafts- und Alltagsleben für den Menschen zu erledigen[2]. Einige Wirtschaftsforscher empfinden diese Situation gar nicht als so revolutionär, denn für sie ist sie nur die logische Folge der drei vorangegangenen als industrielle Revolutionen definierten Wirtschafts- und Gesellschaftsentwicklungen. Auch diese wurden ausgelöst durch einen technologischen Fortschritt, durch die Umsetzung von Automatisierungsbestrebungen oder generell durch den zunehmenden Einsatz von Maschinen, um das Leben der Menschen zu erleichtern.

Führt man sich die dazu veröffentlichten Studien zu Gemüte, so scheint nicht ganz klar, wie sich Automatisierung und Digitalisierung auf unsere angestammten Arbeitsplätze auswirken werden. In einigen Analysen wird prognostiziert, dass ungefähr die Hälfte aller Arbeitsplätze automatisiert wird, in anderen wird sogar von einer noch höheren Quote ausgegangen. Dann gibt es wieder Meinungen, die das etwas differenzierter einschätzen, denn der Grad der Automatisierung ist sehr wohl davon abhängig, in welcher Branche man tätig ist, und nicht in jeder werden die Auswirkungen gleich spürbar sein. Da und dort werden zwar Routinetätigkeiten verlagert, aber im Gegensatz dazu eröffnen sich für die davon betroffenen Mitarbeiter wieder andere Aufgaben- und Tätigkeitspektren,

2 Anwendungsbeispiele dazu finden sich bereits im Fitness- und Gesundheitsbereich (Armbänder als Fitness-Tracker erfassen Daten über Sensoren, die dann in einer App am Smartphone abgerufen werden können), im Haushaltsbereich (leere Kühlschränke melden über eine App, welche Lebensmittel zur Neige gehen, oder über eine App lassen sich Heizung, Rollläden etc. steuern), im Automobilbereich (zahlreiche Automobilmodelle verfügen bereits über Assistenzsysteme zum Einparken, zum Abstandhalten etc.) oder im industriellen Bereich (Vernetzung aller Maschinen im Produktionsprozess zur Steuerung und Überwachung ganzer Fertigungsstraßen oder die Produktion von Waren *„just-in-time“* nach Eingang eines Auftrages ohne Lageraufwand).

die nicht die Maschine, sondern weiterhin den Menschen in den Mittelpunkt[3] rücken. Folglich wird die Automatisierung die Erwerbsarbeit nicht generell verschwinden lassen, sie wird aber starken Umwälzungen unterworfen sein, die speziell in den nächsten beiden Dekaden um sich greifen. Bisher schon festgestellte Akzentverschiebungen bei den betrieblichen Tätigkeitsprofilen in Richtung Digitalisierung, Datenmanagement und effizienter Nutzung neuester Technologien sind Belege dafür, dass Routinetätigkeiten mit eingeschränkter Komplexität und einem niederschwelligen, zwischenmenschlichen Interaktionsgrad bei den Mitarbeitern eher abnehmen (diese werden in Zukunft von Maschinen erledigt), jedoch im Gegensatz dazu die Anforderungen, Komplexitäten zu meistern, Eigenverantwortung wahrzunehmen, vernetzt zu denken und zu interagieren sowie Innovationen in der eigenen Organisation zu forcieren, steigen. Dafür benötigt es hauptsächlich gut ausgebildete Spitzenkräfte, die Jobs im Informatikbereich und anspruchsvolle Dienstleistungsberufe übernehmen können. Qualitative Aspekte der Arbeitstätigkeit gewinnen (weiterhin) an Bedeutung, was somit die Einschätzung untermauert, dass die Digitalisierung nicht nur zu einem Wegfall von Beschäftigungsmöglichkeiten führt, sondern gleichzeitig dadurch neue, eben anspruchsvollere, aber für die Mitarbeiter sicherlich interessantere Jobs entstehen. Kurzum – es folgt eine Loslösung von traditionellen, primär analog ausgerichteten Arbeitsplätzen zugunsten digitaler.

Wie bei jedem Veränderungsprozess sehen das die einen als Chance, die anderen empfinden dies jedoch als Destabilisierung und Bedrohung. Bisher Bewährtes wird aus ihrer Sicht dem neuen Mantra der Digitalisierung geopfert und keiner kann abschätzen, was dabei herauskommt. Aber gibt es eine Alternative? Wohl nicht, denn wir leben bereits in einer Welt, deren Dynamik durch Volatilität, Unsicherheit, Komplexität und Ambivalenz (im Englischen auch als „*VUCA*“[4] abgekürzt) geprägt und die von disruptiven Entwicklungen gekennzeichnet ist. Folglich ist es nur opportun, sich diesen Herausforderungen zu stellen und speziell an seinem Digitalwissen und seinen Digitalisierungskompetenzen zu arbeiten, wofür in den jeweiligen Organisationen und Betrieben vor allem die Führungskräfte und das Personalmanagement die notwendigen Voraussetzungen schaffen müssen (welche das sind, dazu später in diesem Kapitel). Nur so kann dieser Change gelingen. Darüber hinaus leitet sich daraus auch ein klarer Auftrag für das öffentliche Aus- und Weiterbildungswesen ab, denn schon in den Schulen und akademischen Bildungsstätten muss der Nachwuchs auf die digitale Berufswelt vorbereitet – gleichsam fit gemacht – werden, was eine grundlegende Adaption der Lehr- und Ausbildungspläne sowie ein Umdenken bei der Wissensvermittlung erfordert. Ob alle damit Schritt halten können, wird auch auf die zukünftige Weichenstellung in der Gesellschafts- und Sozialpolitik eines Landes oder einer Gemeinschaft erheblichen Einfluss haben, will man einem sich

3 Als Beispiele sind hier die sogenannten „Empathie-Berufe“ anzuführen, bei denen es darum geht, sich um andere zu kümmern, sie entsprechend zu versorgen, sie in ihrer Entwicklung zu fördern oder sie im Hinblick auf ihre physische und mentale Gesundheit zu unterstützen (z. B. Alten- oder Krankenpflege, Psycho- oder Physiotherapie, Pädagogik und Erziehungswissenschaft, Sozialarbeit).

4 „*VUCA*“ ist ein Akronym für die englischen Begriffe „*volatility, uncertainty, complexity, ambiguity*“ und wurde ursprünglich vom US-Militär dafür verwendet, um die unklare und wechselhafte Bedrohungslage nach dem kalten Krieg zu skizzieren. Heute dient „*VUCA*“ vor allem als Beschreibung der Wirtschaftswelt, in der Digitalisierung und demografische Entwicklung für disruptiven Wandel sorgen.

abzeichnenden „digitalen Sozialdarwinismus[5]“ und den damit einhergehenden Konsequenzen adäquat begegnen.

Nicht nur was wir tun, verändert sich, sondern auch wie wir es in Zukunft tun, d. h. Arbeit wird grundlegend anders organisiert sein. Statt in festen Aufgabenstrukturen und Arbeitsbeziehungen werden die Mitarbeiter verstärkt in wechselnden Projekten arbeiten sowie ihre Arbeitgeber häufiger wechseln und – sofern sie nicht unselbstständig beschäftigt sind – für verschiedene Auftraggeber tätig sein. Loyalität ist nicht mehr länger eine Frage, für wen sie arbeiten, sondern in welchem Arbeitssetting sie ihr Wissen sowie ihre Erfahrungen am besten einbringen und ihre Vorstellungen hinsichtlich des beruflichen Engagements und der privaten Lebensplanung am besten umsetzen können. Die Devise, der das Handeln in der neuen Arbeitswelt untergeordnet wird, orientiert sich an der Flexibilität und Sinnstiftung für den einzelnen. Dies ist auch jenem aktuellen Trend in zahlreichen Unternehmen geschuldet, der sich bereits jetzt durch eine sukzessive Zunahme virtueller Organisationen und durch ein vermehrtes Etablieren von Netzwerken ohne feste Strukturen bei der Erfüllung von Kundenaufträgen abzeichnet (gleich einem *„Business Ecosystem[6]“*). Phasenweise sind dabei die Organisationsmitglieder fast ausschließlich nur mehr durch die neuen Kommunikationstechnologien miteinander verbunden, um ein gemeinsames Projekt abzuwickeln oder ein Geschäftsergebnis zu produzieren. Dabei ist es nur logisch, dass Arbeitsorte wechseln (erkennbar an der vermehrten Nutzung von Homeoffice und hybriden Arbeitsmodellen) und sich Arbeitszeiten in kein starres Korsett mehr zwängen lassen. Mitarbeiter werden dort arbeiten, wo es dienlich und opportun erscheint. Demzufolge überlässt man ihnen – soweit es möglich ist – die Entscheidung, wann und wo sie arbeiten. In einer Sinngesellschaft ist das auch ein wesentlicher Faktor, wenn man dem Drang der Menschen nach Identitätsfindung und erfüllenden Lebens- und Arbeitsbeziehungen nachkommen möchte.

Andererseits wird dies aber auch teilweise zu einer Entgrenzung zwischen Beruf und Privatleben (*„Work-Life Blending“*[7]) führen – mit allen damit verbundenen Vor- und Nachteilen. Dafür entscheidet zukünftig nicht mehr die Präsenz beziehungsweise die Dauer der aufgewendeten Arbeitszeit über die Honorierung der Mitarbeiter, sondern die Qualität der Arbeitsergebnisse oder der Grad der Zielerreichung. Diese Mobilität hinsichtlich des Arbeitsorts und die Flexibilität bei den Arbeitszeiten bedingen jedoch ein exzellentes Selbstmanagement der Mitarbeiter, um ihre zukünftige Arbeitssituation professionell zu meistern. Mitarbeiter, die über diese Kompetenzen verfügen und diese

---

5 Bezeichnung für Theorien, die die naturgesetzlichen Prinzipien der biologischen Evolutionstheorie des britischen Naturforschers *Charles Robert Darwin* (1809–1882), wie Auslese, Kampf ums Dasein, Anpassung an die Umwelt, Vererbbarkeit erlernter Fähigkeiten auf den sozialen Bereich übertragen. Als Ideologie aus der zweiten Hälfte des 19. Jahrhunderts wurde sie von verschiedenen politischen Strömungen zur Begründung für die natürliche Auslese in der menschlichen Gesellschaft angewendet. Demnach setzen sich im Laufe der Geschichte die Tüchtigen gegenüber den weniger Tüchtigen durch. Im Überlebenskampf überlebt, getreu Darwins *„Survival of the Fittest“*, nur der Stärkste.

6 *„Business Ecosysteme“* sind Partnerschaften, bei denen mehrere miteinander interagieren, um gemeinsam einen Service bereitzustellen, den jeder für sich genommen nicht anbieten könnte. Sie bedienen sich der Wertschöpfungskette des einzelnen und verknüpfen diese zu einem Wertschöpfungsnetzwerk, um von den Kompetenzen aller beteiligten Partner zu profitieren und einen Mehrwert daraus zu generieren.

7 Verschmelzen von Lebenswelt und Arbeitswelt.

neue Art des Arbeitens offensiv annehmen, entkoppeln sich mit ziemlicher Sicherheit vom Bild des abhängigen Untergebenen und agieren überwiegend als Lebensunternehmer in eigener Sache. Selbstbefähigung und die Selbstorganisation zählen demgemäß zu den Schlüsselkompetenzen in einer Gesellschaft, in der die Sinnfrage immer stärker in den Vordergrund rückt.

Resümierend lassen sich somit unterschiedliche Trends auf mehreren Gebieten feststellen, die in den folgenden Abschnitten nochmals detailliert geschildert werden, um im daran anschließenden Kapitel die damit verbundenen Auswirkungen auf das People Management zu beleuchten:

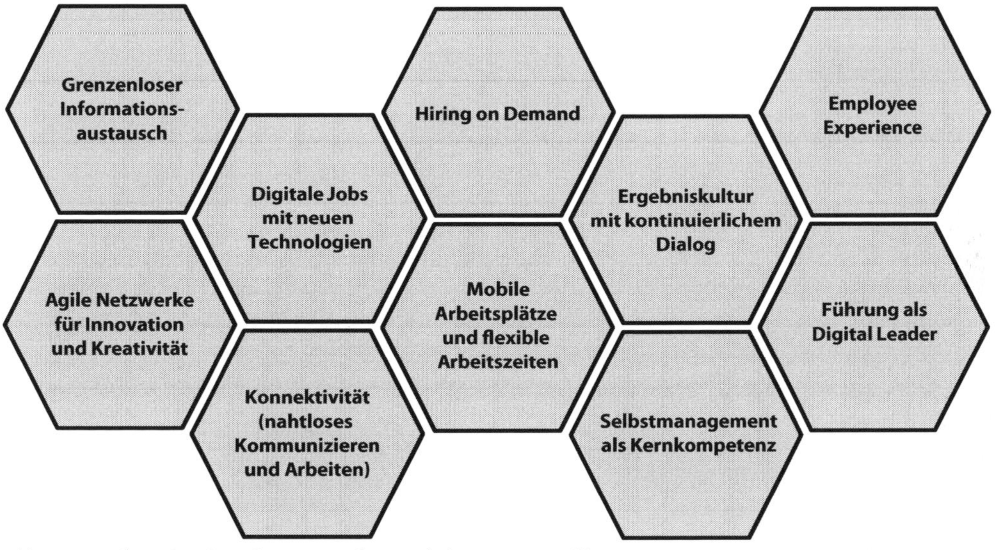

Abb. 1: Trends in der digitalisierten Arbeitswelt („*New Normal*")

1.2.1. Starre Kommunikation versus grenzenloser Informationsaustausch

Waren Führungskräfte bis dato die wichtigsten Informationsträger für die Mitarbeiter, wenn es um die für ihre Aufgaben notwendigen Inputs ging, so führt die zunehmende soziale Vernetzung dazu, dass Informationen viel schneller und unkomplizierter ausgetauscht werden können. Jeder kann de facto jeden innerhalb, aber auch außerhalb einer Organisation mittels der nun zahlreich zur Verfügung stehenden Medien ohne Umschweife kontaktieren. In der Vergangenheit war das aufgrund verschiedener Barrieren nicht so einfach möglich, was zusätzlich zeitliche Verzögerungen mit sich brachte, wenn es darum ging, beispielsweise Kundenaufträge oder Lieferantenanforderungen in der gesamten Wertschöpfungskette rasch und innerhalb der festgesetzten Termine zu erfüllen. Prämisse dafür ist logischerweise die vorhandene Kompetenz der Organisationsmitglieder, mit diesen Medien zielgruppenadäquat umgehen zu können und eine verantwortungsvolle Anwendung zu pflegen, bei der sie auch die Spielregeln einer wertschätzenden Kommunikation nicht außer Acht lassen.

1.2.2. Tief gegliederte Organigramme versus agile Netzwerke

Bisherige, teilweise durch überbordende Hierarchien gekennzeichnete Organisationsformen lösen sich zugunsten ausschließlich auf wechselseitiger Beziehung beruhender Netzwerke auf, die eine größere Beweglichkeit zulassen und somit ein agiles Vorgehen begünstigen. Teams vernetzen sich dabei je nach Kunden- oder Projektauftrag immer wieder neu, um gemeinsam komplexe Probleme zu lösen. Diese bringen raschere Ergebnisse und zeitnahe Entscheidungen, erfordern aber auch eine höhere Eigenverantwortung aller darin tätigen Organisationsmitglieder. Dadurch findet aber auch eine Demokratisierung innerhalb der Teams oder in der gesamten Organisation statt, weil sowohl die Mitbestimmung als auch das Einbringen der eigenen Meinung einen viel höheren Stellenwert erlangen. In etablierten Organisationen ist diese Entwicklung daran zu erkennen, dass im ersten Schritt eigene Netzwerk-Plattformen oder so genannte *„Future Labs"* ins Leben gerufen werden, von denen man sich schnellere Antworten auf die zukünftigen Herausforderungen erhofft. Dabei wird nicht sofort die Hundert-Prozent-Lösung erwartet, sondern ein erster verwertbarer Wurf oder ein erster Prototyp, der dann in einer Art Rückkopplungsprozess bis zur vollen Reife durch ein wohl überdachtes Vorgehen, bei dem Teilergebnisse als Feedback in das weitere Tun einfließen, verfeinert wird.

1.2.3. Analoge versus digitale Jobs

Viele Berufsbilder, deren Hauptinhalt darin bestand, Routinevorgänge zu erledigen oder repetitive Aufgaben abzuarbeiten, werden in Zukunft weniger oder gänzlich verschwinden. Die weiter fortschreitende Automatisierung wird eine Auslagerung dieser Tätigkeiten an Maschinen zusätzlich beschleunigen und gleichzeitig die Mitarbeiter nicht nur davon entlasten, sondern ihre Ressourcen für andere Jobs freimachen. Das bedeutet demgemäß nicht zwangsläufig, dass Arbeitsplätze wegfallen, denn es werden stattdessen neue, speziell im technologischen Umfeld – neben den bereits erwähnten empathischen Jobbereichen – geschaffen. Irgendjemand muss schlussendlich die Maschinen auch steuern und überwachen sowie eingreifen können, wenn es zu Notfällen bei den Abläufen kommt oder wenn Prozessprobleme auftreten, die es zu lösen gilt. Ausgewählte Beispiele für Zukunftsberufe, die das *World Economic Forum* in seinem jüngsten Report[8] auf Basis der durchgeführten Trendanalysen aufzeigt, sind unter anderem: AI and Machine Learning Specialists, Sustainability Manager, Information and Cyber Seurity Expert, Cloud Architect, Robotics Research Scientist, Digital Transformation Manager, Data Analyst and Scientist, Software and Applications Developer.

1.2.4. Wissen als singulärer Machtfaktor versus Konnektivität

Sich Wissen anzueignen und anschließend zu horten, um seine eigene Macht oder Position innerhalb einer Organisation abzusichern, war (und ist noch immer) für viele eine beliebte Strategie. Nicht nur, dass dieses Verhalten das interne Konkurrenzdenken befeuerte, war es entsprechend kontraproduktiv, wenn es darum ging, gemeinsam innerhalb eines Teams die beste Lösung zu erarbeiten oder ein innovatives, sich gegenseitig

8 Quelle: World Economic Forum, Centre for the New Economy and Society, Future of Jobs, Report 2023, Cologny/Geneva, Switzerland, 2023.

befruchtendes Umfeld zu schaffen. Über kurz oder lang werden solcherart agierende Organisationsmitglieder künftig scheitern, da nur das Teilen und Tauschen von Informationen, von Wissen und von neuesten Forschungsergebnissen zu produktiveren Formen der Zusammenarbeit führen. Der rasche Zugang zu diesem Wissen und die zu diesem Zweck notwendige Sicherstellung der Konnektivität aller Organisationsmitglieder (im Sinne eines nahtlosen, schnittstellenfreien Kommunizierens und Arbeitens) sowohl innerhalb als auch außerhalb der eigenen Organisation werden darüber entscheiden, ob man sich am Markt behaupten kann. Dafür stabile Mitarbeiter- und Kundenbeziehungen zu schaffen, wird eine der Hauptaufgaben der Führungskräfte sein.

In diesem Kontext wird sich in der Lernkultur ebenfalls ein Wandel vollziehen, da das Aneignen von Wissen um einiges effektiver und vor allem schneller werden muss, um aufgrund der verkürzten Halbwertzeiten des Wissens mit den Entwicklungen Schritt halten zu können. Lebenslanges Lernen wird zum Grundprinzip. Wie gelernt wird, wird sich stark am Individuum orientieren, damit sich jeder Mitarbeiter seine persönliche Lernumgebung selbst organisieren und zusammenstellen kann – angepasst an die jeweiligen Anforderungen, die einem der Job zukünftig abverlangt. Im Gegensatz dazu ist die Organisation gefordert, einen basalen Lern- und Kompetenzrahmen als Angebot mit unterschiedlichen Entwicklungsmaßnahmen und -medien zur Verfügung zu stellen (den die Mitarbeiter im Hinblick auf ihre Lernfelder für die personalisierte Zusammenstellung zu einem individuellen Entwicklungsplan nutzen können) und in weiterer Folge organisationales Lernen zu begünstigen (vgl. dazu auch die Ausführungen im Kapitel 12. „Lernen 4.0"). Die Endausbaustufe der Personalisierung liegt schlussendlich im Erkennen von Lern-Algorithmen, durch die das Verhalten des Lernenden in der Lernumgebung erfasst, der Lernstoff spezifisch angepasst und darüber hinaus weitere Lernangebote empfohlen werden können. Diese Aufgaben übernehmen in absehbarer Zeit digitale Lernassistenten, wodurch die Vision vom *„Adaptive Learning"*[9] zur Realität werden wird, was schlussendlich zu einer gesteigerten Lerneffizienz beiträgt.

1.2.5. Feste Arbeitsbeziehungen versus „Hiring-on-Demand"

Die bereits in der Vergangenheit von vielen propagierte Zielrichtung, Mitarbeiter dort einzusetzen, wo sie im Hinblick auf ihre Stärken die größten Wertschöpfungsbeiträge liefern können, gewinnt auch unter den neuen Bedingungen weiter an Brisanz. Per Mausklick kann zukünftig in internen oder in öffentlich zugänglichen Personenprofilen nach Kompetenzen und Erfahrungen gesucht werden, die für ein Projekt oder für eine definierte Aufgabenstellung benötigt werden, um eine exaktere Zuteilung und einen zielgerichteten Einsatz von Personalressourcen zu gewährleisten. Zudem werden digitale Technologien auch beim direkten Kontakt mit externen Bewerbern die Auswahl erleichtern. Beispiele dafür sind vermehrt eingesetzte Online-Verhaltenstests oder Video-

9 *„Adaptives Lernen"* ist eine Lernmethode, die die bisherigen Daten des Lernenden auswertet und im Hinblick auf einen Algorithmus analysiert, um die Interaktion mit dem Lernenden zu koordinieren und maßgeschneiderte Materialien und Lernanlässe bereitzustellen. Damit können die spezifischen Bedürfnisse jedes Lernenden erfüllt werden. Anzutreffen ist diese Methode auch im Online-Marketing: User, die ein bestimmtes Produkt in einem Online-Shop auswählen, erhalten bei weiteren Suchanfragen vergleichbare Produkte angezeigt, die ihren Interessen und Bedürfnissen entsprechen.

interviews per Mausklick. Dies muss nicht zwangsläufig in eine fixe Anstellung münden, da auch andere Beschäftigungsformen aufgrund geänderter Kundenanforderungen und der dafür notwendigen Flexibilität zunehmend in Betracht kommen. „*Freelancer*" oder auf anderer vertraglicher Basis tätige Selbständige kann man so atypisch in ein temporäres Netzwerk einbinden und sie stehen somit „*on-demand*" für ein „*Coworking*" zur Verfügung. Dazu zählen auch verstärkt ältere Arbeitnehmer mit ihrer Persönlichkeit und ihren Erfahrungen, die aufgrund der Ausdehnung der Erwerbsarbeit und der demografischen Veränderungen nun ebenfalls länger als Ressource bereitstehen. Nach *Horx*[10] (2021) werden zukünftig – nicht zuletzt aufgrund des grassierenden Arbeitskräftemangels – auch die Talente der Älteren wieder in höherem Ausmaß gesucht. Damit beschränkt sich die Suche nach Talenten nicht mehr nur auf die Jüngeren, was klar der Logik „*everyone has a talent*" (unabhängig von seinem Alter) folgt.

1.2.6. Traditionelle Arbeitsformen versus „Always-on-Mentalität"

Pro Mitarbeiter ein zugewiesener Arbeitsplatz, an dem von „9 to 5" gearbeitet wird, wird ebenfalls immer mehr der Vergangenheit angehören. Durch den Einzug und die rasante Verbreitung moderner Kommunikationstechnologien sowie durch die stets verbesserte Leistungsfähigkeit der mobilen Endgeräte lösen sich herkömmliche Arbeitsorte sukzessive auf. Die Mitarbeiter arbeiten in Zukunft dort, wo es ihnen gerade opportun erscheint und es sich gut mit dem übrigen Tagesablauf vereinbaren lässt: im Büro, in der Cafeteria oder auch zu Hause im Homeoffice. Diese Mobilität geht einher mit der autonomen Wahl der Arbeitszeit, die dem Mitarbeiter zusätzlichen Spielraum einräumt. „*Hybrid Work*" steht also für eine örtlich sowie zeitlich unabhängige Form der Arbeit. Die Grenzen zwischen Beruf und Privatleben werden dadurch – wie bereits eingangs erwähnt – mehrheitlich aufgehoben und die Planung obliegt zukünftig primär der Selbstorganisation der Mitarbeiter, was jedoch gleichzeitig auch ihren individuellen Stresslevel erhöhen kann. Letzteres auch deswegen, da die „*Always-on-Mentalität*" gewisse Risiken in sich birgt, die ein Abschalten erschweren und möglicherweise in weiterer Folge zur Überforderung oder zum Burn-out führen. Ein verantwortungsvoller Umgang muss daher gelernt werden – sowohl im Sinne der Organisation als auch im eigenen Interesse. Dabei den eigenen „*Work-Life Fit*" in der jeweiligen Lebensphase auszuloten und für sich zu definieren, wird zur individuellen Überlebensstrategie.

1.2.7. Präsenz- versus Ergebniskultur

Wenn in überwiegendem Ausmaß die Verantwortung für Ort und Zeit in die Hände der Mitarbeiter gelegt wird, so schließt dies eine Messung ihrer Leistung anhand der gezeigten Präsenz folgerichtig aus. Was zählt, sind ihre Ergebnisse, die am Ende eines Projekts oder einer Geschäftsperiode vorliegen. Wo und wann sie die Leistung erbringen, wird zu einem nachrangigen Steuerungselement. Führungskräfte sind in Zukunft viel mehr dazu angehalten, speziell zu den Zielen einen kontinuierlichen Dialog mit ihren Mitarbeitern zu suchen, der es ihnen erlaubt, sich über den aktuellen Stand oder über erste Teilergeb-

10 Quelle: Zukunftsinstitut, Herausgeber der Megatrend-Dokumentation, 8., vollständig überarbeitete und neu strukturierte Auflage, Frankfurt/Main, 2021.

nisse auszutauschen (entweder im Einzelgespräch oder in Form von Teammeetings, die persönlich oder via elektronischer Medien organisiert werden). Darüber hinaus wird zeitnahes und gegenseitiges Feedback zum „Kitt", der eine stabile Beziehung zwischen Mitarbeiter und Führungskraft ausmacht. Regelmäßiges Feedback übermitteln und auch einfordern, Unterstützung beim Auftreten von Schwierigkeiten anbieten, Unterschiede beim Arbeitseinsatz im Team erkennen und diese offensiv mit allen Mitgliedern diskutieren – all das sind Aufgaben, die künftig auf der Agenda von Führungskräften ganz oben stehen müssen.

1.2.8. Fremdsteuerung versus Selbstmanagement

Mehr Freiraum bedeutet auch mehr Verantwortung und bedingt ein entsprechendes Maß an Selbstmanagement. Diese Kompetenz wird in einem digitalen Arbeitsumfeld noch stärker in den Fokus rücken und sich zu einer Schlüsselqualifikation entwickeln. Mitarbeiter, die darüber verfügen, werden mit ziemlicher Sicherheit erfolgreicher sein als jene, die es gewohnt sind, Aufträge und Aufgaben von ihren Führungskräften entgegenzunehmen und sie abzuarbeiten, ohne dabei nach links oder rechts zu blicken. Haben Mitarbeiter diese Kernkompetenz des Selbstmanagements einmal verinnerlicht, so können (und müssen!) sie in Zukunft Arbeitsort und -zeit nach den eigenen Bedürfnissen zusammenstellen. Gleichzeitig fühlen sie sich dadurch nicht mehr an stark reglementierte Vorgaben gebunden. Nicht alle werden dazu von Anfang an in der Lage sein, weswegen speziell die Führungskräfte sie schrittweise im Sinne eines *„Empowerment"* mit hoher Feedbackfrequenz an diese neue, anfangs von Unsicherheiten geprägte Arbeitssituation heranführen müssen. Insbesondere der Umgang mit der Planungsautonomie will somit gelernt sein, weswegen die Mitarbeiter speziell zu Beginn Unterstützung bei der Orientierung benötigen werden.

1.2.9. Loyalität versus „Employee Experience"

Frühere Generationen bewiesen oft langjährige Zugehörigkeiten zu ein- und derselben Organisation. Sie hielten so dem Arbeitgeber die Treue und eine Mobilität am Arbeitsmarkt war – wenn überhaupt – nur in eingeschränktem Ausmaß vorhanden sowie gewünscht. Auch in diesem Zusammenhang ist ein Wandel feststellbar: Die arbeitgeberbezogene Loyalität wird schrittweise von der Attraktivität des Aufgabeninhalts einer Tätigkeit oder eines Projekts abgelöst. Speziell jüngere Mitarbeiter hinterfragen zukünftig viel stärker den Sinn ihrer Tätigkeit, sind öfter auf Ausschau nach Neuem und wollen sich aus diesem Grund weniger an nur einen Arbeitgeber binden. Sie werden daher bewusst ihre Arbeit- und Auftraggeber häufiger wechseln. Gleichzeitig wird die Beitrittsentscheidung von Bewerbern zu einer Organisation in Zukunft auch vorrangig davon geleitet sein, welche Erfahrungen andere mit der Unternehmens- und Führungskultur in einer Organisation bereits gemacht haben, wie Führung und Zusammenarbeit konkret dort gelebt werden und inwieweit die vorherrschenden Arbeitsbedingungen mit den individuellen Erwartungen der Bewerber korrelieren. Wichtige Informationsquellen dafür sind für sie heute schon die Vielzahl der aktuell bereits verfügbaren Arbeitgeberbewertungsportale und die in diesen nachzulesenden Rückmeldungen von derzeitigen oder ehemaligen Mitarbeitern. Sie werden sich verstärkt zu einem wesentlichen Differenzierungsinstrument entwickeln, wenn es darum geht, sich als attraktiver Arbeitgeber zu positionieren, Talente am Arbeitsmarkt zu finden und sie in weiterer Folge an die Organisation zu binden.

1.2.10. Manager mit Kontrollzwang versus „Digital Leader"

Nicht nur, dass durch die Verflachung der Hierarchien und durch die intensivere Wahrnehmung der Eigenverantwortung seitens der einzelnen Organisationsmitglieder klassische Führung in Zukunft an Bedeutung verlieren wird, wird auch den Führungskräften nichts anderes übrigbleiben, als ein Umdenken – ihre Führungsaufgaben betreffend – einzuleiten. In der digitalen Welt ist eine andere Art von Führung gefragt. Ziele vorzugeben, Aufgaben zuzuteilen, Kontrolle auszuüben und Fehler auszumerzen, werden keine probaten Verhaltensweisen mehr sein, um als Führungskraft Erfolg zu haben. Führungskräfte müssen ebenfalls andere Zugänge finden und loslassen lernen, was für manche gar nicht so einfach sein wird. Die neuen Arbeits- und Kommunikationsformen erfordern eine von Vertrauen (das sich meist über einen längeren Zeitraum und durch verschiedene Beziehungserfahrungen schrittweise entwickelt), Offenheit für Neues und von Transparenz geprägte Führung, bei der Führungskräfte sich als Partner der Mitarbeiter verstehen, die Sinn vermitteln, Orientierung durch aktive Kommunikation geben und bei der sie die für ihre Aufgabenerfüllung notwendigen Freiräume gewährleisten. Bei einem Führen auf Augenhöhe wird die tägliche Kontrolle der Arbeitsleistung mehr als obsolet und in der bisherigen, anachronistisch anmutenden Form kaum mehr möglich sein. Was zukünftig bei der Leistungsmessung einen viel höheren Stellenwert einnimmt, sind die Ergebnisse im Hinblick auf die vereinbarten Ziele und nicht die gezeigte Anwesenheit am Arbeitsplatz. Gerade aus diesem Grund müssen Führungskräfte jedoch zusätzlich in der Lage sein, persönliche Beziehungen auch über unpersönliche Kommunikationskanäle aufzubauen und soziale Begegnungsmöglichkeiten der Mitarbeiter untereinander zu fördern, um nicht Gefahr zu laufen, die emotionalen Bindungswünsche der Mitarbeiter an eine Organisation auszublenden, da dies ansonsten zu einem Abwenden von oder Verlassen der Organisation durch Austritt führen könnte. Die Wertschätzung eines jeden einzelnen Teammitglieds, seiner Stärken und seines Beitrags zur Organisation bleibt weiterhin eine der erfolgskritischen Führungsaufgaben, die sich in kleinen Gesten und regelmäßigen Ritualen (z. B. die Einladung aller zu gemeinsamen Feiern, die persönliche Übergabe von Bonusbriefen zur Honorierung einer Leistung oder die lernorientierte und zugleich wertschätzende Diskussion von Fehlern im Team) widerspiegelt. *Leberecht*[11] (2015) fasst dies unter dem Begriff „Business-Romantik" zusammen, welche bei aller Technisierung nicht gänzlich verloren gehen sollte, damit sich weiterhin alle tatsächlich mit Leib und Seele in eine Organisation oder in ein Team einbringen.

11 *Leberecht Tim, Hofmann Niklas,* Business-Romantiker: Von der Sehnsucht nach einem anderen Wirtschaftsleben, München, 2015.

1.3. … und was dies für das Personalmanagement bedeutet

Will man als Entscheidungsträger im HR-Umfeld den dargestellten Trends aktiv begegnen, so gibt es dafür seitens des Personalmanagements auch einiges zu tun. Bisherige Konzepte und Methoden scheinen nicht mehr zeitgemäß und benötigen aufgrund der neuen Anforderungen ein *„Face-Lifting"*, woraus sich ebenso ein geändertes Rollenverständnis für die Mitarbeiter im Personalwesen bei dem einen oder anderen HR-Thema ableitet. Schließlich läuten die digitalen Trends und der gesellschaftliche Wandel einen grundlegenden Umbruch in der Beziehung zwischen den Mitarbeitern, den Führungskräften und den Trägern des Personalmanagements ein.

Abgesehen davon, dass sie diesen Change begleiten müssen, liegt es an den HR-Verantwortlichen, die Transformation ihres Portfolios so zu bewerkstelligen, dass die Digitalisierung verbunden mit der neuen Normalität (*„New Normal"*) auf allen Ebenen tatsächlich zur gelebten Praxis wird und nicht ausschließlich auf dem Status einer technischen Umstellung von Personalprozessen verharrt. Das im Folgenden zusammengestellte Zehn-Punkte-Programm gibt einen Überblick über die wesentlichsten Handlungsfelder und den damit verbundenen, an den digitalen Leitlinien und neuen Realitäten orientierten Fragen, die es in diesem Zusammenhang zu beantworten gilt:

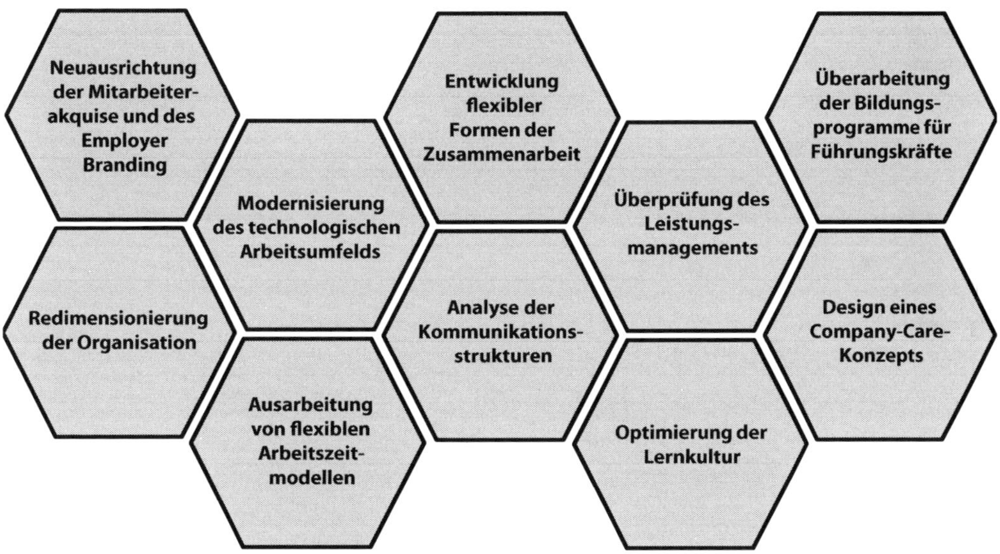

Abb. 2: Herausforderungen für das Personalmanagement

1.3.1. Neuausrichtung der Mitarbeiter-Akquise

- Wie werden die jeweiligen Zielgruppen am Bewerbermarkt hinsichtlich ihrer Erwartungen und geänderten Werthaltungen generationenspezifisch adressiert?
- Welche Beschäftigungsmodelle (Festanstellung und/oder atypische Formen, wie z. B.befristete oder geringfügige Beschäftigung, als Werkvertragsnehmer, als freier

Mitarbeiter) werden angeboten, um die Vorstellungen und Interessen der unterschiedlichen Zielgruppen ausreichend zu berücksichtigen?
- Wie können Jobs und Projekte gestaltet werden, damit sie für talentierte Bewerber herausfordernd und sinnstiftend sind?
- Welche Entwicklungsmöglichkeiten können für sie aufgezeigt und wie können in diesem Zusammenhang die Laufbahnen innerhalb der Organisation durchlässig gestaltet werden?
- Welche Maßnahmen sind erforderlich und gleichzeitig effektiv, um den Arbeitskräftemangel zu beheben?
- Wodurch kann die eigene Arbeitgebermarke gestärkt und eine positive „*Employee Experience*" erreicht werden?

1.3.2. Redimensionierung der Organisation

- Wie viele der bisherigen Hierarchieebenen benötigt die Linienorganisation noch?
- Welche Organisationsformen sind schrittweise neben der Linienorganisation implementierbar, um zukünftig mehr Mitbestimmung zu ermöglichen?
- Wie kann eine Start-up-Kultur etabliert und agiles Arbeiten tatsächlich lebbar gemacht werden?
- Wie werden Projekte initiiert, aufgesetzt und wie wird in weiterer Folge die Zusammenarbeit in Projekten organisiert?
- Wodurch können Freiräume für Innovation und Kreativität geschaffen werden, damit Organisationsmitglieder sich zu – teilweise auch interdisziplinären – Netzwerken zusammenschließen?
- Wie werden die Organisationsmitglieder zum Experimentieren motiviert und gleichzeitig die Führungskräfte davon überzeugt, eine hohe Fehlertoleranz an den Tag zu legen?

1.3.3. Modernisierung des technologischen Arbeitsumfelds

- Wie können die Organisationsmitglieder zukünftig auf Bürokonzepte und die Gestaltung ihrer Arbeitsplätze und -bedingungen individuell Einfluss nehmen?
- Sind die Arbeitsplätze mit der neuesten Technologie ausgestattet bzw. welche mobilen Endgeräte unterstützen zukünftig die Online-Verfügbarkeit und Online-Abwicklung von Arbeits- und Leistungsprozessen?
- Ist die Software-Landschaft mit den anderen (auch externen) IT-Systemen kompatibel, um einen Datenaustausch und eine Konnektivität sowohl im „*Office*" als auch „*Homeoffice*" zu gewährleisten?
- Welcher Implementierungsschritte bedarf es, damit die Automatisierungsbestrebungen bei den Arbeitsprozessen umgesetzt werden können?
- Ist die eingesetzte Technologie für Video-Konferenzen, „*Game-based Learning*", „*e-collaboration*", „*Chatbots*", „*Blogs*" etc. ohne Barrieren nutzbar?
- Wann und wozu werden Daten erhoben bzw. ausgewertet und was ist bei den jeweiligen IT-Verfahren datenschutzrechtlich zu beachten?

1.3.4. Ausarbeitung von flexiblen Arbeitszeitmodellen

- Bei welchen Berufsgruppen innerhalb der Organisation sind starre Arbeitszeiten erforderlich und für welche kann eine höhere Zeitsouveränität angeboten werden?
- Welchen Stellenwert haben Arbeitszeiten im Vergleich zum Leistungsergebnis (zählt Anwesenheit oder der Output)?
- Wann und wie können Organisationsmitglieder die Arbeitszeitmodelle wechseln?
- In welcher Form können die Arbeitszeitmodelle die jeweiligen Lebensphasen der Organisationsmitglieder berücksichtigen?
- Welche Regeln sind nach Einführung des Modells der Vertrauensarbeitszeit zu beachten?
- Welche Antworten gibt es im Hinblick auf den Teilzeit-Boom, die Einführung einer 4-Tage-Woche oder die generelle Reduktion der Arbeitszeit bei vollem Lohnausgleich?

1.3.5. Entwicklung flexibler Formen der Zusammenarbeit

- Auf welche Weise kann die Vielfalt (Diversität) im Unternehmen genutzt werden und welchen Beitrag können dafür altersgemischte Teams liefern?
- Für welche Berufsgruppen in der Organisation ist der Wechsel zwischen „*Office*" und „*Homeoffice*" (hybrides Arbeiten) bei zumindest gleichbleibender Produktivität eine willkommene Option?
- Welche Kollaborationsplattformen sind dafür notwendig und können zielführend eingesetzt werden?
- Wie müssen die Endgeräte ausgestattet sein, um Daten- und IT-Sicherheit („*Information and Cyber Security*") zu gewährleisten, wenn hybrid gearbeitet wird?
- Welche Regeln müssen für eine effiziente Zusammenarbeit – speziell bei dislozierten Teams – eingehalten werden und wann ist ein persönlicher Kontakt der Organisationsmitglieder untereinander opportun bzw. unbedingt erforderlich?
- Welche Auswirkungen hat „*Activity Based Working (ABW)*" im Sinne einer tätigkeitsbezogenen Arbeitsplatzgestaltung auf zukünftige Bürokonzepte?

1.3.6. Analyse der Kommunikationsstrukturen

- Wie müssen Kommunikationskanäle und -medien (z. B. Social Intranets, Blogs, Enterprise Wiki) in Hinkunft aussehen, um den Informationsfluss untereinander weiterhin zu gewährleisten?
- Welche Schnittstellen müssen bei den jeweiligen Kommunikationskanälen beachtet werden?
- Wie sieht die Meeting-Kultur (persönlich, virtuell) zukünftig aus, um sich gegenseitig auf dem Laufenden zu halten und den Abstimmungsbedarfen gerecht zu werden?
- Wie erfolgen das „*Stakeholder Management*" und die Kommunikation zu Kunden sowie die Einbindung der Lieferanten?
- Wie unterstützt die Kommunikationskultur die Zusammenarbeit über die gesamte Wertschöpfungskette hinweg?
- In welcher Form adressiert man potenzielle Mitarbeiter und interessierte Bewerber, damit sie der Organisation beitreten und Aufgaben übernehmen?

1.3.7. Überprüfung des Leistungsmanagements

- Wie erfolgt zukünftig die Messung und Honorierung der Performance der Organisationsmitglieder?
- Welcher Schwerpunkt wird auf die individuelle Performance und welcher auf die Teamperformance gelegt?
- Wie werden Ziele mit den Organisationsmitgliedern vereinbart und in welcher Form werden diese nachverfolgt?
- Wie wird ein kontinuierlicher Dialog zwischen den Beteiligten (Mitarbeiter, Führungskraft) initiiert und sichergestellt?
- Wie wird die Transparenz im gesamten Prozess des Leistungsmanagements für die Organisationsmitglieder gewährleistet?
- Wodurch manifestieren sich die Werte Fairness und Chancengleichheit in der täglichen Zusammenarbeit?

1.3.8. Optimierung der Lernkultur

- Wie wird den Organisationsmitgliedern ein uneingeschränkter Zugang zu Wissen und Informationen, die sie für ihre Aufgaben benötigen, ermöglicht?
- Welche Voraussetzungen sind zu schaffen, damit die Organisationsmitglieder ihren Wissensaufbau eigenverantwortlich organisieren und vorantreiben können?
- Wie sehen der zukünftige Lern- und Entwicklungsrahmen und die dafür zur Verfügung zu stellenden Entwicklungsmaßnahmen und Lernmedien aus?
- Wie werden die Digitalisierungskompetenzen bei allen Organisationsmitgliedern strukturiert analysiert und kontinuierlich weiterentwickelt?
- Wie wird die Kernkompetenz „Selbstmanagement" bei den Organisationsmitgliedern gestärkt und weiter ausgebaut?
- Welche Anreize werden gesetzt, um die Organisationsmitglieder zum lebenslangen Lernen zu motivieren?

1.3.9. Überarbeitung der Bildungsprogramme für Führungskräfte

- Wie können die Führungskräfte in ihrer Rolle gestärkt werden, damit sie sich zukünftig als *„Managing Partner"* ihrer Mitarbeiter positionieren?
- Welche Maßnahmen sind erforderlich, damit sie sich als *„Digital Leader"* qualifizieren und ein dementsprechendes Verhalten an den Tag legen?
- Wie kann die Kernkompetenz „Vermittlung von Sinn und Orientierung" bei den Führungskräften gefördert und weiter ausgebaut werden?
- Wodurch kann das Führungs- und Kommunikationsverhalten der Führungskräfte – speziell beim Thema Feedback – professionalisiert werden?
- Wie können Führungskräfte in die Lage versetzt werden, ihren Führungsalltag in wechselnden und standortungebundenen Teams effektiv zu organisieren, um den Informationstransfer und eine friktionsfreie Zusammenarbeit zu gewährleisten?
- Was kann getan werden, damit die Führungskräfte neben der technologischen Komponente die menschliche nicht aus den Augen verlieren?

1.3.10. Design eines „Company Care"-Konzepts

- Wodurch lässt sich die individuelle Abstimmung von Beruf und Privatleben („*Work-Life Fit*") bei den Organisationsmitgliedern unterstützen?
- Welche Arbeitsbedingungen müssen geschaffen werden, um die Leistungsfähigkeit aller Organisationsmitglieder positiv zu beeinflussen?
- In welcher Form können die spezifischen Lebensphasen der Organisationsmitglieder bei der Personalentwicklung berücksichtigt werden?
- Was bietet die Organisation zukünftig, um die physische und psychische Gesundheit und das Wohlbefinden der Organisationsmitglieder aufrechtzuerhalten?
- Mit welchen Präventionsmaßnahmen werden Nachteile – wie ständige Erreichbarkeit und erweiterte persönliche Verfügbarkeit – abgefedert?
- Wie werden die Führungskräfte darauf vorbereitet, erste Symptome einer Leistungsbeeinträchtigung bei den Organisationsmitgliedern richtig zu deuten und adäquate Gegenmaßnahmen einzuleiten?

Zusammenfassend ist der Ordnung halber anzumerken, dass der abgebildete Katalog von Fragen, deren Beantwortung durch die Ausführungen in den nun folgenden Kapiteln unterstützt werden soll, keinen Anspruch auf Vollständigkeit erhebt. Nichtsdestotrotz legt er aber den Fokus auf die wesentlichsten Aktionsschwerpunkte, um die eigene Organisation fit für das Zeitalter der Digitalisierung sowie den gesellschaftlichen Wandel und die damit einhergehenden neuen Formen des Arbeitens zu machen. Wie bereits zu Beginn erwähnt (und man kann es nicht oft genug betonen!), erfordert schlussendlich jeder Umbruch in der Arbeitswelt eine grundlegende Transformation der gelebten Unternehmens- und Führungskultur („*New Culture*"), ohne die gerade die anstehenden Herausforderungen kaum zu stemmen wären. Dies gilt insbesondere für die Digitalisierung, will man deren Potenziale zur Gänze realisieren.

2. Compensation Management – Leistungsorientierte und marktgerechte Vergütung

2.1. Einführung

Setzt man sich mit diesem Bereich des Personalmanagements näher auseinander, stellt man sehr rasch fest, dass die Sichtweisen auf dieses Thema unterschiedlicher nicht sein könnten – je nachdem, auf welcher Seite des Verhandlungstisches man sitzt. Vertreter von Unternehmen möchten maximal das bezahlen, was notwendig ist, um qualifizierte Fach- und Führungskräfte vom Markt zu gewinnen und an die Organisation zu binden. Bei ihnen spielen stets auch Kostenüberlegungen eine Rolle, wenn sie Gehälter oder Löhne verhandeln, was aufgrund ihrer Verantwortung für das Unternehmensergebnis sicherlich legitim ist. Ihnen gegenüber stehen die potenziellen oder auch schon in der Organisation tätigen Mitarbeiter, die sich auf ihre Ausbildung, Kompetenzen und Erfahrungen berufen und eine ihren Vorstellungen und Erwartungen nachkommende Vergütung erwarten. Auch das ist nachvollziehbar, denn sie wollen all ihre Optionen ausschöpfen und einen bestmöglichen Abschluss bei einer Gehalts- oder Lohnverhandlung erzielen. Oft stehen sich hier diametrale Standpunkte gegenüber, die selten in einen Kompromiss münden, wenn sich beide Seiten nicht beweglich und verhandlungsbereit zeigen. Wer der stärkere Verhandlungspartner ist, das regelt im Wesentlichen der Markt – konkret der Arbeitsmarkt, auf dem ebenfalls in der letzten Zeit kein Stein auf dem anderen geblieben ist. Bisherige branchenspezifische Arbeitgebermärkte, in denen die Unternehmen aus einer Vielzahl von gut ausgebildeten Fachkräften und potenziellen Mitarbeitern wählen konnten, haben sich nahezu vollständig in Arbeitnehmermärkte verwandelt, in denen Fachkräfte das Sagen haben und sie sich jene Unternehmen aussuchen können, bei denen aus ihrer Sicht das Gesamtpaket, was Vergütung und Zusatzleistungen betrifft, stimmt.

Dieses Erodieren ist aktuell in fast allen Märkten aufgrund des massiven Fachkräftemangels festzustellen, weswegen es für Unternehmen und Organisationen unverzichtbar ist, das Thema Vergütung strategisch anzugehen, was soviel heißt wie: das gesamte Vergütungsmanagement methodisch und weitsichtig zu planen, am Markt auszurichten und für leistungsstarke Mitarbeiter so zu gestalten, dass sie möglichst lange bleiben und nicht dazu tendieren, zur Konkurrenz abzuwandern. Auf den Punkt gebracht, muss ein Vergütungsmanagement im Unternehmen jenen Prinzipien folgen, die ihre Position am Arbeitsmarkt gegenüber den Mitbewerbern stärkt: attraktiv und motivierend, fair und gerecht, transparent und leistungsorientiert. Kann man diese Prinzipien den potenziellen Mitarbeitern nicht nur gut vermitteln, sondern deren Einhaltung auch nach Aufnahme der Tätigkeit in der Organisation gewährleisten, wird man als Unternehmen weiterhin auf der Gewinnerseite stehen. Was es dazu erfordert und worauf man bei (s)einem Vergütungsmanagement Bedacht nehmen sollte, damit beschäftigen sich die nun im Folgenden skizzierten Überlegungen. Davor sei noch erwähnt, dass *„New Work“* auch zu einer Reihe von neuen Vergütungsansätzen und -modellen geführt hat, die in den einschlägigen Fachmedien meist unter dem Begriff *„New Pay“* subsumiert werden. Darauf wird in einem eigenen Kapitel speziell eingegangen (vgl. dazu die Ausführungen im Kapitel 25. „Vergütung 4.0“).

2.2. Struktur und elementare Komponenten des Vergütungsmanagements

Viele denken bei der Vergütung in erster Linie an das monatliche Gehalt oder jenen Lohn, der am Ende einer Leistungsperiode ausbezahlt wird und der nach Ermittlung aller Abzüge schlussendlich netto am Entgeltnachweis steht. Sehr oft wird dabei vergessen, dass viele Unternehmen und Organisationen weitere Vergütungselemente für ihre Mitarbeiter vorsehen bzw. ihnen zugutekommen lassen, da sie sich damit von der Konkurrenz abheben und ihre Vergütung als attraktiv bewerben wollen. Daher ist es in jedem Fall anzuraten, bei einem Vergleich verschiedener Vergütungsangebote stets nachzufragen, welche konkreten Vergütungselemente (beispielsweise in Ergänzung zum Basisentgelt) damit jeweils verbunden sind, um bei der Analyse nicht willkürlich oder unbeabsichtigt einzelne herauszugreifen und daraus falsche Schlüsse zu ziehen. Stellt man das Monatsgehalt für eine bestimmte Funktion im Unternehmen A dem Monatsgehalt für dieselbe Funktion im Unternehmen B gegenüber, so hat dieser Vergleich nur eine bedingte Aussagekraft, wenn man allfällig weitere Vergütungselemente in den jeweiligen Unternehmen unberücksichtigt lässt, die eventuell zusätzlich offeriert werden. Folglich ergibt ein Vergleich tatsächlich erst dann einen Sinn, wenn man sich einen gesamten Überblick über die jeweilige Gesamtvergütung verschafft hat. Letztere setzt sich größtenteils aus funktionsbezogenen und – je nach Ausgestaltung – leistungsorientierten Komponenten zusammen, die im nun Folgenden näher beleuchtet werden.

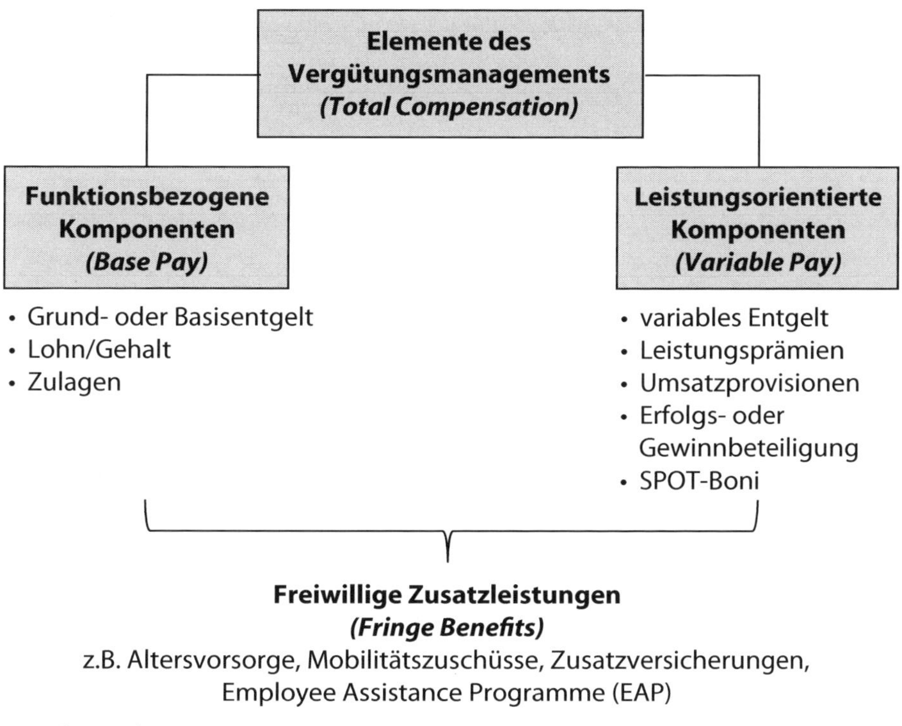

Abb. 3: Struktur und Komponenten des Vergütungsmanagements

2.2.1. Grundentgelt als funktionsbezogene Komponente

Zu jenen, die sich auf die jeweilige Funktion beziehen und im Fachjargon auch als Fixeinkommen oder *„Base Pay"* bezeichnet werden, zählen das Grund- oder Basisentgelt und etwaige Zulagen, die auf der Grundlage von überbetrieblichen oder betrieblichen Regelungen ausbezahlt werden (z. B. Nachtarbeitszulage, Schmutz-, Erschwernis- und Gefahrenzulagen). Bei der Bemessung des Grund- oder Basisentgelts für eine Funktion werden folgende Parameter herangezogen:

- etwaig vorhandene überbetriebliche Regelungen (Berücksichtigung von Gehalts- und Lohntabellen der branchenspezifischen Kollektivverträge[12]),
- innerbetriebliche Funktions- oder Stellenbewertungen (sofern die Wertigkeit aller Funktionen oder Stellen im Unternehmen auf Basis eines Bewertungssystems[13] ermittelt wurde),
- ermittelte Vergleichswerte als Ergebnis von Vergütungsstudien, die in periodischen Abständen von externen, am Markt darauf spezialisierten Anbietern zur Verfügung gestellt werden (sie erheben die Höhe der Vergütung für unterschiedliche Funktionen bei den teilnehmenden Unternehmen und ermöglichen dadurch einen funktionsbezogenen Marktvergleich).

Insbesondere der regelmäßige Abgleich aller Funktionen einer Funktionsfamilie (z. B. Vertrieb, Controlling, Produktion) mit deren aktuellem Marktwert ist für die Anwerbung und Bindung von Mitarbeitern – unabhängig davon, ob sie Schlüsselkräfte sind oder nicht – erfolgskritisch. Bietet man für die eigenen Funktionen bzw. Jobs weniger als der Markt (liegt man also mit seinen Vergütungsangeboten unterhalb jener Schwellenwerte, die am Markt aktuell die Mindestgrenzen der relevanten Bandbreiten darstellen), so wird man kaum neue Mitarbeiter finden und schon gar nicht für längere Zeit in der Organisation halten können. Darüber hinaus besteht die Gefahr, dass bestehende Mitarbeiter, sobald sie von solch einer Unterzahlung Wind bekommen, das Weite suchen und sich am Markt nach neuen Arbeitgebern umsehen werden, wenn diese für ihre bisherige Funktion mehr bezahlen. Umgekehrt ist es für ein Unternehmen ebenfalls ungünstig, wenn für die eigenen Funktionen bzw. Jobs um einiges mehr vergütet wird, d. h. es mit seinen spezifischen Vergütungsangeboten über den Bandbreiten liegt. Aus betriebswirtschaftlicher Sicht gefährden die dadurch verursachten, höheren Personalkosten den ökonomischen Erfolg und können somit ebenso zu einem eklatanten Wettbewerbsnachteil führen.

---

12 Kollektivverträge sind Teil des kollektiven Arbeitsrechts und im ersten Teil des österreichischen Arbeitsverfassungsgesetzes (ArbVG) geregelt. Es handelt sich – ähnlich wie bei den in der Bundesrepublik Deutschland abgeschlossenen Tarifverträgen – um schriftliche Vereinbarungen zu Mindestlöhnen und Grundgehältern sowie anderen Arbeitsbedingungen zwischen den kollektivvertragsfähigen Körperschaften der Arbeitgeber und Arbeitnehmer.

13 Bei der Stellenbewertung werden auf der Basis von Positions- und Kompetenzanforderungen ausgewählte oder alle Funktionen innerhalb eines Unternehmens oder einer Organisation nach einem standardisierten Verfahren bewertet. Dies erfolgt unabhängig von etwaigen Funktionsinhabern, da ausschließlich die Stelle selbst im Fokus steht. Nach Bewertung der funktionsbezogenen Kriterien liegt am Ende als Ergebnis entweder eine Gesamtpunkteanzahl *(„Job Grading")* pro Funktion oder eine Rangfolge *(„Job Ranking")* aller Funktionen vor. Je nach der Punkteanzahl oder nach der Positionierung in der Rangfolge hat eine Funktion eine höhere oder niedrigere Wertigkeit im Vergleich zu allen anderen.

Beeinflusst wird der Marktwert durch unterschiedliche Faktoren, die ebenfalls in professionelle Vergütungsstudien Eingang finden, um am Ende bei deren Anwendung zur Analyse und Pflege der internen Vergütungssituation nicht Äpfel mit Birnen zu vergleichen. Dazu zählen:

- Einflussfaktor „Firmengröße" (je größer das Unternehmen, desto höher ist das Entgelt bzw. die Vergütung),
- Einflussfaktor „Berufserfahrung und Lebensalter" (je größer die Berufs- und Lebenserfahrung, desto höher ist das Entgelt bzw. die Vergütung),
- Einflussfaktor „Ausbildung" (je höher die Qualifikation, desto höher ist das Entgelt bzw. die Vergütung),
- Einflussfaktor „Region" (je größer und attraktiver das Ballungszentrum oder die Region, desto höher ist das Entgelt bzw. die Vergütung) und
- Einflussfaktor „Branche" (je wirtschaftlich gewichtiger und attraktiver die Branche, desto höher ist das Entgelt bzw. die Vergütung).

Zweifellos zählen daher auf Basis von Marktdaten erstellte Vergütungsstudien zum Rüstzeug eines jeden Entscheidungsträgers (sei es in HR oder in den Geschäftseinheiten), der die erstmalige Festlegung des Entgelts für eine Funktion und dessen fortlaufende Pflege verantwortet. Der Analyse und dem Einsatz der Marktbänder ist in diesem Kapitel noch ein eigener Abschnitt gewidmet. Davor steht nun im nächsten Schritt die leistungsorientierte Komponente im Fokus.

2.2.2. Variable Vergütung als leistungsorientierte Komponente

Ergänzend zum funktionsbezogenen Entgelt bieten viele Unternehmen eine leistungsorientierte Komponente (auch *„Variable Pay"* genannt). Sie verfolgen damit verschiedene Zielsetzungen:

- Motivation und Leistungsanreiz für die Mitarbeiter gemäß dem Prinzip *„Pay for Performance"*, um erbrachte Leistung adäquat zu honorieren,
- Festlegung von thematischen Schwerpunkten bei der Vereinbarung von Zielen für die Leistungserbringung, deren Erreichung unmittelbar auf die leistungsorientierte Komponente wirkt,
- Förderung des unternehmerischen Denkens und der damit verbundenen – teilweisen – Übertragung des Risikos für den Erfolg des Unternehmens,
- mittel- bis längerfristige Bindung der erfolgsorientierten Mitarbeiter an das Unternehmen oder die Organisation durch leistungsabhängige Verdienstmöglichkeiten,
- positiver Beitrag zur Arbeitgeberattraktivität und zum Unternehmensimage.

Variable Vergütungen beruhen auf messbaren Größen, die in den Zielvereinbarungen der Mitarbeiter oder der Teams festgelegt werden. Der Abschluss von Zielvereinbarungen erfolgt entweder im Rahmen des Mitarbeitergesprächs oder in den Dialogformen des Performance Management Prozesses (vgl. dazu die Ausführungen in den jeweiligen Kapiteln 15. und 16. zum „Mitarbeitergespräch" und zum „Performance Management Prozess"). Gleichzeitig werden das Intervall der Leistungserbringung (z. B. Geschäftsjahr, Arbeitsquartal) und ein Stichtag definiert, an dem die Erfüllung der Ziele gemessen wird. Der ermittelte Zielerreichungsgrad wirkt sich danach unmittelbar auf den tatsächlichen Betrag der variablen Vergütung aus, der schlussendlich zur Auszahlung gelangt.

Die dabei eingesetzten Zielsysteme (z. B. Management by Objectives – MbO, Objectives & Key Results – OKR, Balanced Scorecard – BSC) können auf die unterschiedlichen Leistungsebenen ausgerichtet sein. Je nachdem, auf welcher Ebene der Schwerpunkt liegt, betreffen die Zielvereinbarungen

- die Ebene des Mitarbeiters,
- die Ebene des Teams,
- die Ebene des Unternehmens oder der Gesamtorganisation.

Somit können Zielvereinbarungen einzelne oder auch alle Ebenen einschließen. Im ersten Schritt ist daher zu klären, ob die variable Vergütung eines Mitarbeiters von seinen individuellen Zielen und/oder Teamzielen und/oder Unternehmenszielen abhängig sein soll. Im nächsten Schritt ist zu überlegen, ob eine Gewichtung Sinn macht, um dadurch eine weitere Schwerpunktsetzung zu bewirken. Beispielsweise könnte somit eine Zielvereinbarung zu 60 % individuelle Ziele (Mitarbeiterziele), die die unmittelbare Leistung bezogen auf den Funktionsbereich des Mitarbeiters betreffen, zu 30 % Teamziele, die die Leistung des Teams, in dem der Mitarbeiter tätig ist, tangieren und zu 10 % Unternehmensziele, die man für die Gesamtorganisation festgelegt hat, beinhalten. Diese Gewichtung kann je nach Funktion und Aufgabengebiet variieren. In der Führungspraxis orientiert man sich hier zumeist an der Wertigkeit, am Einflussgrad und am Verantwortungsumfang der jeweiligen Funktion. Demzufolge sind bei Inhabern von Funktionen, bei denen diese Aspekte besonders hoch ausgeprägt sind, die Unternehmensziele stärker gewichtet als im Vergleich dazu die individuellen Ziele (z. B. 30 % Mitarbeiterziele, 20 % Teamziele und 50 % Unternehmensziele). Verhält es sich genau umgekehrt, nämlich dass der Funktionswert, der Einfluss und die Verantwortung jobbedingt eher schwächer ausgeprägt sind, so liegt das Gewicht viel mehr auf den individuellen Zielen und eventuell auf den Teamzielen (z. B. 70 % Mitarbeiterziele, 30 % Teamziele). Unternehmensziele kommen möglicherweise in letzterem Fall kaum oder gar nicht mehr zum Tragen.

Ein weiteres Differenzierungsmerkmal ist der Anteil der variablen Vergütung an der Gesamtvergütung, die sich aus dem funktionsbezogenen und leistungsorientierten Anteil zusammensetzt. Auch hier spielt häufig die Wertigkeit der Funktion, ihr Einflussgrad auf die Gesamtorganisation und ihr Verantwortungsumfang eine entscheidende Rolle. Vergütungsstudien zeigen in der Praxis meist folgende Verteilung hinsichtlich des leistungsorientieren Anteils an der Gesamtvergütung in %:

- Geschäftsführung: 25–30 %
- Bereichsleitung: 20–25 %
- Abteilungsleitung: 15–20 %
- Teamleitung: 10–15 %
- Experten, Spezialisten: 5–10 %
- Fachkräfte: < 5 %

Wurde beispielsweise mit einem Geschäftsführer eine Gesamtvergütung von EUR 120.000,– p.a. brutto mit einem variablen Anteil von 30 % vereinbart, so betragen der funktionsbezogene Anteil EUR 84.000,– p.a. brutto (entspricht 70 % der Gesamtvergütung) und der leistungsorientierte Anteil EUR 36.000,– p.a. brutto (entspricht 30 % der Gesamtvergütung). Bei Vertriebsfunktionen erreicht der variable Anteil oftmals ebenso 25 bis 30 %, um die individuelle Leistung in einer Verkaufsperiode unmittelbar mit dem tatsächlichen Auszahlungsbetrag zu koppeln und so den Vertriebsmitarbeitern eine verstärkte Beeinflussung ihrer Gesamtvergütung durch ihre Verkaufserfolge zu ermöglichen.

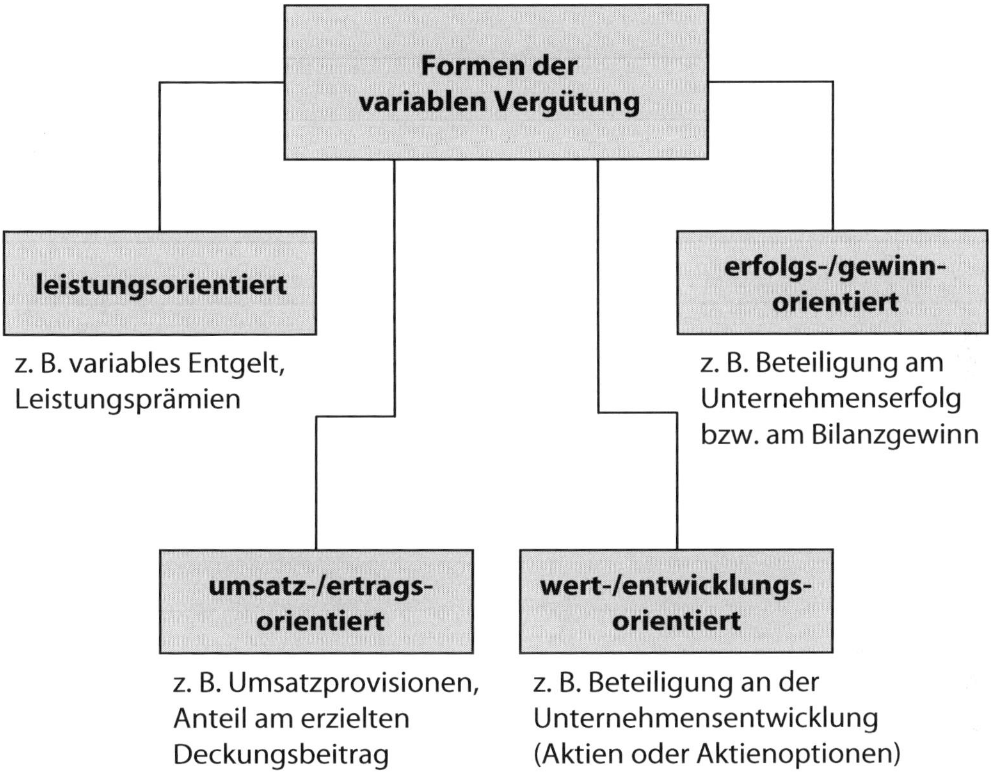

Abb. 4: Formen der variablen Vergütung

Wie erwähnt, ist in den bisherigen Ausführungen der leistungsorientierte Anteil unmittelbar mit der Performance auf den unterschiedlichen Ebenen und den damit verbundenen Zielsetzungen verknüpft, deren Erreichung die tatsächliche Höhe der variablen Vergütung oder der allfällig vereinbarten Leistungsprämien determiniert. Eine andere Form ist im Gegensatz dazu die Orientierung an betriebswirtschaftlichen Indikatoren, die eine Beteiligung am Umsatz oder an einer anderen relevanten Kenngröße (z. B. Deckungsbeitrag oder Wertschöpfungsbeitrag) und entsprechende Provisionszahlungen vorsieht. Dabei wird zu Beginn der Leistungsperiode jener Prozentsatz vereinbart, den der Mitarbeiter als Provision vom erzielten Umsatz am Ende erhält. Gerade in umsatzstarken Branchen, wie z. B. Handel, Gastronomie oder Finanzvertrieb, kommt diese Art der variablen Vergütung im Vergleich zu anderen vermehrt zur Anwendung.

Dritte und weitere Form ist jene, die sich primär am Erfolg des Unternehmens oder der Organisation orientiert. Dabei werden die Mitarbeiter etwa am Unternehmensgewinn beteiligt, was nicht nur im Optimalfall den Leistungsanreiz des einzelnen zusätzlich zu anderen Motivationsfaktoren erhöht, sondern erfahrungsgemäß auch zu einer intensiveren Bindung der Beschäftigten an das Unternehmen beiträgt. Darüber hinaus ist bei der Nutzung dieser Art der Beteiligung anzumerken, dass in der letzten Zeit Gewinnbeteiligungsmodelle steuerlich begünstigt[14] wurden, um ihre Attraktivität sowohl für die Unternehmen als auch ihre Mitarbeiter zu steigern. Sich das näher anzusehen, ist in jedem Fall überlegenswert.

Eine vierte Variante wäre die Beteiligung an der Unternehmensentwicklung bzw. an der Wertsteigerung des Unternehmens durch beispielsweise die kostenlose Zuteilung von Aktien[15] an die Beschäftigten oder den kostengünstigen Erwerb von Aktien durch die Mitarbeiter (eine Alternative dazu stellt das Einräumen von Aktienoptionen dar). Sie haben damit die Chance, über den Wertzuwachs beim Aktienkurs und über allenfalls ausgeschüttete Dividenden an der Wertentwicklung des Unternehmens, in dem sie tätig sind, zu partizipieren.

Die bisher erläuterten Formen finden größtenteils ihren Niederschlag in unternehmensinternen Regelungen, sodass Führungskräfte und Mitarbeiter die jeweiligen Konditionen („Spielregeln“) zu den variablen Vergütungsvarianten den dokumentierten Richtlinien entnehmen können. Dies erfolgt nicht nur zum Zwecke des leichteren Verständnisses und der höheren Akzeptanz, sondern auch aus Gründen der Transparenz und Nachvollziehbarkeit. Trotz all solcher Regularien ist es jedoch vernünftig, den Entscheidungsträgern (Führungskräften) obendrein die Möglichkeit einzuräumen, ungeplante und nicht vorhersehbare Spitzenleistungen einzelner Mitarbeiter oder Teams entsprechend würdigen und zeitnah honorieren zu können (z. B. ein Mitarbeiter übernimmt zusätzlich zu seiner Funktion interimistisch eine weitere, da diese durch den plötzlichen Ausfall des bisherigen Funktionsinhabers vakant wurde oder ein Mitarbeiter schafft es in einem Krisenprojekt durch sein beherztes Eingreifen, etwaige großflächige Schäden abzuwenden). Oftmals gelangen für solche herausragenden Leistungen und Erfolge sogenannte „Spot-Bonus-Programme“ (kurz: *„Spot-Boni“*) in der Gestalt von Einmalzahlungen zur Anwendung, um schnell und unkompliziert sowie angemessen darauf reagieren zu können. Der vom Mitarbeiter mit hoher Wahrscheinlichkeit empfundene Überraschungseffekt – schließlich konnte er im Vorhinein nicht damit rechnen – gibt ihm überdies die Gewissheit, dass seine Leistung nicht nur wahrgenommen, sondern auch respektiert und anerkannt wird.

---

14 In Österreich: Einführung eines Freibetrages mit 1.1.2022.

15 Bei Mitarbeiteraktien – auch Belegschaftsaktien genannt – handelt es sich um Aktien, die Mitarbeiter des jeweiligen Unternehmens (Aktiengesellschaften) zum Vorzugspreis erwerben können oder die ihnen aufgrund ihrer Funktion als Teil ihrer Gesamtvergütung kostenlos zugeteilt werden. Erstere werden oftmals mit weiteren Vergünstigungen angeboten, wie etwa kostenlose Bonusaktien im Verhältnis zur Anzahl von erworbenen Aktien. Aufgrund der günstigen Konditionen, zu denen die Mitarbeiteraktien angeschafft oder zugeteilt werden, besteht für diese in der Regel eine Sperrfrist, innerhalb der ein Verkauf nicht möglich ist.

2.3. Vergütungsbandbreiten und Benchmarking

Vergütungsbänder sind ein bedeutsames Instrument der betrieblichen Personalpolitik und dienen zur Orientierung sowie als Entscheidungshilfe, wenn es darum geht, die Vergütung für unternehmensbezogene Funktionen zu ermitteln oder konkret für einzelne Mitarbeiter festzulegen. Sie werden nach Markterhebungen von darauf spezialisierten Beratungsunternehmen nach verschiedenen Parametern (z. B. nach Funktionen, nach Branchen, nach Regionen) analysiert und für den Einsatz im Rahmen eines *„Benchmarking“* aufbereitet beziehungsweise den interessierten Nutzern in Form von Vergütungsstudien zur Verfügung gestellt. Damit erhält der Anwender einen profunden Überblick über die aktuelle Vergütungssituation am (Arbeits-)Markt und kann eruieren, was beispielsweise vergleichbare Unternehmen für bestimmte Funktionen in Abhängigkeit von Branche und Region usw. aktuell bezahlen. Das Vergütungsband für eine Funktion zeigt nach der statistischen Auswertung die Spanne zwischen der Unter- und Obergrenze (Minimal-/Maximalvergütung) sowie den Median[16]. Anders gesagt, spiegeln Vergütungsbänder wider, in welcher Spanne bzw. Bandbreite die Vergütung für eine bestimmte Funktion zum Zeitpunkt der Erhebung liegt (vgl. dazu die nachfolgende Abbildung).

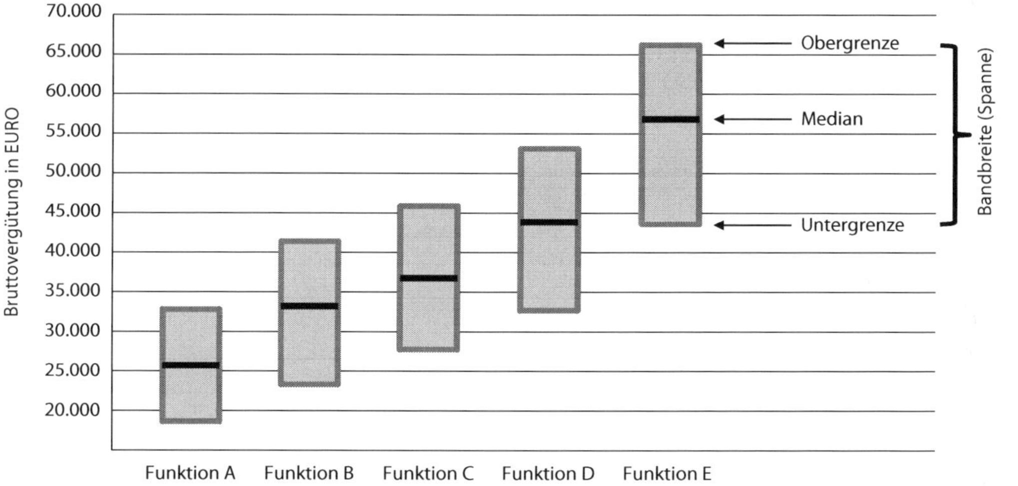

Abb. 5: Schematische Darstellung von Vergütungsbändern

16 Der Median ist der Wert, der genau in der Mitte einer Datenreihe liegt, die nach der Größe geordnet ist. Er halbiert die Datenreihe, sodass eine Hälfte der Daten unterhalb und die andere Hälfte oberhalb des Medians in der geordneten Reihe liegt. Der Median sagt aus, dass mindestens die Hälfte der Werte kleiner gleich und mindestens die Hälfte größer gleich dem Median ist. Bei der Ermittlung von Vergütungsbändern werden im Zuge der Anordnung der erhobenen Vergütungsdaten diese in vier Viertelwerte („Quartile“) zerlegt. Schlussendlich wird für das tatsächliche Band pro Funktion das untere Ende des 2. Quartils (Minimalwert), der Median (Zentralwert) und das obere Ende des 3. Quartils (Maximalwert) herangezogen. Dieses Vorgehen wird auch als „Quartilanalyse“ bezeichnet. Durch das Exkludieren der Extremwerte (das sind jene Daten, die im 1. Quartil bzw. im 4. Quartil aufscheinen) erhöht sich die Aussagekraft und ein Vergleich von betriebsinternen Vergütungsdaten mit dem Markt führt zu realistischeren Ergebnissen.

Konkrete Anwendung finden Vergütungsbänder in Such- und Auswahlprozessen, wenn es vor Anstellung eines neuen Mitarbeiters darum geht, die Vergütung für eine zu besetzende Funktion zu verhandeln und die Forderung von potenziellen Kandidaten mit den Marktdaten abzugleichen. Ging der Verhandlung eine Ausschreibung voraus, in der die zukünftige Vergütung bereits bekanntzugeben war, so erleichtern Vergütungsbänder die Festsetzung des offerierten Entgelts schon bei Ausschreibungsstart, um das Interesse bei den Bewerbern zu wecken und von ihnen nicht frühzeitig aufgrund eines unattraktiven Vergütungsangebots als potenzieller Arbeitgeber ausgeschieden zu werden.

Desgleichen sind Vergütungsbänder bei internen Funktionswechseln oder generell bei innerbetrieblichen Personalbewegungen eine Hilfestellung, wenn Beschäftigten im Unternehmen eine attraktive, marktgerechte Vergütung für die Übernahme einer anderen Funktion geboten werden soll.

Schließlich dienen sie generell zur aktiven Vergütungspflege und zur nachhaltigen Entwicklung des Einkommens aller Mitarbeiter, wenn dieses regelmäßig auf Basis von Vergütungsbändern den Marktdaten und somit dem aktuellen Vergütungsniveau pro Funktion gegenübergestellt wird. Diese Überprüfung kann im Rahmen der jährlichen Gehalts- bzw. Lohnrunden zur Diskussion der Vergütungssituation aller Beschäftigten erfolgen oder mit dem gegebenenfalls im Unternehmen etablierten Performance-Management-Prozess gekoppelt werden. Werden Anpassungen auf Basis eines solchen Vorgehens vorgenommen und darüber hinaus in transparenter Form auch an die Mitarbeiter kommuniziert und gut begründet, so trägt dies mit hoher Wahrscheinlichkeit zur besseren Nachvollziehbarkeit und gesteigerten Akzeptanz bei (warum beispielsweise beim Mitarbeiter A eine Vergütungsanpassung vorgenommen wurde und beim Mitarbeiter B nicht). Es versteht sich dabei von selbst, dass die zugrunde gelegten Bänder in periodischen Abständen erneuert werden müssen (mindestens einmal jährlich aufgrund der kollektiv- bzw. tarifvertraglichen Erhöhungen).

Eine viel diskutierte Frage ist die der innerbetrieblichen Veröffentlichung von Vergütungsbändern. Soll es dadurch den Mitarbeitern ermöglicht werden, ihre aktuelle Vergütung mit jener, die derzeit am Markt für ihre Funktion bezahlt wird, abzugleichen? Eine richtige Antwort gibt es in diesem Zusammenhang nicht, denn diese hängt vielmehr von der Unternehmenskultur ab – nämlich wie eine solche Transparenz[17] erfahrungsgemäß von den Beschäftigten wahrgenommen und was von ihnen daraus gemacht wird. Sind sie in der Lage, die Bänder mit einem objektiven Blick aufzunehmen und sich nicht ausschließlich von subjektiven Vorstellungen oder Wünschen leiten zu lassen, so ist eine Kommunikation im Unternehmen sicherlich überlegenswert. Wenn man sich dafür entscheidet, so muss man sich aber ebenso bewusst sein, dass das mit ziemlicher Sicherheit zu der einen oder anderen Diskussion und unter Umständen zur Neuverhandlung

17 Zum Thema „Transparenz" gibt es auch aktuelle Entwicklungen auf europäischer Ebene. Am 4. März 2021 hat die EU-Kommission den Entwurf einer Richtlinie über Entgeltgleichheit und Gehalts-/Lohntransparenz präsentiert, der am 30. März 2023 vom EU-Parlament gebilligt wurde. Geplant sind demnach Maßnahmen zur Steigerung der Gehalts-/Lohntransparenz, wiez. B.Berichterstattungspflichten für Unternehmen, Auskunftsansprüche oder verpflichtende Angaben zum Entgelt für Arbeitssuchende und Bewerber, Reduktion der Lohndiskriminierung durch Besserstellung in Gerichtsverfahren zur Durchsetzung der Ansprüche (Entgelttransparenzrichtlinie 2023/970/EU).

der Vergütung zwischen manchen Mitarbeitern und ihren Vorgesetzten führt. Erfahrene Führungskräfte können damit professionell umgehen, für unerfahrene sind solche Gespräche gewiss eine Herausforderung, für die sie Unterstützung benötigen.

Bei der Nutzung und Anwendung von Vergütungsbändern lohnt es sich daher, die Gegebenheiten im Unternehmen stets einzubeziehen, um nicht unnötig Unruhe in der Organisation auszulösen. Nichtsdestotrotz sind sie ein essenzielles Instrument, das erwiesenermaßen bei fachgerechtem Einsatz zu einer signifikanten Verbesserung sowie marktgerechteren Umgestaltung der innerbetrieblichen Vergütungsstrukturen beiträgt und zusätzlich die Arbeitgebermarke stärkt.

2.4. Fazit

Die Bedeutung eines professionellen Compensation Managements und einer betrieblichen Vergütungspolitik, die für Beschäftigte und potenzielle Mitarbeiter attraktiv ist und sie zugleich dauerhaft an die Organisation bindet, darf man nicht unterschätzen. Alle durchgeführten Erhebungen bei diesen Zielgruppen hinsichtlich der entscheidenden Faktoren zur Aufnahme oder Weiterführung einer Beschäftigung fördern so ziemlich dasselbe, wenig erstaunliche Ergebnis zutage – nämlich, dass die Vergütung in den Kriterienlisten stets noch vor anderen Beschäftigungsbedingungen ganz oben zu finden ist, wenn Beschäftigte oder Bewerber vor der Wahl stehen, sich für oder gegen einen Arbeitgeber entscheiden zu müssen. Diese ungebrochene Relevanz lässt sich nicht zuletzt auf den Arbeitskräftemangel, durch den immer mehr Arbeitgeber um die Gunst der Arbeitnehmer buhlen müssen, und auf gestiegene Lebenshaltungskosten zurückführen, deren Abdeckung die Arbeitnehmer über eine angemessene Vergütung erreichen wollen. Kein Unternehmen darf mehr allein darauf vertrauen, ausschließlich mit anderen Themen, wiez. B.gutes Betriebsklima oder moderne Arbeitsplätze, am Arbeitsmarkt zu punkten. Nur der, der sich mit dem Vergütungsmanagement strategisch auseinandersetzt, hat tatsächlich diese Zeichen der Zeit verstanden und weiß, dass er damit à la longue seine Wettbewerbsposition determiniert.

Ein weiterer Aspekt, warum man das Thema nicht links liegen lassen sollte, ist das Spannungsfeld, in dem man sich als Unternehmen oder Organisation befindet. Orientiert man sich mit seinen Vergütungsangeboten wenig bis gar nicht am Markt und bietet ein höheres Entgelt, das weit über jenem der anderen Arbeitgeber liegt, so verursacht dieses Vorgehen unnötige Kosten, die einen über kurz oder lang stark unter Druck bringen können. Umgekehrt beeinträchtigt eine zu geringe Vergütung ebenso die Wettbewerbsstärke des Unternehmens, da sich die verfügbaren Arbeitskräfte anderweitig umsehen werden. Hier die richtige Balance zu finden, um sich mit marktgerechten und leistungsorientierten Angeboten gegenüber den anderen Marktteilnehmern durchzusetzen, ist nicht nur in von Umbrüchen gekennzeichneten Phasen von Belang, sondern zählt permanent zu einer der wesentlichsten Herausforderungen des Personalmanagements.

Die Transformation hin zur neuen Normalität hat darüber hinaus ebenfalls den Fokus wieder stärker auf die Vergütung gelenkt und neue Ansätze entstehen lassen, die sich in vielen Betrieben gerade operativ zu etablieren beginnen. Diese sind im Kapitel 25. „Vergütung 4.0" zusammengefasst und vermitteln einen Eindruck, welche Maßnahmen und Ideen neue Spielräume bei der Vergütung der Mitarbeiter eröffnen. Einige Anregungen daraus aufzugreifen, hat nicht nur seine Vorteile im Hinblick auf die eigene Attraktivität, sondern führt mit hoher Wahrscheinlichkeit zu einem Vorsprung am Markt, wenn es darum geht, sich weiterhin als begehrter Arbeitgeber zu behaupten und gegenüber anderen erfolgreich zu positionieren.

3. Diversity Management – Förderung und Nutzung personeller Vielfalt

3.1. Einführung

Zunehmend setzt sich bei den Entscheidungsträgern in den Unternehmen die Einsicht durch, dass die Heterogenität der Beschäftigten etwas Wertvolles darstellt und positiv für die Erreichung der Unternehmensziele genutzt werden kann. Führungskräfte, die ausschließlich nach einem bestimmten Mitarbeitertypus Ausschau halten, werden alsbald an ihre Grenzen stoßen. Nicht nur, dass es diesen Einheitsmitarbeiter nicht gibt, wäre es für die Generierung von neuen Ideen und die Forcierung von Innovationen fatal, würde man immer nur auf dasselbe Potenzial zurückgreifen. Gerade die Vielfalt im Unternehmen kann für den Fortbestand des Unternehmens wichtige Impulse liefern und so zu einer prosperierenden Entwicklung beitragen. Dies erfordert ein Umdenken in der gesamten Unternehmenskultur und in der Form der Zusammenarbeit. Einerseits dürfen Diskriminierungen nicht geduldet und andererseits müssen alle Anstrengungen unternommen werden, um ein positives Arbeitsklima zu etablieren und um eine Verbesserung der Chancengleichheit voranzutreiben. Was dies konkret bedeutet und welche Maßnahmen einen Perspektivenwechsel – weg vom Trennenden hin zum Verbindenden – begünstigen, damit beschäftigt sich dieses Kapitel.

Jeder Mitarbeiter ist einzigartig und zeichnet sich durch seine individuellen Kompetenzen, Erfahrungen und Fähigkeiten aus. Eine von diesem Grundsatz geprägte Werthaltung determiniert die Aktivitäten des Diversity Managements, welches die Nutzung der personellen Vielfalt im Unternehmen zum Ziel hat. Der Fokus richtet sich dabei auf die Gesamtheit aller Mitarbeiter in ihren Unterschieden und Gemeinsamkeiten, um die jeweiligen Potenziale adäquat zu berücksichtigen. Dies erfordert ein Klima der gegenseitigen Wertschätzung und Offenheit für andere Perspektiven, das neue Ideen entstehen lässt und im Idealfall eine Haltungs- und Einstellungsänderung einleitet. Langfristig führt dies zu einem Kultur- und Wertewandel im Unternehmen und in den Köpfen der Mitarbeiter.

Die Gestaltung der betrieblichen Personalpolitik stellt dafür einen essenziellen Katalysator dar, da in allen Handlungsfeldern die jeweilige Vielseitigkeit der Mitarbeiter zum Tragen kommt und somit auf die Kultur der Zusammenarbeit wirkt. Vielfalt bezieht sich dabei nicht nur auf einzelne Aspekte, sondern umfasst Unterschiede hinsichtlich des Geschlechts, der Ethnie, des Alters, der körperlichen Behinderung und der sexuellen Orientierung (auch *Primärdimensionen* genannt) sowie hinsichtlich der Herkunft, des Familienstands, der religiösen Einstellung und des Lebensstils (diese werden auch als *Sekundärdimensionen* bezeichnet). Gerade Erstere können in international tätigen Unternehmungen den Erfolg aller Geschäftsaktivitäten wesentlich beeinflussen, da sie je nach Ausprägung die interkulturelle Kompetenz erhöhen und ein Agieren im globalen Umfeld erleichtern. Viele Unternehmen haben den Wert dieser Ressourcen bereits erkannt und ihre Personalstrategien danach ausgerichtet.

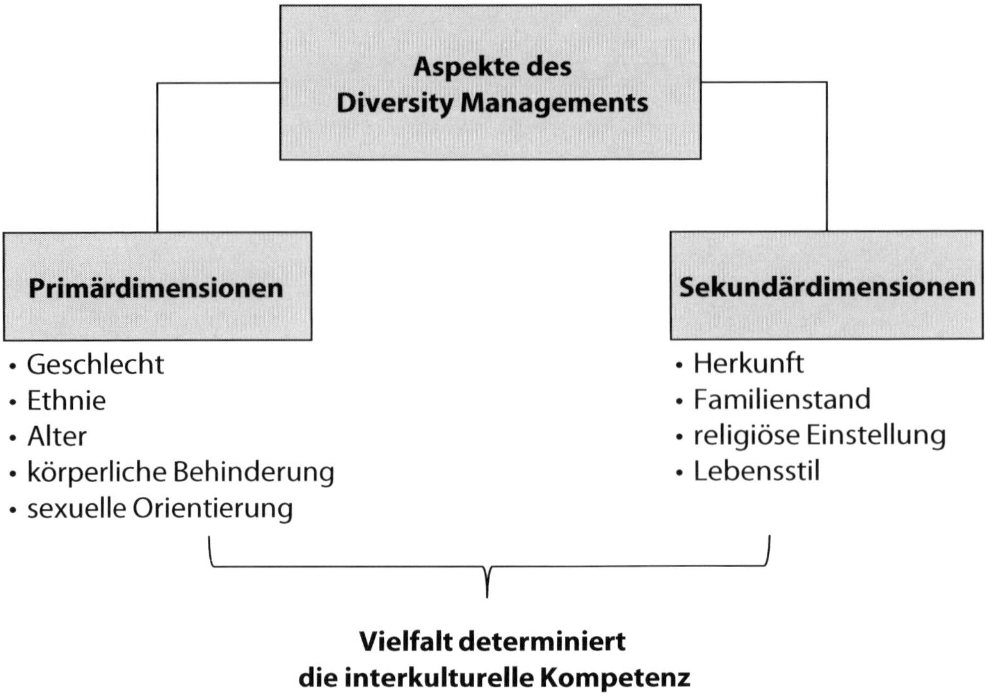

Abb. 6: Aspekte des Diversity Managements

3.2. Zielsetzungen des Diversity Managements

Neben dem beabsichtigten Wandel in den Werthaltungen peilt dieses Konzept ein Zurückdrängen von Diskriminierungen und eine Steigerung der Chancengleichheit an, um so

- das Potenzial für Kreativität und Innovation zu erweitern,
- die Problemlösungskapazität und Produktivität zu erhöhen,
- die Basis für die Nachwuchssicherung zu verbreitern und
- dadurch die Wettbewerbsfähigkeit zu stärken.

Nationale Herkunft, Umgang mit unterschiedlichen Kulturen, Religionen und Sprachen sollen nicht mehr als hemmende Faktoren, sondern als kollektives Potenzial gesehen werden.

Durch eine gezielte Integration und die proaktive Förderung von Verschiedenartigkeit innerhalb der Mitarbeiterstruktur zielt Diversity Management schlussendlich darauf ab, einen Beitrag zum wirtschaftlichen Erfolg zu generieren und die Unterschiede als strategische Ressource produktiv im Sinne der Unternehmensziele einzusetzen sowie sich daraus ergebende Synergien zu nutzen. Die vielfältigen Einstellungen, Fähigkeiten und Kompetenzen der Mitarbeiter, die vor dem Hintergrund unterschiedlicher Lebenskontexte und Erfahrungen entstanden sind, stellen dafür ein wertvolles Fundament dar.

3.3. Gründe für die Etablierung eines Diversity Managements

Die oben dargelegten Zielsetzungen resultieren aus den geänderten Umfeldbedingungen und den wirtschaftlichen Umbrüchen aufgrund der Digitalisierung, in denen sich insbesondere global agierende Organisationen und Unternehmen bewegen. Neue Märkte, neue Geschäftsmodelle und neue Kundenschichten erfordern eine Differenzierung von Produkten und Dienstleistungen, um den jeweiligen auch kulturell bedingten Anforderungen adäquat zu begegnen. Multiethnische Teams zeichnen sich durch Kenntnisse von Verhaltensweisen, kulturellen Besonderheiten, Sprachen und gesellschaftlichen Entwicklungen potenzieller Absatzmärkte aus. Somit ist es von Vorteil, wenn sich die Merkmale der Kunden auch in der Zusammensetzung der Belegschaft widerspiegeln. In dieser Hinsicht stellen heterogene Mitarbeiterstrukturen eine unumgängliche Voraussetzung für die erfolgreiche Realisierung international ausgerichteter Geschäftsstrategien dar.

Darüber hinaus sprechen auch demografische Gründe und der immer drängender werdende Facharbeitermangel dafür, kulturelle Vielfalt im Unternehmen zuzulassen. Um eine ausreichende Zahl an Nachwuchskräften bereitstellen zu können, ist es geradezu (über-)lebensnotwendig, auf das multikulturelle Potenzial zurückzugreifen und nicht nur auf lokalen Arbeitsmärkten zu rekrutieren. Dabei ist ebenso die Politik besonders gefordert, für ein ordnungspolitisches Instrumentarium zu sorgen, welches sowohl die Beschäftigung von Mitarbeitern mit Migrationshintergrund fair regelt als auch deren Integration in einem wertschätzenden und toleranten Klima ermöglicht. Die positive Bewertung menschlicher Vielfalt im Rahmen allgemeiner Menschenwürde und ein gesellschaftlicher Perspektivenwechsel, der den Blick auf die Potenziale und Kompetenzen eines Menschen lenkt, müssen dabei im Vordergrund stehen.

Die in vielen Ländern geltenden Antidiskriminierungsregelungen sind ein weiterer Grund, warum Unternehmen dazu übergehen, ein eigenes Diversity Management zu etablieren. Alle Personalprozesse stehen dabei im Fokus und müssen hinsichtlich etwaiger Benachteiligungen bei Arbeitsabläufen sowie bei Personalentscheidungen laufend überprüft werden. Diskriminierungen sind auf Basis der gesetzlichen Regelungen zu sanktionieren und durch entsprechende Mechanismen zurückzudrängen, da sie ansonsten bei vermehrtem Auftreten zu einer Beeinträchtigung des Arbeitgeberimages führen.

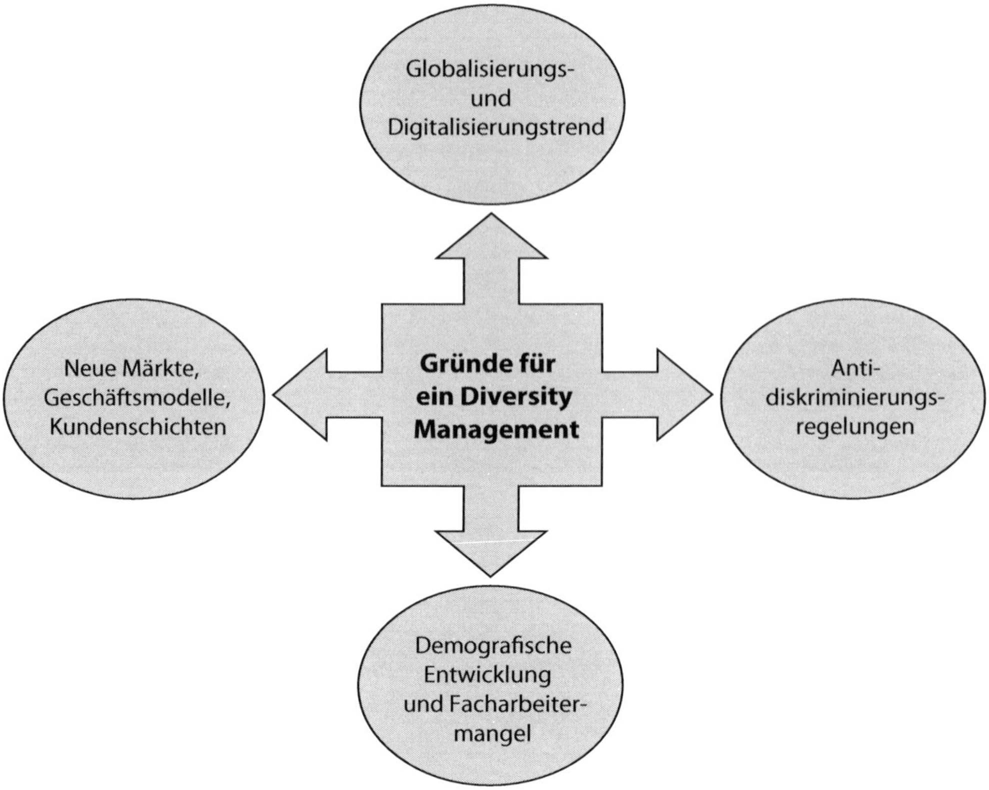

Abb. 7: Gründe für ein Diversity Management

3.4. Erfolgsvoraussetzungen

Für die professionelle Implementierung eines Diversity-Konzepts sollte man beachten, dass dafür bestimmte Voraussetzungen notwendig sind, die die Erreichung der beabsichtigten Ziele determinieren. Zu diesen Voraussetzungen zählen:

3.4.1. Commitment der Unternehmensleitung

Diversity verlangt einen Abschied von der Mono-Kultur und somit eine innere Überzeugung sowie den Willen der Unternehmensleitung, Vielfalt als wertvolle Ressource im Unternehmen zu schätzen. Nur wenn die Führungskräfte überzeugt sind und diese Botschaft weitertragen, werden auch die Mitarbeiter mitziehen. Erst dadurch kann sich ein Umfeld entwickeln, das von Toleranz und gegenseitigem Respekt geprägt ist.

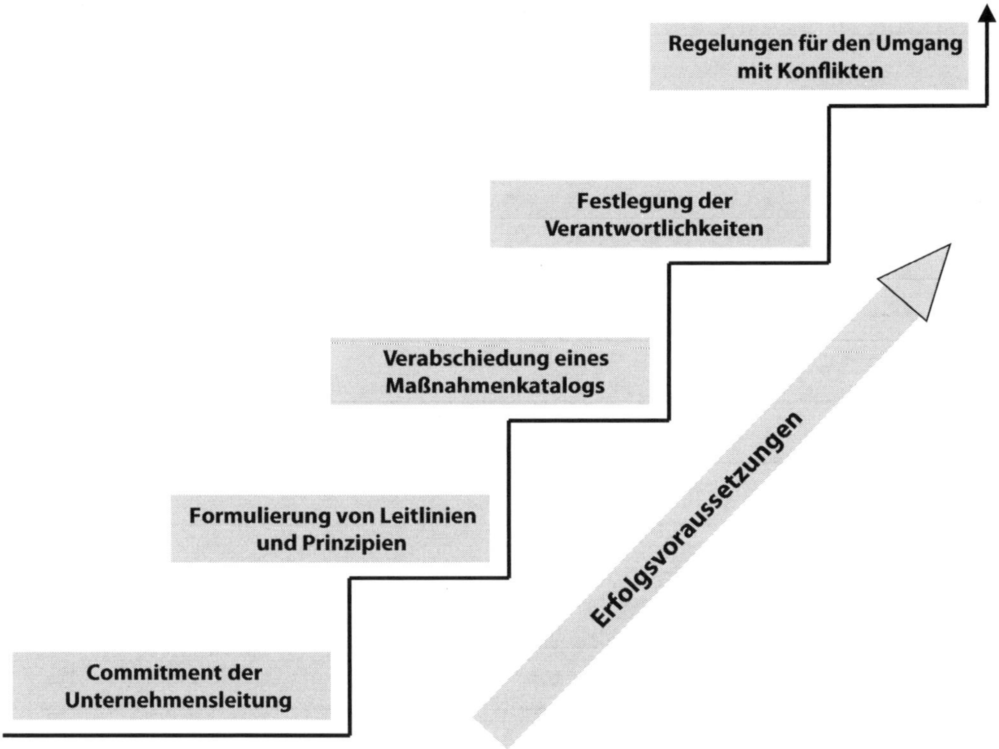

Abb. 8: Voraussetzungen für ein erfolgreiches Diversity Management

3.4.2. Formulierung von Leitlinien und Prinzipien

Soll im Unternehmen eine Diversity-Orientierung sowohl nach innen als auch nach außen transportiert werden, so macht es Sinn, diese auch im Leitbild beziehungsweise in den Unternehmensgrundsätzen zu verankern. Dadurch bekennt sich das Unternehmen explizit zur Einhaltung diversity-konformer Prinzipien, die den Umgang mit allen Aspekten der Vielseitigkeit aufzeigen und deren Verbindlichkeit – beispielsweise in einer eigenen „*DEI Policy*" (Diversity, Equity & Inclusion) – dokumentieren.

Führungskräfte und Mitarbeiter haben aufgrund verabschiedeter Leitlinien eine Basis, nach der sie ihre betrieblichen Aktivitäten ausrichten und regelmäßig einem Review unterziehen können. Darüber hinaus vermitteln sie auch ein positives Bild nach außen gegenüber Kunden, Geschäftspartnern und Bewerbern, die diesen Imagewandel des Unternehmens sicherlich goutieren und beim Treffen ihrer jeweiligen Entscheidungen im Hinblick auf eine künftige Zusammenarbeit berücksichtigen.

3.4.3. Verabschiedung eines Maßnahmenkatalogs

Diversität muss auch in konkreten Taten und adäquaten Maßnahmen sicht- und spürbar werden. Nur dadurch kann man vermeiden, dass sich Diversity ausschließlich als elaborierte Floskel in Leitsätzen wiederfindet. Vielmehr sind alle Personalprozesse dahingehend zu analysieren, ob und – wenn ja – in welchen Aktivitäten und Arbeitsfeldern der Diversity-Ansatz tatsächlich gelebt werden kann, um die Unternehmenskultur in Richtung einer wertschätzenden Zusammenarbeit zu transformieren. Ein auf Basis dieser Analyse abgeleiteter Maßnahmenkatalog ist zugleich Handlungsauftrag sowohl an die Führungskräfte als auch an die Mitarbeiter, den Diversity-Gedanken bei ihrem Tun entsprechend zu berücksichtigen. Zusätzlich dient er als Grundlage für die Erfolgskontrolle, um anhand verschiedener Kriterien die Wirksamkeit der einzelnen Maßnahmen zu überprüfen. Welche Maßnahmen hier erfahrungsgemäß als erfolgversprechend gelten, behandelt der nachfolgende Abschnitt zu den Handlungsfeldern und Umsetzungsmaßnahmen.

3.4.4. Festlegung der Verantwortlichkeiten

Abgesehen davon, dass alle Mitarbeiter im Unternehmen ihren Teil für den Erfolg beim *„Management von Diversity"* beisteuern müssen, bedarf es auch eines Themenverantwortlichen, der für die Strategie, Konzeption und Pflege der damit verbundenen Prozesse verantwortlich zeichnet. Meist fallen diese Aufgaben – aufgrund der Überschneidung mit anderen Personalthemen – in die Zuständigkeit des Personalressorts, wo sie sicherlich gut aufgehoben sind. In einigen Betrieben wurden in der Vergangenheit auch eigene Stabstellen ins Leben gerufen, um so die Bedeutung für das Unternehmen zusätzlich in der Organisationsstruktur hervorzuheben. Beides erscheint legitim, jedoch müssen die Verantwortlichen jeweils auch mit den erforderlichen Richtlinienkompetenzen ausgestattet sein, um einerseits den Verbindlichkeitscharakter bei allen Beteiligten sicherzustellen und um andererseits bei Widerständen und Verstößen gegen die Diversity-Prinzipien entsprechend agieren zu können.

3.4.5. Regelungen für den Umgang mit Konflikten

Es liegt in der Natur der Sache, dass sich Vielfalt auch immer in einer Fülle von unterschiedlichen Meinungen und Ansichten widerspiegelt, die in manchen Situationen auch zu Konflikten führen können. Diesem Konfliktpotenzial gilt es aktiv zu begegnen, um eine lösungsorientierte Aufarbeitung zu ermöglichen, bei der jeder in seiner Verantwortung gefordert ist. Eigene Regelungen, die die Form der Konfliktlösung beschreiben und den Umgang miteinander auch in schwierigen Arbeitssituationen festlegen, stellen wichtige Handlungsanleitungen für alle Beteiligten dar. In diesen kann auch für den Fall, dass Konflikte betriebsintern nicht mehr allein bewältigt werden können, die Vorgangsweise für die Inanspruchnahme von externen Mediatoren[18] definiert werden.

3.5. Handlungsfelder und Umsetzungsmaßnahmen

Mit der Sensibilisierung für dieses Thema allein ist es nicht getan, sondern erst die konkrete Umsetzung in den einzelnen Personal- und Arbeitsprozessen führt zum Erfolg. Aus diesem Grund werden im Folgenden jene themenspezifischen Maßnahmen (Hand-

18 Der Mediator (lateinisch: „Mittler") ist Vermittler in einem Kommunikations- bzw. Konfliktprozess, der Mediation genannt wird.

lungsfelder) aufgezeigt, die zur Erreichung der Diversity-Ziele erfahrungsgemäß angegangen werden sollten:

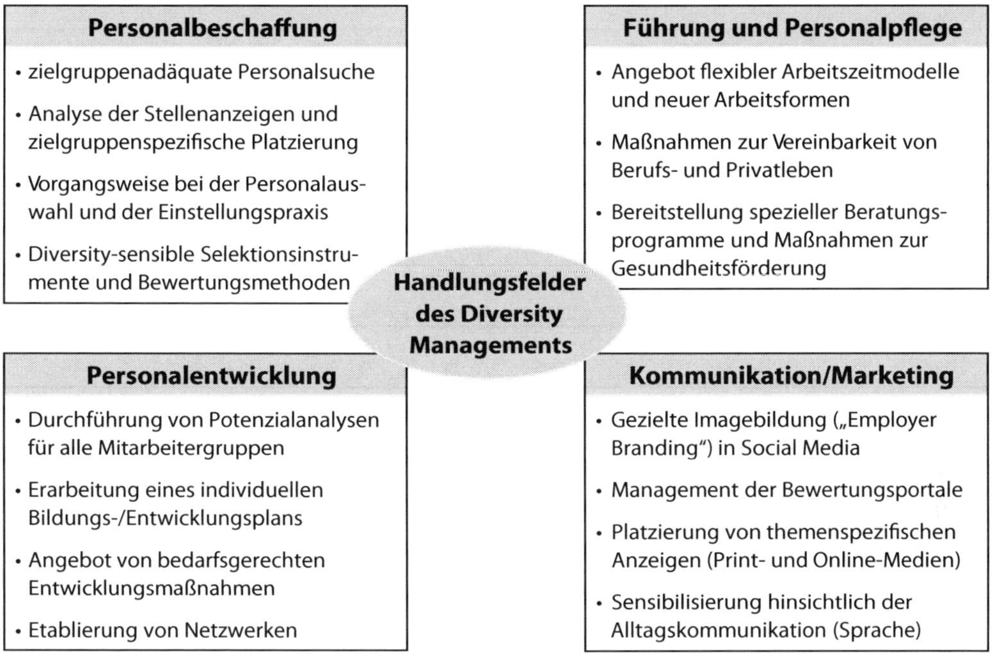

Abb. 9: Handlungsfelder des Diversity Managements

3.5.1. Handlungsfeld: Personalbeschaffung

Schon beim Personalmarketing ist bei allen Publikationen und Medienauftritten darauf zu achten, dass sich alle Zielgruppen in gleicher Weise angesprochen fühlen. Etwaige den Diversity-Prinzipien entgegenstehende Aktivitäten sind zu eliminieren oder entsprechend zu adaptieren. Beispielsweise ist bei Stellenanzeigen darauf zu achten, dass diese neutral veröffentlicht werden, um alle Arten von Geschlechtern in gleicher Form zu adressieren. Bei der Personalauswahl kommt dem Vorgehen der Interviewer eine wesentliche Rolle zu, wenn es darum geht, die Kompetenz und Einstellungen bei Bewerbern unterschiedlicher Herkunft und Nationalität objektiv zu analysieren. Manche neigen hier dazu, Ähnlichkeiten in dem anderen zu suchen oder ihn als sympathischer zu empfinden, wenn er oder sie einen vergleichbaren Bildungs- und/oder kulturellen Hintergrund hat. Daher passiert es des Öfteren, dass gut qualifizierte Bewerber nicht in die engere Wahl gezogen werden, weil sie nicht einem bestimmten Stereotyp entsprechen. Gerade diese Bewerber könnten jedoch für den Fortbestand des Unternehmens von Bedeutung sein. Hier gilt es, die Interviewer mittels geeigneter Schulungen vorzubereiten und die Auswahlinstrumente einem Review zu unterziehen, um Beurteilungsfehler hintanzuhalten. Zu den Maßnahmen in diesem Handlungsfeld zählen beispielsweise:

- Entwicklung eines zielgruppenadäquaten Personalmarketing-Konzepts,
- Förderung von interkulturellen Studien- und Austauschprogrammen,

- Karriereworkshops mit Top-Hochschulabsolventen unterschiedlicher Herkunft,
- Analyse der eigenen Stellenanzeigen hinsichtlich der Diversity-Aspekte und zielgruppenspezifische Platzierung in sozialen Medien und digitalen Netzwerken,
- spezielle Interviewtrainings für Führungskräfte und Personalisten,
- Überarbeitung der Auswahlinstrumente (z. B. Interviewleitfäden, Unterlagen für das Assessment Center).

3.5.2. Handlungsfeld: Personalentwicklung

Viele Mitarbeiter verfügen meist über mehr Kompetenzen und Fähigkeiten als jene, für die sie eingestellt wurden. Diese gilt es aufzuspüren und zum Nutzen sowohl des Mitarbeiters als auch des Unternehmens weiterzuentwickeln. Die Herausforderung dabei ist, dass schlummernde Potenziale noch nicht ausgebildet sind und sich erst durch entsprechende Personalentwicklungsmaßnahmen entfalten müssen. Eine professionelle Potenzialanalyse und ein bedarfsgerechter Bildungs-/Entwicklungsplan sind folglich für alle Mitarbeiter vorzusehen.

Der Austausch von unterschiedlichen Herangehensweisen und Meinungen kann durch die Organisation von Dialogtreffen oder durch die Etablierung von eigenen Netzwerken gefördert werden. Vorbehaltlose Mitarbeiterzusammenkünfte schaffen Akzeptanz und lassen so ein Klima entstehen, in dem sich die unterschiedlichen Mitarbeitergruppen besser verstehen lernen und gemeinsam an Innovationen arbeiten. Diese Offenheit fördert so den Ideenaustausch und erlaubt es allen Mitarbeitern, ihre Gedanken und Überlegungen basierend auf ihren Vorerfahrungen einzubringen. Zu den Maßnahmen in diesem Handlungsfeld zählen beispielsweise:

- Führungstrainings zur Identifikation und Entwicklung von Potenzialen,
- Schulung der Führungskräfte hinsichtlich der Führung von strukturierten Mitarbeitergesprächen im Sinne eines kontinuierlichen und auf Wachstum ausgerichteten Dialogs,
- Trainings für Lehrlingsausbilder, die Jugendliche mit Migrationshintergrund betreuen,
- jährliche Potenzialdurchsprachen und Personalentwicklungsplanungen für alle Mitarbeiter (nicht nur für Schlüsselkräfte),
- Förderung von Frauen in Führungspositionen,
- Organisation von Netzwerken und Erfahrungsaustauschgruppen,
- Einführung eines betrieblichen Vorschlagswesens für Innovationen, an dem sich alle Mitarbeiter beteiligen können,
- Etablierung eigener Sparring-Partnerschaften zwischen Mitarbeitern unterschiedlicher Herkunft.

3.5.3. Handlungsfeld: Führung und Personalpflege

Dauerhafte Motivation und Leistungsbereitschaft werden wesentlich durch die Berücksichtigung der beruflichen und privaten Interessen der Mitarbeiter beeinflusst. Führungskräfte tun daher gut daran, beide Aspekte bei der Einsatzplanung ihrer Mitarbeiter zu berücksichtigen. Dies reicht vom Angebot flexibler Arbeitszeitmodelle über Maßnahmen zur Vereinbarkeit von Beruf und Privatleben (im Sinne einer *„Work-Life-Balance“*

oder eines *„Work-Life-Fit“*) bis hin zur Bereitstellung spezieller Beratungsprogramme und gezielter Maßnahmen der betrieblichen Gesundheitsförderung. Zu den Maßnahmen in diesem Handlungsfeld zählen beispielsweise:

- Einführung von flexiblen Arbeitszeitregelungen,
- Angebot zur Inanspruchnahme von Telearbeit *(„Homeoffice“)* oder generell von hybriden Arbeitsformen,
- Angebot von Sabbatical-Modellen,
- Einrichtung von Betriebskindergärten oder kostenfreie Vermittlung der Kinderbetreuung,
- Beratung und Betreuung von Mitarbeitern vor und während der Karenzzeit zur Verbesserung des Wiedereinstiegs,
- Beratung in persönlichen oder beruflichen Krisen- und Konfliktsituationen im Rahmen eines *„Employee Assistance Programs“* (EAP),
- Beratungsangebote in Fällen von Diskriminierung, Mobbing, Bossing oder sexueller Belästigung,
- Gratis-Gesundheits-Checks für alle Mitarbeiter,
- Angebot von betrieblichen Sport- und Fitnessprogrammen sowie von Aktivitäten zur mentalen Gesundheitsvorsorge.

3.5.4. Handlungsfeld: Kommunikation und Marketing

Eine gezielte Imagebildung sowohl im Innen- als auch im Außenverhältnis ist einer der Eckpfeiler, um die Ausrichtung des Unternehmens an den neuen wirtschaftlichen und gesellschaftlichen Gegebenheiten auch kommunikativ zu transportieren. Ein Image, das das Unternehmen als weltoffen, mitarbeiter- und kundennah sowie der Diversität zugewandt darstellt, hebt die Motivation in der Gesamtbelegschaft und schafft Sympathien sowohl am Absatz- als auch am Arbeitsmarkt. Entsprechende Botschaften und Kommunikationsaktivitäten signalisieren dabei den Beteiligten (insbesondere den Kunden und den Beschäftigten), dass sie mit all ihren Facetten wahrgenommen und geschätzt werden. Zu den Maßnahmen in diesem Handlungsfeld zählen beispielsweise:

- Laufende Berichterstattung über die Diversity-Aktivitäten des Unternehmens (z. B. in sozialen Medien, Broschüren, Tätigkeitsberichten, Foliensätzen für Präsentationen),
- aktives Management der zunehmenden Anzahl von Arbeitgeberbewertungsportalen (Berücksichtigung der Mitarbeiterrückmeldungen bei den strategischen Zielsetzungen und bei der Gestaltung der *„Employee Experience“*[19]),
- Platzierung von speziellen Anzeigen und Mitwirkung bei einschlägigen Artikeln in Zeitungen und Zeitschriften (sowohl in Print- als auch Online-Medien),
- Teilnahme an Wettbewerben zur Erlangung von Diversity-Auszeichnungen,
- Sponsoring von Aktivitäten unterschiedlicher Interessengruppen,

19 *„Employee Experience“* beschreibt die Wahrnehmungen und Erfahrungen von Bewerbern und Mitarbeitern an den Berührungspunkten mit der beziehungsweise den Schnittstellen zur Organisation. Sie setzt sich aus vielen Momenten, Interaktionen und Eindrücken zusammen, die einen vom ersten Kontakt bis zum letzten Tag in der Organisation prägen.

- Sensibilisierung der Mitarbeiter hinsichtlich ihrer Alltagskommunikation und des internen Sprachgebrauchs (z. B. Hinweise, welche Werte mit bestimmten – negativen – Aussagen transportiert werden),
- Aufzeigen von Karrierebeispielen von Mitarbeitern unterschiedlicher Herkunft, Hautfarbe, Nationalität etc.

3.6. Maßnahmencontrolling

Wie in anderen Managementbereichen ist es auch beim Diversity Management sinnvoll und zielführend, den Entscheidungsträgern ein Steuerungsinstrument mit unterschiedlichen Kennzahlen und/oder speziellen Trenddatenanalysen an die Hand zu geben, das ihnen ein laufendes Controlling ermöglicht. Ob Maßnahmen tatsächlich greifen und ob sich Einstellungsveränderungen bei den Beschäftigten langfristig durchsetzen, kann nur durch eine in regelmäßigen Abständen stattfindende Überprüfung festgestellt werden.

Die jeweiligen Kriterien werden dabei durch die gesetzten Ziele und die dabei zu verfolgenden Prinzipien bestimmt. Bei jeder Maßnahme sollte daher bereits bei deren Erarbeitung die Kennzahl zur Erfolgsmessung definiert werden. Beispiele dafür sind:

- Frauenanteil am Gesamtpersonalstand,
- Anteil von Bewerbern mit Migrationshintergrund,
- Rückkehrquote von Mitarbeitern aus der Karenzzeit,
- Anteil von Frauen mit Kinderbetreuungspflichten (vollzeit-/teilzeitbeschäftigt),
- Anteil der unterschiedlichen Mitarbeitergruppen in Personalentwicklungsprogrammen,
- Anteil von Frauen und Mitarbeitern mit Migrationshintergrund in Führungspositionen,
- Verteilung der Potenzialträger in den unterschiedlichen Mitarbeitergruppen,
- Durchschnittsalter der Gesamtbelegschaft oder in ausgewählten Belegschaftssegmenten (z. B. Angestellte, Arbeiter),
- Anteil von älteren Mitarbeitern in Aus- und Weiterbildungsmaßnahmen,
- Anzahl von Verbesserungsvorschlägen,
- Anzahl von Produktinnovationen,
- Mitarbeiterzufriedenheit auf Basis schriftlicher Befragungen,
- Kundenzufriedenheit auf Basis von Umfragen,
- Anzahl der Beschwerden und Konflikte,
- Fluktuationsrate,
- Krankenstandsrate etc.

Zusammenfassend sei angemerkt, dass gerade bei den „weichen" Faktoren wie Kundenzufriedenheit oder Betriebsklima nicht unmittelbar auf den Erfolg von kulturellen Veränderungen geschlossen werden kann. Geschäftsausweitungen, höhere Umsätze bzw. gestiegene Kundenzahlen können viele Ursachen haben. Nichtsdestotrotz stellen die gezeigten Kennzahlen wichtige Indikatoren dar, die die Geschäftsentwicklung sowohl positiv als auch negativ entscheidend tangieren.

3.7. Fazit

Diversity Management rechnet sich – oder anders ausgedrückt: kulturelle Vielfalt im Unternehmen gezielt zu steuern lohnt sich, um die vorhandenen Ressourcen und Potenziale vollständig zu nutzen. Die aktive Wahrnehmung von Individualität und Unterschieden innerhalb der Belegschaft sowie deren bewusste Wertschätzung führen dazu, dass Unternehmen im globalen Wettbewerb über eine bessere Ausgangsposition verfügen.

Diversity Management gibt dabei Orientierung und enthält konkrete Maßnahmen, um Bedingungen zu etablieren, unter denen alle Beteiligten ihre Fähigkeiten weiterentwickeln, entfalten und in die Arbeitsprozesse produktivitätssteigernd einbringen können. Das „A und O" ist dabei die Einstellung und innere Überzeugung der Führungskräfte, da sie durch ihr Verhalten entsprechende Zeichen setzen. Die Implementierung und Realisierung der vorgestellten Diversity-Maßnahmen sind stets Teil eines iterativen Prozesses, dessen Erfolg mittels adäquater Kennzahlen (Indikatoren) zu messen ist.

Diversity Management ist kein Allheilmittel. Jedoch kann es dazu beitragen, die Motivation der Mitarbeiter zu steigern, neue Kundenschichten anzusprechen, neue Geschäftsmöglichkeiten auszuloten und das Image des Unternehmens als bevorzugten Arbeitgeber zu erhöhen. Schlussendlich ist es eine Antwort auf die gesellschaftlichen und wirtschaftlichen Herausforderungen unserer Zeit, um den geänderten Marktgegebenheiten gerecht zu werden und so den Fortbestand des Unternehmens abzusichern.

4. Expatriate Management – Professionelle Gestaltung von Auslandsentsendungen

4.1. Einführung

Bereitschaft zur Mobilität und interkulturelle Kompetenzen zählen zu den zentralen Anforderungen, wenn Schlüsselfunktionen im internationalen Umfeld neu besetzt werden sollen. Zielgerichtete und potenzialorientierte Personalentwicklung hat hier eine wichtige Funktion: soll sie doch dazu dienen, dafür geeignet erscheinende Mitarbeiter mittels einer professionellen Gestaltung von Auslandsentsendungen entsprechend vorzubereiten. Einsatzmöglichkeiten in einem anderen Land oder in einer anderen Kultur dienen jedoch nicht nur dem Sammeln von Auslandserfahrungen, sondern erhöhen insgesamt die Diversität in einer Organisation, was die Zusammenarbeit mit- und das Arbeiten füreinander mehrheitlich positiv beeinflusst.

Analysiert man die aktuelle Entsendepraxis, so wird man rasch feststellen, dass es mit der Professionalität nicht weit her ist. Mitarbeiter im Ausland geraten oftmals in Vergessenheit und werden bei der Personalplanung im Heimatland kaum mehr berücksichtigt, sodass bei Rückkehr keine adäquate Position angeboten werden kann. Manche Organisationen agieren hier nach dem Motto „Aus den Augen, aus dem Sinn“ und vergessen dabei, dass hochmotivierte und auslandserfahrene Mitarbeiter, sehr rasch das Weite suchen, wenn sie auf eine solche Situation bei ihrer Rückkehr stoßen. Wie sich dies vermeiden lässt und was man bei der Planung und Organisation von Auslandsentsendungen beachten sollte, damit beschäftigen sich die Ausführungen in diesem Kapitel.

4.2. Bedeutung des Expatriate Managements

„Through a well-structured and managed global mobility program, your organization can enhance its culture by giving talented employees the opportunity to live and work in a different country, broaden their experience, learn new skills and establish a personal global network.“ Das sind die zentralen Ergebnisse einer Studie[20], welche von einem internationalen Beratungsunternehmen zum Thema *„International Assignments“* durchgeführt wurde. Zur Steigerung der lokalen Wertschöpfung und zum Ausgleich von mangelndem Know-how überlegen immer mehr international tätige Unternehmen, ihr Expatriate Management zu professionalisieren und entsprechende Entsendungsrichtlinien für die steigende Anzahl von Delegationen zu implementieren. Solche Regelungen sollten sich jedoch nicht nur auf die *„Hard Facts“* konzentrieren, wiez. B.die Erlangung der Arbeits- und Aufenthaltsgenehmigung sowie die Behandlung von sozialversicherungsrechtlichen und steuerlichen Fragen, sondern zusätzlich klare Statements zu den *„Soft Facts“* beinhalten, die meist einen noch viel höheren Stellenwert für den Erfolg einer Auslandsentsendung darstellen. Schließlich tritt ein Expatriate nicht nur ein neues

20 Quelle: Global Assignment Policies and Practices Survey 2022 by KPMG International.

Dienstverhältnis im Ausland an, auch alles andere ist neu: die Kultur und eventuell die Sprache des Gastlandes, die lokale Organisation des Unternehmens, der Umgang mit den neuen Kollegen sowie die damit verbundenen Verhaltensweisen, die in den meisten Fällen von jenen des Heimatlandes abweichen. Darüber hinaus sind aber ebenso die Familienmitglieder betroffen – unabhängig davon, ob sie zu Hause bleiben oder mit dem Expatriate mitziehen. Zu guter Letzt stellt sich das Problem der Rückkehr, dem vor Antritt der Entsendung erfahrungsgemäß kaum Beachtung geschenkt wird. In vielen Firmen fehlen hier eine Gesamtstrategie und ein entsprechendes Entwicklungsinstrumentarium mit adäquaten Rahmenregelungen, die alle Delegationsphasen (vor, während und nach der Entsendung) abdecken. Mangels dieser zentralen Voraussetzungen haftet Auslandseinsätzen oftmals ein negatives Image an, was es in weiterer Folge für die Unternehmen noch schwerer macht, qualifizierte Mitarbeiter für solche Einsätze zu motivieren. Ein ganzheitlich gestaltetes Expatriate Management ist daher nicht nur eine Frage des Wollens der Unternehmensleitung, sondern es entscheidet vielmehr darüber, ob diese Form der Personalentwicklung unter den Beschäftigten einen hohen Stellenwert und damit eine hohe Akzeptanz genießt.

4.3. Zentrale Elemente des Expatriate Managements

Was sollte man bei der Einführung beachten? Was zählt zu den zentralen Erfolgsfaktoren, die eine Auslandsentsendung (vor Antritt, während und danach) determinieren? Analysiert man die Unternehmenspraxis, so lässt sich unschwer feststellen, dass die HR-Prozesse und die dabei eingesetzten Instrumente oft mangelhaft sind, was sicherlich auch mit der Größe und dem Ausmaß der Internationalität des Unternehmens zusammenhängt. Betriebe des Mittelstandes widmen diesem Thema sicherlich weniger Aufmerksamkeit als internationale Konzerne, bei denen Auslandsaktivitäten verstärkt auf der Agenda stehen.

Oft läuft es so, dass Mitarbeiter aufgrund der lokalen Erfordernisse ins Ausland entsandt werden, ohne dass eine klare Personalentwicklungsstrategie dahintersteht. Es wird dabei kaum bedacht, dass eine Entsendung auch mit dem individuellen Entwicklungsplan eines Mitarbeiters korrelieren muss, will man ihn durch die zielgerichtete Erweiterung seines Erfahrungshorizonts bei der Erreichung seiner Karriereziele unterstützen. Ein systematisierter Abgleich der Delegationsbedarfe mit den Mitarbeiterbedürfnissen hinsichtlich der persönlichen Entwicklung ist somit einer der ersten Meilensteine für den Entsendungserfolg.

Anschließend empfiehlt es sich, die jeweiligen Phasen des Delegationsprozesses zu strukturieren und mit konkreten Maßnahmen zu versehen, die dem Professionalisierungsanspruch in der Unternehmensorganisation auch sichtbar Rechnung tragen. Folgende Phasen lassen sich dabei voneinander unterscheiden:

- vor der Entsendung („Pre-Delegation Phase")
- während der Entsendung („Delegation Phase")
- nach der Entsendung („Repatriation Phase")

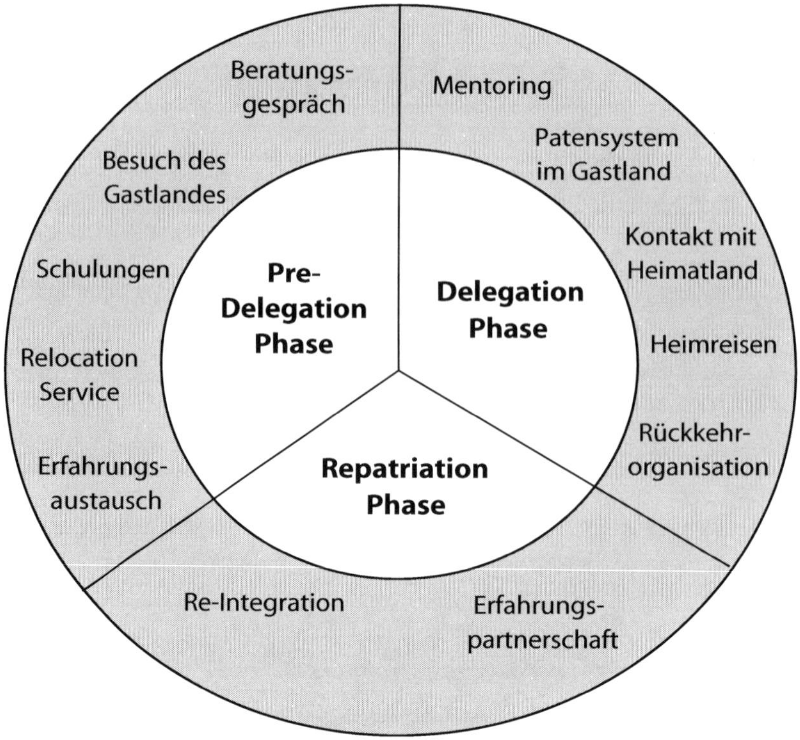

Abb. 10: Phasenorientierte Maßnahmen des Expatriate Managements

4.4. „Pre-Delegation Phase" – Vorbereitung von Auslandseinsätzen

Neben der Abklärung aller Formalitäten, z. B. Beantragung eines eventuell erforderlichen Visums oder der Arbeits- und Aufenthaltsgenehmigung sowie aller Fragen rund um die Themen „Einkommensteuer und Sozialversicherung" im Heimat- und Gastland, sollten die nachstehenden Maßnahmen bei der Vorbereitung auf den Auslandseinsatz berücksichtigt werden:

4.4.1. Beratungsgespräch

Hier geht es darum, Punkt für Punkt Klarheit über alle Personalthemen – die Delegation betreffend – zu schaffen: Ist die neue Funktion im Gastland konkret definiert? Sind die Entsendekonditionen transparent? Was ist bezüglich der weiteren Vorbereitung zu tun? Eine der wichtigsten Fragen jedoch, die hier auch zur Diskussion stehen sollte, ist die hinsichtlich der Perspektiven nach der Rückkehr. Zumeist können die Unternehmen keinen beruflichen Aufstieg nach dem Auslandsaufenthalt garantieren – insbesondere dann nicht, wenn es sich um mehrjährige Einsätze handelt. Es sollte aber bereits vor Antritt sichergestellt sein, dass nach einer dem erweiterten Kompetenz- und Erfahrungshorizont des Expatriates adäquaten Anschlussaufgabe bei Rückkehr gesucht wird. Letzteres sollte während der Delegation bei jedem Kontakt mit dem Heimatland (speziell mit der Personalorganisation) stets im Fokus stehen. Eine „Aus den Augen, aus dem Sinn"-Mentalität wäre hier äußerst kontraproduktiv.

Es empfiehlt sich, als Teilnehmer des Gesprächs neben dem Mitarbeiter und der Führungskraft den verantwortlichen Personalentwickler und einen Spezialisten für Delegationsfragen hinzuziehen, der über die erfolgskritischen Faktoren eines Auslandseinsatzes Bescheid weiß. Größere Organisationen mit einem hohen Entsendungsanteil haben dafür eigens ausgebildete Experten. Lohnt sich solch eine Funktion im Unternehmen nicht, so kann auf externe, darauf spezialisierte Beratungseinrichtungen zurückgegriffen werden, die meist zusätzlich auch über spezifische Landeskenntnisse des jeweiligen Gastlandes verfügen.

4.4.2. Besuch des Gastlandes

Damit der Auslandseinsatz nicht zu einer „Reise ins Ungewisse" wird, sollte der Expatriate das Gastland bereits mehrmals vor Antritt besuchen, um einerseits das Land mit seinen kulturellen Gegebenheiten kennenzulernen und andererseits erste Kontakte mit der neuen Organisation sowie den neuen Kollegen zu knüpfen. Dies gilt auch für alle Familienmitglieder, wenn vereinbart wurde, dass diese mitziehen. Dadurch können sich die Beteiligten ein ausreichendes Bild über die zukünftige Wohn- und Schulsituation verschaffen, um etwaige Fragen bereits im Vorfeld zu klären.

4.4.3. Schulungen

Handelt es sich um ein Gastland mit einer für den Expatriate unbekannten Sprache, so sind spezielle Sprachkurse im Heimatland zum Erlernen der ersten „Basics" sinnvoll, die dann in weiterer Folge vor Ort fortgesetzt werden können. Dies hilft, kulturelle Barrieren, die gerade zu Beginn latent vorhanden sein können, abzubauen und den Einstieg in die neue Organisation zu erleichtern. Vielerorts werden in diesem Zusammenhang auch interkulturelle Seminare angeboten, die speziell auf kulturspezifische Unterschiede und damit verbundene „Fettnäpfchen" eingehen. Auch hier kann im Anschluss daran ein Feintuning im Gastland erfolgen.

Zu den Adressaten für solche Trainings zählen jedoch nicht nur die zu entsendenden Mitarbeiter, sondern auch alle mitziehenden Familienmitglieder, um ihnen ebenfalls die Eingewöhnung im Gastland zu erleichtern.

4.4.4. Relocation Service

Eine weitere Unterstützung für den Expatriate stellen sogenannte „Relocation-Agenturen" dar, die eine breite Palette an Dienstleistungen für Auslandsentsendungen anbieten. Neben der Hilfestellung bei der Wohnungssuche und der Organisation des Umzugs übernehmen sie auch die Abwicklung der damit verbundenen Formalitäten sowie die Suche nach geeigneten Ausbildungseinrichtungen für die Kinder. Dadurch kann der Mitarbeiter auf Spezialisten Vertrauen und sich auf andere Themen hinsichtlich der Delegation konzentrieren. Die Kosten für den Service werden in der Unternehmenspraxis in der Regel vom Arbeitgeber übernommen.

4.4.5. Erfahrungsaustausch

Verfügt ein Kollege des zu entsendenden Mitarbeiters im Heimatland bereits über Erfahrungen aufgrund vergangener Aufenthalte im zukünftigen Gastland beziehungsweise in der dortigen Unternehmensorganisation, so ist es empfehlenswert, den zu entsendenden Mitarbeiter darauf hinzuweisen und gleichzeitig einzuladen, sich mit dem Kollegen auszutauschen. In einem persönlichen Gespräch lässt es sich leichter darüber reden, was einen in der neuen Kultur erwartet und womit man insbesondere während der Eingewöhnungsphase rechnen muss.

4.5. „Delegation Phase" – Betreuung während des Auslandseinsatzes

Wurde die Vorbereitungsphase ordnungsgemäß abgeschlossen und wurden die ersten Veränderungen des Alltags gemeistert, setzt sich die Betreuung vor Ort im Optimalfall aus daran anknüpfende Maßnahmen zusammen:

4.5.1. Mentoring

Dieses Instrument der Personalentwicklung verfolgt unter anderem das Ziel, die individuelle Karriereplanung eines Mitarbeiters und deren Umsetzung zu unterstützen. In diesem Sinne sollte es auch für Expatriates angedacht werden. Ein Mentor im Heimatland kann als Berater und Fürsprecher des Expatriates als Mentee fungieren, wobei der Mentor entweder in der Unternehmenshierarchie über dem entsendeten Mitarbeiter stehen oder über eine höherwertige Schlüsselfunktion in der Organisation verfügen sollte. Aufgrund seiner Einflussmöglichkeiten kann er dadurch eine wichtige Hilfestellung beim Identifizieren und bei der Auswahl von geeigneten Anschlussfunktionen bieten, die während des stetigen Kontakts – gerade gegen Ende der Entsendungsdauer – ventiliert werden sollten. Weiters kann der Mentor den Mentee über laufende Veränderungen in der Organisation sowie in der Führungshierarchie informieren und so eine Brücke zwischen dem Heimat- und Gastland bilden.

Die Nominierung und Auswahl eines Mentors erfolgen entweder auf Vorschlag des zukünftigen Mentees oder die Personalabteilung wählt einen geeigneten Kollegen aus, der bereits über entsprechende Erfahrungen in diesem Bereich verfügt. Sind Auslandsentsendungen des Öfteren zu organisieren, so lohnt es sich, einen eigenen Pool von Mentoren aufzubauen.

4.5.2. Patensystem im Gastland

Das Zurechtfinden im neuen Umfeld kann zusätzlich durch die Bereitstellung eines Paten im Gastland erleichtert werden. Ähnlich wie bei neu aufgenommenen Mitarbeitern dient dieser der Gewährleistung einer möglichst reibungslosen Integration in den ersten Monaten der Auslandstätigkeit sowie dem rascheren Erkennen der – auch nicht niedergeschriebenen – Organisationsregeln, die mitunter landes- und/oder unternehmenskulturell geprägt sind. Die Einsetzung eines Paten schafft gerade zu Beginn ein Vertrauensverhältnis, das sich bei Bewährung über die gesamte Dauer der Auslandsentsendung fortsetzt.

Die Nominierung erfolgt im Idealfall durch die lokale Personalorganisation, die einen dazu fähigen Mitarbeiter bereits im Vorfeld beziehungsweise in der Vorbereitungsphase auswählen kann, um Kontakte schon im Zuge der ersten Besuche des Expatriate im Gastland herzustellen.

4.5.3. Kontakt mit dem Heimatland

Um die Sichtbarkeit des Expatriate bei allen Führungs- und Personalprozessen im Heimatland weiterhin aufrechtzuerhalten, erscheint es für ihn ratsam, die Personalabteilung des Heimatlandes fortlaufend auf sich aufmerksam zu machen. Oftmals werden Personalentscheidungen getroffen, bei denen abwesende Mitarbeiter kaum Berücksichtigung finden, da man sie aus den Augen verloren hat. Sich daher ständig in Erinnerung zu rufen (auch bei den vorherigen Führungskräften), kann niemals schaden und weitere Möglichkeiten nach der Rückkehr eröffnen. Dies klingt zwar mühsam und nicht immer wertschätzend gegenüber dem Expatriate (noch dazu, wenn er im Gastland eine höherwertige Funktion innehat), kann jedoch erfolgsentscheidend bei der Rückkehr sein. Auch können Gastaufenthalte von Führungskräften aus dem Heimatland dazu genutzt werden, die eigene Präsenz in den jeweiligen „Köpfen" zu erhöhen.

4.5.4. Heimreisen

Um einem Entfremdungsprozess entgegenzuwirken, sollten auch regelmäßig Heimreisen für den Expatriate (eventuell im Zusammenhang mit der vorherigen Maßnahme) geplant werden, um es ihm zu ermöglichen, neben seinen beruflichen auch seine privaten Netzwerke im Heimatland zu pflegen. Manche Unternehmen verstehen dies sogar als einen der Erfolgsfaktoren für die spätere Rückkehr schlechthin und sehen diese Heimreisen verpflichtend vor.

4.5.5. Rückkehrorganisation

Spätestens drei bis sechs Monate vor der Rückkehr sollte man bereits beginnen, die Rückkehr zu planen. Auftakt dafür ist das sogenannte „Rückkehrgespräch", welches idealerweise mit der Führungskraft des Heimatlandes, dem Personalentwickler und dem während der Delegation zugeordneten Mentor abgehalten wird. Hier schließt sich der Kreis zum Beratungsgespräch, das während der „Pre-Delegation Phase" geführt wurde und bei dem bereits erste Überlegungen über mögliche Anschlussfunktionen angestellt wurden. Die Unterstützung von allen Beteiligten gerade in dieser Phase, ist für den Expatriate immens wichtig, denn nichts entmutigt mehr, wenn man hier im Regen stehen gelassen wird. Macht man hier als Expatriate schlechte Erfahrungen und spricht sich dies herum, so hat das oft Auswirkungen auf die Attraktivität von Auslandseinsätzen bei anderen Mitarbeitern des Heimatlandes, da ihnen dadurch rasch ein negatives Image anhaftet. In diesem Zusammenhang sei abschließend noch erwähnt, dass auch die weiter oben dargestellten *„Hard Facts"* und alle Rückkehrformalitäten (inklusive eines *„Relocation Service"*) in diesem Gespräch thematisiert werden sollten.

4.6. „Repatriation Phase" – Rückkehr nach dem Auslandseinsatz

Optimalerweise setzt sich diese Phase aus den folgenden Aktivitäten zusammen, die den gesamten Entsendungsprozess abrunden:

4.6.1. Re-Integration

Wurden die vorhergehenden Maßnahmen professionell geplant und hat sich der erwartete Erfolg eingestellt, so kann der (ehemalige) Expatriate nun in seiner Anschlussfunktion neu durchstarten, indem er auch seine gewonnene Erfahrung zum Einsatz bringt.

Ist dies nicht der Fall und wird dem Expatriate nur eine Funktion angeboten, die für ihn zur Überbrückung neu geschaffen wurde, so ist seine Motivation sicherlich enden wollend – gerade dann, wenn er im Ausland die mit seiner bisherigen Funktion verbundenen Leistungen (z. B. höheres Gehalt, Dienstwohnung, Dienstauto) in Anspruch genommen hat und wenn ihm diese nun möglicherweise nicht mehr zur Verfügung stehen. Hier ist rasches Handeln angesagt, damit man den Mitarbeiter nicht verliert und somit seine Rückkehr nicht in eine Abkehr vom Unternehmen mündet.

4.6.2. Wissenstransfer und Erfahrungspartnerschaften

Soll nicht nur der Expatriate selbst von den gewonnenen Erfahrungen im Ausland profitieren, erscheint die Initiierung eines *„Expat-Pools"* überlegenswert, der sich aus Mitarbeitern und Führungskräften zusammensetzt, die bereits im Ausland tätig waren. Einerseits können sie damit zu ihrer Auslandsexpertise und zu den interkulturellen Gepflogenheiten eines bestimmten Landes von zukünftigen Expatriates kontaktiert werden. Andererseits stehen sie auch allen übrigen Kollegen für geschäftliche Fragen zur Verfügung, um beispielsweise auf Basis von ins Leben gerufenen Erfahrungspartnerschaften ihre im Ausland generierten Erkenntnisse zu den internationalen Aktivitäten des Unternehmens weiterzugeben. Zusätzlich können sie dadurch eine Weiterentwicklung der Produkte und Dienstleistungen initiieren sowie einen Beitrag zur zukünftigen Ausrichtung des Unternehmens liefern.

4.7. Fazit

Die Zunahme von Auslandsentsendungen spricht für deren professionelle Planung und Vorbereitung, will man den vollen Nutzen für das Unternehmen ausschöpfen. Das Expatriate Management in der Unternehmenspraxis verläuft oft anders, denn vielerorts steht nur der unmittelbare Personaleinsatzbedarf im Ausland im Vordergrund, der rasch abgedeckt werden soll, ohne die entwicklungsrelevanten Aspekte für den Mitarbeiter (für die Zeit vor, während und nach seiner Delegation) zu beachten. Dilettantismus kann hier großen Schaden mit weitreichenden Folgen anrichten, die den Auslandseinsatz als strategisches Personalentwicklungsinstrument zur Farce werden lassen und sein Image unter den Mitarbeitern dauerhaft ramponieren. Eine sorgfältig geplante Investition und eine ausführliche Auseinandersetzung mit diesem Thema lohnen sich allemal – für die Beschäftigten und nicht zuletzt für das gesamte Unternehmen.

5. Fachlaufbahn – Karriere nicht nur im Management

5.1. Einführung

Traditionelle Personalentwicklungskonzepte, die sich ausschließlich auf die Förderung und Entwicklung des Managementnachwuchses konzentrieren, haben mehrheitlich ausgedient. Nicht nur, dass durch die Abflachung der Hierarchien im Zuge des Wandels der Arbeitsformen aufgrund der durch die Digitalisierung ausgelösten Umbrüche immer weniger Führungspositionen in Organisationen und Unternehmen zur Verfügung stehen, hat die Bedeutung des Expertentums mit der einhergehenden Spezialisierung stark zugenommen. Für Innovationen, Produktentwicklungen und intelligente Lösungen aktueller Fragestellungen sowohl im technischen, naturwissenschaftlichen als auch betriebswirtschaftlichen Bereich benötigt jedes Unternehmen Wissensträger, die sich auf entsprechende Fachgebiete spezialisieren und so zur Wettbewerbskraft entscheidend beitragen. Folglich erscheint es opportun, für diese Mitarbeitergruppe eigene Karriere- und Entwicklungsmöglichkeiten bereitzustellen, die die Förderung und Bindung derselben begünstigen. Wissensmanagement sollte sich im Unternehmen nicht nur auf das dokumentierte Wissen konzentrieren, sondern vielmehr auch auf jenes Wissen, das in den Köpfen der Fachexperten vorhanden ist beziehungsweise darin schlummert. Durch die Gestaltung einer attraktiven Fachlaufbahn[21] (auch „Spezialisten- oder Expertenkarriere" genannt) kann hier die Personalentwicklung als Querschnittsfunktion einen wesentlichen Beitrag liefern.

Analysiert man aktuelle Umfragen zu den Trends im Human Resources Management, so findet man das Thema Führungskräfte-Entwicklung stets ganz oben in den jeweiligen Rankings. Managementpositionen werden meist als Schlüsselfunktionen klassifiziert, für deren Nachbesetzung das Personalmanagement Sorge zu tragen hat. Dieser eingeschränkte Radius lässt jedoch außer Acht, dass es daneben noch eine weitere Mitarbeitergruppe gibt, die essenziell zum Unternehmenserfolg beiträgt – nämlich die der Fachexperten. Ihre Expertise ist es, die im Wesentlichen die Innovationskraft und Wettbewerbsfähigkeit einer Organisation determiniert. Ohne spezialisiertes, auf bestimmte Themenfelder fokussiertes Wissen können kaum Innovationen – sei es im Produkt- oder Dienstleistungsgeschäft – forciert und vorhandene Marktpotenziale realisiert werden. Wer hier nicht investiert, fällt im Markt zurück und verliert gegenüber der Konkurrenz. Ein gutes Beispiel dafür ist der Gesundheitsbereich, der durch seine laufenden Entwicklungen auf den Gebieten der Medizintechnik und der Pharmazeutik einen hohen Standard in der medizinischen Versorgung sichert[22]. Ohne diese wäre das durchschnittliche Lebensalter von Frauen und Männern in Westeuropa nicht auf diesem hohen Niveau.

21 Ein anschauliches Praxisbeispiel zur Fachlaufbahn – implementiert in einem Industriebetrieb der Elektro- und Elektronikbranche – kann der folgenden Publikation entnommen werden: *Lang Karl*, Karriere im Management von Wissen, in: Niedermair Gerhard (Hrsg.), Betriebliche Ausbildung, Weiterbildung und Personalentwicklung – Ein Blick in die Praxis, Seite 81–100, Linz, 2009.

22 Der ab Ende 2019 weltweite Ausbruch der COVID-19-Pandemie – verursacht durch eine Infektion mit dem bis dahin unbekannten Coronavirus SARS-CoV-2 – und die damit verbundenen Aktivitäten, in Rekordzeit

Führung allein reicht hier nicht aus, was nicht bedeuten soll, dass das Management in einer Organisation im Vergleich zum Expertentum sekundär wäre – ganz im Gegenteil. Beide Funktionen sind vonnöten und als gleichwertig einzustufen. Das Management hat die Aufgabe, unternehmerische und marktnahe Strategien zu entwickeln und operativ umzusetzen. Die Fachexperten müssen jedoch mit ihrem Wissen dazu entscheidend beitragen, beeinflussen sie doch auch wesentlich die Stoßrichtung der Strategien. Ohne ihren Input und ihre fachliche Arbeit reduzieren sich strategische Planungen ausschließlich auf elaborierte Entwürfe am Reißbrett – ohne jegliche Chance auf Realisierung.

5.2. Merkmale eines Fachexperten

Für die optimale Gestaltung einer Fachlaufbahn ist es vorab erforderlich, das Profil dieser Zielgruppe zu schärfen und gegenüber anderen Mitarbeitergruppen abzugrenzen. Zu den charakteristischen Merkmalen von Fachexperten zählen:

- Sie verfügen über spezialisiertes Wissen,z. B.im technologischen, betriebswirtschaftlichen oder naturwissenschaftlichen Bereich.
- Sie bündeln dieses Know-how, entwickeln es weiter und sorgen für eine nachvollziehbare Dokumentation.
- Sie treiben die Produktentwicklung voran oder generieren Lösungen für aktuelle sowie zukünftige Problemstellungen im Dienstleistungsbereich.
- Sie verfolgen wirtschaftliche und gesellschaftliche Trends, beobachten die in ihrem Fach sich abzeichnenden Entwicklungen und beziehen diese – sofern relevant – in ihr eigenes Aufgabengebiet ein.
- Sie verantworten einen essenziellen Anteil an der betrieblichen Wertschöpfung und steigern durch ihr Know-how die Qualität von Produkten und die Effizienz von Prozessen sowie Dienstleistungen.
- Sie beraten das Linienmanagement hinsichtlich strategischer Fragen und unterstützen bei der operativen Umsetzung.

Fachexperten verfügen entweder meist über keine eigenen Mitarbeiter oder tragen die Verantwortung für ein (kleines) Expertenteam, bei dem die fachliche im Gegensatz zur disziplinären Führung überwiegt. Klassische Führungsaufgaben und administrative Tätigkeiten treten dabei in den Hintergrund, um die volle Konzentration und den damit verbundenen Einsatz auf die eigentliche Aufgabenstellung zu lenken.

5.3. Elemente einer Fachlaufbahn

Eine Fachlaufbahn etablieren heißt nicht, nur eine eigene Titelstruktur im Unternehmen einzuführen und als Fachexperten ausgewiesene Mitarbeiter mit imposant klingenden Funktionstiteln zu schmücken. Vielmehr ist ein kohärentes Gesamtkonzept erforderlich, das bei allen Führungs- und Entwicklungsprozessen des betrieblichen Personalmanagements ansetzt und so die Fachlaufbahn in der Gesamtorganisation für die Mitglieder der Zielgruppe erlebbar macht. Gerade die dabei angewandten Methoden und Instrumente zur Führung

einen wirksamen Impfstoff zu entwickeln, auf allen Kontinenten zu verteilen und zum Einsatz zu bringen, liefern dafür einen eindrucksvollen Beleg.

und Personalentwicklung sind auch auf die Fachexperten auszurichten, um so die Erweiterung des bestehenden Personalentwicklungssystems um die Fachlaufbahn zu forcieren.

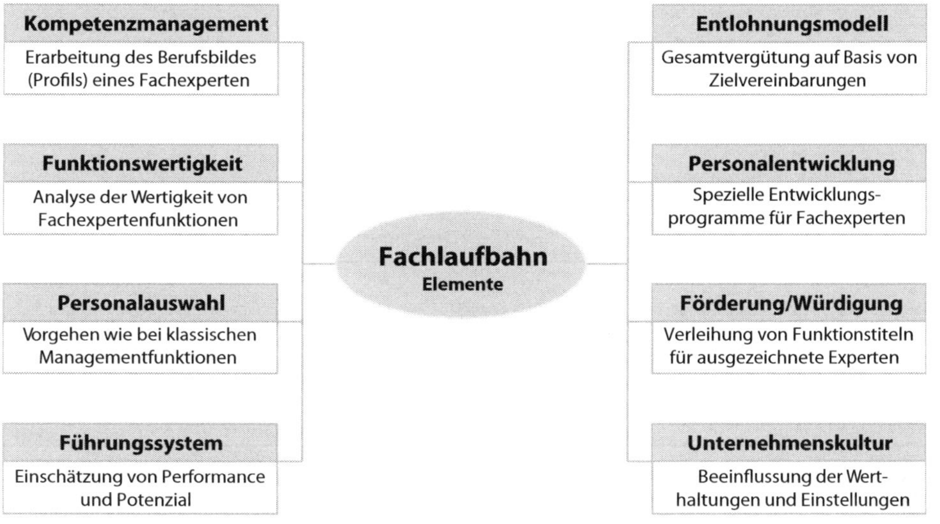

Abb. 11: Elemente der Fachlaufbahn

Seitens der Unternehmensleitung und des Personalmanagements sind dafür folgende Aktivitäten erforderlich:

Die Aufgaben, Kompetenzen und Verantwortungen von Fachexperten sind in unternehmensweit gültigen Jobprofilen abzubilden.

Das Entwickeln und Steuern von Kompetenzen bedingt deren strukturierte Ableitung aus der Geschäftsstrategie. Je nach unternehmerischer Ausrichtung und den gesetzten Zielen sind bestimmte Kompetenzen erfolgskritisch, über die Fachexperten verfügen und deren Definitionen in Jobprofilen dokumentiert werden sollten. Diese Profile dienen – erweitert um die Aufgaben- und Verantwortungsbereiche – zur systematischen Identifizierung und Erfassung der vorhandenen Kompetenzen bei bereits im Unternehmen tätigen Fachexperten, um etwaige Kompetenzlücken festzustellen *(„Skill Gap Analysis")*. Diese sind Ausgangspunkt für weiterführende Maßnahmen der Kompetenzentwicklung, die verschiedene, auf die individuelle Ausgangssituation des jeweiligen Fachexperten abgestimmte Bildungs- und Entwicklungsaktivitäten beinhalten. Insofern sind einheitlich ausgearbeitete Jobprofile eine wertvolle Orientierungshilfe und auch Grundlage für alle weiteren Personalprozesse der Fachlaufbahn.

Die Wertigkeit von Fachexpertenfunktionen ist im Vergleich zu den anderen Funktionen im Unternehmen festzulegen.

Bei der Funktionsbewertung[23] (auch als *„Job Grading"* bekannt) geht es – auf den Punkt gebracht – darum, wesentliche Schlüsselfunktionen in einer Organisation nach einer ein-

23 Konkret werden dabei alle Funktionen in einer Organisation einer analytischen Bewertung auf Basis eines Kriterienkatalogs unterzogen. Der durch dieses Verfahren ermittelte Funktionswert dient einerseits der Sicher-

heitlichen Struktur und nach adäquaten Parametern (z. B. Wertschöpfungsbeitrag, Verantwortungsausmaß, strategische Relevanz) zu bewerten und auf einer numerischen oder alphabetischen Skala gegenüberzustellen. Diese Vorgangsweise ermöglicht einen transparenten Vergleich von mehreren, teils sehr unterschiedlichen Funktionen über Organisationsgrenzen hinweg und bemisst deren Wertigkeit für die Organisation. Darüber hinaus zeigt die Einstufung (die sogenannte „Funktionsstufe"), welche Anforderungen und Verantwortungen mit der Übernahme einer bestimmten Funktion verbunden sind.

Solche bisher primär im Managementbereich angewandten Analyseverfahren ermöglichen auch eine analoge Bewertung von Fachexpertenfunktionen, sodass eine gute Vergleichbarkeit von Fach- und Führungsfunktionen erreicht werden kann. Diese bringt den Stellenwert eines Fachexperten zum Ausdruck, steigert dessen Akzeptanz und erhöht seinen Aktionsradius im Unternehmen.

Der Prozess zur Suche und Auswahl von Fachexperten muss in derselben Qualität und Intensität durchgeführt werden wie bei Managementfunktionen.

Speziell bei der Besetzung von Führungspositionen des Linienmanagements wird im Idealfall mit höchstmöglicher Sorgfalt und hohem Ressourceneinsatz ein eigener Recruiting-Prozess durchgeführt, da falsche Auswahlentscheidungen zu sehr teuren Konsequenzen führen können. Dies gilt jedoch nicht nur für den Managementbereich, sondern auch – wenn nicht noch viel mehr – für den Fachexpertenbereich. Experten mit falschem Know-how unprofessionell ausgewählt und nicht richtig eingesetzt, können mehr Schaden anrichten als Nutzen stiften.

Ausgehend vom Jobprofil für Fachexperten muss auch für diese Mitarbeitergruppe der Besetzungsprozess mit der erforderlichen Akkuratesse geplant und abgearbeitet werden, sowie den für diese Position als unerlässlich erscheinenden Qualitätsanforderungen genügen. Dies bedeutet, dass die Auswahlinstrumente (z. B. strukturiertes Einstellungsinterview, Kompetenzanalyseverfahren) so zu wählen sind, dass sie eine valide und fundierte Aussage über mehrere Kandidaten für eine vakante Fachexpertenfunktion zulassen. Dadurch lässt sich die Prognosegenauigkeit bei Auswahlentscheidungen erhöhen und die optimale Besetzung von Fachexpertenfunktionen gewährleisten.

Das Führungssystem zur Bewertung von Performance und zur Einschätzung des Potenzials ist auf die Fachexperten auszuweiten.

In zahlreichen Organisationen sind bereits Performance-Management-Systeme implementiert, um die Leistungen des Unternehmens und seiner Mitarbeiter von der strategischen Planung bis hin zur operativen Umsetzung strukturiert zu steuern. Zentrales Instrument auf Mitarbeiterebene ist dabei das institutionalisierte Mitarbeitergespräch (und darauf aufbauend kontinuierliche Dialogformen während einer Leistungsperiode), bei dem klare Ziele vereinbart, die zukünftigen Aufgaben festgelegt sowie die Potenziale

stellung einer marktgerechten Vergütung und andererseits auch als Ordnungsparameter im Unternehmen, der eine Laufbahn- und Karriereplanung für die jeweiligen Funktionsinhaber ermöglicht.

und notwendigen Entwicklungsmaßnahmen identifiziert werden. Die Gesprächsergebnisse werden in einem nächsten Schritt mit jenen von Mitarbeitern derselben Funktionszuordnung (*„Peer Group“*) durch die jeweils übergeordneten Führungskräfte diskutiert und entsprechend kalibriert. Schlussendlich münden diese in Konsequenzen im Hinblick auf die individuelle Vergütung, die weitere Entwicklung und die Entfaltungsmöglichkeiten des Potenzials der diskutierten Mitarbeiter. Konkret bedeutet dies, dass Top Performer entsprechend gefördert werden und Low Performer mit anderen personalpolitischen Maßnahmen rechnen müssen.

Diese Systematik bietet sich auch für die Fachexperten an, um eine transparente Förder- und Entwicklungskultur in der Organisation für diese Zielgruppe sicherzustellen. Die Peergroup setzt sich dabei aus allen Fachexperten derselben Funktionsstufe zusammen, was die Kalibrierung erleichtert und zu einer verbesserten Differenzierung zwischen Top und Low Performern im Expertenbereich führt.

Ein eigenes Entlohnungsmodell für Fachexperten, welches Performance und Zielerreichung in ausreichendem Maße berücksichtigt, ist zu implementieren.

Erreichte Ergebnisse und realisierte Ziele müssen sich auch in der Vergütung von Fachexperten niederschlagen. Variable Entgeltbestandteile oder die Auslobung von Prämien bzw. Bonuszahlungen, die auf definierten Zielen basieren, sind wichtige Bestandteile einer leistungsorientierten Anreizgestaltung. Typischerweise sind die mit Fachexperten vereinbarten Ziele nicht immer quantifizierbar und damit auch kaum messbar. Daher sind hier die übergeordneten Führungskräfte besonders gefordert, Zielerreichungsgrade gemeinsam mit den Fachexperten verbal zu formulieren, um so die Messlatte für die Zielerreichung festzulegen. Nur wenn beiden klar ist, ab wann ein vereinbartes Ziel als erreicht gilt, kann im Nachhinein eine nachvollziehbare Bewertung erfolgen. Andernfalls müssen sich die Führungskräfte den oft zitierten Vorwurf gefallen lassen, sie würden nach dem Gießkannen- oder Nasenprinzip vorgehen und monetäre Zusatzleistungen diskretionär vergeben.

Spezielle Bildungs- und Entwicklungsmaßnahmen sind zu konzipieren und an den Bedürfnissen der Fachexperten auszurichten.

Zielgruppenadäquate Personalentwicklungsaktivitäten beschränken sich nicht ausschließlich auf den Kompetenzaufbau und -erhalt des jeweiligen Fachwissens, sondern schließen auch die Entwicklung der Persönlichkeits- und Sozialkompetenzen mit ein. Gerade im Expertenbereich ist des Öfteren festzustellen, dass hochspezialisierte Mitarbeiter noch eine Stärkung in diesen Bereichen benötigen. Es genügt nämlich nicht, dass sie Fachwissen ausschließlich generieren und dokumentieren. Als Fachexperten sind sie dazu aufgerufen, ihre Erkenntnisse und Arbeitsergebnisse aktiv an die operativen Bereiche einer Organisation heranzutragen, damit diese auch optimal für den Produktions- oder Leistungsprozess verwertet werden können. Dies erfordert neben situationsadäquaten Kommunikationskompetenzen auch die Fähigkeit, als interner Berater ausgestattet mit einem professionellem Berater-Know-how und den damit verbundenen Methoden sowie Tools innerhalb der Organisation zu agieren. Nur wenn die Fachexperten willens und imstande sind, ihr Wissen intern zu transportieren oder zu vermarkten, wird ihr Wertschöpfungsbeitrag in konkrete Unternehmensergebnisse münden. Entwicklungsprogramme für Fachexperten müssen daher speziell den Aufbau dieser Kompetenzen vorsehen.

Bestehen in einer Organisation auch Entwicklungsprogramme für andere Funktionen (z. B. für die Management- oder Projektmanagementlaufbahn), so ist dafür Sorge zu tragen, dass eine ausreichende Durchlässigkeit zwischen den Entwicklungsprogrammen und Laufbahnmodellen gegeben ist. Ein einmal begonnenes Entwicklungsprogramm innerhalb einer Laufbahn darf nicht in einer Sackgasse enden, da sich Aufgabenstellungen und Funktionen im Laufe der Zeit verändern können. Fachexperten müssen auch die Chance haben, in andere Entwicklungsprogramme zu wechseln, um sich zusätzlich für allfällig angestrebte Führungs- und Projektfunktionen zu qualifizieren. Folglich ist eine ausreichende Kompatibilität zwischen den einzelnen Entwicklungsprogrammen sicherzustellen.

Die Leistungen von Fachexperten sind – auch nach außen hin – sichtbar zu würdigen.

Hat sich ein Fachexperte durch sein Spezialwissen und durch die bisher erzielten Wertschöpfungsbeiträge für die Organisation (z. B. Innovationen im Produktbereich, Erlangung von Patenten, Entwicklung von Steueroptimierungsmodellen) besondere Verdienste erworben, so trägt die Anerkennung und Würdigung des erreichten Status mittels der Verleihung von adäquaten Funktionstiteln stark zur Motivation bei. Darüber hinaus erhöht eine solche Auszeichnung die Bindungswahrscheinlichkeit des Fachexperten an die Organisation, was somit die Sicherung des Know-hows begünstigt. Eine mögliche Titelhierarchie könnte wie folgt strukturiert sein:

- Senior Expert (Einstiegsstufe),
- Principal,
- Senior Principal,
- Chief Expert oder Authority (oberste Stufe).

Zusätzlich kann der Titel um das jeweilige Fachgebiet erweitert werden, z. B. Senior Expert Engineering oder Chief Expert Taxes.

Werthaltungen und Einstellungen von allen Mitarbeitern (insbesondere von den Linienführungskräften) müssen hinsichtlich Wertschätzung und Anerkennung von Fachexperten positiv beeinflusst werden.

Neben den bisher dargestellten Aktivitäten ist es von eminenter Bedeutung, insgesamt die Werthaltung gegenüber Fachexperten einer Organisation in eine positive Richtung zu lenken. Basis dafür sind die Aussagen, das Verhalten und die getroffenen (Personal-)Entscheidungen sowie die Konsequenz der obersten Führungskräfte bei der Umsetzung der Fachlaufbahn. Die Karriere im Expertenbereich muss als genauso wichtig und attraktiv erlebt werden wie jene im Managementbereich.

Pseudo-Aktivitäten oder halbherzig realisierte Maßnahmen führen zumeist nur dazu, dass das Konzept ein Papiertiger bleibt. Hochglanzpapier ist geduldig und bei mangelndem Commitment seitens der Entscheidungsträger verschwindet es rasch in diversen Schubladen auf Nimmerwiedersehen ohne jegliche Chance auf eine dem ursprünglichen Gedanken entsprechende Realisierung.

5.4. Fazit

Eine Fachlaufbahn in einer Organisation zu implementieren, erfordert – wie eingangs bereits erwähnt – eine umfassende Konzeption, die konkret aufzeigt, bei welchen Führungs- und Personalentwicklungsprozessen interveniert werden muss, um den Fachexperten eine solche Laufbahn zu ermöglichen und ihnen die damit verbundenen Chancen aufzuzeigen. Die oben dargestellten Aktivitäten geben hierfür einen guten Überblick und zählen erfahrungsgemäß zu den effektivsten Stellschrauben in der betrieblichen Personal- und Entwicklungsarbeit.

Gerade in der Wissensgesellschaft greifen bisherige Strategien in der Personalentwicklung zu kurz, denn die entscheidende Ressource der Zukunft ist das Wissen, über das eine Organisation mit ihren Mitarbeitern verfügt und mit dem sich Wettbewerbsvorteile erzielen lassen. Folglich müssen die Entscheidungsträger bei der Mitarbeiterentwicklung ihr Augenvermerk verstärkt auf die sogenannten „Kopfarbeiter" lenken, um einen Know-how-Verlust – ausgelöst durch eine fehlende Ausschöpfung der Wissenspotenziale oder durch die aufgrund fehlender Motivation sich ergebende Bereitschaft, zur Konkurrenz abzuwandern – zu verhindern. Eine aktive Förderung der Fachlaufbahn als Alternative zur traditionellen Managementlaufbahn führt so zu einem gelebten Wissensmanagement, bei dem das Wissen in den Köpfen der Fachexperten gezielt entwickelt und in einen konkreten Nutzen für die Umsetzung der Geschäftsstrategien transformiert wird. Schlussendlich rechnet sich eine solche Investition für alle Beteiligten.

6. Führungsfeedback – 360-Grad-Feedback als Instrument in der Führungskräfteentwicklung

6.1. Einführung

Feedback als Katalysator für jeden Lern- und Entwicklungsprozess ist in vielen Organisationen bereits als Erfolg bestimmende Grundlage anerkannt. Aber wie sieht dazu die Anwendung in der betrieblichen Praxis aus? Welche Voraussetzungen müssen gegeben sein, um eine nachhaltige Wirkung durch konsequentes Feedback zu erzielen? Gibt es Grenzen und mögliche Risiken, die dabei beachtenswert erscheinen? Ist es tatsächlich in jeder Führungskonstellation geeignet? All das sind Fragen, die vor der Einführung eines Feedback-Instruments, das noch dazu mehrere Personengruppen (die sogenannten *„Stakeholder"*) adressiert, einer kritischen Analyse zu unterziehen sind, um die damit angestrebten Ziele auch zu realisieren. Professionell konzipiert und gut in einer Organisation etabliert, kann dieses Instrument wertvolle Unterstützung bei der Entwicklung der Kompetenzen von Führungskräften liefern, was nicht nur den Unternehmens-, sondern vielmehr den individuellen Führungserfolg beeinflusst. Stümperhaftes Vorgehen, mangelnde Kommunikation und wenig engagierte Überzeugungsarbeit bei der Einführung schaden nicht nur dem Ruf dieser Methode, sondern insgesamt der positiven Weiterentwicklung der Managementstrukturen und der individuellen Mitarbeiterentwicklung. Das vorliegende Kapitel behandelt daher die wesentlichsten Aspekte rund um dieses Befragungsinstrument, dessen Wurzeln schon in den 30iger Jahren des vorigen Jahrhunderts liegen.

6.2. Feedback als Basis für individuelles Wachstum

Feedback zu geben und Mitarbeiter zu beurteilen, zählen zu den klassischen Aufgaben einer Führungskraft, um das Ausführen von Aufgaben zur Erreichung der jeweiligen Ziele auf Mitarbeiterebene zu steuern und das dabei an den Tag gelegte Verhalten von Mitarbeitern in eine gewünschte Richtung zu entwickeln. Die Führungskraft agiert hier gleichsam als Spiegel, um rückzumelden, wie die Leistung und das Verhalten eines Mitarbeiters wahrgenommen werden. Sie trägt dadurch zur Orientierung bei und beeinflusst damit im Idealfall positiv die zukünftige Motivation und seine Einsatzbereitschaft. Voraussetzung dafür ist, dass das Feedback wertschätzend, für den Mitarbeiter annehmbar und anhand von konkreten Beispielen kommuniziert wird. Für die meisten ist dies klar und in der heutigen Managementpraxis zweifelsohne anerkannt, aber wie sieht es bei den Führungskräften selbst aus? In welcher Form ist für sie Feedback wichtig? Reicht es, wenn sie primär oder ausschließlich von ihren übergeordneten Führungskräften – als deren Mitarbeiter – bewertet werden? Macht es nicht auch Sinn, weitere Feedbackgeber einzubeziehen, die während des Arbeitsprozesses Interaktionspartner einer Führungskraft sind? Anhand dieser Fragestellungen kann man schon erkennen, dass es durchaus von Vorteil ist, den Radius zu erweitern und zusätzlich die Mitarbeiter, die Kunden und auch die Kollegen einer Führungskraft – als ihre *„Stakeholder"* – hinsichtlich der Bewertung des Verhaltens und der Führungskompetenzen zu adressieren.

Dazu wurde das Instrument des 360-Grad-Feedbacks (in der Literatur auch als *„Multi-Source Feedback"* oder *„Upward Appraisal"* bekannt) entwickelt, das durch seine Vielfalt an erhobenen Meinungen zu einer größeren Objektivität bei der Diagnose beiträgt. Die Beurteilung selbst steht hier weniger im Vordergrund (daher wird diese Methodik für die klassische Personalbeurteilung auch kaum genutzt), sondern primär die strukturierte Meinungsabfrage bei den Adressaten hinsichtlich der von der Führungskraft gezeigten Kompetenzen und Verhaltensweisen. Unterschiedliche Feedbackgeber haben unterschiedliche Blickwinkel und somit ist der Vorteil möglichst vieler Bewertungsquellen für den Feedbacknehmer evident. Entscheidend für den Erfolg sind ein gemeinsames Verständnis über die der Einschätzung zugrunde liegenden Kriterien, die Qualität des Fragebogens und die Professionalität bei Einsatz und Durchführung des Verfahrens. Selbstredend ist eine in der Organisation etablierte Feedbackkultur auch eine Prämisse für den gesamten Prozess, in der sich alle Mitglieder uneingeschränkt trauen dürfen, ihre Meinung zu sagen, ohne mit etwaigen Sanktionierungen rechnen zu müssen. Aufgrund ihres Stellenwertes werden diese Themen in der Folge noch näher beleuchtet.

6.3. Zielsetzungen des Feedback-Verfahrens

Zugegeben, der Prozess ist sowohl mit Aufwand als auch Kosten verbunden. Umso mehr ist es von Bedeutung, von Beginn an klar zu kommunizieren, was man damit erreichen möchte, denn ansonsten ist die Akzeptanz bei allen Beteiligten hochgradig gefährdet. Bevor man daher den Prozess angeht, sind die angestrebten Ziele zu definieren und klar die Erwartungen abzugrenzen. Tut man dies nicht, so gedeihen in der Gerüchteküche alle möglichen Spekulationen, die sich ab einem gewissen Zeitpunkt nicht mehr revidieren lassen. Den „Flurfunk" – gerade bei Einführung eines solchen Befragungsinstruments – sollte man nicht unterschätzen.

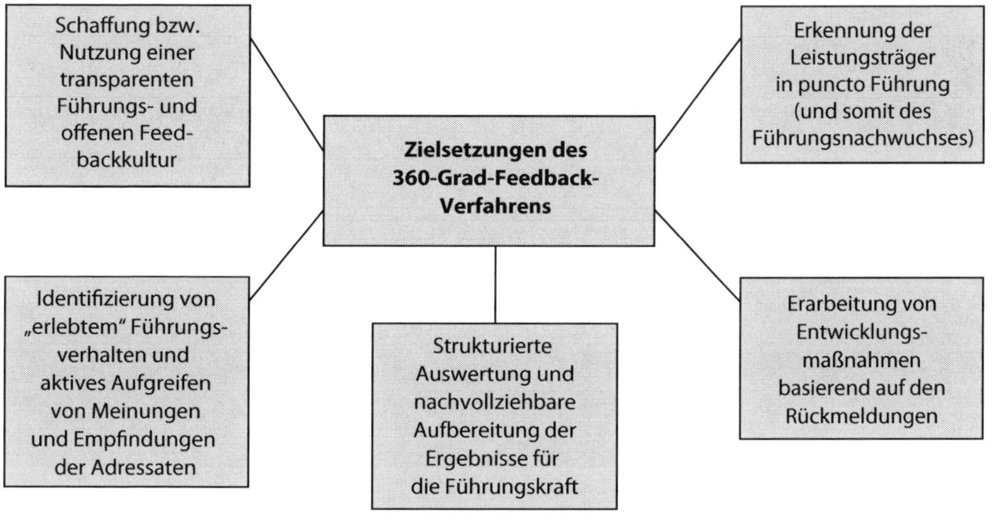

Abb. 12: Zielsetzungen des 360-Grad-Feedback-Verfahrens

Je nach Ausgangslage und Reifegrad der Organisation können unterschiedliche Ziele im Fokus stehen, wie beispielsweise:

- Schaffung bzw. Nutzung einer transparenten Führungs- und offenen Feedbackkultur, die vom Kooperationswillen aller Organisationsmitglieder geprägt ist und bei der das Verfolgen von Partikularinteressen speziell auf der Führungsebene zugunsten eines gemeinsamen Arbeitens an der Sache zurückgedrängt wird;
- Identifizierung von erlebtem Führungsverhalten bei den „*Stakeholdern*" und aktives Aufgreifen von Meinungen und Empfindungen, die sich bei den Adressaten des Verfahrens in einer abgelaufenen Arbeitsperiode sowohl im positiven als auch negativen Sinne manifestiert haben;
- strukturierte Auswertung und nachvollziehbare Aufbereitung der Ergebnisse für jene Führungskraft, über die die Befragten ihre Meinung abgegeben haben, als Voraussetzung für die nachfolgende Ableitung eines Maßnahmenplans zur Weiterentwicklung;
- Erarbeitung von Entwicklungsmaßnahmen basierend auf den Rückmeldungen, die es der Führungskraft in Zukunft ermöglichen, ihr gesamtes Potenzial auszuschöpfen und einen situationsadäquaten Führungsstil zu verfolgen, der auch schwierige Arbeitsphasen zu meistern hilft und die Einsatzbereitschaft der zugeordneten Mitarbeiter positiv beeinflusst;
- Erkennung der Leistungsträger in puncto Führung (und somit des Führungsnachwuchses) – speziell dann, wenn das Feedback mehrmals in unterschiedlichen Konstellationen erhoben wurde und dieselben positiven Ergebnisse zeigt.

Ist eine Organisation noch nicht so weit, so klingen manche Ziele unerreichbar. Bei der Einführung ist daher behutsam und wenn möglich in kleinen Schritten vorzugehen, da ansonsten mehr Porzellan zerschlagen und kein echter Mehrwert für die Organisation geschaffen wird. Es macht wenig Sinn, obige Ziele und das gesamte Befragungsinstrument für alle Führungskräfte als verbindlich zu positionieren, sondern es ist vielmehr empfehlenswert, einzelne Organisationsmitglieder dafür zu gewinnen und deren Erfahrungen aktiv zu kommunizieren. Ideal wäre es natürlich, wenn es sich dabei um informelle Meinungsbildner in der Organisation handelt, an denen sich andere Führungskräfte orientieren. Denn sind diese mit den gemachten Erfahrungen zufrieden und sagen sie das auch, kann das System zum Selbstläufer in der Organisation mutieren. Ein unpersönliches Anordnen von oben ist dann nicht mehr erforderlich.

6.4. Voraussetzungen bei der Einführung dieses Feedback-Verfahrens

Bevor man an die Erstellung des Fragebogens herangeht, muss klar sein, über welche Führungskompetenzen man spricht. Auch der Begriff „Kompetenzen" selbst wird nicht immer einheitlich verwendet. Orientiert man sich an der wissenschaftlichen Literatur, so handelt es sich dabei um bestimmte Fähigkeiten, Fertigkeiten und Erfahrungen, die das Verhalten und die dadurch erzielten Arbeitsergebnisse eines Menschen determinieren. Und genau das ist der Kernpunkt: es geht um das Verhalten einer Führungskraft – weder um seine Charakterzüge noch um seine Persönlichkeitsmerkmale. Dies setzt voraus, dass das erwünschte Verhalten auch entsprechend ausformuliert ist und exakt beschreibt, welche Verhaltensleistungen man sich bei der Führung in einer Organisation erwartet. Arbeitet eine Führungskraft Konflikte aktiv, sachorientiert und vorurteilsfrei gegenüber den involvierten Mitarbeitern auf oder versucht sie, sie unter den Teppich zu kehren? Stellt die Führungskraft rasch notwendige Informationen zur Verfügung und trifft sie Entscheidungen in angemessener Zeit? Berücksichtigt sie dabei auch die Meinungen von Mitarbeitern (fragt sie von sich aus danach) oder tendiert sie zur autoritären Befehlsausgabe, die für jene, die damit leben müssen, schwer nachvollziehbar ist? Das sind alles Beispiele zum Führungsverhalten, zu denen bei entsprechender Fragestellung jeder Mitarbeiter seine Meinung und seine erlebte Wahrnehmung äußern kann – sofern er dazu eine Meinung hat. Nicht immer kann man davon ausgehen, aber es sollte den Mitarbeitern so einfach als möglich gemacht werden, was nicht nur, aber doch auch durch die konkrete Fragestellung beeinflusst wird.

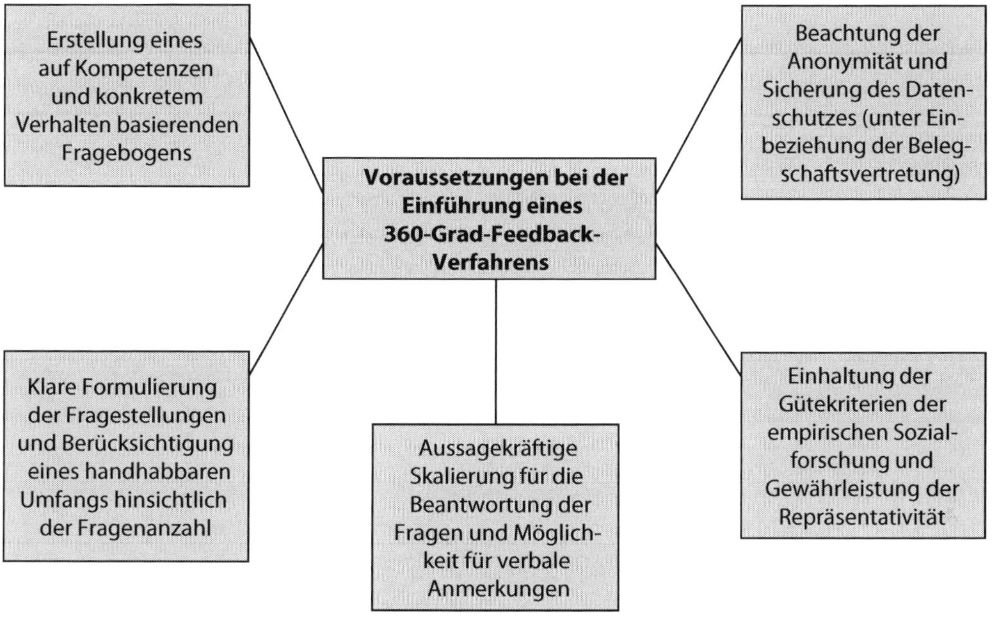

Abb. 13: Voraussetzungen bei der Einführung eines 360-Grad-Feedback-Verfahrens

Abstrakte Formulierungen, mehrfache Verwendung von Fremdwörtern und primär heuristischen Zwecken dienende Fragestellungen bei der Gestaltung des Fragebogens schrecken eher ab, als dass sie die Adressaten zur Beantwortung motivieren. Daher ist es ratsam, die Fragen vor dem Feldeinsatz einer ausgewählten Gruppe aus der Organisation vorzulegen und zu erläutern, was bei den einzelnen Fragen und mit den darauf basierenden Verhaltensweisen gemeint ist, um etwaige Verständnisprobleme bereits im Vorfeld zu beseitigen. Darüber hinaus spielen auch die Anzahl der Fragen und die Länge des Fragebogens eine wesentliche Rolle, ob sich die Adressaten der Beantwortung widmen oder nicht. Erfahrungsgemäß nimmt die Antwortwahrscheinlichkeit mit zunehmender Anzahl von Fragen ab. Ein ausgewogenes Ausmaß an Fragestellungen, die die wesentlichen

Aspekte beinhalten und den Kern des Führungsverhaltens ausmachen, ist demzufolge bei der Konzeption zu finden, um das Verfahrensergebnis nicht zu konterkarieren. Anwendungsbeispiele in der betrieblichen Praxis zeigen, dass man mit fünfzehn bis zwanzig Fragen das Auslangen findet, um ein gutes Bild über das wahrgenommene Führungsverhalten zu erzielen.

Auch die Skalierung ist bei der Beantwortung der Fragen entscheidend, möchte man zu aussagekräftigen Rückmeldungen gelangen. Dabei ist die Bandbreite zwischen „stimme in vollem Umfang zu" bis „stimme überhaupt nicht zu" bei jeder Frage entsprechend abzustufen, wobei man erfahrungsgemäß eine fünf- bis maximal siebenstufige Skala nicht überschreiten und eine Rubrik „kann ich nicht beurteilen" berücksichtigen sollte. Bewährt hat sich dabei auch, wenn zusätzlich zur Skalenbewertung die Möglichkeit geboten wird, durch verbale Anmerkungen seine Einschätzung untermauern oder seine Meinung erläutern zu können. Weiters kann am Ende des Fragebogens noch ein zusätzlicher Platz vorgesehen werden, ergänzende Hinweise und Empfehlungen zu den Kompetenzen der Führungskraft festzuhalten. Wichtig ist in diesem Zusammenhang dabei der Hinweis im Fragebogen, dass man keine Formulierungen und Wörter des organisationsspezifischen Sprachgebrauchs verwenden sollte, da ansonsten eventuell Rückschlüsse auf die Identität des Feedbackgebers gezogen werden könnten.

Unbestritten ist, dass die regulären Gütekriterien der empirischen Sozialforschung nicht vernachlässigt werden dürfen. Objektivität, Validität (Gültigkeit) und Reliabilität (Zuverlässigkeit) kennzeichnen die wissenschaftliche Fundierung eines Fragebogens beziehungsweise die Repräsentativität der damit generierten Ergebnisse und gewährleisten bei adäquater Berücksichtigung die Seriosität der Methodik. Der Fragebogen sollte daher nur von einer entsprechend qualifizierten Person (entweder aus der Organisation oder extern von einem dafür ausgebildeten Berater) ausgearbeitet werden, die sinnvollerweise bereits bei der Definition der Führungskompetenzen auf Verhaltensebene einbezogen wurde.

Neben den bisher ausgeführten Aspekten ist jener der Anonymität wohl der, der die Erfolgswahrscheinlichkeit am stärksten determiniert. Sind Vorbehalte seitens der Adressaten hinsichtlich der Anonymität nicht ausgeräumt und sind sie nicht restlos davon überzeugt, dass ihnen keine Konsequenzen drohen, wenn sie ihre Meinung bekanntgeben, kann man sich den Aufwand sparen. Die Mitarbeiter werden zu einem hohen Prozentsatz nicht antworten – in dem Fall meist nur jene, die nichts zu befürchten haben, weil sie entweder ihren Karrierezenit erreicht oder aufgrund ihrer Persönlichkeit oder ihrer sozialen Stellung in der Organisation keine Angst vor Sanktionen haben. Speziell beim Einsatz von webbasierten IT-Systemen oder von bereits für digitale Endgeräte verfügbaren App-Lösungen, die die Vorteile einer elektronischen Durchführung und raschen Auswertung der Ergebnisse ermöglichen, sind sowohl datenschutzrechtliche als auch arbeitsverfassungsrechtliche Anforderungen einzuhalten. Rechtzeitige Kontaktaufnahme und ausreichende Überzeugungsarbeit bei der Belegschaftsvertretung über die Eckpunkte des Verfahrens helfen dabei, latente Vorbehalte hinsichtlich der Anonymität auszuräumen. Tendenziell ist das Vertrauen seitens der Belegschaft zu ihrer Vertretung höher als zur Unternehmensleitung – gerade dann, wenn es um Bewertungs- oder generell um Beurteilungsverfahren geht. Folglich ist es nicht nur opportun, sondern primär erfolgskritisch, den Betriebsrat als Partner für dieses Analyseinstrument zu gewinnen.

6.5. Ablauf des Feedback-Verfahrens

Der Ablauf ist relativ rasch erklärt, da er in der betrieblichen Praxis durch den Einsatz von klassischen Mitarbeiterbefragungen bereits mehrfach erprobt ist:

- In der Regel informiert die Personalabteilung als prozessverantwortliche Einheit die Führungskraft über das Verfahren, die Ziele und die damit verbundenen Schritte für die Umsetzung. Dabei wird auch ausführlich auf die weiter oben dargestellten Themen eingegangen, um die Führungskraft als Feedbacknehmer auf den Prozess vorzubereiten.
- Anschließend informiert der Feedbacknehmer seine Feedbackgeber als Adressaten persönlich oder schriftlich über die Ziele und den Ablauf des Verfahrens, wobei im Besonderen ausführlich auf die Anonymität hinzuweisen ist. Darüber hinaus ist gleich zu Beginn zu erläutern, was mit den Ergebnissen passiert und was die Führungskraft als Feedbacknehmer in weiterer Folge damit erreichen möchte.
- Im nächsten Schritt wird der Fragebogen durch den Feedbacknehmer entweder manuell (Papier-Fragebogen mit anonymisiertem und – wenn erforderlich – frankiertem Rücksendekuvert) oder in Form einer elektronischen Einladung zur Beantwortung mit den Zugangsdaten zur Online- oder App-Version an die Feedbackgeber gesendet. Die Dauer der Bearbeitung liegt üblicherweise zwischen fünfzehn und zwanzig Minuten und der generelle Zeitrahmen für die Beantwortung beträgt meist zirka zwei Wochen. Drei oder vier Tage vor Ende der Abgabefrist ist eine Erinnerung an die Adressaten einzuplanen, um noch die letzten Feedbackgeber zur Beantwortung und Rücksendung zu motivieren.
- Nach Abschluss der Befragungszeit werden die Fragebögen manuell oder elektronisch seitens der Personalabteilung oder durch den externen Berater, wenn dieser für die Steuerung des Gesamtprozesses – gerade bei mehreren parallel laufenden Befragungen – engagiert wurde, ausgewertet und in einem eigenen Ergebnisbericht aufbereitet.
- Der Ergebnisbericht ist am Ende des gesamten Prozesses die Grundlage für das nachfolgende Entwicklungsgespräch mit dem Feedbacknehmer, bei dem ein erfahrener Personalentwickler aus der Organisation oder ein externer Berater die Resultate darstellt, weiterführende Trainings- oder Entwicklungsmaßnahmen bespricht und diese in einem eigenen Maßnahmenplan dokumentiert. Beide (sowohl Personalentwickler als auch Berater) müssen über ausgeprägte Gesprächsführungsfähigkeiten verfügen, denn gerade dann, wenn die Ergebnisse für die im Zentrum stehende Führungskraft überraschend und nicht den Erwartungen entsprechend ausgefallen sind, kann dies möglicherweise sehr rasch in einer Frustrationsspirale münden. Begegnet man dieser nicht und lässt ein Abgleiten in dieser Situation zu, kann ein Hoffen auf jede weitere Entwicklung schon im Ansatz abgehakt werden. Trotz negativer Resultate muss der Wille zur Veränderung beim Betroffenen erhalten bleiben. Zu resignieren wäre die schlechteste Reaktion und würde Sinn und Zweck des gesamten Verfahrens torpedieren.
- Bei der nachfolgenden Umsetzung der vereinbarten Maßnahmen wird sehr oft ein Führungscoach hinzugezogen, der Unterstützung anbietet und den Feedbacknehmer zielorientiert begleitet, den Maßnahmenplan nicht aus den Augen zu verlieren. Regelmäßiges Feedback während dieser Nachbearbeitungsphase an die übergeord-

nete Führungskraft seitens des Feedbacknehmers sichert auch deren Zustimmung und zeigt ihr, dass man an seiner eigenen Entwicklung arbeitet.

Ist die Feedbackkultur in einer Organisation bereits dermaßen etabliert, dass man offen über alles reden kann, so drängt sich nahezu ein Teammeeting mit den Feedbackgebern auf, in dem der Feedbacknehmer offen über die Ergebnisse spricht, was er daraus ableitet und was er in Zukunft tun möchte, um die eine oder andere Verhaltensweise zu verändern. Alle Feedbackgeber haben dabei auch die Gelegenheit, zusätzliche Anmerkungen zu äußern und auch ihre Meinung zu den Ergebnissen bekanntzugeben. Wohlgemerkt – es hängt von der bisherigen Kultur ab, denn es bedarf schon einiger Überwindung insbesondere seitens der Mitarbeiter des Feedbacknehmers, vor den Vorhang zu treten und eigene Eindrücke offen darzustellen. Elementar ist in diesem Zusammenhang, dass sich Mitarbeiter nicht unter Druck gesetzt fühlen dürfen, etwas in diesem Meeting sagen zu müssen. Nicht jeder ist der Typ dafür, weswegen es sich lohnt, einen externen Moderator hinzuzuziehen, der diese meist zweistündige Veranstaltung steuert.

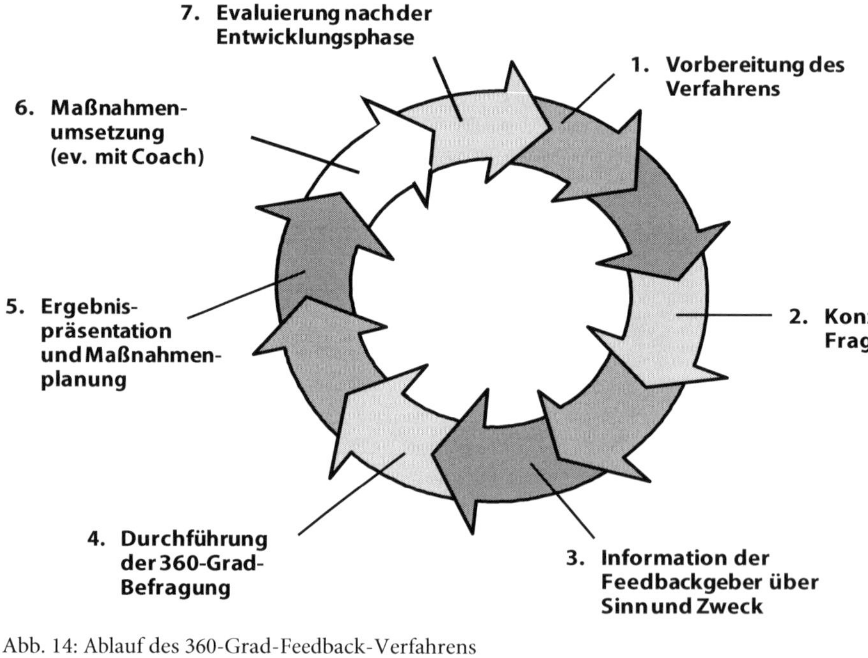

Abb. 14: Ablauf des 360-Grad-Feedback-Verfahrens

Führt man diesen Prozess regelmäßig durch (beispielsweise jedes Jahr), so können die *„Stakeholder"* angestrebte und erreichte Veränderungen erkennen und bei der jeweils darauffolgenden Befragung rückmelden. Damit wird ein idealer Lern- und Erfahrungsprozess für die Führungskraft angestoßen, der durch kein Training oder durch keine Führungsschulung ersetzt werden kann. Nichts ist wertvoller als durch die und in der eigene(n) Arbeitssituation zu lernen. Damit zeigt sich auch, welchen Nutzen dieses Instrument hat, sofern die weiter oben ausgeführten Voraussetzungen berücksichtigt werden und eine professionelle Anwendung gewährleistet wird.

6.6. Fazit

Einen Mehrwert beim Einsatz des 360-Grad-Feedbacks erzielt man nicht automatisch. Es müssen sowohl die Rahmenbedingungen stimmen als auch alle Beteiligten ausreichend über Ziele, Vorgangsweise bei der Anwendung dieser Methode und das Vorgehen nach der Auswertung der Ergebnisse Bescheid wissen, da die Qualität des Feedbacks nur so gut sein kann, wie das Verfahren selbst. Kommunikation ist wie bei allen mitarbeiterbezogenen Maßnahmen das Um und Auf. Umgekehrt richtet mit hoher Wahrscheinlichkeit eine unprofessionelle Herangehensweise mehr Schaden an, als dass sie tatsächlich einen Nutzen stiftet.

Wenn aber die dargestellten Empfehlungen beachtet werden, trägt das Verfahren à la longue zu offenen, auf Vertrauen basierenden Beziehungen im Team und zu sichtbar positiven Veränderungen des Führungsverhaltens bei. Damit hätte es seinen Zweck erfüllt und nur dann schließt sich der Kreis, was darüber hinaus mit ziemlicher Sicherheit zusätzlich zu erhöhtem Commitment und einer gesteigerten Loyalität aller Beteiligten in der Organisation führt.

7. Generation Management – Ansätze zur Gestaltung des demografischen Wandels

7.1. Einführung

Analysiert man die Stellenanzeigen in den Tageszeitungen und Online-Medien, so zeigt sich, dass die Personalplanung in den Betrieben weiterhin von der Suche nach „... jungen, dynamischen und flexiblen Mitarbeitern (vorzugsweise „*Digital Natives*“[24]) mit – wenn möglich – mehrjähriger Berufserfahrung“ determiniert wird. Trotz leergefegter Arbeitsmärkte in bestimmten Teilsegmenten und des damit einhergehenden Fachkräftemangels hoffen die Entscheidungsträger weiterhin, ihren zukünftigen Personalbedarf ausschließlich mit externen Mitarbeitern, die die oben angeführten Anforderungen erfüllen, abdecken zu können. Wenn man bedenkt, dass gleichzeitig Vorruhestands- und Altersteilzeitmodelle in hohem Ausmaß von denselben Betrieben in Anspruch genommen werden, so erscheint die Situation paradox: Einerseits wird händeringend nach neuen Mitarbeitern gesucht, andererseits vergeudet man wertvolles Arbeitskräftepotenzial durch Verabschiedung in den Ruhestand. Mit einer solchen Personalpolitik landet man zunehmend in der Sackgasse, denn die geburtenschwachen Jahrgänge werden die Personalsuche nicht gerade erleichtern. Will man dieser Entwicklung begegnen, so sind neue HR-Konzepte gefragt, die alle Mitarbeitergenerationen im Unternehmen berücksichtigen. Personalentwicklung darf nicht an bestimmte Altersgrenzen stoßen, denn für die Bewältigung zukünftiger Herausforderungen stellen langjährige Mitarbeiter ein nicht zu unterschätzendes Potenzial dar. Gerade ihr Wissen und ihre Erfahrung sind mehr denn je gefragt. Welche Handlungsfelder dabei zu beachten und welche Maßnahmen dafür zielführend sind, damit beschäftigt sich dieses Kapitel.

7.2. Wertschätzung von Erfahrung und Potenzial

„Die Ausbildung ist viel zu teuer, diese Investition zahlt sich für uns nicht mehr aus, denn der Mitarbeiter ist schon zu alt“, oder „Für diese Stelle benötigen wir einen jungen Mitarbeiter von außen, der neuen Schwung in das Team bringt“, oder „Dieser Mitarbeiter ist schon viel zu lange im selben Bereich, der kann sich doch nicht mehr auf eine neue Tätigkeit einstellen“. Solche Aussagen und Vorurteile prägen das Bild von manchen Führungskräften und Mitarbeitern in Unternehmen, wenn es darum geht, Personalplanungsentscheidungen zu treffen.

Meist wird einseitig gemäß dem – leider noch immer evidenten – „Jugendwahn“ davon ausgegangen, dass langjährige Mitarbeiter die zukünftigen Herausforderungen kaum zu meistern in der Lage sind oder nur noch in Richtung Ruhestand planen. Ungeachtet ihres Wissens und ihrer Erfahrung wird diese Mitarbeitergeneration meist abgeschrieben, was jedoch nicht nur im Bereich der Mitarbeitermotivation fatale Auswirkungen haben kann.

24 Dazu zählen Personen, die bereits mit digitalen Technologien aufgewachsen und in ihrer Nutzung besonders geübt sind. Für sie ist es ein Leichtes, sich in der digitalen Welt zurechtzufinden.

Einerseits werden die für den Geschäftserfolg notwendigen Kompetenzen der erfahrenen Mitarbeiter nicht genutzt oder kaum zielgerichtet weiterentwickelt, was unweigerlich zu einem Know-how-Verlust führt. Andererseits können Wissen und Erfahrungswerte nicht gesichert werden, wenn man langjährige Mitarbeiter nicht aktiv in die Personalentwicklung einbezieht. Die Umsetzung der Geschäftsstrategie wird dadurch immer schwieriger und zunehmend vom externen Arbeitskräftepotenzial abhängig.

Hier ist ein Umdenken angesagt, will man auch in Zukunft über ausreichend kompetente Mitarbeiter verfügen, die sich flexibel und motiviert den neuen Herausforderungen stellen. Dazu ist es erforderlich, die Personalentwicklungsaktivitäten auf alle Mitarbeitergenerationen auszurichten und ihnen eine auf ihre Bedürfnisse abgestimmte Weiterentwicklung ihrer Kompetenzen zu ermöglichen. Nur so lässt sich eine mittel- bis langfristige Personalplanung gewährleisten.

Bevor auf die dafür erforderlichen Handlungsfelder eingegangen wird, gibt der folgende Abschnitt einen Überblick über die aktuelle Situation in Österreich, um die Brisanz dieser Thematik aufzuzeigen. Diese Analyse bringt klar zum Ausdruck, dass jedes Unternehmen und jede Organisation das Management der Generationen ernst nehmen muss, um seine (ihre) Position im Wettbewerb zu behaupten. Dabei geht es nicht um Lippenbekenntnisse, sondern um kluge und zielgerichtete Investitionen in die betriebliche Personalentwicklung, ohne die die Erfolgswahrscheinlichkeit der Geschäftsstrategie gegen null tendiert.

7.3. Demografische Entwicklung und ihre Auswirkungen auf den Arbeitsmarkt

Untersuchungsergebnisse lassen hier zwei eindeutige Trends erkennen, die die langfristige Bevölkerungsentwicklung in Österreich (beziehungsweise in Mitteleuropa) prägen: eine volatile Bevölkerungszahl (damit einhergehend auch ein voraussichtlicher Rückgang des Arbeitskräftepotenzials) und eine Alterung der Gesellschaft (was durch die stetige Anhebung des Pensionsantrittsalters auch zu älteren Belegschaften in Unternehmen führt).

Die „Statistik Austria" geht in ihren Prognosen[25] davon aus, dass die Einwohnerzahl Österreichs im Jahr 2050 einen historischen Höchststand von knapp über 9,86 Mio. erreicht. Anschließend steigt die Zahl kontinuierlich weiter auf ein Niveau an, das im Jahr 2080 um weitere 4 % höher liegt (10,26 Mio.).

Der zweite Aspekt betrifft die Veränderung in der Altersstruktur. Im Jahr 2021 betrug der Anteil der unter 20-Jährigen 19,3 %. Durch den weiterhin anhaltenden Geburtenrückgang wird sich der Anteil der unter 20-Jährigen bis zum Jahr 2050 auf ein Ausmaß von 18,4 % verringern. Im Gegensatz dazu steigt der Anteil der Pensionisten von 19,4 % im Jahr 2021 auf 27,8 % im Jahr 2050. Aufgrund dieser Entwicklungen im Kontext einer steigenden Lebenserwartung erhöhte sich bereits in den vergangenen Dekaden das Durch-

25 Quelle: Statistik Austria, Bevölkerungsprognose 2021. In der Bevölkerungsprognose wird die nach Bundesländern, Alter, Geschlecht und Geburtsland differenzierte Bevölkerung in die Zukunft fortgeschrieben.

schnittsalter der österreichischen Bevölkerung auf 43,2 Jahre zu Jahresbeginn 2022 – und dieser Trend wird sich unweigerlich fortsetzen.

Beides wirkt unmittelbar auf das Arbeitskräftepotenzial: nicht mehr die 25- bis 44-Jährigen werden die dominante Gruppe am Arbeitsmarkt darstellen, sondern die Gruppe der 45- bis 65-Jährigen. Personalentwicklung bei den 40-Jährigen enden zu lassen, hätte somit fatale Folgen – sowohl was die Arbeits- und Leistungsfähigkeit als auch was die Motivationslage der älteren (demnach in Zukunft dominanteren) Belegschaft der über 45-Jährigen betrifft. Ein Abgehen von bisherigen Konzepten ist daher dringend anzuraten, um hier aktiv gegenzusteuern und eine dementsprechende Änderung in der Werthaltung gegenüber der älteren Generation („*Best Ager*") einzuleiten.

7.4. Handlungsfelder einer an den Generationen orientierten Personalentwicklung

Wird man nicht aktiv und versucht, die bisherigen Mitarbeiterentwicklungskonzepte fortzuschreiben, so sind die unmittelbaren Konsequenzen unvermeidbar:

- eingeschränkte Verfügbarkeit von leistungsfähigen und motivierten Mitarbeitern und diese nur mangelhaft ausgestattet mit den zukünftig notwendigen (digitalen) Kompetenzen speziell in den älteren Belegschaftsgruppen,
- erschwerte Rekrutierung von jüngeren Arbeitskräften aufgrund des reduzierten Angebots am Absolventenmarkt (ausgelöst durch neu definierte Lebensmodelle und modifizierte Einstellungen der heranwachsenden Generationen zu Beruf und Arbeitsleben),
- Entstehen von Engpässen besonders bei hoch qualifizierten Fachkräften in Abhängigkeit vom jeweiligen Geschäftssegment,
- Verlust an Innovationskraft aufgrund eines mangelnden Wissensmanagements zwischen den Belegschaftsgenerationen,
- verstärkte Weiterbildungsabstinenz älterer Arbeitnehmer (unter dem Motto: „Zahlt sich ohnehin nicht mehr aus!").

Man sieht: Es gibt Handlungsbedarf. Dieser umfasst im Wesentlichen die folgenden Bereiche:

7.4.1. Sicherung des erfolgskritischen Wissens

Untersuchungen haben gezeigt, dass mehr als ein Drittel des erfolgskritischen Wissens in den Köpfen der Mitarbeiter steckt. Fällt dieses weg, so geht dies mit einem Verlust an Innovations- und Wettbewerbsfähigkeit einher. Ein gezieltes Wissensmanagement kann diesem Szenario vorbeugen, um speziell das Erfahrungswissen, welches sich ältere Mitarbeiter über Jahrzehnte in ihrer Tätigkeit aufgebaut haben, zu sichern und mit anderen (jüngeren) Mitarbeitern zu teilen.

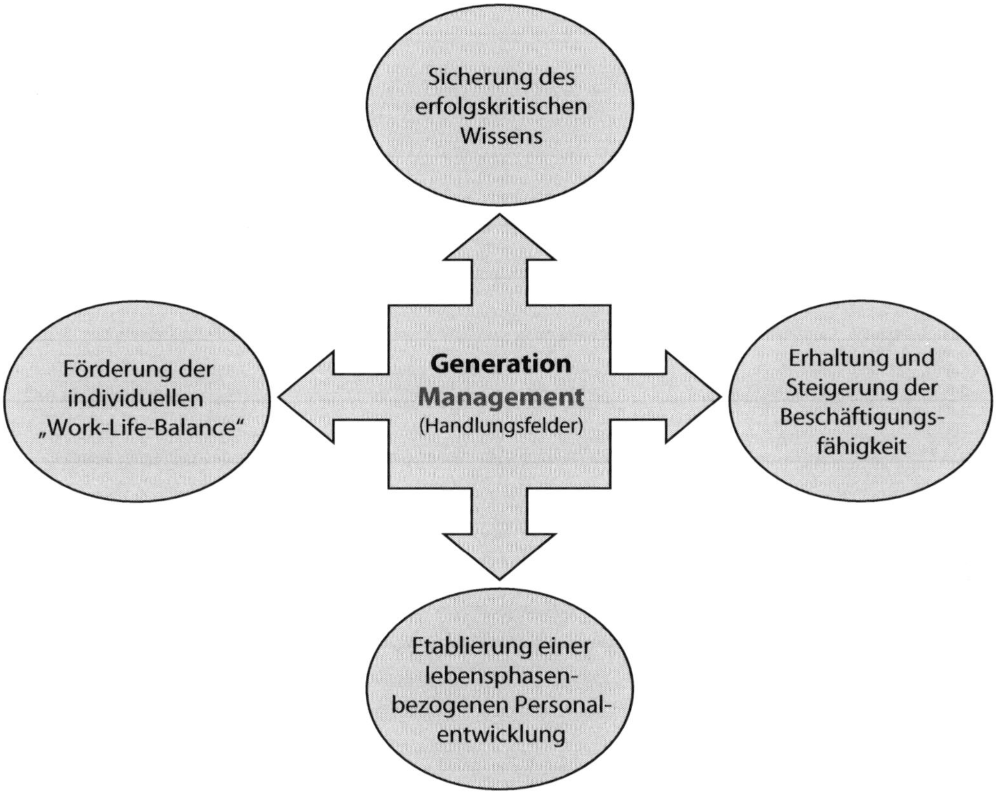

Abb. 15: Handlungsfelder des Generationenmanagements

7.4.2. Erhaltung und Steigerung der Beschäftigungsfähigkeit aller Mitarbeiter („Employability")

Einerseits muss die Beschäftigungsfähigkeit aller Beschäftigten im Fokus der Betrachtung jeglicher Entwicklungsaktivitäten stehen, andererseits spielen gerade hier die Haltung der Führungskräfte und die Motivationslage der älteren Mitarbeiter eine wichtige Rolle: Führungskräfte müssen ältere Mitarbeiter dazu ermuntern, an weiteren Entwicklungs- und Bildungsmaßnahmen teilzunehmen, um ihre Beschäftigungsfähigkeit („*Employability*"[26]) zu gewährleisten. Gleichzeitig müssen jedoch auch die älteren Mitarbeiter dafür ihre Bereitschaft signalisieren, um dieses Ziel zu erreichen.

26 „*Employability*" ist Ziel eines flexiblen Personalentwicklungsansatzes, mit dem die lebenslange „Arbeitsmarktfitness" von Mitarbeitern gestärkt werden soll. Nur wer in der Lage ist, sich auf neue berufliche Herausforderungen und Jobs einzustellen, wird sich auf Dauer am Arbeitsmarkt halten können. Dies erfordert gezielte Investitionen sowohl in die fachliche und methodische Weiterbildung als auch in die Entwicklung der sozialen sowie digitalen Schlüsselkompetenzen.

7.4.3. Etablierung einer lebensphasenbezogenen Personalentwicklung

Ein ganzheitlicher Personalentwicklungsansatz berücksichtigt die jeweiligen Lebensphasen der Mitarbeiter, da eine Entwicklung nur dann sinnstiftend und strategieorientiert sein kann, wenn die dafür zur Verfügung stehenden Maßnahmen intelligent und gemäß den Bedürfnissen der Mitarbeiter auf den Weg gebracht werden. Das Eingehen auf die Lebensphasen ermöglicht darüber hinaus eine stärkere Bindung an das Unternehmen und begünstigt die Erfolgswahrscheinlichkeit aller Aktivitäten in den anderen Handlungsfeldern, z. B. Employability und Work-Life-Balance.

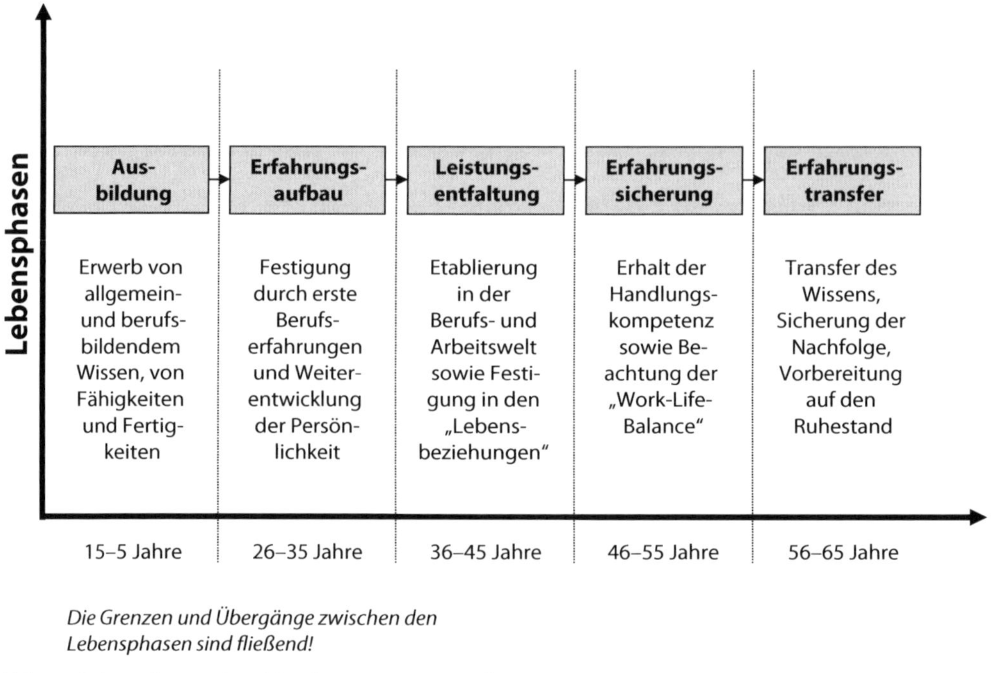

Abb. 16: Lebensphasen eines Mitarbeiters im Unternehmen

7.4.4. Förderung der individuellen Work-Life-Balance

Eine Balance zwischen Berufs- und Privatleben der Mitarbeiter zu fördern, hat nicht nur positive Wirkungen auf das Individuum, sondern auch auf den Geschäftserfolg. Nur wenn sich Mitarbeiter dauerhaft ihren einzelnen Lebensbereichen in einem ausgeglichenen Verhältnis widmen können, sind sie motiviert und leistungsstark. Gerade hierfür ist meist eine Adaptierung der personalpolitischen Leitbilder und Instrumente für eine Haltungs- und Einstellungsänderung notwendig, damit sich tatsächlich ein Umdenken bei den Führungskräften und Mitarbeitern einstellt.

Welche Maßnahmen können nun gesetzt werden, um diesen Handlungsfeldern adäquat zu begegnen? Was könnte man als Entscheidungsträger in einem Unternehmen tun, um die negativen Konsequenzen der demografischen Entwicklung abzuwehren? Welche

Konzepte sind Erfolg versprechend? Die im Folgenden dargestellten Maßnahmen liefern dafür Ansatzpunkte und Ideen.

7.5. Maßnahmen eines Generationenmanagement-Konzepts

Die Maßnahmen lassen sich hinsichtlich der Zielrichtung und des Inhalts in drei verschiedene Bereiche gliedern:

- Analytische Methoden (Self-Assessment, Mid-Career-Workshop, individuelle Beratung),
- Mitarbeiterbezogene Methoden (Kompetenzentwicklung, Gesundheitsmanagement und mentale Fitness, Einzelcoaching, Job Rotation) und
- Organisationsbezogene Methoden (Kompetenztandem, Erfahrungszirkel, flexible Arbeitsformen).

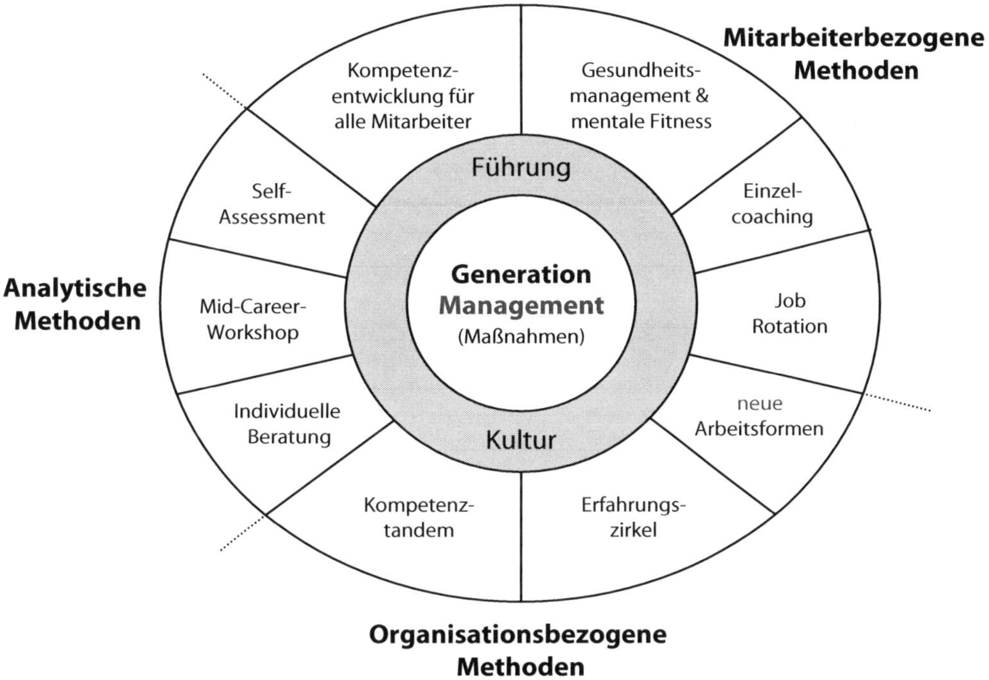

Abb. 17: Maßnahmen des Generationenmanagements

Zu den analytischen Methoden, die primär der Bewusstseinsbildung sowie Standortbestimmung des Mitarbeiters dienen und deren Ergebnisse wichtige Impulse für die Gestaltung anderer Methoden liefern, zählen:

7.5.1. Self-Assessment („Check your life balance!")

Diese Maßnahme basiert auf einem elektronischen Fragebogen (oder wahlweise auch in Papierform), der zur anonymen Selbstbearbeitung durch den Mitarbeiter und zur Einschätzung der Verteilungsanteile zwischen Beruf und Privatleben sowie zur Erhebung der individuellen Lebenssituation (Was habe ich bisher erreicht? Wo stehe ich derzeit? Wie kann es weitergehen?) dient. Die Analyseergebnisse sind wichtige Ansatzpunkte für die nachfolgenden Maßnahmen (wie z. B. Mid-Career-Workshop, Beratungsgespräch oder Einzelcoaching). Diese Maßnahmen können darauf Bezug nehmen, die Resultate reflektieren und entsprechende Aktivitäten hinsichtlich der weiteren Entwicklung des Mitarbeiters zielgerichteter ableiten.

Alternativ kann dazu der internationale Arbeitsbewältigungsindex (ABI bzw. WAI – „*Work Ability Index*") als Analyseinstrument[27] herangezogen werden. Auf Basis der Erkenntnisse können danach Maßnahmen zur Erhöhung und Erhaltung der Arbeitsfähigkeit erarbeitet, durchgeführt und anschließend auf ihre Wirksamkeit evaluiert werden. Zusätzlich dienen die Ergebnisse zur Bedarfserhebung und Planung von Maßnahmen des betrieblichen Gesundheitsmanagements.

7.5.2. Mid-Career-Workshop

Hier erfolgen die Analyse und die Standortbestimmung im Rahmen eines mehrtägigen Workshops, welcher die Reflexion und Auseinandersetzung mit beruflichen sowie privaten Perspektiven für die Zukunft gemeinsam in einer Gruppe unter Anleitung eines Moderators zum Ziel hat. Darüber hinaus ergibt sich dabei auch die Möglichkeit zum Erfahrungsaustausch mit anderen Mitarbeitern, die mit ähnlichen Berufs- oder Lebenssituationen konfrontiert sind.

7.5.3. Individuelle Beratung

Je nach den Bedürfnissen des Mitarbeiters kann ein individuelles Beratungsgespräch mit dem verantwortlichen Personalentwickler oder mit einem externen Berater (Coach) geführt werden. Anhand einer methodisch-analytischen Gesprächsstruktur wird dabei die aktuelle Berufs- und Lebenssituation aufgearbeitet und ein zielgerichteter Aktionsplan festgelegt, der die Basis für alle weiteren einzuleitenden Maßnahmen bildet. Wird das Gespräch mit einem unternehmensinternen Gesprächspartner geführt, so ist besonders zu beachten, dass alle Gesprächsinhalte dem Prinzip der Vertraulichkeit unterliegen und nicht an Dritte weitergeleitet werden dürfen (ausgenommen der Mitarbeiter stimmt zu).

Wurden die aktuellen Umstände einer kritischen Prüfung in Form einer fachlichen Analyse unterzogen, so folgen idealerweise mitarbeiterbezogene Maßnahmen, die der Erhaltung und Steigerung der Beschäftigungsfähigkeit dienen und die die jeweiligen beruflichen Lebensphasen berücksichtigen. Die folgenden sind empfehlenswert:

27 Dieses Instrument ist kostenlos online verfügbar und wurde bereits in den 1980er Jahren am „*Finnish Institute of Occupational Health (FIOH)*" entwickelt. Seitdem wird es laufend evaluiert und unter Mitwirkung von Arbeitsmedizinern und Arbeitnehmerschutzexperten auf den neuesten Stand gebracht.

7.5.4. Kompetenzentwicklung

Kompetenzentwicklung ist ein (arbeits-)lebensbegleitender Prozess, der im beruflichen Kontext sowohl durch die Auseinandersetzung mit Arbeitsaufgaben als auch durch gezielte Bildungs- und Entwicklungsmaßnahmen stetig von Neuem initiiert wird. Ein kontinuierlicher Kompetenzaus-/-aufbau beschränkt sich dabei nicht auf spezielle Alters- oder Funktionsgruppen. Unabhängig vom Lebens- und Erfahrungsalter ist allen Beschäftigten Zugang zu Aus- und Weiterbildungsmaßnahmen zu gewähren, die für ihre derzeitige oder zukünftige Tätigkeit von Relevanz sind und zur Verbreiterung ihres Wissens- sowie Erfahrungshintergrunds beitragen. Dabei stehen im Regelfall alle Kompetenzbereiche im Fokus:

- Aktualisierung der Fach- und Digitalisierungskompetenzen,
- Entwicklung der persönlichen und sozialen Kompetenzen für einen eigenverantwortlichen Umgang mit sich selbst, den eigenen Ressourcen und den beruflichen Anforderungen,
- Entwicklung der Methodenkompetenzen zur Steigerung der Lösungsfähigkeiten in Problemsituationen und beim Treffen kritischer Entscheidungen.

7.5.5. Gesundheitsmanagement und mentale Fitness

Im Mittelpunkt der betrieblichen Gesundheitsförderung stehen sowohl medizinische Vorsorgeprogramme zur Erhaltung sowie zur Steigerung der mentalen und körperlichen Fitness als auch das Angebot von spezifischen Kursen, die der Prävention dienen. Eine aussagekräftige Grundlage dafür bilden Krankenstandstatistiken, die bei den jeweiligen Sozialversicherungsträgern (Gesundheitskassen) von den zuständigen Betriebsärzten angefordert werden können, und Arbeitsunfallstatistiken der betriebsinternen Arbeitssicherheitsverantwortlichen. Daraus können wichtige Ansatzpunkte für Gesundheitsprogramme und Fitness-Aktivitäten generiert werden. Anti-Stress-Seminare und Fortbildungen in Ernährungslehre, Raucherentwöhnung, richtigem Umgang mit der Bildschirmarbeit (speziell auch im „*Homeoffice*") aber auch Rückentraining sind beispielsweise in diesem Zusammenhang wichtige vorbeugende Maßnahmen im Hinblick auf die Erhaltung der Leistungsfähigkeit.

7.5.6. Einzelcoaching

Diese Maßnahme beinhaltet die persönliche Beratung und Betreuung auf Basis von Einzelgesprächen zwischen einem externen Coach und einem Mitarbeiter zur Reflexion und Förderung der Leistungsfähigkeit und Leistungsbereitschaft. Sie erfolgt im Kontext des aktuellen sowie zukünftigen beruflichen und privaten Umfelds des Mitarbeiters. Die Anzahl und die Dauer der Gespräche sind abhängig von der jeweiligen Ausgangssituation und werden zu Beginn im Rahmen eines Kontraktgespräches zwischen Coach und Mitarbeiter vereinbart, sowie danach mit der Führungskraft abgestimmt (Richtwert: ca. 10–15 Einzelgespräche in einem Zeitraum von ca. 9–12 Monaten; Dauer der Einzelgespräche: ca. 1–1 1/2 Stunden).

7.5.7. Job Rotation (Arbeitsplatzwechsel)

Dabei handelt es sich um einen systematisch geplanten, entwicklungsorientierten Wechsel des Aufgabengebietes (sowohl national wie auch international) gemäß einer entsprechenden Personalentwicklungsplanung im Rahmen des Mitarbeitergesprächs. Der Nutzen liegt in der Erweiterung der Kompetenzen, im Erwerb von neuen (auch interkulturellen) Erfahrungen und in der Erhöhung der beruflichen Einsatzflexibilität.

Darüber hinaus sind organisationsbezogene Maßnahmen sinnvoll, die insbesondere der Wissens- und Erfahrungssicherung dienen und durch deren Gestaltung ein positiver Beitrag zur individuellen Work-Life-Balance generiert werden kann. Zu diesen zählen:

7.5.8. Kompetenztandem

Das Ziel einer Tandembildung ist nicht die alleinige Weitergabe von Wissen eines erfahrenen Mitarbeiters an einen jüngeren (z. B. Berufsanfänger), sondern es geht grundsätzlicher um das Lernen und die Übernahme eines Arbeitsgebiets mit allen seinen funktionalen und sozialen Aspekten. Die Wissensweitergabe dient damit sowohl der Wissens- als auch der Erfahrungssicherung. Voraussetzungen für die Zusammenstellung eines Tandems sind das Bestehen einer engen fachlichen, aber nicht unbedingt disziplinären Beziehung zwischen den Tandempartnern sowie eine gegenseitige Akzeptanz. Einer allfälligen latenten Befürchtung, dass der neu im Aufgabengebiet tätige Mitarbeiter den erfahrenen in Zukunft ersetzen soll, muss explizit entgegengewirkt werden. Die Nominierung eines erfahrenen Mitarbeiters für ein Kompetenztandem stellt vielmehr eine Wertschätzung im Hinblick auf seine ausgezeichneten Kompetenzen dar.

7.5.9. Erfahrungszirkel

Beim Erfahrungszirkel soll Mitarbeitern die Möglichkeit geboten werden, ihre Erfahrungen auszutauschen und eine lernende Organisation zu etablieren. Das gemeinsame Arbeiten an Problemstellungen und das Entwickeln von Lösungsansätzen sollen Lernen und Handeln miteinander verknüpfen. Zur Initiierung und Koordination, sowie um das Vorankommen der Gruppe zu gewährleisten, ist es zweckmäßig, wenn ein Koordinator die Treiberfunktion übernimmt, der auch die entsprechenden Kommunikationsplattformen organisiert sowie für die Wissenssicherung Sorge trägt. Damit steht das Fachwissen – ergänzt um das Erfahrungswissen – auch zukünftig (im besten Fall digital) zur Verfügung.

7.5.10. Neue Arbeitsformen

Hier stehen sowohl die Arbeitsplatz- als auch die Arbeitszeitgestaltung im Blickpunkt der Betrachtung. Einerseits sind die Arbeitsabläufe und -prozesse hinsichtlich ergonomischer Gesichtspunkte zu analysieren und gegebenenfalls an die Bedürfnisse insbesondere der älteren Mitarbeiter anzupassen. Andererseits sind Modelle zur variablen Gestaltung der (Lebens-)Arbeitszeit zu entwickeln. Flexibilisierte Verteilungsformen der Arbeitszeit, wie z. B. Wahlarbeitszeit, bedürfnisorientierte Teilzeitarbeit, Arbeitszeitkonten, Ansparmodelle, Sabbaticals ermöglichen eine Ausrichtung an den individuell unterschiedlichen Zeitbedürfnissen und -präferenzen der Arbeitnehmer, die je nach Lebensphase variieren.

7.6. Fazit

Analog zu anderen personalpolitischen Konzepten und Führungssystemen setzt das Generationenmanagement eine ganzheitliche Sichtweise voraus. Punktuelle Maßnahmen und Alibi-Aktionen losgelöst von den bislang etablierten Personalprozessen im Unternehmen führen mit hoher Wahrscheinlichkeit nicht zum erwarteten Erfolg.

Bedeutsam sind daher eine systemische Integration von neuen Entwicklungsmethoden in die bisherige HR-Prozesslandschaft, die das Generationenmanagement begünstigen, und eine bedarfsgerechte Adaption von bereits bestehenden Personalinstrumenten. Beides erfordert einen gesteuerten Change-Prozess im Unternehmen, der primär eine geänderte Haltung von Führungskräften und Mitarbeitern – hin zu einer Kultur der Wertschätzung von allen Generationen in der Organisation – zum Ziel hat. Nur so kann „*Generation Management*" zu einem positiven Ergebnis einer gelebten Unternehmenskultur führen und zur Sicherung des langfristigen Unternehmenserfolgs beitragen.

8. Homeoffice – Modernes Arbeitsmodell mit Chancen und Herausforderungen

8.1. Einführung

Homeoffice ist „in". Medienberichte, Blogs, Social Media und viele andere Kanäle in der vernetzten Welt quellen über und befeuern die neue Arbeitskultur, die nicht zuletzt durch die Pandemie ausgelöst wurde und ohne größere Vorwarnung von heute auf morgen etabliert werden musste. Zu Beginn mutete es etwas seltsam an, in vielen Bereichen der Wirtschaft und Gesellschaft fast ausschließlich nur mehr von zuhause aus zu arbeiten sowie Kunden und Kollegen beziehungsweise allen, mit denen man in der Vergangenheit persönlich beruflichen oder privaten Kontakt hatte, nur mehr virtuell zu begegnen. Manche waren damit überfordert, andere fanden es großartig, nicht jeden Tag ins Büro fahren zu müssen. Mit zunehmender Fortdauer dieser Ausnahmesituation (Stichwort: Lockdowns) lernten viele die Vorzüge des Arbeitens im Homeoffice zu schätzen und zu lieben, sodass sie jetzt gar nicht mehr darauf verzichten wollen.

Aber wie so oft gibt es auch dabei zwei Seiten ein und derselben Medaille. Die einen wollen weiterhin ihren Arbeitstag flexibel und ortsungebunden gestalten und haben kein Problem damit, sich nur mehr temporär mit ihren Kontaktpartnern innerhalb und außerhalb der eigenen Organisation persönlich und physisch präsent auszutauschen. Die anderen hadern mit dieser neuen Arbeitsform und wünschen sich jene Zeiten zurück, in denen sie sich in ein Unternehmen oder in eine Organisation eingebunden fühlten und jederzeit ohne große Terminankündigung ihre Führungskräfte oder Kollegen kontaktieren konnten. Damals gehörten sie dazu, nun fühlen sie sich nahezu isoliert. Den ganzen „Hype" rund um das Homeoffice können sie gar nicht verstehen und sehen primär die Schattenseiten (die es zweifellos ebenfalls gibt, obwohl sie nur selten zur Sprache kommen) und die insgesamt das unternehmensinterne und auch gesellschaftliche Gefüge gehörig durcheinanderwirbeln. Davor die Augen zu verschließen, wäre fatal und würde mit ziemlicher Sicherheit zu einer unerwünschten Entwicklung in der Arbeitswelt und im Hinblick auf die mentale Gesundheit der Mitarbeiter führen. Deswegen ist es unweigerlich notwendig, sich ebenso mit der Rückseite der Medaille auseinanderzusetzen. Das Aufzeigen dieses anderen Blickwinkels in den nun folgenden Ausführungen dient somit der Bewusstseinsbildung, um rechtzeitig gegensteuern zu können, sollten sich negative Konsequenzen abzeichnen. Sonst könnte es am Ende zu spät und der Zug für die Überlebensfähigkeit von Unternehmen und Organisationen abgefahren sein.

8.2. Argumente für und gegen Homeoffice als dauerhafte Normalität

Fährt man durch die Großstädte und betrachtet man dabei die modernen Glaspaläste und für zukünftige Bürotürme bereits ausgehobene Baugruben, so fragt man sich: „Wozu das Ganze?", wollen viele doch sowieso nur mehr im Homeoffice oder zumindest „hybrid", d. h. teilweise von zuhause und temporär im Büro, arbeiten. So viel Bürofläche benötigt doch keiner mehr und man sollte sich eher über die Nachnutzung

Gedanken machen. Fragt man gleichzeitig Bewerber, welche Erwartungen sie im Hinblick auf die zukünftige Arbeitsgestaltung haben, so kommt mehrheitlich die Forderung nach Zeitflexibilität und örtlicher Ungebundenheit. Im Gegensatz dazu verlieren andere Benefits im direkten Vergleich an Bedeutung. Manche tragen diesem Trend uneingeschränkt Rechnung, lösen ihre Büros radikal auf und entsenden gleich alle ins Homeoffice – nicht zuletzt auch, um Kosten zu sparen. Andere, die das tätigkeitsbedingt nicht können, haben bei der Rekrutierung von Nachwuchskräften oft das Nachsehen.

Jene, die im Homeoffice ein Allheilmittel sehen, bedenken dabei oft nicht, was sie dadurch hergeben: Der soziale Zusammenhalt und die Identität mit einer Organisation oder einem Unternehmen geraten unter die Räder, wenn sich die Mitarbeiter nur mehr virtuell begegnen. Hat man darüber hinaus unterschiedliche Arbeitnehmergruppen, die Homeoffice nicht nutzen können (z. B. Arbeiter neben den Angestellten, Sozialarbeiter neben dem Administrativpersonal), so entsteht eine Zwei-Klassen-Gesellschaft, in der sich die einen gegenüber den anderen benachteiligt fühlen. Da sind dann die einen, die weiterhin jeden Tag ihren Dienst in der Werkstatt, am Fließband oder in körpernahen Dienstleistungsbereichen verrichten müssen – sie können sich ihren Arbeitsplatz nicht aussuchen. Und dann sind da die anderen, die fast autonom oder zur Gänze selbst entscheiden können, wo sie ihre Arbeitsleistung erbringen – angepasst an ihre private (Familien-)Situation und gut vereinbar, um ihrer individuellen sowie viel beschworenen „*Work-Life Balance*“ zum Durchbruch zu verhelfen.

Kristallisiert sich Homeoffice im Rahmen des „*New Work*“ tatsächlich dauerhaft als neues Arbeitsmodell heraus (was sich längst abzeichnet), so lassen sich solche und ähnliche Gegensätze nicht wegleugnen. Damit umzugehen, wird in der Zukunft die große Herausforderung insbesondere für alle Führungskräfte in den Unternehmen und Organisationen sein – und das sind nicht die einzigen. Im Folgenden wird auf weitere wesentliche Für und Wider eingegangen, die aufgrund der bisherigen praktischen Erfahrungen bereits jetzt zutage treten.

8.2.1. Gemeinschaftskultur vs. Autonomiestreben

Der Arbeitsplatz war bis vor der Pandemie für viele ein wichtiger Ort der sozialen Begegnung, der ausschließlich ihr Berufsleben determinierte. Die Arbeitswoche wurde im direkten Kontakt mit den Führungskräften und Kollegen geplant und alle im Team wussten, wann und wo die anderen größtenteils erreichbar waren, um sich Unterstützung und Rat zu holen, wenn man bei einer Sache nicht weiterkam. Während der Pausen konnte man sich auch mal über Privates austauschen oder sich für den Mittagstisch zwanglos mit einem Kollegen verabreden. Zugehörigkeitsgefühl und Zusammenhalt prägten den Arbeitsalltag und jeder konnte in persönlichen Gesprächen ausloten, wer verlässlich ist und mit wem es sich lohnt, tragfeste Beziehungen aufzubauen. Dies verfestigte die Kultur des Gemeinsamen und der Solidarisierung. Nicht zuletzt entwickelte sich dadurch die eine oder andere längere Freundschaft – auch über den beruflichen Bereich hinaus. Mit dem zunehmenden Homeoffice-Trend bröckelt dieser „soziale Kitt“ und man nimmt ein teilweises Absterben der Unternehmenskultur wider besseres Wissen in Kauf.

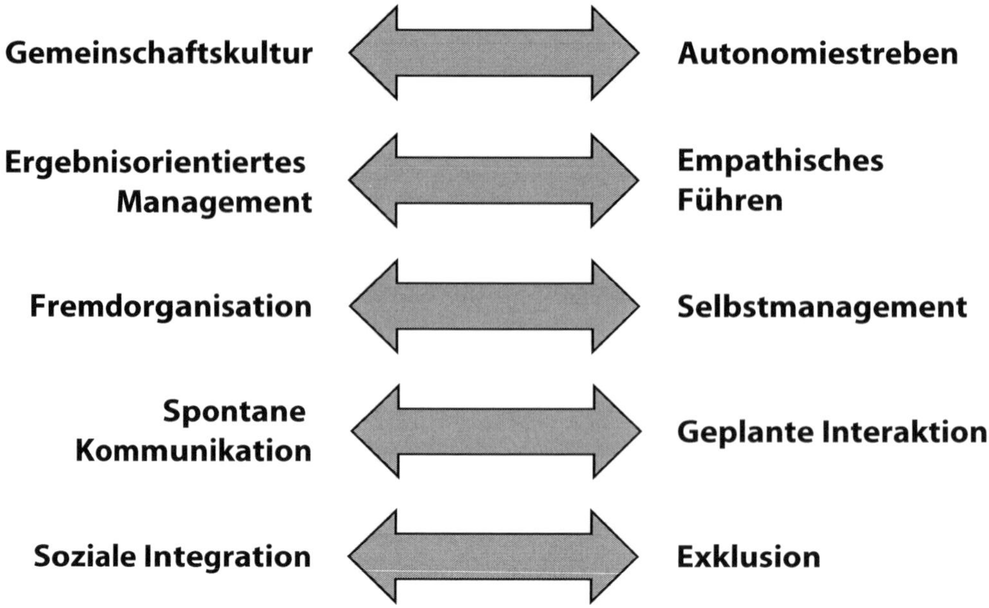

Abb. 18: Homeoffice als Spannungsfeld in der dauerhaften Normalität

Viele begrüßen die Autonomie bei der Wahl ihres Arbeitsplatzes und tauschen gerne das Büro mit dem privaten Wohnbereich, in den ein berufliches „Biedermeier"[28] Einzug hält. Unbeachtet bleibt dabei die Gefahr, dass sich damit die Grenzen zwischen Beruflichem und Privatem sukzessive auflösen, wenn beispielsweise das Wohnzimmer zum Büro umfunktioniert wird oder der Esstisch für berufliche Aktivitäten herhalten muss.

Zweifellos hat das Arbeiten von zuhause aus Vorteile. Man kann den Arbeitstag viel besser nach dem eigenen Rhythmus strukturieren, hat mehr Ruhe und kann sich besser auf ein Thema konzentrieren, die Produktivität leidet nicht durch Unterbrechungen anderer – außer durch eventuell anwesende Familienmitglieder. Der morgendliche Stau bildet sich maximal vor dem Badezimmer und auch der lässt sich besser verkraften, wenn man weiß, dass man nicht zu einer bestimmten Zeit im Büro sein muss.

Dafür spielen sich bei mehrtägigem oder dauerhaftem Homeoffice die sozialen Begegnungen fast ausschließlich im privaten Umfeld ab und die identitätsstiftende Funktion des Arbeitsplatzes oder generell des Unternehmens tritt in den Hintergrund. Gleichzeitig müssen alle beruflichen Aktivitäten beim Arbeiten außerhalb des Unternehmens verstärkt im Vorhinein geplant werden. Für nahezu alles benötigt man einen Termin und ungezwungene Ad-hoc-Gespräche, zu denen man sich kurzfristig beispielsweise im Büro zusammenfand, gibt es kaum mehr. Dies schadet nicht nur der Innovationsfähigkeit (denn bei solch einem spontanen Gedankenaustausch entstehen oft die besten Ideen oder es ergeben sich erste Ansätze für zukünftige Projekte), sondern es leidet auch

28 Die Epoche des *Biedermeier* dauerte von etwa 1815 bis 1848 und war von politischen Umbrüchen geprägt. Sie betonte und verklärte das Häusliche sowie Beschauliche. Als typisch gilt die Flucht ins Idyll und ins Private.

die soziale Wahrnehmung des anderen. Was bewegt die anderen Teammitglieder abseits des Geschäfts, welche Bedürfnisse und Erwartungen haben sie, wonach streben sie, über welches Potenzial verfügen sie und wo könnten sie dieses noch besser entfalten? Alle diese Fragen sind speziell für die Führungskräfte schwieriger zu beantworten. Greift man aber diese Themen nicht aktiv auf, kann dies final dazu führen, Schlüsselkräfte nach kurzer Zeit zu verlieren – insbesondere dann, wenn Mitarbeiter über keine stabilen Beziehungsnetzwerke zu ihren Führungskräften und Kollegen verfügen und sie sich somit nicht als „gehört" empfinden. Fehlt der soziale Zusammenhalt, kann dies auf Dauer manche krank machen, da sie sich möglicherweise vom betrieblichen Umfeld ausgeschlossen fühlen. In so einem Umfeld sind sie dann auch kaum bereit, die „Extrameile" zu gehen, d.h. sich beispielsweise für Themen zu interessieren und in weiterer Folge zu engagieren, die nicht ihren unmittelbaren Tätigkeitsbereich betreffen.

Schließlich sei noch die mögliche Frontenbildung erwähnt, die bereits eingangs andiskutiert wurde, da sie die Gemeinschaftskultur auch nicht gerade fördert. Belegschaftsgruppen, die das Arbeiten von zuhause tätigkeitsbedingt nicht oder nicht in vollem Umfang in Anspruch nehmen können, blicken neidvoll auf die anderen, die nicht an einen bestimmten Arbeitsort im Betrieb gebunden sind und die Vorteile des Homeoffice uneingeschränkt nutzen können. Lässt man diese Situation ungezügelt zu, ohne sie direkt bei den einzelnen Gruppen anzusprechen, so ist die Gefahr des Auseinanderdriftens ziemlich evident. In diesem Zusammenhang fällt auch der Belegschaftsvertretung eine vermittelnde Funktion zu, was sich gar nicht so einfach bewerkstelligen lässt, wenn immer nur ein Teil der Mitarbeiter anwesend ist und ein anderer Teil phasenweise oder permanent von zuhause arbeitet. Sie zu erreichen, ist dann auch für Betriebsräte eine Hürde in der neuen Arbeitswelt, die es zu überwinden gilt.

8.2.2. Ergebnisorientiertes Management vs. empathisches Führen

Vielerorts hört man, dass „... nur die Ergebnisse eines Mitarbeiters zählen und nicht die von ihm dafür aufgewendete Zeit ...". Führungskräfte sollen sich gefälligst bei der Mitarbeiterleistung mehr auf die Ergebnisse konzentrieren und diese weniger an den Arbeitsstunden messen. Dieser Appell klingt in der aktuellen Diskussion etwas sonderbar, denn für den unternehmerischen Erfolg waren auch schon in der Vergangenheit die Arbeits- und Leistungsergebnisse aller Mitarbeiter entscheidend – was sonst? Andernfalls wäre der Fortbestand der jeweiligen Organisation schnell gefährdet gewesen, außer es handelte sich um eine Institution, die zu ihrem Selbstzweck gegründet wurde.

Was es bedeuten würde, wenn ein Unternehmen oder eine Organisation seinen/ihren Fokus nicht auf die Verfolgung eines Zweckes (z. B. auf den Beitrag oder die Leistung für einen Kunden, auf die Erstellung von marktfähigen Produkten) richtet, hat Max Weber (1921) eindrucksvoll mit dem Bürokratiemodell[29] in seinem Werk „Wirtschaft und Gesellschaft" dargelegt. Folglich kann der Ruf nach den Ergebnissen im aktuellen Führungsdiskurs nur als Verstärkung des auch schon bisher Notwendigen und nicht als

29 Unter dem Begriff des „Bürokratie-Modells" versteht man ein von *Max Weber* (1864–1920) in seinem Buch „Wirtschaft und Gesellschaft" beschriebenes Konzept einer Verwaltung. Die Bürokratie ist hierbei nach Weber die idealtypische Form einer legalen und rationalen Herrschaft.

grundsätzlich Neues verstanden werden. Schlussendlich würde es nur zur Unzufriedenheit bei den Mitarbeitern führen, wenn sie feststellen müssten, dass ihre Leistung keine Wirkung erzielt oder sich daraus keine Wertschöpfung für andere ableitet. Dies manifestiert sich auch in dem Ruf nach Sinnstiftung, der ebenfalls wieder von allen Seiten zu vernehmen ist. *Viktor Frankl*[30] (1946) konnte bekannterweise diesem Ansatz bereits vor mehr als siebzig Jahren etwas abgewinnen.

Und doch spielen auch die Arbeitsstunden eine Rolle, solange Führungskräfte für die Einhaltung der Arbeitnehmerschutzbestimmungen sorgen müssen. Mitarbeiter sind auch im Homeoffice unselbständig tätig und sollten beziehungsweise können somit nicht von heute auf morgen als Selbständige behandelt werden, bei denen die Aufzeichnung von Arbeitsstunden keine Rolle spielt. Lässt man Arbeitsstunden gänzlich außer Acht – sei es im Büro oder im Homeoffice –, könnte dies einigen Mitarbeitern einerseits zum Verhängnis werden, wenn sie durch die *„Always-on"*-Mentalität nicht mehr abschalten können und sie über kurz oder lang ins Burnout schlittern, und andererseits zu Verletzungen des Arbeitszeit- (AZG) und Arbeitsruhegesetzes (ARG) führen. Darüber hinaus erscheint es opportun zu hinterfragen, wenn manche Mitarbeiter für vergleichbare Arbeits- und Leistungsergebnisse eine eklatant höhere Anzahl von Arbeitsstunden (diese eventuell sogar in Form von zuschlagspflichtigen Überstunden) benötigen als andere. Ansonsten galoppieren die Personalkosten ungezügelt in die falsche Richtung. Eine gewisse Schwankungsbreite ist hier sicherlich tolerierbar, aber eine zu große Abweichung birgt auch die latente Gefahr des Unmuts in der Mannschaft, wenn doppelter Stundenaufwand für ähnliche Ergebnisse noch mit einer hohen Anzahl von ausbezahlten Überstunden honoriert wird. Solche Teammitglieder könnten dann gleichsam eine Spirale nach unten auslösen, wenn die effizienteren merken, dass sie „mit angezogener Handbremse" um einiges mehr verdienen könnten.

Den Menschen aber nicht nur auf seine Leistung zu reduzieren, sondern ihn ganzheitlich zu betrachten (frei nach *Frederic Laloux*[31], der sich schon mehr als zehn Jahre mit den Prinzipien des *„New Work"* auseinandersetzt), ist das zusätzliche Gebot der Stunde für alle Führungskräfte – und das auch aus gutem Grund: Da sie nun in Zukunft ihre Arbeit an unterschiedlichen Plätzen (im Büro, zuhause oder beispielsweise in *„Co-Working Spaces"*) verrichten, wird es zunehmend für sie schwieriger und aufwendiger auszuloten, was die Mitarbeiter neben ihren Aufgaben und Projekten umtreibt. Wie wirkt die Gruppendynamik des Teams oder zwischen den Teams im Unternehmen auf den Einzelnen, inwieweit können sich alle Mitglieder im Team mit ihren Vorstellungen und Kompetenzen einbringen, welche Freiräume benötigen sie dafür und welche emotionalen Wünsche und auch Sorgen bewegen sie? Das sind keine unwesentlichen Fragestellungen, will man sich tatsächlich mit dem Ansatz des empathischen Führens auseinander- und in die Gedankenwelt der eigenen Mitarbeiter hineinversetzen. Technokraten werden hier ihre Probleme haben, da ihnen dafür oft die persönlichen Zugänge fehlen oder sie diese

30 *Frankl Viktor E.*, … trotzdem ja zum Leben sagen, Ein Psychologe erlebt das Konzentrationslager, Wien 1946.

31 *Frederic Laloux* (2015) ist Autor des Grundlagenwerks für selbstorganisiertes Arbeiten „Reinventing Organizations" (Leitfaden zur Gestaltung sinnstiftender Formen der Zusammenarbeit) und damit ein wichtiger Vordenker der „New-Work"-Szene.

Form des Führens in der Vergangenheit – möglicherweise schon zum Leidwesen anderer – nicht gelernt haben, weil sie nicht konnten oder es auch gar nicht wollten. Ein Umdenken wird ihnen jedoch in der neuen Berufswelt nicht erspart bleiben, denn wenn sie im „*Status quo*" verharren, werden sie rasch feststellen, dass ihnen dieser „blinde Fleck" stets nachhängt. Tun sie das nicht, dann wird es wohl oder übel für alle Beteiligten besser sein, wenn sie ihre Führungsrolle abgeben.

Ergebnisorientiertes Management und empathisches Führen schließen einander nicht aus und stellen daher nicht unmittelbar einen Gegensatz dar – außer man widmet sein Handeln ausschließlich einem der beiden Ansätze. Führungskräfte, die zukünftig beiden die gleiche Aufmerksamkeit schenken, werden rasch erkennen, dass sie damit über einen, wenn nicht über „den" Schlüssel zu ihren Mitarbeitern verfügen.

8.2.3. Fremdorganisation vs. Selbstmanagement

Wendepunkt für die Transformation von „*Old zu New Work*" Mitte der 2000er Jahre war das Abgehen vom tayloristischen[32] Prinzip der Unternehmenssteuerung, welches durch Hierarchie und Fremdorganisation („Führungskräfte wissen am besten, was, wann und wo ihre Mitarbeiter leisten sollen") geprägt war, hin zu Partizipation und Selbstverwirklichung aller am Arbeitsprozess Beteiligten. Flache Hierarchien, vernetzte Teams, hoher Gestaltungswille und Bereitschaft zur Übernahme von Verantwortung seitens der Mitarbeiter kennzeichnen diese Entwicklung.

Selbstmanagement durch die Teams und deren Mitglieder war und ist ab sofort gefragt und sie wird allem Anschein nach auch zukünftig die Agenda der erfolgskritischen Kompetenzen anführen. Gleichzeitig bedingt ein verstärktes Selbstmanagement ein Loslassen seitens der Führungskräfte, da sie die notwendigen Freiräume klarerweise schaffen müssen. Gar nicht so einfach – tun sich doch manche Führungskräfte damit schwer, weil sie anderes gewohnt waren oder ihren Mitarbeitern nicht immer trauen.

Den Tag im Homeoffice zu strukturieren und das Arbeitspensum entsprechend eigenverantwortlich zu planen, erfordert zweifellos organisatorische Fähigkeiten und verlangt eine hohe Selbstdisziplin von den Mitarbeitern, die aber beileibe nicht alle besitzen. Den einen fällt es leichter, den anderen schwerer. Letztere werden folglich weiterhin die Unterstützung ihrer Führungskräfte – sei es als Mentor oder Coach – benötigen. Sind die Führungskräfte dazu nicht in der Lage oder legen sie kaum Augenmerk auf die notwendigen Selbstkompetenzen, so kann dies sehr rasch im Chaos enden und zur individuellen Überforderung bei dem einen oder anderen Mitarbeiter führen. Im Extremfall reagieren manche darauf mit Rückzug oder konzentrieren sich bei ihrem Selbstmanagement primär auf den privaten Bereich, den sie gut überblicken und für ihre persönliche Lebenssituation optimieren können. Überlässt man sie speziell im Homeoffice ihrem Schicksal, kann dies fatale Folgen zeitigen, die sich letztendlich nicht mehr korrigieren

32 Der Taylorismus wurde vom US-Amerikaner *Frederick Winslow Taylor* (1913) begründet, um die Produktivität menschlicher Arbeit zu steigern. Dies forcierte er durch die Teilung der Arbeit in kleinste Einheiten, zu deren Bewältigung keine oder nur geringe Denkvorgänge zu leisten und die aufgrund des geringen Umfangs beziehungsweise Arbeitsinhalts schnell und repetitiv zu wiederholen waren.

lassen. Hier das Ohr am Puls des Teams zu haben und die Mitarbeiter beim Kompetenzaufbau zu unterstützen, wird die Führungsarbeit in Hinkunft determinieren, will man dieses Konfliktpotenzial aus der Welt schaffen.

8.2.4. Spontane Kommunikation vs. geplante Interaktion

Werken die Mitarbeiter im Homeoffice oder verteilt in verschiedenen Arbeitsstätten, so kann dies zweifellos in manchen Fällen einen Produktivitätsschub auslösen, denn sie fokussieren ihr Tun noch effizienter auf die ihnen zugeteilten Aufgaben und Projekte. Kommuniziert und informiert wird mit vorheriger Terminabstimmung mittels Nutzung der dafür zahlreich zur Verfügung stehenden Kollaborationsinstrumente dann, wenn es um inhaltliche Themen geht oder Fachfragen zur Klärung anstehen. Im Gegensatz dazu findet informelles *„Socializing“*, das ansonsten rund um persönliche Meetings und Veranstaltungen gepflegt wird, im virtuellen Raum kaum statt, da die persönliche Präsenz und räumliche Nähe fehlen. Vernachlässigt man jedoch diese wichtige Funktion für die Kohäsion eines Teams, so kann dies à la longue zu Reibungsverlusten führen, da sich die Teammitglieder nur mehr eindimensional auf der Sachebene begegnen.

Der Aufbau von kollegialen oder gar freundschaftlichen Beziehungen innerhalb des Teams ist in solch einem Umfeld besonders schwierig, speziell für neue Mitarbeiter, die von Anfang an ohne ausreichende Onboarding-Phase im Homeoffice tätig sind. Auch wenn man als Führungskraft alle dazu einlädt, sich im virtuellen Raum zu informellen Gesprächen zu treffen, handelt es sich doch um eine künstliche, geplante Interaktion, die ihre spontane Ungezwungenheit bereits durch die Terminaussendung verloren hat. Wer spricht schon gerne auf Knopfdruck über Persönliches und Privates oder gibt derlei verbal oder schriftlich via *„Social Media Channels“* preis – noch dazu, wenn man sich nicht gänzlich sicher sein kann, dass nur beabsichtigte Adressaten damit erreicht werden? Ein gewisses Misstrauen wird in solchen Fällen bleiben und Übervorsichtige werden sich bei diesen Events mit Statements und Redebeiträgen eher zurückhalten.

Wie kann man hier Abhilfe schaffen? Indem die Führungskräfte auch in Zeiten des Homeoffice und des *„Remote work“* weiterhin Präsenzveranstaltungen und persönliche Treffen vorsehen, um den Teamgedanken zu stärken, um neue Teammitglieder zu integrieren und um zufällige Interaktionen zwischen den Teilnehmern dieser Zusammenkünfte zu ermöglichen. Nicht zu vergessen ist darüber hinaus das Reaktivieren von gemeinsamen Feiern (z. B. Geburtstage, Jubiläen), welche gerade durch Pandemie und Homeoffice in den letzten Jahren fast zur Gänze abhandengekommen sind.

8.2.5. Soziale Integration vs. Exklusion

Wirft man einen Blick zurück, als Homeoffice noch nicht flächendeckend in vielen Wirtschaftsbereichen und Organisationen als Arbeitsmodell etabliert war, erwies es sich aufgrund der Anwesenheit der Kollegen für neue Mitarbeiter ab dem ersten Arbeitstag als viel einfacher, das Team und seine Mitglieder sowie die Organisation insgesamt kennenzulernen. Wie „tickt“ sie? Welche Eindrücke hat ein „Neuer“ oder eine „Neue“ nach den ersten direkten Kontakten? Welche Eindrücke hat umgekehrt er oder sie bei den bestehenden Mitarbeitern hinterlassen? Gerade die Phase des vorher erwähnten „*Onboarding*" – also der systematischen Integration in das Unternehmen, seine Organisation und seine Kultur sowie dem Bekanntmachen mit den wichtigsten Ansprechpartnern und Kollegen – ist richtungswesend für die vollständige Aufnahme im Team. Fehlt sie, so kann dies rasch zur Abkehr des ursprünglich mit vollem Tatendrang startenden Teammitglied führen und seine Beitrittsentscheidung als falsch erscheinen lassen. Ein sofortiger Start im Homeoffice würde somit der eigentlichen Intention einer professionellen Einführung in die Organisation zuwiderlaufen, weswegen gerade in den ersten Arbeitsmonaten eine Tätigkeit im Büro begleitet durch einen Mentor sicherlich anzuraten ist. Ansonsten bleiben die Neuen unsichtbar oder maximal kollegiale „*Avatare*" im virtuellen Raum.

Apropos Sichtbarkeit: Speziell in größeren Organisationen mit vielen hundert oder tausend Mitarbeitern ist dieses Thema ein bedeutsames, wenn es um zukünftige Karrierechancen und Entwicklungsmöglichkeiten geht. Arbeitet man mehrheitlich von zuhause, leidet klarerweise die Sichtbarkeit, da einerseits die Führungskräfte aufgrund der temporären oder gänzlichen Abwesenheit im Büro die Ambitionen und Potenziale ihrer Mitarbeiter nicht immer auf dem Radar haben, und andererseits die im Homeoffice Tätigen Entwicklungschancen nicht immer aus erster Hand erfahren, sondern darauf angewiesen sind, dass diese Informationen auf anderen Wegen zu ihnen durchdringen. Ein Nachteil, der besonders dann auftritt, wenn interessante Themen, zukünftige Jobs oder neue Projekte noch nicht spruchreif sind und deswegen eine offensive Kommunikation noch nicht möglich ist. Im Büro ist es sicherlich leichter, die eine oder andere Information „*en passant*" aufzuschnappen. Die Extrovertierten werden zwar auch im Homeoffice weniger Probleme damit haben (sie wissen meist aus eigener Erfahrung, wie sie an solche Informationen gelangen), die Introvertierten werden eher ins Hintertreffen geraten oder sich im schlimmsten Fall ausgegrenzt und isoliert fühlen. Erst im Nachhinein lesen sie dann nur mehr in den offiziellen Unternehmensmedien, welche Entscheidungen zu Neubesetzungen oder generell zu Umorganisationen getroffen wurden. Da ist aber alles bereits abgeschlossen, erledigt und kaum mehr revidierbar. Folglich kann für sie das überwiegende oder ständige Arbeiten im Homeoffice zur Sackgasse mutieren.

8.3. Fazit

Keine andere Veränderung in der Arbeitswelt – vor allem befeuert durch die Pandemie – hat sich so nachhaltig auf die Kultur der Unternehmen und Organisationen ausgewirkt. Das Rad der Zeit lässt sich nicht mehr zurückdrehen und Homeoffice wird daher in den kommenden Jahren für jene, deren Tätigkeit sich auch von zuhause erledigt lässt, definitiv den Arbeitsalltag bestimmen. Umso mehr sollte man sich mit den oben skizzierten Schattenseiten auseinandersetzen, will man die eine oder andere Führungs- beziehungsweise Organisationsfalle umschiffen. Nur auf den allgemeinen, durch die Pandemie ausgelösten Homeoffice-Zug aufzuspringen und darin ein valides Allheilmittel ohne Wenn und Aber zu sehen, wird mittel- bis langfristig nicht ohne Folgen bleiben. Auch hier gilt, wie bei vielem: „*Dosis sola facit venenum*" – allein die Dosis macht das Gift.

Über kurz oder lang werden sich hybride Arbeitsmodelle, bei denen während der Arbeitswoche teilweise im Büro und teilweise im Homeoffice gearbeitet wird, weitgehend etablieren. Ihnen ist aus den verschiedensten Gründen, die in diesem Kapitel herausgearbeitet wurden, klar der Vorzug zu geben. Für die Führungskräfte stellen sie sicherlich eine Herausforderung dar, denn sie müssen Führung und Organisation ihres Teams komplett neu denken sowie die Kommunikation und das Nebeneinander von „digital" und „analog" adäquat strukturieren. Diesen Spagat werden sie jedoch vollführen müssen, wollen sie auch weiterhin erfolgreich sein.

9. Karenz und Karriere – Maßnahmen zur optimalen Planung der Karenzzeit und des Wiedereinstiegs

9.1. Einführung

Vereinbarkeit von Beruf und Familie, Etablierung einer familienfreundlichen Unternehmensorganisation, Beachtung der Work-life-Balance – alles ambitionierte Ziele, die aktuell von vielen Arbeitgebern angestrebt werden, um die Attraktivität am Arbeitsmarkt zu sichern und auszubauen. Blättert man in Unternehmensbroschüren und durchforstet man die Stellenausschreibungen, so könnte man meinen, Österreichs Arbeitswelt ist ein Paradies für Mütter und Väter, die sowohl Beruf als auch Familie unter einen Hut bringen möchten. Doch blickt man in die Praxis, so zeigt sich ein differenziertes Bild. Obwohl dem Thema von allen gesellschaftlichen Seiten eine hohe Bedeutung beigemessen wird, hapert es an der Umsetzung von Erfolg versprechenden Konzepten, die modernen Hochglanzprospekten auch Taten folgen lassen. Absichtserklärungen allein führen noch nicht zu einem angestrebten Wandel in der Unternehmenskultur. Neben der Einrichtung von Betriebskindergärten sind hier durchdachte Maßnahmen gefragt, die die Anliegen der Zielgruppe bereits vor Gründung einer Familie antizipieren und die Vereinbarkeit von Berufs- und Privatleben begünstigen. Das vorliegende Kapitel beschäftigt sich deshalb mit einem kohärenten Set von Entwicklungsbausteinen, die Karenz und Karriere zu keinem Widerspruch mehr werden lassen – vorausgesetzt, die Implementierung wird aktiv angegangen. Dabei darf nicht unerwähnt bleiben, dass die Unternehmensgröße allen Unkenrufen zum Trotz nur eine untergeordnete Rolle spielt. Die nachfolgend aufgezeigten Aktivitäten lassen sich ebenso für kleinere Einheiten gut organisieren.

Eine im Frühjahr 2019 veröffentliche Studie[33], die vom „Forschungszentrum Familienbewusste Personalpolitik (FFP)“ auf wissenschaftlicher Grundlage im Auftrag des Bundeskanzleramtes der Republik Österreich und der Familie & Beruf Management GmbH erstellt wurde, bestätigt, dass sehr familienbewusste Unternehmen in Österreich bei verschiedenen betriebswirtschaftlichen Kennzahlen, wie beispielsweise Mitarbeiterproduktivität, Kundenbindung, krankheitsbedingten Fehltagen und Fluktuationsrate, signifikant bessere Werte als wenig familienbewusste Unternehmen erzielen. Hauptgründe dafür sind die positiven Auswirkungen der besseren Vereinbarkeit von Familie und Beruf, wenn es den Beschäftigten ermöglicht wird, ihr Arbeits- kompatibel mit ihrem Familienleben zu gestalten. Es ergeben sich dadurch positive Beiträge auf die Arbeitsleistung und die Zufriedenheit der Mitarbeiter insbesondere bei jenen, die in hohem Maße über die für das Unternehmen erfolgskritischen Schlüsselkompetenzen verfügen.

33 In der Studie „Vereinbarkeit von Familie und Beruf in österreichischen Unternehmen – Status Quo und betriebswirtschaftliche Effekte“ wurden die Fragen sowohl nach der Effektivität als auch nach der Effizienz familienbewusster Personalpolitik untersucht: Wie familienbewusst sind österreichische Unternehmen, wo liegen die Stärken und Entwicklungspotenziale ihrer eigenen Personalpolitik in Bezug auf das Familienbewusstsein bzw. auf die Vereinbarkeit von Beruf und Familie? Die Veröffentlichung der Ergebnisse erfolgte im Jänner 2019.

Mehrheitlich widmen sich daher Unternehmungen dem Thema „Karenz und Karriere", um sich zusätzlich zu den oben genannten Aspekten von anderen Unternehmen zu unterscheiden, bei denen dieser Themenkomplex (noch) nicht auf der Agenda steht. Diese Abgrenzung ist notwendig, um einerseits im viel diskutierten *„War for Talents"* zu bestehen und um sich andererseits die Arbeitskraft von bestens qualifizierten Müttern und Vätern langfristig zu sichern.

Karenz, hier verstanden als längerfristige Abwesenheit vom Arbeitsplatz oder gar vom Arbeitsmarkt zur Betreuung von Kindern nach der Geburt im Anschluss an den Mutterschutz, ist eine Lebensphase, die zwar einen temporären Ausstieg aus der beruflichen Entwicklung mit sich bringt, diese jedoch nicht zwangsweise negativ beeinträchtigen muss. Nicht nur Mitarbeiterinnen sind davon betroffen, sondern in Zeiten vermehrter – wenn auch von der Anzahl her bescheidener – Inanspruchnahme von Väterkarenz[34] auch Mitarbeiter. Die Ausrichtung der betrieblichen Personalentwicklung an den jeweiligen Lebensphasen der Beschäftigten ist nicht nur ein Beitrag, die Vereinbarkeit von Beruf und Familie zu erhöhen, sondern sie ist gleichzeitig eine pragmatische Antwort, negative Konsequenzen der demografischen Bevölkerungsentwicklung hintanzuhalten. Gesteigerte Attraktivität durch moderne Entwicklungskonzepte ist einer – wenn nicht der – Schlüssel gerade in engen Arbeitsmarktsegmenten, um so den wirtschaftlichen Erfolg des Unternehmens nachhaltig zu gewährleisten.

Bevor nun das erwähnte Set von Entwicklungsbausteinen zur Etablierung eines in sich schlüssigen Konzepts skizziert werden soll, ist es vorab wichtig, sich den zu involvierenden Beteiligten sowie deren Aufgaben und Rollen zu widmen. Dies schafft nicht nur Klarheit über alle Key Player, sondern ermöglicht auch eine leichtere Einordnung ihrer jeweiligen Stellung im Entwicklungsprozess vor, während und nach Beendigung der Karenzzeit einer davon betroffenen Person.

9.2. Beteiligte am Entwicklungsprozess

Um dem Konzept zum Erfolg zu verhelfen, müssen alle Beteiligten ihre jeweiligen Rollen wahrnehmen. Nicht nur der Mitarbeiter hat entsprechende Eigenmotivation und Initiative einzubringen, auch die anderen am Prozess teilnehmenden Akteure müssen gemäß ihrer betrieblichen Stellung tatkräftige Unterstützungsarbeit leisten. Fehlt diese, so ist ein Scheitern vorprogrammiert und hat neben den absehbaren Problemen beim Wiedereinstieg negative Effekte auf die Motivation der Beschäftigten. Jene Aufgaben, die mit einer bestimmten Rolle verbunden sind, können auch nicht an Dritte übertragen werden, da diese entweder nicht über die notwendigen Ressourcen oder über die erforderliche Entscheidungskompetenz verfügen, um den Prozess der Begleitung während der Karenzzeit und des nachfolgenden Wiedereinstiegs voranzutreiben.

34 Seit mehr als 30 Jahren haben Männer in Österreich per Gesetz die Möglichkeit, in Väterkarenz zu gehen. Zuletzt im Jänner 2022 präsentierte die Bundesarbeitskammer in Wien ihr regelmäßig durchgeführtes „Wiedereinstiegsmonitoring" – das Ergebnis: Bei acht von zehn Paaren gehen Männer weder in Karenz, noch beziehen sie Kinderbetreuungsgeld. Jene zehn Prozent, die in Karenz gehen, nehmen sich weniger als drei Monate Zeit dafür. Sechs Monate Karenz oder mehr nimmt überhaupt nur ein Prozent der Väter.

Folgende Mitarbeiter und Organisationseinheiten sind für eine optimale Planung zu berücksichtigen und gemäß den nachfolgend dargestellten Prozesselementen zu adressieren:

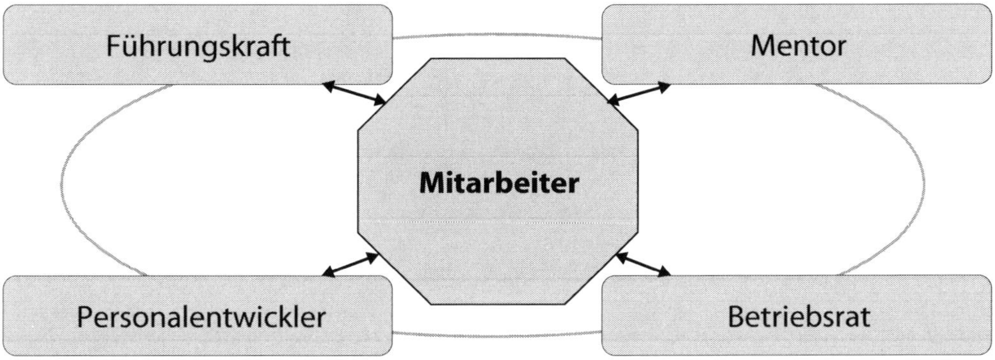

Abb. 19: Beteiligte am Entwicklungsprozess

9.2.1. Führungskraft

Jene Führungskraft, der ein Beschäftigter diszilplinär zugeordnet ist, hat eine Schlüsselfunktion im Gesamtprozess, denn sie muss aktiv solche Entwicklungsmaßnahmen unterstützen. Dies geschieht sowohl durch die professionelle Führung der Mitarbeitergespräche im Sinne eines kontinuierlichen Dialogs als auch durch ein regelmäßiges Monitoring aller vereinbarten Maßnahmen sowie durch die Bereitstellung der erforderlichen Ressourcen (speziell, wenn gesonderte Kosten damit verbunden sind).

9.2.2. Mentor während der Karenzzeit

Hat die vor der Karenzzeit stehende Person einen Kollegen ihres Vertrauens, so ist dieser prädestiniert, als Mentor (im Sinne eines *„Support Mentoring“*[35]) während der Karenzzeit zu fungieren. Durch Information, Anleitung und persönliche Betreuung soll er dazu beitragen, dass der Mitarbeiter während seiner Abwesenheit den Kontakt mit seinem bisherigen Einsatzbereich aufrechterhält und nach dem Wiedereinstieg sein volles Leistungspotenzial wieder schnellstmöglich entfalten kann. Die offizielle Nominierung erfolgt durch die unmittelbare Führungskraft in Abstimmung mit dem Personalentwickler.

35 Charakteristisch für diese Art des *„Mentoring“* ist die Schwerpunktsetzung sowohl auf die individuelle Beratung zur Klärung aller Fragen, die sich während einer bestimmten Arbeits- bzw. Lebensphase ergeben, als auch auf die Übermittlung aller notwendigen Informationen, die für die berufliche Entwicklung des Mentees zweckdienlich sind. Abweichend vom klassischen Mentoring muss hier nicht zwangsläufig ein Erfahrungsunterschied zwischen Mentor und Mentee bestehen, welcher üblicherweise ansonsten für die angestrebte Weiterentwicklung der Persönlichkeit des Mentees eine Voraussetzung darstellt. Vielmehr handelt es sich im vorliegenden Kontext um eine fördernde Partnerschaft, bei der Mentor und Mentee eine interaktive Beziehung eingehen, um die Weitergabe von formellem und insbesondere informellem Wissen während jener Zeit sicherzustellen, in der der Mentee temporär kein aktives Mitglied der Organisation ist.

Der Mentor sollte idealerweise

- die Bereitschaft signalisieren, diese Funktion übernehmen zu wollen.
- kontaktfreudig, zuverlässig und vertrauensvoll sein, sowie Ruhe und Sicherheit ausstrahlen.
- ausgeprägte Fähigkeiten für ein effektives und effizientes Kommunikations- und Informationsmanagement besitzen, da er als Informationsschnittstelle zum Beschäftigten fungiert.
- über ein gutes Zeitmanagement und Organisationsgeschick verfügen (leichte Erreichbarkeit für den Mitarbeiter).

Die Aufgaben des Mentors lassen sich wie folgt zusammenfassen: regelmäßige Treffen mit dem Mentee zum persönlichen Austausch; Unterstützung bei allen berufsbezogenen Fragen; Hilfestellung bei der Informationsbeschaffung und Netzwerkbildung; Weitergabe von Informationen über den bisherigen Arbeitsbereich oder über noch laufende Projekte des Mitarbeiters; Organisation von Bildungs- und Entwicklungsmaßnahmen (je nach Vereinbarung im Mitarbeitergespräch vor Karenzantritt); Organisation von erforderlichem IT-Equipment (z. B. Mobiltelefon, Laptop), falls eine Mitarbeit während der Karenzzeit vorgesehen ist; Teilnahme an den Mitarbeitergesprächen, sofern der Beschäftigte dies wünscht (um über alle Absprachen und Vereinbarungen Bescheid zu wissen); Rückmeldung an die Führungskraft hinsichtlich der aktuellen Situation während des Prozesses sowie Mitwirkung bei der Evaluierung des Prozesserfolgs.

9.2.3. Personalentwickler

Der Personalentwickler trägt die Themenverantwortung, initiiert und steuert den Prozess hinsichtlich seines Fortschritts. Er steht mit seiner Expertise für alle sich in diesem Zusammenhang ergebenden Fragen zur Verfügung, zeigt mögliche Bildungs- und Entwicklungsmaßnahmen während der Karenzzeit auf und moderiert auf Wunsch die damit verbundenen Mitarbeitergespräche. Sollte im Verlauf des Prozesses die Führungskraft oder der nominierte Mentor die zugeordneten Aufgaben – aus welchen Gründen auch immer – nicht mehr wahrnehmen, so weist der Personalentwickler auf die für den Erfolg notwendige Einhaltung hin, um beide daran zu erinnern. Wechseln Führungskraft oder Mentor den Einsatzbereich oder verlassen sie die Organisation, sodass sich eine neue Führungs- und/oder Betreuungssituation ergibt, so klärt der Personalentwickler die weitere Vorgangsweise und übernimmt interimistisch die Rolle des Mentors.

9.2.4. Betriebsrat

Hat ein Beschäftigter Fragen zur arbeitnehmerrechtlichen Vertretung während der Karenzzeit oder zum Wiedereinstieg, so ist die Belegschaftsvertretung zu kontaktieren (falls diese im Betrieb etabliert ist). Darüber hinaus kann diese zusätzlich über öffentliche Förderungen und Bildungs- oder Entwicklungsmaßnahmen informieren, sowie die erforderlichen Kontakte herstellen. Sollten während des Prozesses Meinungsverschiedenheiten oder gar Konflikte auftreten, so ist auch hier der Betriebsrat einzubeziehen, um im Eskalationsfall die arbeitnehmerrechtlichen Ansprüche des Mitarbeiters zu wahren. Ist während der Karenzzeit oder danach eine organisatorische Änderung[36] geplant, so hilft der Betriebsrat bei der Prüfung, ob es sich möglicherweise um eine verschlechternde Versetzung handelt. Dies ist dann opportun, wenn beispielsweise eine Neustrukturierung des bisherigen Einsatzbereiches der betroffenen Person vor dem Wiedereinstieg angedacht ist oder dieser vielleicht sogar gänzlich ausgegliedert wird. Nicht immer ist dann klar, welche Konsequenzen dies auf das Dienstverhältnis des Mitarbeiters hat, sodass hier eine rechtzeitige Information sowohl durch die Personalabteilung als auch durch den Betriebsrat böse Überraschungen vermeiden hilft.

9.3. Entwicklungsprozess und dessen Elemente

Die (der) Beschäftigte, die (der) aufgrund des bevorstehenden Nachwuchses die Karenzzeit in absehbarer Zeit antreten wird, startet den Entwicklungsprozess durch Information der Führungskraft und des Personalentwicklers. Auf Basis der österreichischen Rechtsordnung (Mutterschutzgesetz, Väter-Karenzgesetz) ist sie (er) dazu verpflichtet und genießt demgemäß einen besonderen Kündigungsschutz. Wichtig ist in diesem Zusammenhang die Bekanntgabe des geplanten Geburtstermins zur Einhaltung der vom Gesetz festgelegten Fristen (z. B. Beschäftigungsverbot acht Wochen vor und nach der Geburt).

Sollte das Entwicklungskonzept hinsichtlich der möglichen Maßnahmen während der Karenzzeit noch nicht bekannt sein, so erläutert der Personalentwickler der (dem) Beschäftigten die Ziele und Inhalte sowie dessen Elemente, die vor, während und nach Beendigung der Karenzzeit vorgesehen sind. Weiters veranlasst der Personalentwickler die Information des Betriebsrates durch die Personalabteilung, um dessen Informationsrecht gemäß dem österreichischen Arbeitsverfassungsgesetz (ArbVG) nachzukommen.

Gerade zu Beginn ist es für die erfolgreiche Begleitung durch einen Mentor von Bedeutung, ausführlich dessen Rolle und alle damit verbundenen Aufgaben zu diskutieren. Dadurch hat die (der) Beschäftigte die Möglichkeit, den Sinn und Zweck dieser Entwicklungsmaßnahme zu erkennen und etwaige Fragen direkt mit dem themenverantwortlichen Personalentwickler zu klären. In weiterer Folge kann die (der) Beschäftigte aus dem bisherigen Arbeitsumfeld einen passenden Mentor vorschlagen, der aus Sicht der betroffenen Person in der Lage ist, die Anforderungen des Mentoring-Konzepts professionell und effektiv zu erfüllen. Stimmen Führungskraft und Personalentwickler zu, so kann mit der Planung der einzelnen Maßnahmen begonnen werden.

---

36 Generell hat der Dienstgeber den Dienstnehmer während der Karenz über wichtige Betriebsgeschehnisse, die die Interessen des karenzierten Dienstnehmers berühren, insb. Insolvenzverfahren, betriebliche Umstrukturierungen und Weiterbildungsmaßnahmen zu informieren (gem. § 15g des Mutterschutzgesetzes und § 7a des Väter-Karenzgesetzes).

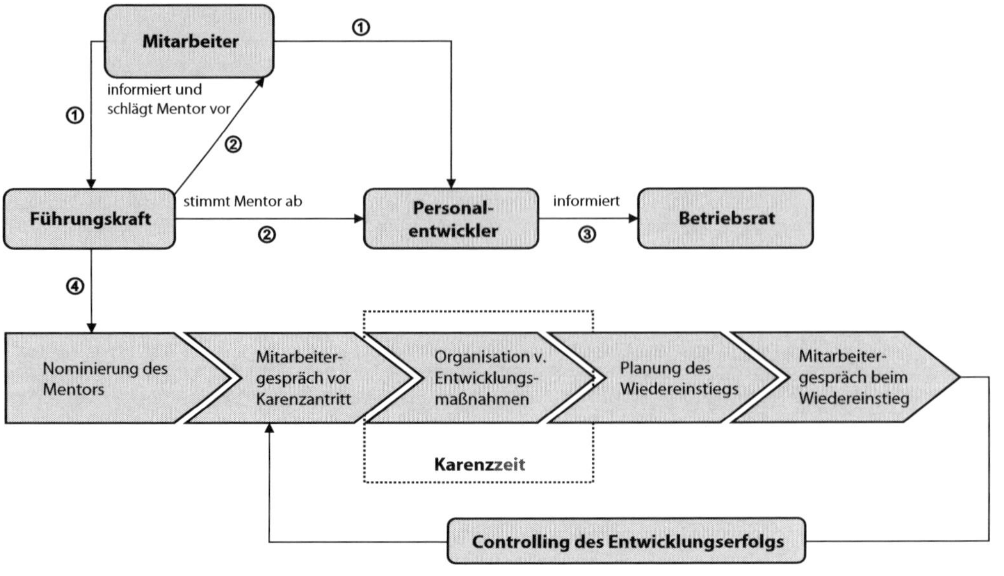

Abb. 20: Entwicklungsprozess und dessen Elemente

9.3.1. Nominierung eines Mentors

Vor der endgültigen Nominierung hat der Personalentwickler die Aufgabe, den zur Diskussion stehenden Mentor über die erwarteten Aktivitäten während des Entwicklungsprozesses zu informieren. Nur wenn die Erwartungen bereits zu Beginn ausreichend dargelegt wurden, können mögliche Irritationen während des Prozesses vermieden werden. Decken sich diese Erwartungshaltungen nicht oder erfüllt der vorgeschlagene Mentor nicht die notwendigen Anforderungen, so sollte der Personalentwickler versuchen, einen anderen Beschäftigten im Einvernehmen mit der werdenden Mutter oder mit dem eine Karenzzeit in Anspruch nehmenden Vater und der Führungskraft für diese Rolle zu gewinnen. Nach dem finalen Selektionsprozess kann die offizielle Nominierung erfolgen.

In diesem Zusammenhang lohnt es sich, auch den Mentor dahingehend zu überzeugen, dass er mit dem Eingehen einer Mentoring-Beziehung zusätzlich einen wichtigen Schritt in seiner eigenen Entwicklung setzt. Nicht nur der Mentee kann von dieser Beziehung profitieren, auch für den Mentor ergeben sich durch die Erweiterung der Persönlichkeitskompetenzen Vorteile für eine eventuell später einzunehmende Führungsfunktion.

9.3.2. Mitarbeitergespräch vor Karenzantritt

Dieses Mitarbeitergespräch dient dem Erstellen eines Entwicklungsplans, in dem zusätzlich zum Mentoring mögliche Bildungs- und Entwicklungsmaßnahmen sowie Beschäftigungsformen bereits während der Karenzzeit und/oder nach dem Wiedereinstieg diskutiert werden. Auch sollte die Inanspruchnahme der in Österreich geltenden Elternteilzeitregelung einen Schwerpunkt bilden, um einerseits dem Beschäftigten alle Möglichkeiten aufzuzeigen und um andererseits eine erste Planung anzugehen. Im Idealfall handelt es sich um ein 6-Augen-Gespräch, bei dem Mitarbeiter, Führungskraft und Mentor anwesend sind. Damit ist gewährleistet, dass alle Beteiligten über die dabei getroffenen Vereinbarungen Bescheid wissen.

Die Palette von Bildungs- und Entwicklungsmaßnahmen ist breit, weswegen hier eine gezielte Auswahl (ev. mit Hilfe der Expertise des Personalentwicklers) für die bevorstehende Lebensphase zu treffen ist. Dabei sollte nicht ausschließlich die Erhaltung der Fachkompetenz im Fokus stehen (z. B. Training der IT-Kenntnisse für den Wiedereinstieg). Eine ganzheitliche Betrachtung aller Kompetenzbereiche (neben der Fachkompetenz auch die Persönlichkeits-, Sozial- und Methodenkompetenz sowie generell alle Digitalisierungskompetenzen) eröffnet dem Arbeitnehmer sicherlich mehr Perspektiven. Beispiele dafür sind: Maßnahmen zur Verbesserung des Selbstmanagements oder zur Vermeidung von Stressfaktoren, Maßnahmen zur Auffrischung von Sprachkenntnissen oder Angebot von Orientierungshilfen zum beruflichen Wiedereinstieg. Weiters kann auch auf Beratungsleistungen von darauf spezialisierten Institutionen[37] zurückgegriffen werden, die gemeinsam mit dem Mitarbeiter individuell passende Vereinbarkeitslösungen entwickeln.

Hinsichtlich der Beschäftigung bietet die österreichische Rechtslage verschiedene Möglichkeiten, flexible Arbeitszeitmodelle zu nutzen, um so auf die individuelle Situation des Einzelnen eingehen zu können. Neben dem Rechtsanspruch auf Teilzeitbeschäftigung („Elternteilzeit") können die Vereinbarung einer geringfügigen Beschäftigung, die temporäre Mitarbeit bei Projekten (auf Basis eines festgelegten Stundenkontingents), die Übernahme von Urlaubs- und Krankenvertretungen sowie die Einführung eines Jobsharing-Modells[38] gemeinsam mit einem anderen Mitarbeiter in vergleichbarer Situation angedacht werden. Darüber hinaus sind auch alle Formen von Telearbeit, von *„Homeoffice"* oder hybridem Arbeiten zu prüfen, welche jedoch durch die Tätigkeit des Beschäftigten determiniert sind (nicht jede eignet sich dafür) und eine adäquate Ausstattung mit den erforderlichen Arbeitsmitteln (z. B. Laptop mit Zugang zum Unternehmensnetzwerk, Mobiltelefon, Drucker) voraussetzen. Gerade dadurch lässt sich die Weiterbeschäftigung mit der Kinderbetreuung gut vereinbaren, weshalb dieses Modell in der betrieblichen Praxis eine hohe Akzeptanz genießt.

9.3.3. Organisation von Bildungs- und Entwicklungsmaßnahmen während der Karenzzeit

Wer dafür die Verantwortung trägt, ist von mehreren Faktoren abhängig. Werden die im Mitarbeitergespräch festgelegten Bildungs- und Entwicklungsmaßnahmen innerhalb

37 Beispielsweise bietet das ABZ*AUSTRIA, ein Non-Profit-Unternehmen in Wien zur Förderung der Gleichstellung von Frauen und Männern am Arbeitsmarkt, einen eigenen Beratungsscheck an, den werdende Mütter und Väter für verschiedene Leistungen in Anspruch nehmen können, z. B. Coaching, Analyse zur Feststellung der Kompetenzen für karenzierte Mütter oder Väter. Die Einlösung obliegt den Betroffenen und kann individuell während eines vereinbarten Zeitraumes durchgeführt werden.

38 *„Jobsharing"* ist ein Arbeitszeitmodell, bei dem sich zwei (oder mehrere) Mitarbeiter eine Vollzeitstelle teilen.

des Unternehmens angeboten und organisiert oder muss auf externe Anbieter zugegriffen werden? Begünstigen diese Maßnahmen tatsächlich die Erreichung der Entwicklungsziele? Können auch Trainingsformen in Anspruch genommen werden, die nicht eine durchgängige Anwesenheit der Teilnehmer erfordern (z. B. „*Blended-Learning*“[39]-Konzepte, Online-Trainings)? Wo finden die Maßnahmen statt? Wer übernimmt die Kinderbetreuung während der Teilnahme? Wird die Dauer der Entwicklungsmaßnahme als Arbeitszeit angerechnet? Wer trägt die Kosten (Teilnahmegebühren, etwaige Reise- und Aufenthaltskosten)?

Obige Fragen skizzieren die wesentlichsten Eckpunkte, die bereits beim vorher stattfindenden Mitarbeitergespräch zu planen sind. Ergänzend dazu ist zu klären, ob der Mitarbeiter selbst, die Führungskraft oder der Mentor die Organisation übernimmt. Der Personalentwickler hat bei diesem Prozessschritt eine Monitoring-Funktion, nämlich um sicherzustellen, dass der verabschiedete Entwicklungsplan auch umgesetzt wird. Ist dies – aus welchen Gründen auch immer – nicht möglich oder treten unerwartete Hindernisse auf, so hat er im Sinne einer Rückkopplung eine Klärung mit allen involvierten Beteiligten (Mitarbeiter, Führungskraft, Mentor) herbeizuführen. Weiters hat er auch die Aufgabe, alle Bildungs- und Entwicklungsmaßnahmen jeweils nach der Absolvierung gemeinsam mit dem Beschäftigten zu evaluieren. Welche Inhalte einer Maßnahme waren für den Entwicklungserfolg am bedeutsamsten? Was kann aus dem Gelernten jetzt oder spätestens beim Wiedereinstieg angewendet werden? Ist bei der Umsetzung noch eine Unterstützung erforderlich (wenn ja, durch wen und wodurch)? Erst durch die Beantwortung dieser Fragen lässt sich der Transfer optimal kanalisieren, um von den abgeschlossenen Maßnahmen nach Absolvierung entsprechend zu profitieren.

9.3.4. Planung des Wiedereinstiegs

Spätestens drei Monate[40] vor dem Wiedereinstieg ist mit dessen Planung bereits zu beginnen – gerade dann, wenn die vormalige Position des Arbeitnehmers in der Zwischenzeit besetzt wurde oder aufgrund der Reduzierung der Arbeitszeit (Stichwort „Elternteilzeit“) eine andere, jedoch dem Kompetenzprofil des Mitarbeiters adäquate Aufgabenstellung gesucht werden soll. Der regelmäßige Austausch zwischen allen Beteiligten erhöht die Wahrscheinlichkeit, eine den Vorstellungen des Arbeitnehmers entsprechende Beschäftigungsmöglichkeit zu finden. Führungskraft und Mentor kennen die eigene Organisation und können dadurch zukünftige Betätigungsfelder im bisherigen Umfeld des Beschäftigten ausloten. Der Personalentwickler verfügt im Regelfall über einen guten Überblick hinsichtlich des internen Arbeitsmarktes und kann so im gesamten Unternehmen Augen und Ohren offenhalten. Nichtsdestotrotz sollte jedoch auch die betroffene Person selbst alle Kollegen ihres internen Netzwerkes kontaktieren, da auch sie informell Kenntnis über mögliche Einsatzgebiete haben könnten.

39 „*Blended Learning*“ oder Integriertes Lernen bezeichnet eine Lernform, die eine didaktisch sinnvolle Verknüpfung von traditionellen Präsenzveranstaltungen und modernen Formen des digitalen Lernens anstrebt.

40 Diese Frist orientiert sich an der Regelung im § 15j des Mutterschutzgesetzes beziehungsweise im § 8b des Väter-Karenzgesetzes, da die (der) Dienstnehmer(in) spätestens 3 Monate vor dem Wiedereintritt eine etwaige Teilzeitbeschäftigung schriftlich bekanntgeben muss.

9.3.5. Mitarbeitergespräch beim Wiedereinstieg

Um den Entwicklungsprozess abzuschließen und in den Regelkreislauf der betrieblichen Personalentwicklung münden zu lassen, stehen bei diesem Gespräch zwei Schwerpunkte im Fokus: einerseits das Controlling des Entwicklungserfolgs und andererseits die Vereinbarung der zukünftigen Beschäftigungsform und der damit verbundenen Aufgaben sowie Ziele. Mentor und Personalentwickler können das Gespräch zwischen Mitarbeiter und Führungskraft – falls gewünscht – jeweils mit den im Prozess generierten Erfahrungen und der eigenen Expertise beratend unterstützen, um die Erfolgsmessung und Planung der Rückkehr ins Berufsleben zu professionalisieren.

Erhält der Beschäftigte aufgrund seiner neuen Tätigkeit eine andere Führungskraft, so ist das Mitarbeitergespräch zu teilen: die bisherige Führungskraft ist Adressat hinsichtlich des Prozessverlaufs, die neue Führungskraft vereinbart mit dem Mitarbeiter die neuen Aufgaben und Ziele. Damit ist eine optimale Basis für den Wiedereinstieg gelegt.

9.4. Fazit

Karenz und Karriere müssen kein Widerspruch sein, wenn sich Unternehmen dazu bekennen, ihre Personalentwicklung auf die jeweilige Lebensphase ihrer Beschäftigten auszurichten. Dies ist nicht nur eine Frage des eigenen Planungsgeschicks, sondern erfordert ein ernsthaftes Engagement bei allen Beteiligten, die ihren Beitrag zum Erfolg eines solchen, oben skizzierten Entwicklungsprozesses leisten müssen.

Eine Etikettierung als „familienfreundliches Unternehmen“ ist zwar in Zeiten angespannter Arbeitsmärkte ein attraktiver Werbefaktor und eine gute Voraussetzung, wenn es darum geht, Arbeitnehmer mit den für die Zukunft notwendigen Kompetenzen an die Organisation binden zu wollen. Dafür müssen jedoch auch entsprechende Konzepte und Instrumente im Unternehmen nachhaltig zur Ausschöpfung des gesamten Potenzials aller Mitarbeiter etabliert werden, will man aus dem Wettbewerb um die besten Köpfe als Sieger hervorgehen.

10. Kompetenzen 4.0 – Schlüssel zum Erfolg in der Informationsgesellschaft

10.1. Einführung

Digitalisierung bewegt Organisationen in hohem Maße und schiebt auch das betriebliche Kompetenzmanagement wieder vermehrt auf die vordersten Plätze der personalwirtschaftlichen Agenda. Denn die Vorbereitung der Beschäftigten auf die zukünftige Arbeits- und auch Lebenssituation wird darüber entscheiden, wie sie den neuen Anforderungen begegnen und wie sie den derzeitigen Wandel in der Arbeitswelt als Chance annehmen. Die Digitalisierung eröffnet viele Gelegenheiten, seine Kompetenzen zu erweitern sowie zielgerichtet einzusetzen – und diese gilt es zu nutzen. Aber sind die Mitarbeiter versiert und fit genug, diesen Transformationsprozess erfolgreich zu bewältigen? Welchen Herausforderungen muss sich insbesondere das Personalmanagement in diesem Kontext stellen? Hat es gar eine Treiberfunktion? Alles Fragen, die auf eine wesentliche Personalfunktion abzielen – nämlich das pro-aktive Entwickeln der Mitarbeiterkompetenzen und die damit verbundene Vermittlung einer digitalen Grundkompetenz. Dieser Grundkompetenz auf die Spur zu kommen und dabei auszuloten, welche Kompetenzbereiche im Themen-Rummel rund um die Digitalisierung im Fokus stehen, ist das nun folgende Kapitel – auch im Sinne einer Orientierungshilfe – gewidmet.

Sowohl in der Produktion als auch im Dienstleistungssektor sowie in der Verwaltung führt die zunehmende Digitalisierung zu modifizierten Arbeitsprozessen, die die Lebens- und Arbeitswelten aller beeinflussen. Verursacht werden diese Umbrüche durch veränderte Beziehungen von Unternehmen zu Kunden, durch die Entwicklung neuer Geschäftsmodelle und die Entstehung neuer Märkte. Die Digitalisierung ist in fast allen Branchen in vollem Gange und ein komplexes Themengebiet, dem man sich aus verschiedenen Blickwinkeln nähern kann. Die Zusammenarbeit in Netzwerken (teilweise über Organisations- und Ländergrenzen sowie Zeitzonen hinweg), das intensive Nutzen von elektronischen Medien, der Umgang mit der immer größer werdenden Informations- beziehungsweise Datenflut und die noch stärkere Selbstverantwortung für die eigene Arbeitsorganisation offenbaren eine Vielzahl von neuen Anforderungen, für die die Kompetenzen bei den Beschäftigten nur in den seltensten Fällen ausreichen. Einer nationalen Studie[41] zufolge erkennen diese Herausforderung die Mehrheit der befragten Führungskräfte. Diese Erkenntnis scheint daher in vielen Organisationen bereits gereift zu sein, bei manchen aber besteht noch Aufholbedarf. Stellen sich Unternehmen und Organisationen diesen tiefgreifenden Veränderungen jedoch nicht zeitgerecht und verharren möglicherweise gar im Status quo, so sind negative Auswirkungen auf die Mitarbeiterperformance, die Wettbewerbskraft und den Unternehmenserfolg unausweichlich.

41 2020 wurden dazu qualitative Tiefeninterviews mit 20 KMU-Führungskräften, eine quantitative Umfrage mit 210 KMU-Führungskräften und eine quantitative Umfrage mit 300 KMU-Mitarbeitern durchgeführt, um den Status quo in österreichischen KMUs zu erheben (Quelle: Digitale Kompetenzen in österreichischen KMUs, Studie des Instituts für Höhere Studien im Auftrag des Bundesministeriums für Digitalisierung und Wirtschaftsstandort, 2020).

Speziell in solchen Situationen zeigt sich der hohe Stellenwert des betrieblichen Kompetenzmanagements, das strategisch-antizipativ genau diese Entwicklungen aufgreifen muss, um Negativszenarien zu vermeiden. Ausgehend von einem Portfolio, das sich aus einer Vielzahl von für die Umsetzung der Geschäftsstrategie wesentlichen Kompetenzen zusammensetzt, müssen jene abgeleitet werden, die erfolgskritisch sind und in Zukunft eine wesentliche Rolle spielen. Nur so kann dem Digitalisierungstrend adäquat begegnet und können die Beschäftigten dafür nicht nur fit, sondern überlebensfähig gemacht werden. Diesem Veränderungsdruck sind oft nicht alle Arbeitnehmer gewachsen – und doch dürfen die Augen davor nicht verschlossen werden.

Das Ergebnis des letzten HR-Reports 2020[42] des Instituts für Beschäftigung und Employability im Auftrag der Hays AG für Deutschland, Österreich und der Schweiz zum lebenslangen Lernen bestätigt eindrucksvoll, dass die Vorbereitung der Mitarbeiter auf die digitale Transformation wie eingangs erwähnt die jeweilige Personalagenda der Befragten bereits zunehmend dominiert – und dies vor dem Hintergrund der Möglichkeiten, die die Digitalisierung bietet. 57 % der Befragten bewerten als positiven Effekt der Digitalisierung die „Beschleunigung der Verfügbarkeit von Lernangeboten“ und 45 % begrüßen in diesem Zusammenhang die „Erweiterung des Angebots an Instrumenten und Maßnahmen“, um dadurch die kontinuierliche Weiterbildung voranzutreiben.

Aus dieser Perspektive betrachtet verändern sich demzufolge nicht nur die Arbeitsformen und Geschäftsmodelle, sondern damit einhergehend auch die Jobanforderungen an die Beschäftigten. Neue Arbeitsfelder und Berufssparten (z. B. Online-Marketing, Cloud Computing, E-Commerce, Künstliche Intelligenz) entstehen, was nicht zuletzt durch den klugen Einsatz von neuen Software-Produkten das Ausführen von Routinetätigkeiten reduziert. Darüber hinaus wird Leben und Arbeiten in Zukunft von flexiblen Beschäftigungsformen geprägt, die die bisherigen Kernbelegschaften in manchen Wirtschaftszweigen sogar teilweise zur Gänze pulverisieren. Ausbildungsberufe müssen dementsprechend im Hinblick auf die zukünftig notwendigen Kompetenzen adaptiert und weiterentwickelt sowie der Einsatz digitaler Lehr- und Lernmethoden in einem unterstützenden Trainingsumfeld ausgebaut werden.

Der Personalfunktion im Unternehmen kommt dabei eine entscheidende Aufgabe zu, trägt sie doch mehrheitlich die Verantwortung für das Treiben dieses Veränderungsprozesses. Nichtsdestotrotz sind und bleiben jedoch die Führungskräfte die Hauptträger, wobei sich aufgrund der immer volatiler werdenden Führungsbeziehungen (so werden beispielsweise in Zukunft tendenziell dauerhafte durch temporäre Strukturen abgelöst, bei denen sich Teams je nach Arbeitsaufgabe neu zusammensetzen) und dem zunehmenden „Führen auf Distanz“ zusätzliche Herausforderungen ergeben. Nicht mehr die Präsenz der Beschäftigten ist von Belang, sondern deren Arbeitsergebnisse. Aufbau von gegenseitigem Vertrauen und das Managen der unterschiedlichen Arbeitsbeziehungen in einer hybriden Kultur spielen hier eine wesentliche Rolle. Dies führt dazu, dass sich

42 Befragt wurden dabei knapp 1.000 Führungskräfte und Mitarbeiter von Unternehmen des Dienstleistungssektors, der Industrie und der öffentlichen Verwaltung aus Deutschland, Österreich und der Schweiz (Quelle: *Hays AG*, HR-Report 2020, Schwerpunkt Lebenslanges Lernen, 2020).

Mitarbeiter in einer solchen Umgebung noch intensiver mit ihrer eigenen Entwicklung auseinandersetzen müssen und diese Verantwortung dafür nicht anderen übertragen dürfen. Gleichzeitig sind Führungskräfte und die betriebliche Personalfunktion dazu aufgerufen, ihre Aufmerksamkeit noch stärker auf Motivation und persönliches Commitment der Mitarbeiter zu lenken, um deren Bedürfnisse und Erwartungshaltungen nicht aus den Augen zu verlieren. Schlussendlich sind sie aber in diesem Prozess die primären Wegbereiter zur Etablierung eines digitalen „Mindsets", damit die Arbeitnehmer den Anschluss nicht versäumen. Für die sogenannten *„Digital Natives"*[43] ist der digitale Mindset bereits eine Selbstverständlichkeit, für die Vorgängergenerationen noch nicht.

Im Fokus steht dabei die Vermittlung und Aneignung einer digitalen Grundkompetenz, die sich mosaikartig aus verschiedenen Einzelkompetenzen (*„Digital Skills"*) zusammensetzt und so die individuelle Beschäftigungsfähigkeit (*„Employability"*) im aktuellen Transformationsprozess sichern hilft. Um welche relevanten Kompetenzen es sich dabei handelt, die im digitalen Zeitalter sowohl erforderlich als auch erfolgsbeeinflussend sind, damit beschäftigt sich der folgende Abschnitt, der Klarheit in die aktuelle Diskussion bringen soll.

10.2. Digitale Grundkompetenz

Die Kompetenzen der Belegschaft spielen eine entscheidende Rolle, denn nur mittels dieser lassen sich Unternehmenspotenziale vollends entfalten. Neue Technologien, neue Arbeitsprozesse und effizientere Produktionsabläufe bringen wenig, wenn die Beschäftigten deren Vorteile mangels der erforderlichen Kompetenzen nur zum Teil oder gar nicht nutzen können. Zusammengefasst und dokumentiert in einem organisations- oder unternehmensspezifischen Kompetenzmodell bilden sie die Basis für die betriebliche Entwicklungs- und Bildungsarbeit. Daher sind aufgrund der laufenden Veränderungen die aktuellen Kompetenzmodelle ebenfalls um die im Folgenden erläuterten Kompetenzen zu adaptieren beziehungsweise zu erweitern.

43 Die Generationen Y (1980–1999 geboren) und Z (Nachfolgegeneration) zählen zu den *„Digital Natives"*. Sie sind bereits geboren und aufgewachsen mit digitalen Technologien. Die notwendigen Kompetenzen sind bereits Teil ihrer DNA.

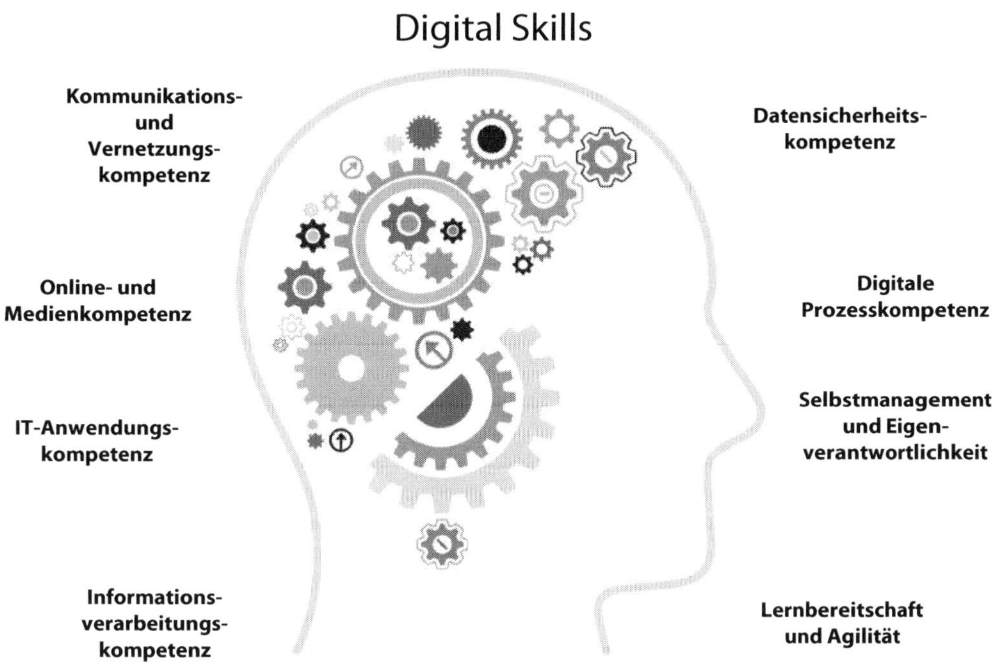

Abb. 21: Digitale Grundkompetenz

10.2.1. Kommunikations- und Vernetzungskompetenz

Analysiert man die verschiedenen Arbeitsveränderungen im Hinblick auf ihre Relevanz, so zeigt sich, dass die Kompetenz für die virtuelle Kommunikation und für die aktive Vernetzung mit Kollegen und Geschäftspartnern („*Digital Collaboration*") an oberster Stelle rangiert. Belegt wird dies auch durch eine themenspezifische Studie[44], die bereits 2017 (also bereits vor Ausbruch der Pandemie im Jahr 2020 und den durch die Lockdowns erzwungenen Veränderungen in der Zusammenarbeit) in Deutschland, Österreich und der Schweiz durchgeführt wurde. Mehr als zwei Drittel der Befragten gaben dabei an, dass diese Kompetenz als die wesentlichste anzusehen ist. Parallele Interaktion mit anderen über virtuelle Kollaborationsplattformen (dazu gehören beispielsweise Webkonferenzen oder Live-Meetings), die Handhabung neuer Formen der Zusammenarbeit (wie etwa Homeoffice, Telearbeit, Arbeiten von unterwegs) und die situationsadäquate Nutzung von Online-Services sowie Cloud-Lösungen zählen zu jenen Methoden, die alle Beschäftigten beherrschen müssen, um so die gesamte Klaviatur der digitalen Kollaboration abzudecken. Dauerhaft gelingt dies nur, wenn man darüber hinaus zusätzlich in der Lage ist, andere Kollegen und Geschäftspartner dazu zu motivieren, auch auf diese Weise zu interagieren. Sich der damit verbundenen Nachteile bewusst zu sein und entsprechende Gegenmaßnahmen zu ergreifen, ist ebenfalls ein wesentlicher Aspekt, der bei solchen

44 Quelle: Digitale Transformation & betriebliche Trainingsstrategie, eLearning Benchmarking Studie des eLearning Journals, 2017. An dieser beteiligten sich zirka 850 Unternehmen aus der DACH-Region (Deutschland, Österreich, Schweiz).

Kommunikationsformen nicht zu vernachlässigen ist. Das soziale Zusammengehörigkeitsgefühl leidet nämlich durch die phasenweise Isolation und den mangelnden Face-to-Face-Kontakt, da Small Talk auf das Notwendigste reduziert wird, zufällige Begegnungen zurückgedrängt und spontane Treffen der Arbeitnehmer kaum mehr möglich werden.

10.2.2. Online- und Medienkompetenz

Den „digitalen Footprint" und damit alle Online-Aktivitäten vorausschauend zu steuern, trägt zur zielgruppengerechteren und damit zweckorientierteren Sichtbarkeit in elektronischen Medien bei. Die Erstellung und Veröffentlichung von Beiträgen für Blogs, von Artikeln, Videos, Podcasts (auch *„Content Creation"* genannt) darf dabei nicht wahllos erfolgen, da sie ansonsten nur zu Zeitfressern mutieren und keine Wirkung bei den Adressaten entfalten. Folglich ist es ratsam, dass alle Mitarbeiter auch diese Aktivitäten kompetent angehen, was ein entsprechendes Wissen über die Sender-Empfänger-Relation und deren Konsequenzen voraussetzt. Auch das Posten von Persönlichkeitsprofilen fällt in diese Kategorie, wodurch sich das persönliche Netzwerk jedes Einzelnen erweitern lässt, um so im gegenseitigen Austausch auch auf Erfahrungen anderer zurückgreifen zu können. Die Nutzung von betriebsinternen und -externen Social-Media-Plattformen (wie beispielsweise Xing, LinkedIn, Skype, ESN – Enterprise Social Networks) definiert hier den individuellen Aktionsradius, der beliebig ausgedehnt oder eingeschränkt werden kann.

10.2.3. IT-Anwendungskompetenz

Nur durch die kompetente Nutzung von digitalen Endgeräten – im Fachjargon auch *„Digital Devices"* genannt – lässt sich eine höhere Produktivität bei den Mitarbeitern erreichen. Folglich müssen sie – teilweise selbstorganisiert – in der Handhabung von digitalen Endgeräten unterwiesen werden. Darüber hinaus spielt die Fähigkeit zur Auswahl, Installation und Konfiguration von für das eigene Arbeitsumfeld nutzbaren *Apps* eine zentrale Rolle (beispielsweise im HR-Bereich für die Personalverwaltung und das Bewerbermanagement), um so Eingang in das Tagesgeschäft zu finden. Arbeitserleichterungen sowie eine höhere Leistungsintensität sind dadurch die Folge.

10.2.4. Informationsverarbeitungskompetenz

Der professionellen Generierung, Speicherung und Nutzung von Personal- und Geschäftsdaten als Grundlage für neue Businessmodelle und Dienstleistungen wurde bis dato nur wenig Aufmerksamkeit geschenkt – ein Fehler, wie man heute weiß, stellen diese doch eine essenzielle Quelle für die Ableitung von strategischen Entscheidungen dar. Mit jeder Nutzung von digitalen Endgeräten (Computer, Tablet, Smartphone etc.) steigt die Datenanzahl. Diese Datenflut kann aber nun nach Algorithmen analysiert und ausgewertet werden, um die Komplexität auf ein verträgliches Ausmaß zu reduzieren. Mit *„Big Data"* liegen für alle Arbeits- und Lebensbereiche hinreichend Daten vor. Einer Untersuchung[45] zufolge werden die verfügbaren Daten bis zum Jahr 2025 auf eine Größe von 181 Zettabytes steigen; dies entspricht dem fast Dreißigfachen der Datenmenge im Jahr 2012. Die Fähigkeit, diese sinnhaft zu kombinieren und zu interpretieren ist eine

45 Quelle: Statista GmbH in Hamburg, Volumen der jährlich generierten/replizierten digitalen Datenmenge weltweit in den Jahren 2012 und 2020 und Prognose für 2025.

Schlüsselqualifikation digitaler Arbeit und nicht substituierbar. Aus diesem Grund müssen alle Beschäftigten im Zuge ihrer Kompetenzentwicklung speziell darauf ausgerichtete Fähigkeiten aufbauen. Dies erleichtert ihnen, beispielsweise im Personalbereich die digitalen Fußabdrücke der Arbeitnehmer auszuwerten und somit Rückschlüsse auf Verhaltensmuster zu ziehen, die für alle Belange des Personalmanagements wichtige Informationen liefern. So können die digitalen Administrationsprozesse und damit verbundene Entscheidungsgrundlagen laufend verbessert sowie flexibel angepasst werden.

10.2.5. Datensicherheitskompetenz

Die Erschließung neuer Datenquellen bietet den Beschäftigten einen erweiterten Fundus an Informationen, die es nicht nur auszuwerten und aufzubereiten gilt, sondern auch im Hinblick auf die Rechtslage und die Auflagen des Datenschutzes ordnungsgemäß zu handhaben. Mitarbeiter müssen sich daher der Sensibilität der Daten bewusst und zur Gewährleistung der Informationssicherheit in der Lage sein. Dazu zählt neben dem Schutz der eigenen Netzwerke, Computer und Programme auch die verantwortungsvolle Verarbeitung, zweckgebundene Weiterleitung und Speicherung von Daten – speziell auch im Rahmen der immer stärker genutzten Cloud-Lösungen. Gleichzeitig ist den besonderen Risiken die volle Aufmerksamkeit zu schenken, um Datenverlust, Cyber-Attacken und einen unberechtigten Zugriff beziehungsweise eine unerlaubte Nutzung hintanzuhalten.

10.2.6. Digitale Prozesskompetenz

Personalprozesse und transaktionale Abläufe lassen sich dann simplifizieren und automatisieren, wenn man es versteht, digitale HR-IT-Anwendungen anzubieten, die intelligent über Schnittstellen miteinander verknüpft sind und doppelte Datenerfassungen vermeiden. Einige Unternehmungen nutzen dafür bereits Self-Services für Mitarbeiter (ESS[46]) und für Führungskräfte (MSS[47]), was bei den verantwortlichen Personalisten eine ausgeprägte Fähigkeit zum Design und zur effizienten Gestaltung solcher Prozesse sowie deren Abbildung in IT-Systemen bedingt. Erst wenn sie es verstehen, Prozesse *„end-to-end"* zu definieren und zu implementieren, lassen sich weitere Effizienzpotenziale im Personalbereich heben. Beleuchtet man die Praxis, so kann man feststellen, dass bereits beachtliche Erfolge wie etwa bei der Umstellung der Recruiting-Prozesse erzielt wurden. In vielen Organisationen wird das gesamte Bewerbermanagement schon jetzt digital administriert. Darauf aufbauend liegt es nun an der Kompetenz der HR-Mitarbeiter, diese Erfahrungen auch auf andere Personalprozesse zu übertragen. Beispielsweise kann die gesamte Kommunikation über eine eigene elektronische Postbox zwischen Personalorganisation und den Beschäftigten erfolgen, um den Dokumentenlauf zusätzlich zu vereinfachen. Weiters bietet die Einrichtung von *„Chatbots"* die Möglichkeit, häufig wiederkehrende Anfragen automatisiert zu bearbeiten (vgl. dazu auch die aktuellen Entwicklungen im Zusammenhang mit *„ChatGPT"*).

---

46 Bei *„Employee Self-Services"* handelt es sich um Anwendungen (mobil oder webbasiert), mit denen Mitarbeiter ihre personenbezogenen Daten selbst verwalten können.

47 *„Manager Self-Services"* bieten integrierte Anwendungen, durch die Führungskräfte Datenauswertungen in einfacher Form selbst erstellen können. Dabei werden Informationen von den ihnen zugeordneten Mitarbeitern elektronisch bereitgestellt und sie können Personalprozesse digital anstoßen oder bearbeiten (z. B. die Versetzung eines Arbeitnehmers oder die Prämienzahlung an einen Mitarbeiter).

10.2.7. Selbstmanagement und Eigenverantwortlichkeit

Traditionelle Arbeitsbeziehungen werden im Rahmen der Digitalisierung zum Teil durch neue Beziehungsformen (wie etwa verstärktes Arbeiten in temporären Organisationen, Arbeiten auf Ad-hoc-Basis oder Zusammenarbeit über Organisationsgrenzen hinweg) ersetzt, wodurch die Arbeitnehmer dazu angehalten sind, ihre Arbeitsumgebung (hinsichtlich Zeit und Ort) eigenverantwortlich und zielgerichtet zusammenzustellen. Nur dann können diese neuen Formate effektiv genutzt werden. Voraussetzung dafür ist ein effizientes Selbstmanagement der Mitarbeiter, das durch eine ausgeprägte Fähigkeit zur Priorisierung der eigenen Aufgaben determiniert wird. Für sie ergeben sich hierdurch individuelle Gestaltungsspielräume, zum Beispiel zur besseren Vereinbarkeit von Familie und Beruf, aber auch neue Belastungen sowie mögliche gesundheitliche Beeinträchtigungen (*„Always-on-Mentalität“*). Das Wissen, wie man Letztere so weit als möglich vermeidet, zeichnet ebenfalls diese Kompetenz aus.

10.2.8. Lernbereitschaft und Agilität

Das bereits altbekannte Credo des lebenslangen Lernens hat im Zeitalter der Digitalisierung für die Beschäftigten einen noch höheren Stellenwert, um mit dem rasch fortschreitenden Entwicklungstempo Schritt halten zu können. Lernbereitschaft ein Leben lang und die Fähigkeit zum Umlernen bestimmen diese Kompetenz. Dabei ist die ständige Weiterbildung über digitale Formate mit interaktiven und spielerischen Tools gefragt, die ein mobiles *„Workplace Learning“* ermöglichen. Selbstgesteuerte Lernportale, in denen die Mitarbeiter ihre eigenen Lerncurricula entwerfen, steigern die Lernautonomie und begünstigen dadurch die individuelle Lernmotivation. Weiters müssen eigenverantwortlich Agierende Fehler erkennen und aktiv aufgreifen, um so ein rasches Adaptieren der eigenen Ausrichtung gerade in Veränderungsprozessen und neuen Situationen zu perfektionieren. Nicht die Angst vor Fehlern, sondern deren Wertschätzung muss als Maxime des Handelns gelten.

10.3. Fazit

Das Spektrum von durch die Digitalisierung ausgelösten technologischen Möglichkeiten bringt auch neue Herausforderungen für die betriebliche Kompetenzentwicklung. Will man mit seinen Beschäftigten nicht den ökonomischen Anschluss im Wettbewerb verlieren, so muss auch in diesem Bereich vorausschauend investiert werden. Dazu müssen alle Mitarbeiter jene Kompetenzen aufbauen, die im Zeitalter der vierten industriellen Revolution von Bedeutung sind. Die digitale Grundkompetenz wird somit in Zukunft gleichzeitig Ausgangspunkt und Basis für die Planung der individuellen Bildungs- und Entwicklungsmaßnahmen aller Arbeitnehmer darstellen. Bisherige Kompetenzmodelle haben jedoch nicht ausgedient, sondern müssen entsprechend aufgerollt und auf die neuen Anforderungen hin ausgerichtet werden – daran führt mit ziemlicher Sicherheit für jede Organisation kein Weg vorbei. Die in diesem Kapitel aufgezeigten Kompetenzen liefern für diesen Veränderungsprozess sowohl Denkanstöße als auch konkrete Unterstützung, damit diese Aufgabenstellung auch gelingt.

11. Leadership 4.0 – Führung im digitalen Zeitalter

11.1. Einführung

„Unsere Organisation muss digitaler werden!" So lautet derzeit die alles bestimmende Parole vieler Unternehmen. Die meisten fokussieren dabei all ihre Kräfte fast ausschließlich auf die technologische Professionalisierung der Arbeitsprozesse – sowohl was die internen Abläufe als auch die externe Kooperation mit Kunden und Lieferanten betrifft. Die Digitalisierung erfordert jedoch viel mehr. Es geht überwiegend darum, wie Führung in Zukunft gelebt wird, um tatsächlich den vollen Nutzen aus der digitalen Transformation ziehen zu können. Althergebrachte Führungsmodelle – meist durch mehr oder weniger starre Hierarchien, klare Aufgabenzuordnungen und funktionsabhängige Weisungsbefugnisse determiniert – geraten ins Wanken und greifen in der *VUCA*[48]-Welt immer weniger. Darüber hinaus etablieren sich zunehmend Arbeitsformen, die in der Vergangenheit kaum – und wenn überhaupt, dann nur im eingeschränkten Ausmaß – Beachtung fanden. Präsenz im Unternehmen wird durch verstärktes Arbeiten im *„Homeoffice"* abgelöst und durch hybride Methoden der Zusammenarbeit ersetzt. Ohne Zweifel wirkt sich dies auf die Führung von Teams und Organisationen aus. Demzufolge muss sich auch hier etwas ändern, will man in Zeiten der immer stärker werdenden Komplexität und dem damit einhergehenden Veränderungsdruck überleben. Bei manchen Führungskräften löst dies Ängste und Ressentiments aus, da sie auf ihre bis dato Erfolg versprechenden Führungsprinzipien und die in der bisherigen Organisation erlangten Führungsinsignien nicht verzichten wollen. Tun sie dies aber nicht, wird die Effektivität ihrer Führungsarbeit rasch ein Ende finden. Führung wird in Zukunft faktisch auf den Kopf gestellt und erfordert ein komplett neues *„Mindset"*, dem sich die nun folgenden Ausführungen widmen.

11.2. Warum Führung sich ändern muss

Wie man seine Organisation strukturiert oder sein Unternehmen organisatorisch aufstellt, beeinflusst die Führungskultur wesentlich. Fein ziselierte Hierarchien mit mehreren Berichtsebenen und arbeitsteiligen Tiefenstrukturen in Abteilungen und Teams prägen die Werte, Einstellungen und schlussendlich das Verhalten aller in solch einem System tätigen Organisationsmitglieder. Managementaufgaben werden an einzelne Führungskräfte mit allen Insignien, die die Organisation zu vergeben hat, übertragen und sie „tragen dann sprichwörtlich die Last der Verantwortung mit voller Kraft". Sie bestimmen über das Wohl und Wehe ihrer Mitarbeiter und steuern deren Arbeitsalltag sowie den Ablauf der Arbeitsprozesse mit unterschiedlichem Erfolg – mal besser, mal schlechter, je nachdem wie sie Führung leben und welche Fähigkeiten sie für diese Funktion mitbringen. Dabei agieren manche allein ohne Rückkopplung und Involvierung anderer, andere

48 *VUCA* ist – wie bereits in einem der vorangegangenen Kapitel erwähnt – ein Akronym für die englischen Begriffe volatility, uncertainty, complexity und ambiguity. *VUCA* fasst die Herausforderungen zusammen, denen sich Organisationen in einer immer stärker von der Digitalisierung geprägten Welt stellen müssen.

suchen nach Kooperation und Commitment der von ihnen Geführten. Dies wirkt sich ebenso darauf aus, wie und von wem Entscheidungen getroffen werden, wer und in welcher Form darauf Einfluss hat und wie mit den Konsequenzen – sowohl im positiven als auch im negativen Sinne – umgegangen wird. Das gelebte Führungsverhalten hat auch ergebnis- und erfolgskritische Auswirkungen auf das Tun und Handeln der Mitarbeiter, denn sie orientieren sich an den Taten, den Aussagen und Informationen der Führungskräfte, ordnen sich unter, arrangieren sich und machen ihre Arbeit. Ihnen werden auf Basis von detailliert ausgearbeiteten Unternehmensplänen und den damit verbundenen Budgets Aufgaben und Ressourcen zugewiesen, sie erhalten Ziele oder vereinbaren diese mit ihren Führungskräften, die sich für das Ergebnis verantwortlich fühlen und dafür auch „von oben" (sprich: von der übergeordneten Ebene) sanktioniert werden. Am Ende einer Arbeitsperiode messen die Führungskräfte die Leistungsergebnisse meist mittels ausgefeilter Berechnungsverfahren, ermitteln mehr oder minder aussagekräftige Kennzahlen und legen im Anschluss daran auf Basis dieser die Honorierung und den monetären Anteil am Organisationserfolg für die Mitarbeiter fest. Schlussendlich geht es dabei auch darum, seine Führungsposition gegenüber den anderen abzusichern und das Steuer der eigenen Abteilung und des zugeordneten Teams immer fest im Griff zu haben. Abweichungen oder gar Fehler – egal, ob sie durch Mensch oder Maschine ausgelöst wurden – sind dabei oft kontraproduktiv, werden als Gefahr gesehen und beeinträchtigen das Arbeitsergebnis und die Zielerreichung, weswegen sie so rasch als möglich auszumerzen sind. In der betrieblichen Praxis werden dann – manchmal hektisch, ein anderes Mal wohlüberlegt – externe Berater mit den von ihnen vertretenen Konzepten an Bord geholt und sogenannte „Optimierungs- oder Restrukturierungsprozesse" gestartet, um schnell wieder auf den angepeilten Kurs zurückzufinden. Die Ziele dürfen nicht aus den Augen verloren werden und ob der Kurs stimmt, das bewerten und entscheiden die Führungskräfte, schließlich werden sie dafür angestellt, bezahlt und im Erfolgsfall befördert.

Vertrauen in die Kompetenzen der Mitarbeiter sowie deren Eigenverantwortung zu haben, sieht anders aus, denn Letzteres wird durch starre Organisationsstrukturen und damit einhergehende, oben skizzierte Führungsprinzipien eher gehemmt, denn gefördert. Der Kompetenzaufbau bei den Beschäftigten und die Planung ihrer individuellen Entwicklung folgen bei solch einem Zugang mehrheitlich dem Credo der unmittelbaren Verwertbarkeit zur Erledigung der aktuellen Aufgaben. Das Mitdenken der Mitarbeiter reduziert sich im besten Fall auf die eigenen Aufgaben und spiegelt sich maximal im Einbringen von Verbesserungsvorschlägen wider, der Blick über den Tellerrand über Team- und Abteilungsgrenzen hinweg bleibt oft aus, da man niemandem – speziell höher Stehenden – zu nahe treten und ihm ins Handwerk pfuschen möchte. Vermeintliche oder auch klar kommunizierte Hierarchievorgaben müssen in solch einer Führungskultur eingehalten werden, will man nicht Gefahr laufen, seine eigene Karriere aufs Spiel zu setzen. Mitarbeiter ziehen sich auf ihr derzeitiges Aufgabengebiet zurück, vermeiden es, durch Abweichen von den Organisations- und Kommunikationsspielregeln Irritationen auszulösen oder gar Fehler zu begehen, um so Wohlverhalten gegenüber den Führungskräften an den Tag zu legen und als wertvolles – dadurch jedoch weniger wertschöpfendes – Mitglied der Organisation anerkannt zu werden. Neues kann in so einem Umfeld kaum entstehen und wenn, dann nur wenig gelenkt und rein zufällig. Denkanstöße „von unten" werden „oben" bestenfalls zur Kenntnis genommen, schlimmstenfalls im Keim erstickt, denn das würde auch ein Umdenken bei den Führungskräften erfordern oder möglicherweise eine notwendige Veränderung der bisher gültigen und als bewährt erachteten Regeln nach sich ziehen und das geht schon mal gar nicht. Dass darunter die gesamte Innovationskraft einer Organisation leidet und damit die Wettbewerbsfähigkeit sowie insgesamt deren Überleben auf dem Spiel steht, erscheint auch für betriebswirtschaftliche Laien nachvollziehbar und ist mehr als evident. Zugegeben – ein etwas düster gezeichnetes Bild, aber ist es nicht doch sehr oft in der Praxis noch anzutreffen?

Für ein agiles Arbeiten im Zeitalter der Digitalisierung ist dies wohl kein brauchbares Führungsmodell mehr. Determiniert durch ein in kleinen Schritten, eher iteratives und stark kooperatives Vorgehen, das die Entwicklung von schnell verwertbaren Ergebnissen und Prototypen zum Ziel hat, verzichtet man hinkünftig auf langwierige Planungsprozesse und seitenlange Dokumentationen. Traditionell agierende Führungskräfte wirken in solch einem Umfeld fast anachronistisch, sind doch ihre Glanzzeiten perspektivisch betrachtet vorüber. Eine andere Art von Führung ist gefragt, die eigenverantwortliche Mitarbeiter unterstützt und durch Animierung zur Selbstreflexion gleichsam „coacht", die Informationen pro-aktiv und mit höchstmöglicher Transparenz verteilt, die einen offenen Kommunikationsstil pflegt und die Vertrauen in der täglichen Zusammenarbeit als elementaren Wert postuliert. Vertrauen in das Wollen und Können der Mitarbeiter und in deren Grundmotivation, in ihrem Arbeitsumfeld etwas zum Positiven, auf die neuen Anforderungen Eingehendes zu verändern und wenn möglich Neues zu schaffen. Für manche Führungskräfte verlangt dies nach einem radikalen Umdenken. So wie sie Führung in der Vergangenheit gelebt haben, kann es unter den veränderten Gegebenheiten nicht mehr funktionieren. Der bisherige „Steuermann" wird abgelöst durch den *„Enabler"*, der seine Mitarbeiter dazu ermuntert und dabei begleitend unterstützt, sich den zukünftigen Herausforderungen zu stellen sowie dabei ihr Bestes zu geben, und nicht darauf wartet, von anderen Vorgaben im Hinblick auf Aufgaben und Ziele zu erhalten. Letzteres könnte nämlich dazu führen, dass wertvolle Zeit verloren geht, die andere effizienter nutzen, um sich einen Vorsprung zu verschaffen.

Vertrauen in die Eigenverantwortung eines jeden einzelnen Teammitglieds bedeutet, dass die Verantwortung, welche Aufgaben, wann, wo und in welcher Form erledigt werden, primär bei den Arbeitnehmern liegt. Neben flexiblen Arbeitszeitmodellen sind dafür im besten Fall zusätzliche Zusammenarbeitsformen zu etablieren, die mobiles Arbeiten möglich machen und durch die sich alle Teammitglieder ortsunabhängig miteinander vernetzen können. Nicht gemeint ist damit blindes Vertrauen, denn auch *„Enabler"* müssen am Ende gemeinsam mit den Mitarbeitern für die Leistungsergebnisse einstehen und Arbeitserfolge vorlegen können. Folglich ist ein kontinuierlicher Dialog (organisiert entweder als *„Face-to-face review"* oder als wöchentliches *„Stand-up meeting"*, bei dem sich alle Teammitglieder über Aktuelles austauschen) unerlässlich – nicht nur zwecks Informationsübermittlung, sondern auch um zu erkennen, ob alle in der Lage und willens sind, den Freiraum zum eigenverantwortlichen Handeln zu nutzen. Denn für manche ist dieser auch eine Bürde, die sich gerade am Beginn einer sich in der Organisation breit machenden Vertrauenskultur für einige Teammitglieder nur schwer stemmen lässt. Führungskräfte können gerade in dieser Phase ihr vorhandenes Repertoire als

Coaches voll zur Geltung bringen und so sukzessive tatsächlich zur individuellen Entwicklung der Mitarbeiter beitragen.

Ein weiterer Aspekt, der die neue Art des Führens kennzeichnet, ist der Umgang mit Fehlern, die in der Vergangenheit per se eher negativ konnotiert waren. Fehler anzunehmen und nicht gleich zu verteufeln, um daraus Erkenntnisse für den weiteren Arbeitsprozess zu gewinnen, scheint auf den ersten Blick nicht erstrebenswert, sind wir doch fast alle aufgrund unserer Schulausbildung dahingehend sozialisiert, Fehler in jedem Fall zu vermeiden und höchstmögliche Perfektion anzustreben. Darum ist es nicht verwunderlich, dass einige Führungskräfte diese Einstellung ins Berufsleben mitgenommen haben. Diesen sei gesagt: Legen sie den Rotstift weg, wenn sie Mitarbeiter zur Selbstverantwortung führen möchten. Vertrauen heißt nämlich auch, an die Reflexionsfähigkeit der Teammitglieder zu glauben, damit sie sich durch Fehler nicht entmutigen lassen, sondern diese als wertvolle Quelle für ihr weiteres Tun betrachten. Jede Innovation lebt davon, denn fast keine – von Ausnahmen mal abgesehen – ist von Anfang an unmittelbar verwertbar, sondern Perfektion entsteht erst durch ein schrittweises „Vor-und-Zurück“, das auch Rückschläge und Fehler zulässt und verkraften muss. Kurzes Innehalten und Nachdenken, was daraus gelernt werden kann, ersetzt langwierige Fehleranalysen, die meist nur dazu dienen, einen Schuldigen zu finden, dem der „Schwarze Peter“ zugeschoben werden kann. Aber darum geht es überhaupt nicht – denn am Ende zählt vielmehr das gemeinsam erzielte Ergebnis.

Wissen galt lange Zeit als Machtfaktor, der geschützt und bewahrt werden musste, um seine Position und das sie bestimmende Alleinstellungsmerkmal nicht zu verlieren. Der Einsatz der neuen Technologien und die damit einhergehende hierarchieungebundene Nutzung von sozialen Plattformen bringt auch diesen Glaubenssatz, nämlich dass Wissen Macht bedeutet, ins Wanken. Jeder kann heutzutage jeden über die gängigen sozialen Netzwerke ohne Umschweife kontaktieren, sei es, um sich Wissen zu beschaffen oder um sich über Erfahrungen auszutauschen. Früher war dies nicht so einfach möglich, da einerseits soziale Barrieren (man traute sich nicht, Höhergestellte oder bekannte Persönlichkeiten direkt zu adressieren) oder andererseits organisatorisch aufgebaute Hürden aufgrund fehlender technologischer Möglichkeiten dies verhinderten. Wissen und Informationen können nun rasch geteilt und abgerufen werden, was zusätzlich die Wahrnehmung der Eigenverantwortung durch die Mitarbeiter befeuert. Sie können nun selbst entscheiden, welches Wissen sie benötigen, von wem sie sich dieses besorgen und zu welchem Zeitpunkt sie es sich aneignen. Jene Führungskraft, die in so einem Umfeld ihr Wissen aktiv teilt, wird in Zukunft am erfolgreichsten agieren – und nicht nur das: Die Anerkennung der eigenen Mitarbeiter wird ihr gewiss sein. Das *„Follower-Prinzip“* der sozialen Netzwerke lässt sich hier als passendes Synonym auf den betrieblichen Führungskontext übertragen. Führungskräfte mit den meisten *„Followern“* werden auch weiterhin ihre Position in der Organisation behaupten können, wenn die Mitarbeiter sie als inspirierend und informativ erleben. Es setzt jedoch voraus, dass Führungskräfte auch in der Lage sind, die neuen Technologien zu nutzen und diese in ihren Führungsalltag zu integrieren, wollen sie stets alle Teammitglieder direkt erreichen, was aufgrund der neuen Arbeitsformen, bei denen die Teammitglieder nicht immer persönlich und an einem Ort anwesend sind, für die Zusammenarbeit unverzichtbar ist.

Bisherige Führungskompetenzen sind zwar nicht obsolet, unterliegen aber im Zeitalter der Digitalisierung ebenfalls der Notwendigkeit zur Transformation. Im Lichte der obigen Ausführungen sind die in der Vergangenheit angewandten Führungskonzepte einem Review zu unterziehen, um sie für die Bewältigung der anstehenden Herausforderungen zukunftsfit zu machen. Dass Führung Sinn und Orientierung geben muss, ist auch unter den geänderten Vorzeichen weiterhin eine unabdingbare Prämisse, der sich die Führungskräfte verpflichten müssen. Und nicht nur dieser – der Führungsanspruch wird viel stärker von den tatsächlich vorhandenen Führungskompetenzen als von der hierarchisch regulierten Übertragung organisatorischer Macht an einzelne Führungskräfte abhängig sein. Die zunehmend projektbasierte Zusammenarbeit und die wissensorientierte Vernetzung werden diesen Prozess noch beschleunigen. Temporäre Führung, einerseits in Projekten oder andererseits fachlich aufgrund des vorhandenen Expertenwissens in einem für die Organisation erfolgskritischen Metier, werden die hierarchiegesteuerte Führung mehr und mehr zurückdrängen.

Wie sich dies auf die Kompetenzanforderungen bei den Beschäftigten und Führungskräften auswirkt, welche in Zukunft im Fokus stehen werden und durch welche Verhaltensleistungen sich diese ausdrücken, damit beschäftigen sich die nächsten Abschnitte.

11.3. Was Mitarbeiter morgen können müssen

Wer meint, die Digitalisierung und die damit einhergehende Technologisierung aller Arbeits- und Lebensbereiche führe dazu, dass Mitarbeiter auf Routinetätigkeiten beschränkt, sie somit gemeinhin zu Ausführenden degradiert werden, der irrt. Im Gegenteil – Routinetätigkeiten belasten nicht mehr, sondern werden zunehmend an Maschinen ausgelagert, die dadurch bei den Arbeitnehmern Ressourcen für eine tatsächliche Wertschöpfung freisetzen. Dies bedarf sowohl ihrer Bereitschaft zur Übernahme der Verantwortung, ihre Ziele und Maßnahmen selbst festzulegen sowie die dafür notwendigen Kompetenzen – am besten lebenslang – eigenmotiviert aufzubauen, als auch einer stetigen Neugier und einem persönlichen Antrieb, sich neuen Herausforderungen zu stellen und durch permanente Reflexion ihres Verhaltens und ihrer Leistungen daran zu wachsen. Diese Kompetenzen lassen sich im erweiterten Sinne auch dem Begriff Selbstmanagement zuordnen und werden zusätzlich durch das Auflösen traditioneller Arbeitsbedingungen eminent an Bedeutung gewinnen. Arbeitszeit und Arbeitsort obliegen in Zukunft der Entscheidungsgewalt der Mitarbeiter, was einen verantwortungsbewussten Umgang voraussetzt, will man auf der einen Seite aufgrund der grenzenlosen Erreichbarkeit nicht ins Burn-out kippen oder auf der anderen Seite nicht als unfähig gelten, wenn sich keine Leistung zeigt.

Zu den weiteren Schlüsselkompetenzen zählen „Kreativität“ sowie „kritisches und eigenständiges Denken“, denn nur durch Hinterfragen des Bisherigen lässt sich das Zukünftige gestalten. Daten nutzbringend zu analysieren und umfassend zu verwerten (heutzutage auch unter dem Begriff *„Big Data“* bekannt) sowie Arbeitsprozesse im Rahmen eines agilen Vorgehens neu zu strukturieren, fördern im Ergebnis das Entwickeln neuer, innovativer Kunden- und Produktlösungen, um den Digitalisierungsbestrebungen zum

Durchbruch zu verhelfen. Ist das dafür notwendige Wissen vorhanden oder wird es eigenverantwortlich aufgebaut, führt dies dazu, dass Mitarbeiter Entscheidungen noch zielgerichteter treffen und den Kundenwünschen noch schneller nachkommen können, was deren Zufriedenheit erhöht und zusätzlich die intrinsische Motivation befeuert. Auch erfährt das Wissensmanagement und die damit verbundene Kompetenz, Informationen und Wissen sowie neueste Forschungsergebnisse adressatengerecht zu teilen und zielgerichtet auszutauschen, einen gesteigerten Zugewinn, was sich auch in der effizienten Nutzung der neuen, vielfältigen Kollaborationsplattformen und der verstärkten Etablierung sowie dem user-gerechten Einsatz elektronischer Zusammenarbeitstechniken (Stichwort: *„Internet der Dinge“*[49]) niederschlägt.

In ihrem Buch *„How Google works“*[50] (2014) skizzieren *Eric Schmidt*, ehemaliger CEO von Google, und *Jonathan Rosenberg* den zukünftigen Mitarbeiter als *„Smart Creative“*. Er ist auf der Suche nach kreativen Lösungsansätzen, analysiert vorhandene Daten und sammelt die für neue Lösungen notwendigen Informationen, probiert Neues aus und schreckt auch nicht davor zurück, zu versagen, denn er ist unbändig willens, Veränderungen einzuleiten und auch umzusetzen. Er zeigt daher hohen Tatendrang und ist auch bereit, die Führung zu übernehmen. Er kombiniert technisches Know-how in kreativer Weise mit den Business-Anforderungen, um so Innovationen zu generieren. Dabei vernetzt er sich fast immer und überall, da ihm die Kollaboration mit anderen zum Erfahrungsaustausch und zur Erlangung anderer Perspektiven wichtig ist. *Marc Prensky*[51] (2001) beschreibt in diesem Zusammenhang schon zu einem früheren Zeitpunkt die sogenannten *„Digital Natives“*, die bereits in der digitalen Welt aufgewachsen sind und darin sozialisiert wurden. Aufgrund ihrer hohen Affinität zu neuen Techniken im digitalen Zeitalter und ihrer von klein auf antrainierten Nutzung digitaler Endgeräte sowie ihrer frühzeitig angeeigneten Erfahrungen in den Netzen der virtuellen Lebenswelt bringen sie gute Voraussetzungen mit, um sich im späteren Berufsleben zu *„Smart Creatives“* zu entwickeln, die über die notwendigen Digitalisierungskompetenzen verfügen (vgl. dazu auch die Ausführungen im Kapitel 10. „Kompetenzen 4.0“). Zusammenfassend sind die bedeutsamsten Kompetenzen in der nachfolgenden Abbildung nochmals im Überblick dargestellt:

49 *„Internet der Dinge“* (erstmals von *Kevin Ashton* 1999 im RFID-Journal verwendet) steht als Sammelbegriff für alle Technologien in der Informationsgesellschaft, die eine grenzenlose Vernetzung durch zahlreiche Informations- und Kommunikationstechniken ermöglichen. Die darin eingebetteten Funktionen erlauben die fortlaufende Interaktion sowohl zwischen Menschen und elektronisch vernetzten Systemen als auch zwischen den Systemen oder smarten Geräten über ein digitales Netz an sich (beispielsweise lassen sich im Wohnbereich bereits Beleuchtung und Heizung über eine *App* steuern, um so eine höhere Energieeffizienz zu erzielen).

50 *Schmidt Erich/Rosenberg Jonathan*, How Google Works, New York, 2014.

51 *Prensky Marc*, Digital Natives, Digital Immigrants, in: On The Horizon, MCB University Press, Vol. 9 No. 5, 2001.

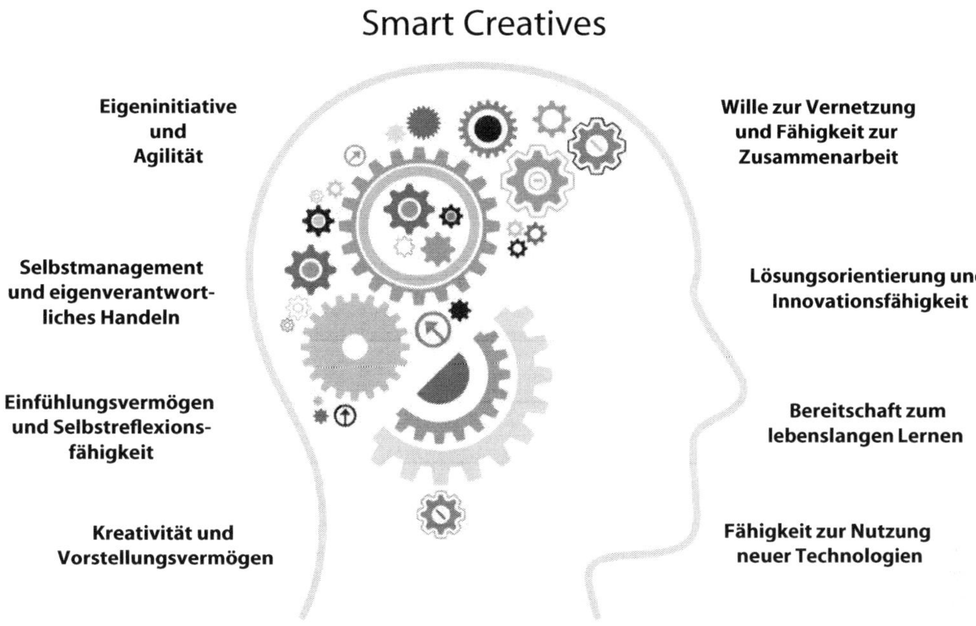

Abb. 22: Smart Creatives und ihre Kompetenzen

11.4. Was Digital Leader können müssen

Wie bereits eingangs erwähnt, ist auch bei den Führungskräften ein neues „*Mindset*" vonnöten, um sich als Digital Leader zu qualifizieren. Bisheriges Führungswissen und in der Vergangenheit angewandte Führungsmethoden müssen sie dabei nicht zwangsweise verwerfen, sondern vielmehr sind sie gefordert, diese an die neuen Gegebenheiten schrittweise anzupassen. Mitarbeiter benötigen auch in Zukunft Sinn und Orientierung, denn sie müssen die langfristige Ausrichtung der Organisation kennen, um zu wissen, wofür sie steht und welche zukünftige Positionierung sie am Markt anvisiert. In diesem Umfeld ist es folglich elementar, dass die Führungskräfte die notwendigen Freiräume schaffen, damit Mitarbeiter als „*Smart Creatives*" agieren und ihr volles Potenzial entfalten können.

Generell ist die „Fähigkeit zur Gestaltung und Adaption der Führungskultur" auch weiterhin ein fundamentales Themenfeld für die Führungskräfte. Vertrauen die Organisationsmitglieder einander? Wie wird in der Organisation gelernt und welche Impulse werden gesetzt, um lebenslanges Lernen möglich zu machen? Werden Leistungen an den umgesetzten Innovationen – sprich an den Ergebnissen – gemessen oder steht weiterhin die Präsenzkontrolle im Fokus? Führen Fehler zu negativen Sanktionierungen bei den Beschäftigten? Je nachdem, welches Verhalten Führungskräfte hier an den Tag legen, prägen sie die Kultur in die eine oder andere Richtung. Selbstverantwortung stärken sie bei den Mitarbeitern nur, wenn sie ihnen mit Vertrauen begegnen und am Ende nicht wieder auf die herkömmliche Managementkontrolle setzen.

Fehler zuzulassen kennzeichnet wesentlich die „Fähigkeit des agilen Führens“. Schließlich geht es darum, Verschiedenes auszuprobieren, sich schrittweise vorzutasten und manches wiederum zu verwerfen, wenn es nicht zur Lösung des Problems oder der Verbesserung der Ausgangssituation dient. Arbeitnehmer benötigen dafür Experimentierräume, in denen die Führungskräfte ein solches Vorgehen vorbehaltlos billigen und damit Innovationen gleichsam begünstigen. Selbstredend setzt dies wiederum entsprechendes Vertrauen seitens der Führungskräfte voraus, die ihre Aufgaben primär darin sehen, Feedback zu geben, als *„Enabler“* sowie Moderatoren auf dem Weg zur Lösungsfindung und weniger als „Macher“ zu agieren, die alles an sich reißen und eine klare Linie vorgeben wollen, an die sich alle anderen zu halten haben.

Digitales Führen bringt überdies eine zunehmende Komplexität – ausgelöst durch den disruptiven Wandel – mit sich, die es zu bewältigen gilt. Arbeitsformen ändern sich, herkömmliche Kommunikationsmechanismen funktionieren nicht mehr. Daher zählen die „Fähigkeiten zur Organisation der Zusammenarbeit und zur Sicherstellung der Kommunikation“ unter den neuen Rahmenbedingungen wie bisher ebenfalls zu den Schlüsselkompetenzen von Führungskräften. Hierarchien werden flacher und vermehrt entstehen hybride Arbeitskulturen durch projektorientierte oder internationale Teamzusammenstellungen, deren Konnektivität durch die Führungskräfte zu gewährleisten ist. Die Zusammenarbeit in – teilweise virtuellen – Netzwerkstrukturen und immer weniger in hierarchisch geprägten Präsenzstrukturen gilt es hier zu bewerkstelligen. Führungskräfte müssen daher die gesamte Klaviatur der neuen Kollaborationstools beherrschen, möchten sie auch weiterhin effektiv führen. Schlussendlich ist es hinkünftig ebenso ihre Pflicht, dafür zu sorgen, dass alle Teammitglieder jene Informationen erhalten, die sie für ihre Aufgaben benötigen. Instrumente dafür sind etwa Management Blogs in organisationsintern genutzten sozialen Netzwerken, die bereits erwähnten *„Stand-up-Meetings“* (beispielsweise im Wochenrhythmus) und Webkonferenzen sowie virtuelle Live Meetings. Je rascher Informationen dort ankommen und verstanden werden, wo sie benötigt werden, umso schneller können autonom agierende Mitarbeiter oder Teams auf Basis ihrer Eigenverantwortung Entscheidungen treffen. Nicht zuletzt ist dieses Vorgehen auch den Führungsprinzipien „Transparenz und Offenheit“ geschuldet, wenn man nicht will, dass sie zu Leerfloskeln verkümmern.

Der *„Digital Leader“* ist somit dazu angehalten, weiterhin Orientierung zu geben, den Beschäftigten mit Vertrauen gegenüberzutreten, sich mithilfe der neuen sozialen Medien zu vernetzen, den partizipativen Rahmen für die Zusammenarbeit zu gestalten, den Informationsfluss sicherzustellen und ein anregendes Innovationsklima zu schaffen. Sie tun dies dann, wenn sie Wissen und Ideen aktiv teilen, den Fortschritt des Teams und/oder der einzelnen Mitglieder diskutieren, Feedback geben und eine als positiv wahrgenommene Fehlerkultur etablieren. *Buhse*[52] (2014) fasst diese Anforderungen im von ihm entwickelten *„Vopa-plus“*-Modell zusammen. Seiner Analyse zufolge sind neben dem Vertrauen die vier Elemente Vernetzung (V), Offenheit (O), Partizipation (P) und Agilität (A) zentral für den Führungserfolg. Die folgende Abbildung zeigt alle Kompetenzen nochmals in einer Gesamtsicht:

---

52 *Buhse Willms*, Management by Internet: Neue Führungsmodelle für Unternehmen in Zeiten der digitalen Transformation, Kulmbach, 2014.

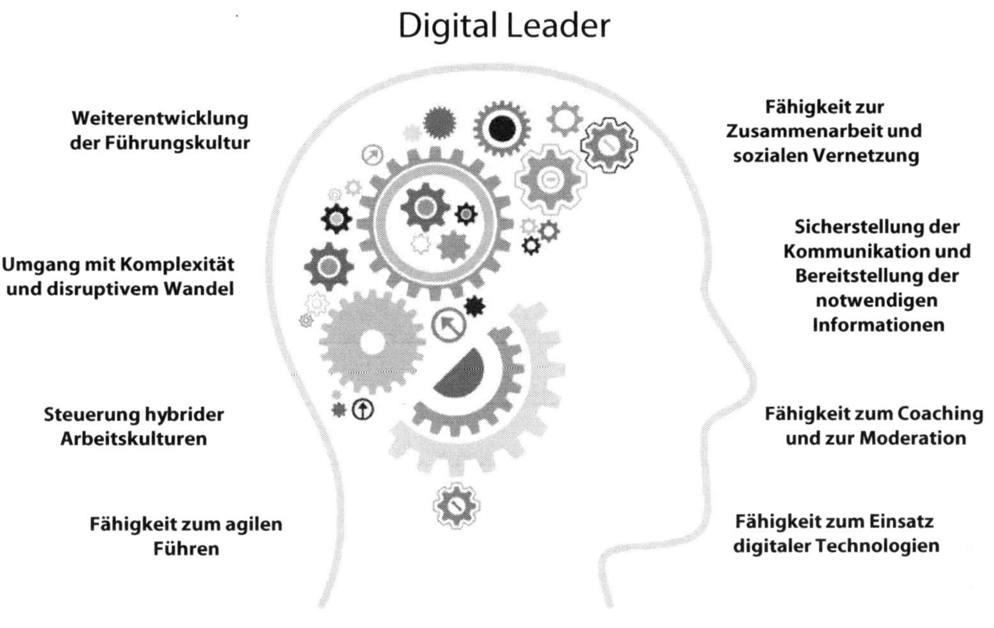

Abb. 23: Digital Leader und ihre Kompetenzen

11.5. Wofür man sich zukünftig bei der Führung entscheiden muss

Thematisierten die vorangegangenen Ausführungen primär Mindset, Kompetenzen und erfolgskritische Fähigkeiten, über die Mitarbeiter und Führungskräfte künftig verfügen müssen, so konzentriert sich dieses Kapitel auf den Führungsalltag und das in diesem von den Führungskräften gelebte und gleichzeitig von den Mitarbeitern erlebte Verhalten. Was heißt es tatsächlich, ein Team zu führen, wenn nicht mehr alle ständig am selben Arbeitsort anwesend sind? Wie kann ein Team trotzdem leistungsstark bleiben? Welche Unterstützung benötigt das Team von seinem Leiter, wenn dieser nicht mehr stets physisch greifbar ist? Was bedeutet es für die Kommunikation im Team? Und wie drückt sich all das im Führungsverhalten aus? Sich mit diesen Themen auseinanderzusetzen und sie neu zu justieren wird jenen, die sich mit Führungsaufgaben beschäftigen, kaum erspart bleiben. Dabei Altbewährtes abzuschütteln und sich auf Neues einzulassen, kennzeichnen diesen Transformationsprozess, bei dem man sich hinsichtlich der folgenden Führungsgegensätze klar positionieren muss:

„Being a Team Facilitator not a Micromanagement Maniac"

Für viele Führungskräfte ergibt sich hier ein erstes Spannungsfeld zwischen latentem oder faktischem Kontrollverlust (wenn nicht mehr jede Aufgabe bis ins kleinste Detail überwacht werden kann) und dem Wunsch der Mitarbeiter nach eigenverantwortlichem Handeln (wenn diese engagiert und selbstorganisiert an die anstehenden Herausforderungen herangehen möchten). Sie dabei zu begleiten und mit Rat und Tat zu unterstützen, wird die Führungsrolle in Zukunft bestimmen. Vorbedingung ist und bleibt es jedoch, den Mitarbeitern von Anfang an Sinn und Zweck des Handelns mit klarem Blick auf das Wesentliche zu vermitteln, damit sie stets vor Augen haben, warum und wofür sie etwas tun, da sie gerade in Krisenzeiten Halt und Orientierung benötigen. Diese fundamentale Verhaltensleistung müssen sich manche Führungskräfte vermutlich selbst erst aneignen, waren sie es in der Vergangenheit doch mehrheitlich gewohnt, ihre Teams hierarchisch und primär organisatorisch zu steuern. Kontrolle abzugeben, Vertrauen aufzubauen und den Teammitgliedern Freiheiten zu gewähren, ist von heute auf morgen leichter gesagt als getan – deswegen fällt es manchen Führungskräften besonders schwer, das Bisherige so einfach hinter sich zu lassen. Aber spätestens nach den ersten Erfolgen mit diesen neuen Zugängen werden sie von der Notwendigkeit dieser Transformation überzeugt sein. Es scheint nur mehr eine Frage der Zeit, bis sich spürbar bei allen die Einsicht durchsetzt, dass am Ende nur eine ausgeprägte Vertrauensbasis den Leistungserfolg eines Teams möglich macht.

Being a *Team Facilitator* ⇔ not a *Micromanagement Maniac*
Being a *Communication Hero* ⇔ not an *Introverted Genius*
Being a *Coach* ⇔ not an *Instructor*
Being a *Human Capital Manager* ⇔ not a *Human Resource Officer*
Being a *Goal Master* ⇔ not an *Activity Cowboy*
Being a *Decision Maker* ⇔ not a *Drill Instructor*
Being a *Result Champion* ⇔ not a *Timekeeper*
Being a *Resilient Idol* ⇔ not a *Human Conflict Guard*
Being an *Empathic Human Being* ⇔ not a *Frozen Snowman*

Finally – being a ***real New Leader***

Abb. 24: Kontroverse Führungsprinzipien

„Being a Communication Hero not an Introverted Genius"

Kommunikationsstarke und offen auf andere zugehende Führungskräfte sind in Hinkunft stärker gefragt denn je. Die Ausweitung der virtuellen Meetings und der gleichzeitige Rückgang des persönlichen Austausches in vertraulichen Begegnungszonen (z. B. Teeküche, Kantine, Flur) kann dazu führen, dass durch die zunehmende Formalisierung der Kommunikation (denn für fast jedes Thema benötigt man nun – speziell bei hybrid arbeitenden Teams – einen eigenen Termin) die Verbundenheit und Loyalität zur Organisation abnehmen. Doch zählt auch die informelle Kommunikation zum Kit, der das Team zusammenschweißt. Fehlt dieser, so ist der Weg zu einer Entfremdung mancher Mitarbeiter von der Organisation nicht mehr weit und der Teamspirit geht mehr oder weniger flöten. Führungskräfte müssen die gesamte Klaviatur in der Kommunikation beherrschen, um den Austausch zwischen allen weiterhin zu gewährleisten. Dies kann durch regelmäßige *„Stand-up-Meetings"* (virtuell oder auch persönlich), durch spontane Kontaktaufnahme mit einzelnen Mitarbeitern oder auch durch die effiziente Nutzung vorhandener Kollaborationsplattformen (jedoch ohne Medienhype!) geschehen. Damit können sich alle untereinander über den Bearbeitungsstand von Aufgaben und Projekten auf Letztstand bringen. Darüber hinaus helfen individuelle *„Face-to-face"*-Gespräche der Führungskraft, mehr über die Situation eines Mitarbeiters zu erfahren. Eine vorausschauende Terminierung solcher Gespräche ist sicherlich empfehlenswert, wobei auch eine generelle Planung aller Kommunikationsaktivitäten und anderer organisatorischer Themen sowie die Verabschiedung damit verbundener Regeln (z. B. Vergabe der Remote-Zugriffsrechte auf Unternehmensdaten und -dokumente oder Struktur des Informationsarchivs sowie Festlegung der Zeiten für den E-Mail- und Telefonverkehr) unerlässlich erscheint. Das vermeidet Missverständnisse hinsichtlich der Erreichbarkeit speziell im *„Homeoffice"* und schränkt das Risiko des Entstehens von Phasen der Überforderung bei allen Beteiligten ein. Schlussendlich erleichtert es auch das *„On-Boarding"* von Neuen.

„Being a Coach not an Instructor"

Hilfe zur Selbsthilfe zu geben, tritt als Kernaufgabe bei Führungskräften zunehmend in den Vordergrund. Eine solche Beratung setzt ein gutes, um nicht zu sagen gesundes Maß an Menschenkenntnis voraus – nämlich zu erkennen, welche Mitarbeiter dafür bereit sind und welche (noch) nicht. Erstere werden dieses Angebot gerne annehmen und die Autonomie im Hinblick auf flexiblere Zeiten und disloziertes Arbeiten nutzen. Hier agiert die Führungskraft primär als wertschätzender Sparringspartner. Zweitere werden schlichtweg damit überfordert sein, sind sie es doch meist gewohnt, dass andere Aufgaben und Projekte koordinieren und kontrollieren – auch dann, wenn sie im *„Homeoffice"* tätig sind. Das Team einer Analyse zu unterziehen und die jeweiligen Kompetenzen sowie Präferenzen auszuloten, ist sicherlich hierfür ein profundes Vorgehen einer jeden Führungskraft. Im Gegensatz dazu werden Instruktoren mit reinem Anweisungsdenken kaum noch jemanden hinter dem Ofen hervorlocken.

„Being a Human Capital Manager not a Human Resource Officer"

Beide Rollen grenzen sich schon allein durch die unterschiedliche Sichtweise im Hinblick auf die Stellung der Mitarbeiter voneinander ab: *„Capital"* betont den Wert der Mitarbeiter und ihre Kompetenzen sowie ihre Erfahrungen, „*Ressourcen*“ primär die Nutzung der Arbeitskraft und ihre Funktion als Mittel zum Zweck, ohne auf persönliches Wachstum zu achten – nachhaltig ist Letzteres keineswegs und ein Absinken der Produktivität im Team nur eine Frage der Zeit. Dem ersten Ansatz zu folgen und Wertschätzung jedem Einzelnen entgegenzubringen, bewusste Anerkennung von Team- und Einzelleistungen auszudrücken sowie durch gezielte Ermunterung dem persönlichen Wachsen der Teammitglieder zum Durchbruch zu verhelfen, bestimmen hier die zukünftige Marschrichtung. Sie ist aber nur dann erfolgreich, wenn regelmäßiges Feedback am besten unmittelbar (virtuell oder persönlich) von allen Beteiligten dazu eingeholt wird.

„Being a Goal Master not an Activity Cowboy"

Klarheit über die anzupeilenden Ziele herzustellen, zählt im Zeitalter des „*New Work*“ gleichermaßen zu den erfolgskritischen Leitungsaufgaben. Nur wenn Führungskraft und Mitarbeiter sich darüber einig sind, welche Ziele angegangen werden müssen, kann eine ergebnisorientierte Umsetzung tatsächlich gelingen. Das sichert die Produktivität und verdeutlicht den Beitrag zum Teamerfolg. Manche Führungskräfte fürchten jedoch einen Kontrollverlust, wenn sie nicht jede Aktivität monitoren können. Die Mitarbeiter in Ruhe arbeiten zu lassen und mit ihnen gemeinsam eine Routine zu entwickeln, zu welchen Zeitpunkten und in welcher Form ein Austausch zum Stand der Zielerreichung Sinn macht, steigert vielmehr die individuelle Leistungsbereitschaft und kann durch eine regelmäßige Reflexion über den Status von Aufgaben und Projekten noch zusätzlich angekurbelt werden.

„Being a Decision Maker not a Drill Instructor"

Eigenverantwortliche Teammitglieder sind in der Lage, selbst rasch und zielgerichtete Entscheidungen zu treffen, ohne dass es stets der Führungskraft bedarf. Den Mitarbeitern im Gegensatz dazu jede Entscheidung abzunehmen und sie über Anweisungen zu instruieren, lässt eine solche Kompetenz kaum wachsen. Jene, die mit Drill agieren, werden im Übrigen relativ bald in der Überforderung enden, da es für sie immer schwerer wird, den Überblick über alle Aktivitäten zu bewahren. Eine klare Festlegung, welche Entscheidungen zentral und welche dezentral getroffen werden können, schafft Abhilfe und festigt mit zunehmender Erfahrungsdichte auch ein verantwortliches Handeln jedes Einzelnen.

„Being a Result Champion not a Timekeeper"

Arbeitszeiten im Detail zu kontrollieren, wirkt nicht nur kleinlich, sondern lenkt die Aufmerksamkeit in die falsche Richtung. Was zählt, sind die Arbeitsergebnisse, die am Ende einer Periode vorliegen. Darauf sollte jede Führungskraft den Fokus legen und daran die Mitarbeiterleistung messen, um sich nicht im Abhaken von Zeit- und „To-do“-Listen zu verlieren. Klar, das setzt eine Vertrauenskultur voraus und erfordert konkrete Absprachen im Team, denn ohne diese wird es vermutlich kaum funktionieren.

„Being a Resilient Idol not a Human Conflict Guard"

Für manche Führungskräfte ist es ein Leichtes, mit Krisen und Konflikten fertig zu werden, ohne dabei selbst Schaden zu nehmen. Sie verfügen über eine ausgeprägte Resilienz und sind in solchen Situationen sogar in der Lage, über sich hinauszuwachsen und durch die so gemachten Erfahrungen robuster zu werden. Konflikte beiseitezuschieben, sie durch einseitiges Stellungbeziehen zu befeuern oder gar durch ein Abdrehen zu unterdrücken führt nur dazu, dass sie zu einem späteren Zeitpunkt mit noch größerer Wucht aufbrechen.

„Being an Empathic Human Being not a Frozen Snowman"

Eine Führungskraft tut gut daran, auch den Menschen hinter jedem Mitarbeiter zu sehen, um so seine individuellen Bedürfnisse sowie Stimmungen sensorisch aufzufangen – unabhängig davon, an welchem Arbeitsort er gerade tätig ist. Neben allen virtuellen Realitäten sind fix geplante Gespräche, die von Angesicht zu Angesicht stattfinden, oder auch das bewusste Einschalten der Kameras bei Online-Meetings und das Auffordern einzelner Teammitglieder zu Wortmeldungen bei Videokonferenzen unverzichtbar. Dabei echtes Interesse zu vermitteln, ungeteilte Aufmerksamkeit zu schenken, Signale des anderen zu empfangen, Zuhören zu können und auch mal die Perspektive des anderen einzunehmen, charakterisieren ein von den Mitarbeitern als empathisch und gleichsam authentisch erlebtes Führen.

11.6. Fazit

Formale Macht wird sich fortan zugunsten einer Vertrauenskultur und temporärer Teamzusammensetzungen immer mehr auflösen, da sie ansonsten im *„New Normal"* sehr rasch an ihre Grenzen stößt. Mit vielfältigen Arbeitsstrukturen umzugehen, die Komplexität der Zusammenarbeit sowohl im Online- als auch Offline-Modus zu managen, mehrheitlich virtuelle Teams zu steuern sowie den disruptiven Wandel zu bewältigen, werden das Leben der neuen *„Digital Leader"* und die Art ihres hybriden Führens ausmachen. Sie müssen diesen Spagat zwischen der alten und der neuen Welt schaffen, wollen sie auch in Hinkunft eine wirksame Führung nachhaltig leben.

12. Lernen 4.0 – Revolution in der Bildung

12.1. Einführung

Unsere Lernkultur ist im Umbruch. Die Entwicklungen im Bereich der Digitalisierung beeinflussen nicht nur unser Arbeitsverhalten und unsere Kollaborationsmethoden, sondern sie determinieren noch viel mehr, wie wir in Zukunft lernen. Der Aus- und Weiterbildungsbereich steht daher vor neuen Herausforderungen: weg vom klassischen Trainingsbetrieb mit einer hohen Anzahl von Präsenzveranstaltungen hin zu einer Kultur, bei der Arbeiten und Lernen ineinander verschmelzen und bei der sich alle eigenverantwortlich über soziale Lernplattformen weiterbilden sowie in ihren Peergroups über aktuelle Erkenntnisse reflektieren, um dadurch ihr Wissen zu steigern und neue Kompetenzen zu erwerben. Dabei stehen sowohl die Vertiefung und Weiterentwicklung der aktuellen Fähigkeiten („*Upskilling*"[53]) als auch der Erwerb und Ausbau neuer Fähigkeiten („*Reskilling*"[54]) im Fokus. Lernsettings ändern sich somit und eröffnen gleichzeitig allen Beschäftigten innovative Lernmethoden, die speziell das Mikrolernen, also das Lernen in kleineren Lerneinheiten und Entwicklungsschritten, vorantreiben. Welche das sind und welche Trends sich dadurch im Bereich der Aus- und Weiterbildung abzeichnen, damit beschäftigt sich dieses Kapitel.

Lernen als isolierten Vorgang zu betrachten, bei dem sich die Arbeitnehmer meist abseits des Arbeitsplatzes beispielsweise Wissen zu Fachthemen, zu komplexen Zusammenhängen oder zu praxisorientierten Anwendungsmethoden aneignen, klingt wie aus dem vorigen Jahrhundert, in dem doch sehr oft diese Denkweise in der betrieblichen Aus- und Weiterbildungslandschaft die Vorherrschaft hatte. Erkannte man bei einem Mitarbeiter eine Kompetenzlücke oder mangelte es ihm oder ihr an situationsadäquatem Verhalten, so suchte man oftmals nur ein traditionelles und dem Vernehmen nach passendes Seminar- oder Trainingsangebot eines als professionell empfundenen Anbieters und hoffte, dass sich dadurch die jeweilige Lücke schließen ließ. Mit dem Ergebnis waren jedoch sowohl die Teilnehmer als auch ihre Führungskräfte nicht immer zufrieden, da sich die erwarteten Lernerfolge am Arbeitsplatz in den seltensten Fällen tatsächlich einstellten. Je länger dieser Prozess der Wissensaneignung und -umsetzung dauerte, desto eher konnte man darüber hinaus davon ausgehen, dass das erworbene Wissen bereits wieder obsolet war. Jene Mitarbeiter im HR-Management, die sich mit dem Lerntransfer (also der Überleitung des Gelernten in die tägliche Arbeitspraxis) beschäftigten, konnten ein Lied davon singen und scheiterten schon alleine an der Tatsache, dass Mitarbeiter und Führungskräfte nach Ende des Trainings und Rückkehr an den Arbeitsplatz oftmals so taten, als sei nichts passiert. Sie vertrauten darauf, dass sich der Lernerfolg schon irgendwann mal bei den Arbeitsergebnissen zeigen wird. Ob und wie wurde kaum geplant und schon gar nicht überprüft.

---

53 Gemeint ist damit die Fortbildung oder Höherqualifizierung, um Kompetenzlücken zu schließen und neuen jobspezifischen Anforderungen gerecht zu werden.

54 Hier steht das Erlernen von neuen Kompetenzen im Sinne einer Umschulung im Vordergrund, um einen neuen Job oder eine neue Funktion zu übernehmen.

Doch gelernt wird heute und in Zukunft anders. Lernen und Arbeiten wird als kohärenter Prozess gesehen, der vielerorts am Arbeitsplatz oder unterwegs stattfindet. Mobilität wird in diesem Zusammenhang nicht nur rein auf die örtliche Komponente reduziert, sondern erstreckt sich additiv im Sinne einer zeitlichen Flexibilität und geistigen Mobilität auch auf die gesamte Lebenszeit sowie auf bisher nicht näher betrachtete Wissensgebiete, die nun gelernt werden sollen. Das Postulat des lebenslangen Lernens bleibt nicht mehr ein hehres Ziel, sondern rückt immer mehr ins Zentrum des eigenen Lebens- und Arbeitsentwurfs, was speziell für die heranwachsende Generation kein Novum darzustellen scheint, ist sie doch bereits in einem solchen Umfeld aufgewachsen. Lernen ist ein Prozess, der aufgrund der fast barrierefreien Verfügbarkeit von Wissen und Informationen ständig und überall stattfindet. Spätestens mit dem Siegeszug der digitalen Medien hat diese Entwicklung einen ersten Höhepunkt erreicht und ein Ende ist nicht in Sicht – im Gegenteil: In Zukunft wird die Verschränkung von Lernumfeld und Arbeitsplatz durch den Ausbau und die Weiterentwicklung der digitalen Anwendungsgebiete und der dafür notwendigen Kapazitäten noch mehr an Bedeutung gewinnen.

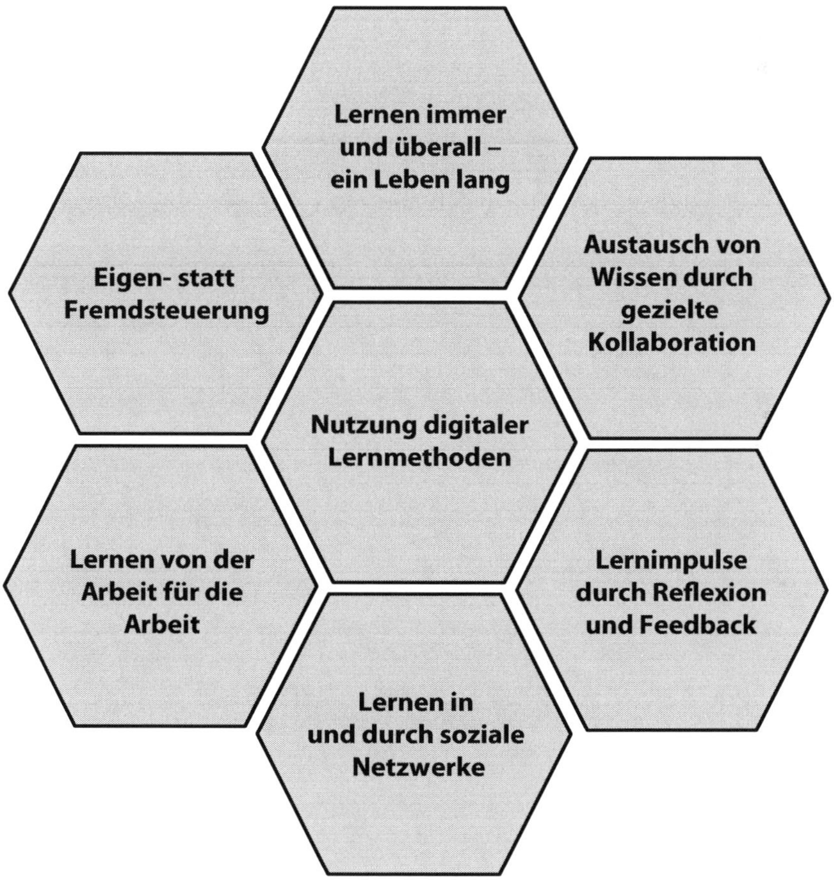

Abb. 25: Lernen 4.0 – Trends einer neuen Lernkultur

Unter dem Begriff „Lernen 4.0" werden diese lernkulturprägenden Entwicklungen in der Fachwelt subsumiert. Er steht für ein selbstorganisiertes Mikrolernen, für ein agiles Aneignen und Umsetzen von Lerninhalten und für eine unmittelbare Nutzung von neuen Technologien zur Gestaltung der eigenen Lernumgebung beziehungsweise der eigens dafür aufgebauten Netzwerke. Man setzt eher auf Reflexion durch die eigene Peergroup (Wie nimmt sie meine neuen Kompetenzen wahr? Welche meiner Verhaltensweisen haben sich bewährt? Welches Feedback geben mir meine Führungskräfte und Geschäftspartner? Was führt mich in meinen Leistungs- und Karrierebestrebungen zum Erfolg?) als auf Lernen auf Vorrat, bei dem man nicht genau weiß, ob man zu einem späteren Zeitpunkt tatsächlich einen Nutzen generiert. Es zeichnet sich also ein Kulturwandel ab, dem sich kaum einer entziehen kann, will man weiterhin seine Anschlussfähigkeit an die Entwicklungen in der Berufswelt sicherstellen. Welche Trends sich dabei lokalisieren lassen und welche Veränderungen dadurch um sich greifen, damit beschäftigt sich der nächste Abschnitt (vgl. dazu auch die vorherige Übersichtsgrafik).

12.2. Trends eines radikalen Wandels der Lernkultur

12.2.1. Lernen 4.0 setzt auf Eigenverantwortung

War es bis dato üblich, die Identifikation von Kompetenzlücken und die daraus abgeleitete Definition des individuellen Lernbedarfs der zuständigen Personalentwicklungsabteilung zu überantworten, so erweist sich zunehmend, dass langwierige Planungsprozesse in diesem Bereich nicht mehr zum Erfolg führen. In Zukunft wird verstärkt die Selbstentwicklung eine „Conditio sine qua non" sein, bei der alle Beschäftigten selbstverantwortlich am Erhalt und Ausbau ihrer Kompetenzen arbeiten sowie eigeninitiativ Lernmöglichkeiten wahrnehmen müssen, um so in der aktuellen Funktion job-fit zu bleiben. Nicht nur, dass sich dadurch die Transferwahrscheinlichkeit (also die unmittelbare Anwendung des Gelernten in der Praxis) steigern lässt, laufen auch Lernprozesse deutlicher schneller ab. Die Bildungs-Controller wird es freuen, wenn Lernen zunehmend in den Arbeitskontext integriert wird, um mehr Nachhaltigkeit des Gelernten sicherzustellen. Als Voraussetzung dafür muss demgegenüber die betriebliche Personalentwicklung entsprechende Lernformate als Angebot bereithalten, um durch deren selbstgesteuerte Nutzung die Selbstentwicklung vorantreiben zu können. Nur dann kann dieser Ansatz zum Selbstläufer werden, der nicht zuletzt mit einem veränderten Menschenbild einhergeht. Mitarbeiter, die sich selbst als eigenverantwortliche Lebensunternehmer – bezogen auf ihren Beruf und ihre eigene Karriere – definieren, werden durch Lernen 4.0 den höchsten Gewinn erzielen. Sie entscheiden selbst, was sie wann lernen wollen. Unternehmerisches Denken und Handeln werden infolgedessen gefragter sein denn je.

12.2.2. Lernen 4.0 verschmilzt mit Arbeiten 4.0

Von der Arbeit und für die Arbeit lernen, führt in Zukunft zu einer sukzessiven Auflösung der Grenzen zwischen Arbeitsfeld und Lernumgebung. Lernen findet mehrheitlich informell am Arbeitsplatz allein oder gemeinsam mit anderen Mitarbeitern oder Geschäftspartnern statt. Dass Arbeitnehmer wie in der Vergangenheit vom Arbeitsplatz abgezogen werden, um ein- oder mehrtägige Trainingsveranstaltungen an einem anderen Ort zu absolvieren, wird eher ab- als zunehmen. Erfolgskritisch für eine solche Auswahlentscheidung wird hingegen, was gelernt werden soll. Persönlichkeitsentwicklung wird auch in Zukunft *„face-to-face"* (also in Präsenzseminaren) stattfinden, da hier eine Verhaltensänderung beim jeweiligen Mitarbeiter im Vordergrund steht, die im Optimalfall weiterhin unter Anleitung eines erfahrenen Lernpartners trainiert wird. Für andere Inhalte – beispielsweise für die Aneignung von Fach- und/oder Methodenwissen – bietet die digitale Welt audio-visuelle Medien und Plattformen, die rasch abrufbar sowie fast nahezu überall verfügbar sind und gleichzeitig sehr oft bereits spielerische Elemente beinhalten. *„Edutainment*[55]*"* skizziert hier einen Trend, der gerade dem zuletzt genannten Merkmal breiten Raum bietet, um einerseits den Berufsalltag aufzulockern und andererseits ein attraktives Lernumfeld am Arbeitsplatz zu schaffen und Lernen noch motivierender in die Alltagspraxis zu integrieren hilft. In diesem Zusammenhang sind die Lernoptionen und Wissensangebote bereits jetzt schon schier grenzenlos, was jedoch auch das Navigieren mangels vorhandener Transparenz oftmals erschwert. Personalentwickler oder Lernpartner im betrieblichen Umfeld können oder müssen sich sogar hier in Zukunft neu positionieren, um so die Beschäftigten bei der Orientierung in der eigenen Lernwelt und der Auswahl zielorientierter Lernmaßnahmen zu unterstützen. Eine auf den Mitarbeiter fokussierte, individuelle Lernberatung zu bieten, kristallisiert sich immer mehr als eine der wesentlichsten Hauptaufgaben von Personalentwicklern und Entwicklungsexperten heraus. Sie werden somit nicht überflüssig, sondern müssen sich im Gegenteil dieser Transformation aktiv stellen, wollen sie auch weiterhin als Partner des Business ästimiert werden.

12.2.3. Lernen 4.0 nutzt digitale Lernmethoden

Die Unübersichtlichkeit des Marktes spiegelt sich in einer Vielzahl von angebotenen Apps, *„Massive Open Online Courses*[56]*"* (kurz: MOOCs) und Webinar-Veranstaltungen (oder vergleichbaren eLearning-Tools) wider, die oftmals durch die Bereitstellung von interaktiven Lernvideos via externer und unternehmensinterner Videokanäle sowie anderer Plattformen ergänzt werden. Darüber hinaus gibt es auch eine Menge von frei verfügbaren Lernbibliotheken. Die rasche Abrufbarkeit bei den zahlreichen Online-Medien ermöglicht den Zugriff auf aktuelle Informationen und Wissensbestände *„just-in-time"* und *„on-demand"*.

Zusätzlich entstehen durch den stetigen Fortschritt bei den eingesetzten Methoden und Technologien immer modernere Lernformate, die einerseits Lernen über verschiedene Sinneskanäle ermöglichen und andererseits den Prozess des Lernens als attraktiv und motivierend erlebbar werden lassen. Ein Beispiel dafür ist *„Gamification"* , das eine Übertragung von spieltypischen Elementen und Vorgängen in einen spielfremden Kon-

55 Ein Begriff, der sich aus den englischen Wörtern *„education"* (Bildung) und *„entertainment"* (Unterhaltung) zusammensetzt.

56 Als *„Massive Open Online Course"* bezeichnet man ein webbasiertes Kursangebot, das sich an viele Teilnehmende richtet und – meist kostenlos – zugänglich für alle ist. Erste Anbieter etablierten sich im Hochschulbereich, um wissenschaftlich fundiertes Expertenwissen entsprechend in die Praxis zu transferieren.

text (Lernumgebung) mit dem Ziel der Motivationssteigerung und Verhaltensänderung bei Lernanwendern darstellt (wie etwa ein Simulator zum spielerischen Aneignen von Wissen über gesunde Ernährung und Fitness oder virtuelle Trainingssimulatoren zum Erlernen von Planungs- und Entscheidungstechniken). Eine weitere Entwicklung drängt derzeit als *„Augmented Reality“* auf den Markt, bei der durch den Einsatz von Kameras und zusätzlichen mobilen Geräten ein nahezu reales Abbild mittels 3D-Technik virtuell geschaffen wird (beispielsweise bewegt sich der Lernende virtuell in einer Fabrikhalle, nutzt digitale Elemente und erlernt dabei, Qualitätsmängel zu erkennen sowie adäquate Lösungen dafür zu implementieren).

Allen ist gemeinsam, dass sich dadurch mehr (viel mehr) Mitarbeiter erreichen und die Kosten für die Aus- und Weiterbildung optimieren lassen. Generell können Bildungsprogramme rascher und unmittelbarer angeboten werden, um der *„Just-in-time“*-Anforderung gerecht zu werden. Dabei lösen die neueren Lernsettings die klassischen nicht ab, sondern sie stellen eine Erweiterung und Ergänzung zu diesen dar (wie eingangs angedeutet, haben persönlich abgehaltene Präsenzveranstaltungen in Hinkunft – wenn auch gewiss in reduziertem Ausmaß – weiterhin ihre Berechtigung).

12.2.4. Lernen 4.0 bedient sich sozialer Netzwerke

Positives Ergebnis eines jeden Lernprozesses ist ein Erkenntnisgewinn. Zur Festigung des neuen Wissens oder der neuen Kompetenzen bedarf es aber in weiterer Folge noch des Erfahrungswissens, das im eigenen Berufsumfeld oder im Dialog mit anderen generiert wird. Neue Erkenntnisse verknüpft mit den damit gemachten Erfahrungen führen im Idealfall zu einem nachhaltigen Lerneffekt. Der Einsatz von sozialen Netzwerken zum bilateralen Austausch im beruflichen – und nicht nur privaten – Umfeld hat sich dafür in den vergangenen Jahren bereits mehrheitlich durchgesetzt. Auch dieser Trend wird sich durch die Etablierung von *„Enterprise-Social-Network“*-Lösungen noch intensiver manifestieren, bei denen die Beteiligten durch einen strukturgeleiteten Austausch zwischen den Lernenden und jenen Kollegen, die bereits Erfahrungen im erlernten Themenfeld gemacht haben, wichtige Transferimpulse für die Umsetzung erhalten. Peer-Lernen – Lernen aus Erfahrungen von und durch andere – zeigt sich hier in einer optimierten Form.

Eine Weiterentwicklung stellen *„Learning Communities“* (künstliche Klassenräume) unter Einsatz virtueller Tools dar, bei denen formelle und informelle Lernprozesse im Sinne eines *„Social Learning“* miteinander verbunden werden. Lernende erstellen dabei kollaborativ Lerninhalte *(„User generated Content“)* und teilen auf einer Lernplattform Erfahrungen, Erkenntnisse und Wissen *(„Content Sharing“)*. Zusätzlich ermöglichen es implementierte Cloud-Lösungen sowohl den Lernenden als auch den Lehrenden, die Inhalte einfach und effektiv miteinander auszutauschen und abrufbar zu machen.

12.2.5. Lernen 4.0 setzt auf verstärkte Kollaboration

Da aus didaktischen Gründen ein Austausch nicht immer ausschließlich virtuell sinnvoll erscheint, setzt man mehr und mehr auf die Einrichtung und Etablierung von

„Communities of practice“, bei denen Wirkungszusammenhänge und neue Anwendungsmethoden durch persönliches Zusammenkommen erprobt werden. Speziell ausgebildete Tutoren leiten diese Lernsitzungen und verhelfen der geforderten Nachhaltigkeit zum Durchbruch.

Beleuchtet man den Stellenwert des *„Blended Learning“* , so wird dieser ebenfalls steigen und zu einem erhöhten Nutzen durch vermehrten Einsatz dieses Lernsettings führen. Hier erfolgt eine lernpsychologisch sinnvolle Verbindung von Präsenzveranstaltungen und digitalem Lernen mit Hilfe von neuen, weiter oben bereits dargestellten Informations- und Kommunikationsmedien. Die Online-Phasen dienen dabei dem Erwerb, der Vertiefung oder der Transfervorbereitung von neuem Wissen – persönliche Treffen im Nachgang zum Erfahrungsaustausch. Ähnlich diesem Format sind auch die in der Praxis immer mehr zum Einsatz kommenden *„Scrum*[57]*“*-Workshops konzipiert, die durch speziell geschulte Scrum-Master unterstützt werden. Hier steht ebenfalls die Kollaboration im Fokus.Die Methode stammt ursprünglich aus dem Software-Entwicklungsbereich, wird jetzt aber gleichermaßen in anderen Themenfeldern angewendet (z. B. im Projektmanagement oder in der Organisationsentwicklung).

12.2.6. Lernen 4.0 basiert auf intensiver Reflexion

Lernen benötigt nach Erprobung und Umsetzung konstruktive Rückmeldungen, die auf stabilen Arbeitsbeziehungen basieren. Sich mit dieser wachstumsorientierten Denkweise als Lernender in seiner eigenen Kompetenzentwicklung am Feedback, das einem durch andere entgegengebracht wird, auszurichten, ist im Grundsatz nichts Neues. Die Nutzung von angebotenen *App*-Lösungen in diesem Bereich und die selbstgesteuerte Auslösung von solchen Feedbackprozessen durch den Lernenden (indem er oder sie beispielsweise einen elektronischen Fragebogen via *App* an einen definierten Adressatenkreis zur Abgabe des Feedbacks versendet) werden aufgrund der einfacheren Handhabung zu einem noch häufigeren Einsatz dieses Entwicklungsinstruments führen. Durch die Einschätzung anderer erkennen Lernende, wo ihre Stärken und Entwicklungsansätze liegen, was und wie sie bestimmte Aktivitäten umgesetzt oder Aufgaben erledigt haben und wie sie diese vielleicht hätten besser machen können. Somit erhalten sie rasch und unkonventionell in regelmäßigen Abständen immer wieder konkrete Lernimpulse oder Hinweise zu ihren bisherigen Fortschritten. Zu beachten ist dabei, dass die Entscheidungshoheit über den Einsatz ausschließlich beim Lernenden liegen muss, da ansonsten die Motivation, Rückmeldungen positiv anzunehmen, rasch verfliegt. Des Weiteren stellt die Etablierung einer solchen Feedback-Kultur zusätzlich sicher, dass derartige Reflexionsprozesse sukzessive in den Arbeitsalltag integriert werden.

---

57 Es handelt sich dabei um ein agiles Vorgehensmodell, das bei (Lern-)Projekten – im Vergleich zum Ursprungsansatz in leicht abgewandelter Form – zum Einsatz gelangt, die aufgrund ihrer Komplexität nicht im Vorhinein detailliert planbar sind. Der Erkenntnisgewinn erfolgt in sogenannten *„Sprints“*, bei denen die Anwendung von Wissen oder der Einsatz von neuen Methoden zeitnah in der Praxis erprobt werden, um auf Basis der in einem Lern-/Entwicklungsteam reflektierten Ergebnisse zu einer schrittweisen Verfeinerung und Festigung des Gelernten bei den Teilnehmern zu gelangen.

12.2.7. Lernen 4.0 ist spontan und situativ

Die Vielzahl von Smartphones und Tablets ermöglicht schon heute den zeit- und ortsunabhängigen Zugang zu Lerninhalten und Wissensdatenbanken. Lernen kann durch die Verfügbarkeit mobiler Endgeräte überall und jederzeit stattfinden. Hat ein Lernender eine spontane Frage oder steht er vor einem Problem, so bietet sich meist zuerst die Nutzung einer virtuellen Suchmaschine an, um in weiterer Folge durch die – je nach Trefferergebnis – generierte Information einen weiteren Wissensbaustein, der ein Themengebiet seines aktuellen Lernfelds komplettiert, zu erhalten. Die *„Always-on-Mentalität"* befeuert zusätzlich die Lernhäufigkeit und -geschwindigkeit des Einzelnen, weswegen sich neben den mobilen Arbeitskonzepten gleichermaßen mobiles Lernen als Personalentwicklungsmodell immer mehr durchzusetzen beginnt.

12.3. Fazit

Lernen 4.0 scheint noch nicht in allen Organisationen angekommen, obwohl der Trend eindeutig in diese Richtung zeigt. Lernen 4.0 basiert auf Selbstentwicklung, stabilen Beziehungsnetzwerken und zielgerichteter Kollaboration sowie ausreichender Reflexion. Lernen 4.0 eröffnet durch die Erweiterung der traditionellen Lernmethoden neue Dimensionen und Perspektiven in puncto Wissensaneignung und Kompetenzerweiterung. Lernen 4.0 geschieht demnach hauptsächlich in der Praxis und im Austausch mit anderen und nur mehr zu kleinen Teilen in Präsenzveranstaltungen mit vorgefertigten Inhalten.

Selbstgesteuertes Lernen wird à la longue jedoch nur dann funktionieren, wenn Führungskräfte und die in der Organisation etablierten Strukturen dies zulassen und aktiv unterstützen. Restriktionen oder starre Vorgaben im Hinblick auf Auswahl der Lernfelder, des Lernorts oder der Lernzeit wären hier mehr als kontraproduktiv. Dies bedeutet, dass die Gestaltung und der Übergang von Freizeit, Erwerbs- und Lernzeiten keinerlei Einschränkungen unterliegen dürfen.

Die neuen Lernformen und die allgemeine Verfügbarkeit von den damit verbundenen Lerninhalten tragen darüber hinaus auch perspektivisch dazu bei, soziale Barrieren zwischen den einzelnen Mitarbeiter- und Bevölkerungsschichten abzubauen – besonders dann, wenn durch Lernen 4.0 formal niedrig Ausgebildete diese Angebote jederzeit ebenfalls in Anspruch nehmen können und effektiv nutzen. Speziell die zukünftigen Ergebnisse von Evaluierungen im Rahmen der Kompetenzforschung zur Feststellung des Bildungs- bzw. Qualifikationsgrades bei einer ausgewählten Mitarbeiterpopulation oder bei gesellschaftlichen Kohorten werden zeigen, ob sich ein Fortschritt in diesem Bereich tatsächlich nachweisen lässt.

13. Mentoring – Im Tandem auf dem Weg zum Erfolg

13.1. Einführung

Neben anderen Personalentwicklungsmethoden hat sich ein bereits langjährig bewährtes Konzept in der betrieblichen Praxis neu positioniert. Mentoring ist aus dem heutigen Unternehmenskontext gar nicht mehr wegzudenken und immer mehr setzen auf dieses Instrument, das auf einer Beratungs- und Unterstützungsbeziehung zwischen einem erfahrenen Mitarbeiter (Mentor) und einem noch an Erfahrung jungen Mitarbeiter (Mentee) basiert. Dabei stellt der betriebliche Organisationsrahmen jedoch kein Hindernis dar, da Mentoring auch über betriebliche Grenzen hinweg bei professioneller Anwendung funktioniert. Wichtige Prämissen dafür sind jedoch einerseits klare Ziele und Strukturen für den gesamten Prozess des Mentoring sowie andererseits die Bereitschaft zum nutzenorientierten Wissensaustausch zwischen den beteiligten Beziehungspartnern, bei dem der Fokus auf dem Erfahrungslernen liegt. Nur dann kann sich der Erfolg für den Mentee einstellen und so zur persönlichen Entwicklung beitragen. Oftmals wird Mentoring nur als Technik zum Wissenstransfer verstanden, von der ausschließlich der Mentee profitiert. Befragt man jedoch Mentoren, so schätzen auch sie den eigenen Kompetenzzuwachs, der sich in gesteigerten Führungsfähigkeiten manifestiert. Dieses Kapitel gibt einen Überblick über die wichtigsten Elemente und Merkmale, die man beachten sollte, damit Mentoring das hält, was es auf den ersten Blick verspricht.

13.2. Mentoring im Wandel der Zeit

Stand bei der erstmaligen Anwendung in der Unternehmenspraxis primär die Förderung des Nachwuchses auf der Agenda, so hat sich Mentoring nun auch bei anderen personalwirtschaftlichen Fragestellungen bewährt. Sei es bei der Einführung neuer Mitarbeiter, beim Transfer von Wissen auf nachfolgende Mitarbeitergenerationen, um so den Herausforderungen des demografischen Wandels zu begegnen, oder beim Durchbrechen der gläsernen Decke zur Förderung von Frauen in Führungs- und Spitzenpositionen: Mentoring ist meist eine jener Methoden, die die tägliche Entwicklungsarbeit bereichern und die gesamte Spannbreite der angestrebten Entwicklungsziele auch realisieren lassen. Neben der Wissensvermittlung stehen zusätzlich der Aufbau von Netzwerken zum Knüpfen von Kontakten und das Erkennen informaler Strukturen einer Organisation thematisch im Mittelpunkt (damit unterscheidet sich Mentoring auch vom vielfach angewandten Coaching, das einen klientenzentrierten Fokus hat). Eine professionell etablierte Mentoring-Kultur begünstigt sowohl das Einbringen der eigenen Stärken seitens der Mentoren als auch die beabsichtigte Entwicklung der Fähigkeiten der Mentees. Erstere benötigen dafür eine ausgeprägte Sozialkompetenz, Letztere müssen ihre hohe Lernbereitschaft unter Beweis stellen. Eine lernende Organisation basiert auf diesen Voraussetzungen, welche für das Überleben in einem volatilen Umfeld unabdingbar sind.

Bevor nun die konkrete Methodik näher beleuchtet wird, blicken wir kurz zurück: Mentoring ist älter als man glaubt. Der Ursprung des Mentor-Begriffes lässt sich bis in die griechische Mythologie zurückverfolgen. Ausgangspunkt dabei ist Homers Versepos „Odyssee“[58]. Telemach, Sohn des Odysseus und von Penelope, wuchs während des Trojanischen Krieges zum jungen Mann heran. Begleitet wurde er dabei von Mentor, der als Gelehrter mehrfache Rollen für den abwesenden Vater übernahm: Erzieher und Lehrer, aber auch Fürsprecher, Berater und Beschützer. Zunehmend entwickelte sich zwischen beiden ein freundschaftliches Verhältnis, das auf Vertrauen, gegenseitigem Respekt und Fürsorge fußte. Eine lang andauernde Beziehung war somit die Folge. Weiters erhielt Telemach von der Göttin Athene, die in seinen Träumen des Öfteren in der Gestalt von Mentor auftrat, Unterstützung und Ratschläge, um schwierige Situationen zu meistern und einer zufriedenstellenden Lösung zuzuführen. Dieser Exkurs beschreibt kurz und anschaulich, dass sich am grundlegenden Konzept bis heute nichts geändert hat. Der Einzug in die Wirtschaft erfolgte in den 1970er Jahren (vor allem beginnend in den Vereinigten Staaten), um so die Entwicklung des obersten Führungsnachwuchses sicherzustellen.

13.3. Formen des Mentoring

Widmet man sich der Methodik im Detail, so zeigen sich verschiedene Ausprägungsformen, die sich in der Vergangenheit aufgrund der unterschiedlichen Ausgangsszenarien etabliert haben (siehe dazu auch die Abbildung).

Während sich die informelle Variante häufig aufgrund eines persönlichen Erstkontakts zwischen Mentor und Mentee zufällig ergibt, nach dem beide eine Mentoring-Beziehung vereinbaren (beispielsweise im Bereich der Kunst, wo oftmals ein erfahrener Schauspieler die Funktion des Mentors für einen Newcomer nach dessen Debüt übernimmt), basiert ein in einer Organisation formell eingeführtes Konzept auf professionellen Richtlinien, die die Voraussetzungen für die Teilnahme, den Ablauf, die Dauer sowie die Erwartungshaltungen an die Beteiligten regeln.

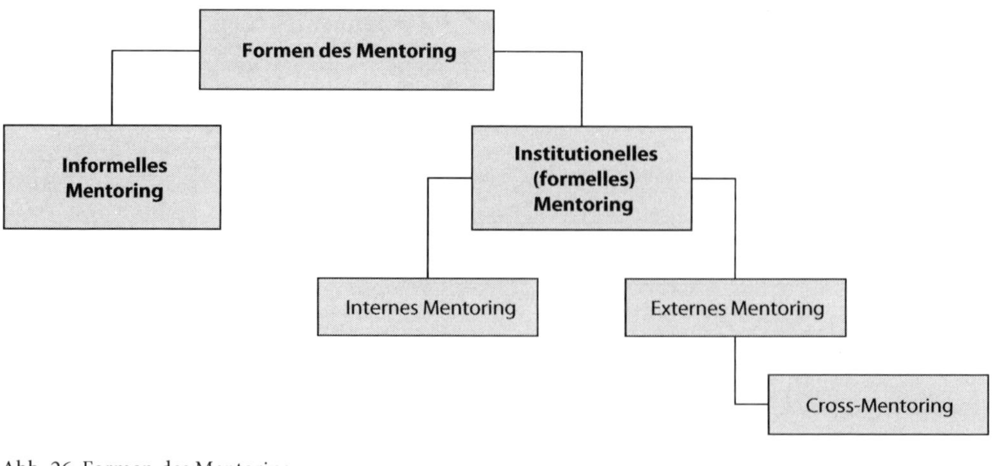

Abb. 26: Formen des Mentoring

58 Bei der „Odyssee“ handelt es sich um eine Dichtung der abendländischen Literatur, die in Schriftform erstmals (wahrscheinlich) um die Wende vom 8. zum 7. Jahrhundert v. Chr. dokumentiert wurde.

Der Personalverantwortliche übernimmt dabei die Federführung bei der Steuerung des Prozesses und bildet die Schnittstelle zwischen Mentoren und Mentees, die sich nach einem ersten Kennenlernen – meist in einer speziell für diesen Zweck einberufenen Auftaktveranstaltung – für die Anwendung dieser Methodik entschlossen haben. Rekrutieren sich beide aus derselben Organisation (auch als internes Mentoring bezeichnet), so ist darauf so achten, dass sie in keinem direkten Arbeitsverhältnis zueinanderstehen, damit sich ergebende und abzustimmende Tagesaufgaben nicht das Einlassen auf diesen Prozess verhindern. Idealerweise kommt der Mentor aus einer anderen Abteilung, verfügt bereits über einen längeren Karriereverlauf und kennt das unternehmenspolitische Umfeld und dessen interne Spielregeln sowie die damit verbundenen Strukturen. Andernfalls könnte er den vorab skizzierten Rollenerwartungen kaum gerecht werden. Gutes Beispiel dafür wäre ein Vorstandsmitglied, das als Mentor für einen vielversprechenden Trainee fungiert.

Eine abgewandelte Form ergibt sich dann, wenn Mentor und Mentee unterschiedlichen Organisationen angehören und somit aus verschiedenen Institutionen stammen. Hier spricht man vom externen Mentoring, welches den Austausch von Sicht- und Vorgehensweisen anderer Unternehmenskulturen zum Ziel hat. Dem Mentee eröffnen sich dadurch andere Perspektiven und er kann erkennen, wie andere an die Lösung von offenen Fragestellungen und Aufgaben herangehen und welche Handlungsalternativen sich dabei in der Vergangenheit als erfolgreich herauskristallisiert haben. In diesem Zusammenhang ist besonders die von beiden Seiten erforderliche Disziplin zur Einhaltung der zuvor postulierten Richtlinien für das Mentoring zu erwähnen, damit der Prozess nicht aufgrund der fehlenden räumlichen Nähe im Sand verläuft. In der Praxis zeigt sich diese Form im Bereich des Diversity Managements[59], wenn erfolgreiche Frauen in Spitzenpositionen eine Mentorenfunktion für eine oder mehrere Frauen in anderen Unternehmungen übernehmen, um so zur Steigerung des weiblichen Führungsnachwuchses in anderen Organisationen beizutragen.

Am Markt haben sich manche Berater auch darauf spezialisiert, über verschiedene Organisationen hinweg Cross-Mentoringprogramme zu initiieren. Sie steuern dabei den gesamten Ablauf und bringen Mentoren und Mentees aus jeweils anderen Unternehmungen zusammen, wodurch der Netzwerk-Charakter noch stärker zum Tragen kommt.

13.4. Beteiligte beim Mentoring

Als Personalverantwortlicher muss man – so wie bei vielen anderen Entwicklungsmethoden auch – gerade zu Beginn Überzeugungsarbeit bei den Beteiligten leisten, denn der Nutzen ist auf den ersten Blick nicht immer gleich zu erkennen. Mancherorts wird die Methodik als wertlose Plauderei zwischen älteren und jüngeren Mitarbeitern abgewertet, was in solchen Fällen eher die Vermutung nahelegt, dass die Beteiligten nicht genau wissen, wie eine professionelle Anwendung tatsächlich aussieht. Demgemäß ist die Schaffung eines institutionellen Rahmens seitens des Personalverantwortlichen für den Gesamtverlauf unerlässlich, der neben der Prozesssteuerung auch eine Evaluierung nach

59 Weitere Ausführungen dazu können dem Kapitel zum „Diversity Management" entnommen werden.

Abschluss der Mentoring-Beziehung vorsieht, um so wichtige Erkenntnisse für die Ausgestaltung dieses Instruments für zukünftige Einsätze zu gewinnen. *„Success stories"* können in weiterer Folge die oben erwähnte Überzeugungsarbeit entsprechend erleichtern und nachfolgende Mentoren und Mentees noch stärker zu einer Teilnahme motivieren. Beim Cross-Mentoring übernimmt der jeweilige (externe) Berater die Funktion des Personalverantwortlichen und steuert die damit verbundenen Aufgaben über die Organisations- oder Unternehmensgrenzen hinweg.

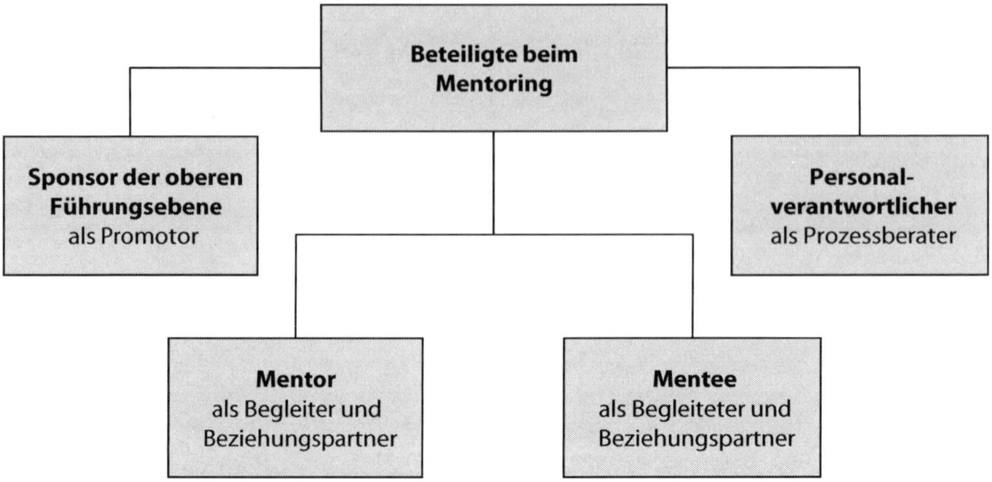

Abb. 27: Beteiligte beim Mentoring

Von Vorteil ist die Nominierung eines Sponsors aus der obersten Führungsebene, der als Promotor für das Mentoring-Konzept fungiert und so bei der Informationsweitergabe und Implementierung unterstützt. Idealerweise verfügt der Sponsor bereits über eigene Erfahrungen mit diesem Instrument – sei es unmittelbar beim derzeitigen Arbeitgeber oder auch im bisherigen Karriereverlauf bei anderen Unternehmungen.

Nicht jeder erfahrene Mitarbeiter und auch nicht jede Führungskraft eignet sich automatisch als Mentor. Vielmehr müssen entsprechende Fähigkeiten vorhanden sein, die auf ausgeprägte Persönlichkeits- und Sozialkompetenzen schließen lassen. Zuhören zu können, Denkanstöße zu geben, über eigene Erfahrungen reflektieren zu können, zählen genauso dazu, wie auch den Mentee zu ermutigen, Neues auszuprobieren und sich durch Misserfolge nicht unterkriegen zu lassen, um aus Fehlern und deren Reflexion für die Zukunft zu lernen. Schlussendlich soll der Mentee nach Ende des Prozesses so weit in der Lage sein, sich eigenverantwortlich neuen Herausforderungen zu stellen und sein Können auch ohne Unterstützung angemessen zu zeigen. Durch die intensive Auseinandersetzung mit Situationen des Mentee lernt aber auch der Mentor, seinen eigenen Werdegang zu überdenken, Erlebtes in der Vergangenheit heute eventuell anders zu bewerten und daraus Erkenntnisse für sein zukünftiges Handeln abzuleiten. Daraus ergibt sich meist eine weniger verzerrte Selbstwahrnehmung, eine stärkere Einbeziehung der Kollegen oder allfälliger Mitarbeiter in Entscheidungsprozesse sowie eine größere Toleranz und Geduld. Mitarbeiter als erfahrene Mentoren sind oftmals auch bessere Führungskräfte, da sie die eigenen Mitarbeiter mehrheitlich an Lösungen heranführen, anstatt ihnen diese zu diktieren.

Sich auf den Prozess einzulassen, eine hohe Lernbereitschaft und der Wille, die einmal begonnene Beziehung zum Mentor während des gesamten Prozesses aufrecht zu erhalten, kennzeichnen die primären Anforderungen an Mentees. Gerade zu Beginn ist es wichtig auszuloten, ob die „Chemie“ zwischen Mentor und Mentee den beiderseitigen Erwartungen entspricht. Nur wenn bei beiden Wertschätzung und Akzeptanz vorhanden sind, kann eine zielgerichtete Zusammenarbeit entstehen. Dabei lohnt es sich, wenn der Mentee als sogenannter „Treiber“ des Prozesses agiert, der eigeninitiativ laufend den Kontakt zum Mentor sucht und auch die persönlichen Gesprächstermine vereinbart. Schließlich ist vor allem er daran interessiert, einen Nutzen für seine eigene Tätigkeit und seine eigene Karriere daraus zu generieren. Das heißt jedoch nicht, dass die gesamte Organisation des Mentoring stets auf dem Mentee lasten muss. Je mehr ein Mentor erkennt, dass auch er von dieser Methodik profitiert, desto eher ist er ebenso mit hoher Wahrscheinlichkeit an der professionellen Fortsetzung interessiert. Dadurch verliert die strikte Aufgabenverteilung immer mehr an Bedeutung. In diesen Fällen ist es dann oft so, dass Mentoren und Mentees die Beziehung nach dem offiziellen Ende weiterführen wollen und sich daraus manchmal langjährige, belastbare Freundschaften entwickeln, die den eigentlichen Mentoring-Prozess überdauern und keinerlei Impulse mehr von außen benötigen. Damit wäre die ursprüngliche Intention des Mentoring sogar übererfüllt und mit kaum einem anderen Personalentwicklungsinstrument in vergleichbarer Form realisierbar.

13.5. Ziele des Mentoring

Teilweise wurde auf diese bereits in den vorigen Punkten – insbesondere bei den Praxisbeispielen – hingewiesen. Zur besseren Übersicht werden sie hier nochmals zusammengefasst:

Zielorientierte Integration und Förderung von neuen Mitarbeitern und Nachwuchskräften

Treten neue Mitarbeiter einer Organisation bei, so fehlt es ihnen an Kenntnissen über deren Grundsätze und Spielregeln. Insbesondere die informellen Gepflogenheiten, die in keiner Dokumentation zu finden sind, bilden oftmals Hürden, die neue Mitarbeiter mitunter von einem Fettnäpfchen ins andere treten lassen. Darüber hinaus müssen neben der fachlichen Einarbeitung eigene Netzwerke erst etabliert werden, obwohl zu Beginn noch die Übersicht über die tatsächlich relevanten Kontaktpartner fehlt. All das sind Gründe, die für eine Begleitung durch einen Mentor sprechen. Speziell bei talentierten Mitarbeitern mit vielversprechendem Potenzial sowie den allseits bekannten Trainee- und Nachwuchsförderprogrammen kommt Mentoring als eine von mehreren Entwicklungsmethoden zum Einsatz, um die Entfaltung des Potenzials zu forcieren und die Entwicklung des jeweiligen Mentees im Hinblick auf seine berufliche Laufbahn zu unterstützen.

Transfer von erfolgskritischem Wissen auf nachfolgende Mitarbeitergenerationen

Im umgekehrten Fall – nämlich dann, wenn Mitarbeiter die Organisation geplanterweise verlassen – macht es ebenfalls Sinn, Mentoring als spezielle Methode anzuwenden. Gerade langjährige Mitarbeiter, die kurz vor dem Ruhestand stehen, verfügen über Wissen und Erfahrungen, die es für die Organisation zu sichern gilt, um einen Produktivitätsabfall nach deren Ausscheiden zu vermeiden. Mittels Mentoring kann rechtzeitig begonnen werden, den Wissenstransfer vom erfahrenen Mentor auf den noch an Erfahrung jungen Mitarbeiter anzustoßen und so eine organisierte Nachfolge in die Wege zu leiten. Sein Stellenwert in der organisationsweiten Nachfolgeplanung ist daher nicht außer Acht zu lassen, um auch noch mittel- bis langfristig über das für den Arbeits- oder Dienstleistungsprozess notwendige Know-how (beispielsweise im fachlich-technologischen Bereich oder im Vertriebsbereich hinsichtlich der für die Betreuung erforderlichen Kundenkenntnisse) zu verfügen.

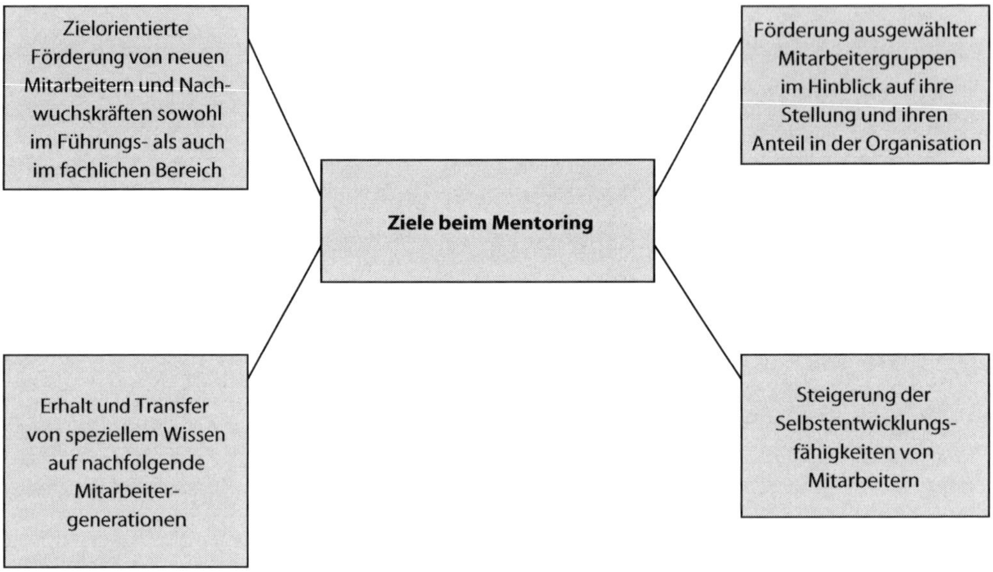

Abb. 28: Ziele beim Mentoring

Förderung ausgewählter Mitarbeitergruppen im Hinblick auf ihre Stellung und ihren Anteil in der Organisation

Sind Mitarbeitergruppen in einer Organisation unterrepräsentiert (beispielsweise Frauen in Führungsfunktionen) und besteht der gemeinsame Wille, deren Anteil zu erhöhen, so kann auch hier Mentoring einen wesentlichen Beitrag leisten. Neben jenen aus dem Führungsbereich kommen diese Mentoren dabei des Öfteren ursprünglich selbst aus benachteiligten Mitarbeitergruppen, haben trotzdem ihren Weg gemacht und sind nun bereit, ihre Erfahrungen an andere, die vor ähnlichen Situationen stehen, weiterzugeben. Die eigenen Erlebnisse und deren Reflexion stehen dabei im Vordergrund, wie man bestimmte Hürden überwunden und wer oder was einem dabei geholfen hat. Beides können wichtige Ansatzpunkte für Mentees dieser Zielgruppe sein, um so ihren eigenen Benachteiligungen adäquat zu begegnen. Nicht zuletzt steigt zusätzlich durch die Ankündigung, ein Mentoring-Konzept für diese Zielgruppe ins Leben zu rufen, die Anerkennung und Akzeptanz in der Organisation. Gerade bei solchen Anwendungsfällen sind das Commitment des Sponsors und die Wahrnehmung seiner Promotorenrolle von besonderer Bedeutung und mit einer hohen Außenwirkung verbunden.

Steigerung der Selbstentwicklungsfähigkeiten von Mitarbeitern

Wurde der Mentee im Rahmen des Prozesses in die Lage versetzt, selbst an der eigenen Weiterentwicklung seiner Fähigkeiten zu arbeiten, so wurde neben der intendierten Förderung auch ein über diese Methodik hinausgehendes Ziel nachhaltig erreicht. Ist der Mentee in Zukunft aus eigener Kraft in der Lage, sich neuen Herausforderungen positiv und lösungsorientiert zu stellen, so zeigt dies von einer Persönlichkeitskompetenz, die ihn nicht nur für höherwertige Fachfunktionen, sondern auch für Führungsfunktionen qualifiziert. Das Arbeiten an der eigenen Person und die Reflexion der eigenen Verhaltensweisen werden damit zu einer Selbstverständlichkeit, die keinem institutionalisierten Rahmen mehr in Form eines Mentoring bedürfen. Der Mentee ist dann selbst so weit, seinen Weg zu machen (was jedoch den Kontakt zum einstigen Mentor nicht ausschließt, um sich auch später noch über die eigenen Erfahrungen im Sinne einer Sparringspartnerschaft[60] auszutauschen).

13.6. Werthaltungen und Prozesselemente beim Mentoring

Vertrauen und ein wertschätzendes Miteinander sind grundlegende Werthaltungen, auf denen die Organisationskultur basieren sollte, will man Mentoring erfolgreich etablieren. Nur wenn sich die Beteiligten vorbehaltlos auf diesen Prozess einlassen können, lässt sich der volle Nutzen dieses Konzepts ausschöpfen. Zusätzlich wird der Gesamterfolg durch eine positive Fehlerkultur begünstigt, in dem Fehler als wertvolle Erfahrungen zugelassen und nicht ausschließlich negativ sanktioniert werden. Ist solch ein offenes Lernumfeld nicht gegeben, überwiegt die Furcht vor Misserfolgen und vor durch Fehlentscheidungen ausgelöste Karriererückschläge.

Obige Werte spielen bereits beim Start des Mentoring-Prozesses eine wesentliche Rolle, denn Mentoren und Mentees müssen ihren jeweiligen Beziehungspartner frei wählen dürfen. Gegenseitiger Respekt und vorurteilsfreie Akzeptanz sind im Zuge dieses Auswahlprozesses elementare Bestandteile, die eine tragfähige Mentoring-Beziehung nachhaltig determinieren. Erreichen lässt sich dies nur, wenn sich alle Beteiligten freiwillig der Wahl stellen und keiner Zwangsbeglückung „von oben“ ausgesetzt sind. Dafür bietet die Organisation einer bereits zuvor erwähnten Auftaktveranstaltung (halb- oder ganztägig) ein adäquates Forum, bei der sich Mentoren und Mentees über ihre Intentionen

60 „*Sparring*“ (im Unternehmenskontext auch „*Business Sparring*“ genannt) ist ein partnerschaftlicher Prozess, bei dem Überlegungen über strategische Entscheidungen, organisatorische Umstrukturierungen oder andere wichtige Themen im Unternehmen mit einem anderen, dem Sparringspartner, diskutiert werden, um von den jeweiligen Zugängen zu diesen Themen und den dabei gemachten Erfahrungen zu profitieren.

austauschen sowie die weitere Zusammenarbeit vereinbaren können. Gleichzeitig haben die Prozessbegleiter (Personalverantwortliche oder externe Berater) die Möglichkeit, über die Ziele, Rollen sowie Vorgehensweisen des Mentoring zu informieren, um das Ganze mit einem institutionellen Rahmen zu versehen.

Sind sich Mentor und Mentee einig, so wird im nächsten Schritt ein Kontraktgespräch geführt, bei dem die Entwicklungsziele operationalisiert und die wechselseitigen Erwartungen offengelegt werden. Je klarer man hier seine Meinungen austauscht, desto eher werden sich die erwarteten Ergebnisse einstellen. Der erzielte Konsens wird ergänzt um die festgelegten Rahmenbedingungen (Form der Zusammenarbeit, Anzahl der vereinbarten Gesprächstermine, gegenseitige Erreichbarkeit, Termintreue, Handhabung von Meinungsverschiedenheiten etc.), welche beide idealerweise in einem eigenen Gesprächsbogen dokumentieren, der dem Mentoring-Prozess zugrunde liegt und am Ende eine Evaluierung erleichtert.

Für die Evaluierung bieten sich nach Abschluss des Mentoring-Prozesses verschiedene Feedback-Instrumente an (wie beispielsweise das 360-Grad-Feedback zur Befragung der *„Stakeholder"* oder die individuelle Befragung der Führungskräfte), die das Selbstbild des Mentees der Fremdwahrnehmung seitens der Befragten gegenüberstellen. Der Vorteil liegt in einer konkreten Verhaltensweisen zuordenbaren Rückmeldung, inwieweit eine Weiterentwicklung der eigenen Persönlichkeits- und Sozialkompetenz stattgefunden hat. Schlussendlich rundet eine Laufbahnanalyse durch Nachverfolgung der konkreten Entwicklungsschritte des Mentees (übernommene Aufgaben oder Projekte, Beförderung in höherwertigere Positionen) den Prozess ab. Damit lässt sich feststellen, ob die gesetzten Ziele auch tatsächlich erreicht wurden und in der Praxis einen spürbaren Niederschlag gefunden haben.

13.7. Fazit

Der Nutzen von Mentoring als Entwicklungsmethode lässt sich anhand der gut erforschten Anwendungserfolge in der Unternehmenspraxis klar nachvollziehen, weswegen sich ihr Einsatz in den letzten Jahren sogar noch intensiviert hat. Die positive Resonanz der beteiligten Mentees, aber auch ihre festgestellten Kompetenzsteigerungen sowie ihre unterschiedlichen Karriereentwicklungen zeigen, dass professionell angewandtes Mentoring einen wesentlichen Beitrag zur Wettbewerbsfähigkeit eines Unternehmens durch kompetente und leistungsbereite Nachwuchskräfte liefern kann.

Im Zeitalter der sozialen Netzwerke und der damit verbundenen rascheren Verfügbarkeit von Informationen sind Unternehmungen umso mehr aufgerufen, sich den Fragen einer zielorientierten Mitarbeiterentwicklung und Nachfolgeplanung – insbesondere für Schlüsselfunktionen – zu widmen, wollen sie den Anschluss in einem von laufenden Marktveränderungen geprägten Umfeld nicht verlieren. Nur dann lässt sich der qualifizierte Nachwuchs an die Organisation dauerhaft binden und deren Fortbestand langfristig sichern.

14. Mitarbeiterbefragung – Seismograf für die Entwicklung von Organisationen

14.1. Einführung

Zufriedene Mitarbeiter gehen mit höherer Motivation und gesteigertem Engagement an die Erledigung von Aufgaben heran als ihre unmotivierten Kollegen. Nur zufriedene Mitarbeiter, die Sinn und Zweck (den heutzutage oftmals zitierten „*Purpose*[61]") ihres Tuns kennen, arbeiten effektiv, sind kreativ und identifizieren sich mit dem Leitbild sowie den Zielen eines Unternehmens. Dieses Phänomen kann in der Alltagspraxis täglich beobachtet werden. Aber auch wissenschaftliche Studien beweisen diesen Zusammenhang, der für den nachhaltigen Erfolg eines Unternehmens (über)lebenswichtig ist. Aus diesem Grund entscheiden sich immer mehr Unternehmen – auch im Lichte einer sich verändernden Arbeitswelt – für den Einsatz von Mitarbeiterbefragungen als Feedback- und Führungsinstrument, um Zufriedenheit und Motivation der Mitarbeiter zu messen und daraus Schlüsse hinsichtlich ihres Engagements zu ziehen.

Befragungen werden nicht nur in der Markt- und Meinungsforschung eingesetzt, sondern dienen im betrieblichen Kontext schon seit längerem dazu, eine oftmals in den jeweiligen Unternehmensleitbildern viel gepriesene Feedback-Kultur mittels einer Mitarbeiterbefragung auch tatsächlich zu leben. Primäres Ziel für den Einsatz ist die Messung des Motivations- und Zufriedenheitsgrades der Beschäftigten in einer Organisation, um daraus wichtige Erkenntnisse in Bezug auf das Unternehmensklima, das Engagement und die Produktivität sowie die Entwicklungsbereitschaft der Organisationsmitglieder zu gewinnen. Häufig verlassen sich die Entscheidungsträger auf das Bauchgefühl hinsichtlich der Einschätzung der aktuellen Stimmungslage, aber das allein reicht nicht aus, um darauf aufbauend eventuell notwendige Veränderungsbedarfe zu erkennen.

Einer der wesentlichsten Gründe für den Einsatz dieses Instruments liegt ferner darin, dass Führungskräfte die Situation im Unternehmen hinsichtlich der Arbeitszufriedenheit und des Betriebsklimas häufig anders wahrnehmen als ihre Mitarbeiter. Kommt es zu Fehleinschätzungen, sind oft erhebliche Schäden die Folge, da sich die Demotivation der Beschäftigten direkt auf das Arbeitsergebnis auswirken kann. Um solche Situationen zu umgehen, bedarf es einer regelmäßigen objektiven Analyse des Stimmungsbildes im Arbeitnehmerkreis. Erfolgt diese systematisch und in kontinuierlichen Intervallen, so bildet die Auseinandersetzung mit den individuellen Meinungen aller Mitarbeiter eine profunde Ausgangsbasis und damit eine Chance, gezielt Diskussions- und Change-Management-Prozesse anzustoßen.

---

61 „*Purpose*" ist ein häufig kolportierter Begriff, der sich auf den Sinn und Zweck von Unternehmen und Organisationen bezieht. Er kennzeichnet die Beweggründe für deren Aktivitäten, legitimiert bis zu einem gewissen Grad ihre Existenz (warum und wofür es das Unternehmen oder die Organisation überhaupt gibt) und besitzt somit dauerhafte Gültigkeit.

14.2. Mitarbeiterbefragungen zur Erhebung von Stimmungen und Meinungen

In letzter Zeit verschieben sich die unterschiedlichen Aufgaben, die eine Mitarbeiterbefragung erfüllen soll, von einer ausschließlichen Unternehmensklimabefragung in Richtung zu einer gezielten Organisationsentwicklungsmaßnahme, die im Sinne eines kontinuierlichen Verbesserungsprozesses eine fortlaufende Weiterentwicklung des Unternehmens sowie seiner Führungskultur und eine Sicherung der Überlebensfähigkeit einer Organisation unterstützen soll. Mitarbeiterbefragungen liefern dadurch wichtige Steuerungsimpulse im Rahmen der mittel- bis langfristigen Unternehmensführung, da sie neben dem Motivationsgrad auch den Realisierungsstatus von Unternehmenszielen messen helfen und damit mögliche Fehlentwicklungen oder Ineffizienzen bei der Umsetzung von Geschäftsplänen aufzeigen. Kennen die Beschäftigten die strategischen Ziele und wenn ja, welche Meinung haben sie dazu und wie bewerten sie die zu deren Erreichung ausgearbeiteten Maßnahmen? Welche Stimmung herrscht in den Teams? Ziehen sie gemeinsam an einem Strang beziehungsweise gibt es einen kollektiven Teamspirit? All das sind Themenfelder, die den Kern der Befragungen mittlerweile ausmachen.

Insofern haben sich Mitarbeiterbefragungen von der reinen Rückmeldefunktion hinsichtlich bestimmter Arbeitsbedingungen zu einem Steuerungs- und Controllinginstrument gemausert, das basierend auf der jeweiligen Unternehmenssteuerungsmethode (z. B. dem OKR-Modell[62]) eine leitbild- und zielorientierte Führung flankierend gewährleistet.

14.3. Ablauf und Vorgangsweise bei Mitarbeiterbefragungen

Führungs- und Feedbackinstrumente bedürfen für ihre effektive Anwendung sowohl einer professionellen Konzeption als auch einer durchdachten Implementierung. Nur dann leisten sie gute Dienste. Aus diesem Grund sollte folgender Ablauf mit den entsprechenden Prozessschritten einer Mitarbeiterbefragung zugrunde liegen:

1. Vorbereitung einer Mitarbeiterbefragung
2. Konzeption des Fragebogens
3. Information und Kommunikation an die Beteiligten
4. Durchführung der Befragung
5. Ergebnispräsentation
6. Maßnahmenumsetzung
7. Prozessevaluation

62 „OKR" steht für „*Objectives and Key Results*" und ist eine Weiterentwicklung des breit etablierten Führungsinstruments „*Management by Objectives*". Als Management-System dient es zur agilen Steuerung von Unternehmen und Organisationen, bei dem aus der Strategie entsprechende Teilziele für und durch die Teams oder von den Mitarbeitern erarbeitet werden. Im Fokus steht dabei stets das nächste Quartal eines Arbeitsjahres, wodurch es neben der transparenten Zielsetzung auch eine zeitnahe Messung von Ergebniskennzahlen ermöglicht.

14.3.1. Vorbereitung einer Mitarbeiterbefragung

Die Vorbereitung umfasst die Festlegung der Befragungsstruktur und der organisatorischen Rahmenbedingungen (siehe dazu auch den skizzierten Zeitplan in der übernächsten Abbildung) sowie die Einbindung aller Beteiligten – insbesondere der betrieblichen Arbeitnehmervertretung (Betriebsrat). Zusätzlich ist ein durchgängiger Informations- und Kommunikationsplan für die Dauer des Befragungsprozesses zu konzipieren, um eine möglichst breite Akzeptanz bei den Befragten sicherzustellen.

Wesentlichster Punkt im Rahmen der Vorbereitung ist jedoch die Diskussion und Klärung der Befragungsziele, die idealerweise mit der Unternehmensstrategie in Einklang stehen. Diese Vorarbeit erfolgt durch das für die Befragung zusammengestellte Projektteam in Abstimmung mit den Führungskräften. Nur eine unmissverständliche Orientierung der Befragung an der Geschäftsstrategie lässt Rückschlüsse auf deren Umsetzung (sowie der damit verbundenen Prinzipien betreffend Führung und Zusammenarbeit) und der für die Leistungsperiode verabschiedeten Ziele zu.

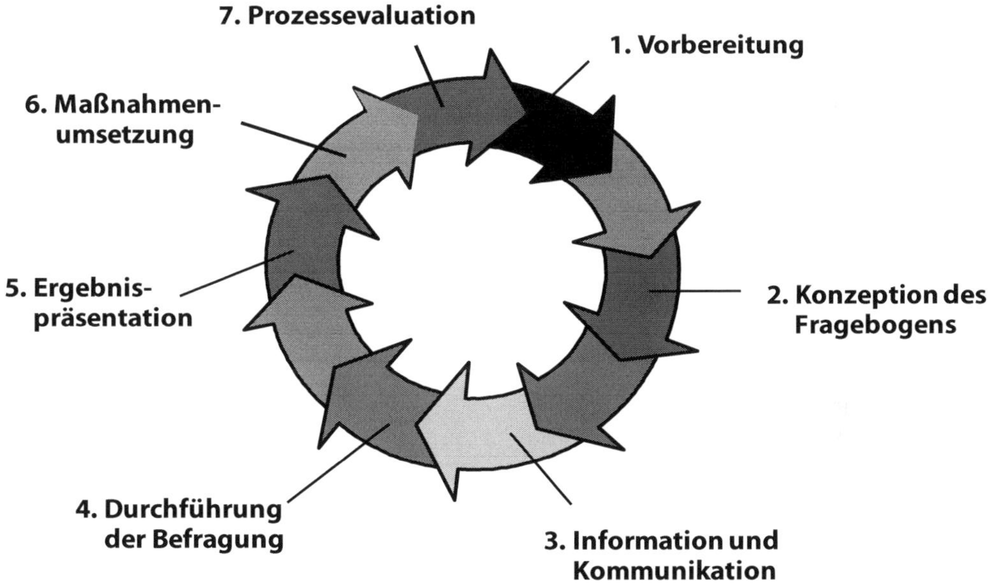

Abb. 29: Ablauf und Vorgangsweise bei Mitarbeiterbefragungen

14.3.2. Konzeption des Fragebogens

Bei der Konzeption des Fragebogens ist darauf zu achten, dass die Fragestellungen eindeutig und klar formuliert sind, sowie die der Befragung zugrunde liegenden Themen auch tatsächlich messen. Die Antwortmöglichkeiten sollten so gestaltet sein, dass jeder Teilnehmer an der Befragung seine ehrliche Meinung – auch im Rahmen eines Freitextfeldes – zum Ausdruck bringen kann. Weiters ist ein ausgewogenes Mittelmaß an Fragen zu finden, da überlange Befragungen die Antwortwahrscheinlichkeit reduzieren. Erfahrungsgemäß sind 20 bis 30 Fragen ausreichend und für die Befragten gerade noch akzeptabel.

14.3.3. Information und Kommunikation an die Beteiligten

Häufig stehen sowohl Führungskräfte als auch die Teammitglieder einer Befragung zunächst skeptisch gegenüber. Die Führungskräfte fürchten bei negativen Ergebnissen um den Verlust ihrer Autorität, die Mitarbeiter rechnen gerade in wirtschaftlich schwierigen Zeiten mit Sanktionen, wenn sie ihre ehrliche Meinung äußern. Um diesen auftretenden Ängsten schon im Vorfeld einer Befragung zu begegnen, müssen alle Beteiligten über die Ziele und Grundprinzipien der Befragung (Freiwilligkeit hinsichtlich der Teilnahme, Gewährleistung der Anonymität und Transparenz bei der Auswertung der Ergebnisse) ausführlich informiert werden.

Start	Vorbereitung der Befragung
nach 14 Tagen	Vorinformation an alle Beteiligten
nach 7 Tagen	**Start der Befragung**
nach 10 Tagen	Nachfassaktion (Erinnerung der Teilnehmer)
nach 4 Tagen	**Ende der Befragung**
nach 14 Tagen	Präsentation der Ergebnisse (Reports)
nach 7 Tagen	Weiterleitung der Ergebnisse an alle Organisationseinheiten bzw. an alle Teilnehmer
nach 14 Tagen	**Start der Workshops** Ergebnisinterpretation, Nachbearbeitung
Ende	laufende Umsetzung der beschlossenen Maßnahmen

gesamter Zeitaufwand: ca. 8–12 Wochen

(Feiertage, Urlaubszeiten, Jahresabschluss, Planungsphasen etc. beachten!)

Abb. 30: Beispiel für einen Zeitplan einer Mitarbeiterbefragung

14.3.4. Durchführung der Befragung

Unternehmen nutzen dazu immer häufiger elektronische Medien und mobile Endgeräte (dazu zählen Smartphones, Laptops, Tablets, Notebooks etc.). Diese Form ersetzt die herkömmliche Befragung mittels Papierfragebögen oder ergänzt sie. IT-basierte Erhebungen liefern im Vergleich zu ihrem traditionellen Pendant höhere Antwortraten aufgrund der rascheren elektronischen Verfügbarkeit, erleichtern die Auswertung und reduzieren somit auch die Kosten von Befragungen.

Der Einsatz von elektronischen Befragungen ist jedoch von der zu befragenden Teilnehmergruppe abhängig, da möglicherweise nicht alle Teilnehmer über einen IT-Arbeitsplatz verfügen oder Zugang dazu haben (speziell im Bereich der Arbeiter oder anderweitig Beschäftigter, die überwiegend körperliche Arbeit verrichten). Eine Platzierung von elektronischen Geräten in einem eigenen Raum innerhalb der Organisation oder die Zurverfügungstellung von mobilen Endgeräten kann dieses Manko ausgleichen.

Weiters sollte auch die Bedieneroberfläche eine einfache Handhabung der Befragungssoftware zulassen (z. B. Möglichkeit zum Vor- und Zurückblättern; Möglichkeit zur Unterbrechung der Befragung und späteren Fortsetzung; Anzeige des Befragungsfortschritts, wie viele Fragen noch zu beantworten sind). Kurz vor Ende der Abgabefrist der Befragung kann durch eine Erinnerung der Teilnehmer (z. B. elektronisch durch *„Direct Mailing“* oder mittels Verteilung von Prospektmaterial und Flugblättern am Firmengelände) die Antwortrate noch entscheidend gesteigert werden.

Bei der Implementierung von Softwarelösungen ist insbesondere die Datensicherheit und Gewährleistung des anonymen Zugriffs zu klären, da eine Rückverfolgung von Mitarbeitereingaben ausgeschlossen sein muss. Eine latente Besorgnis in Bezug auf die vertrauliche Behandlung der Daten kann die Qualität der Befragungsergebnisse erheblich mindern. Es ist daher empfehlenswert, elektronische Erhebungsinstrumente auf sichere, speziell für die Befragung bereitgestellte Server(plätze) auszulagern oder dafür eigene Lösungen im Rahmen des *„Cloud Computing“* zu nutzen.

14.3.5. Ergebnispräsentation

Nach anonymisierter Auswertung der Ergebnisse und Erstellung der entsprechenden Reports sind diese dem Auftraggeber und in weiterer Folge allen Beteiligten sowie der Belegschaftsvertretung (falls im Unternehmen vorhanden) zu präsentieren. Erste Maßnahmen können im Rahmen von Informations- und Diskussionsveranstaltungen abgeleitet sowie die weiteren Schritte für deren Umsetzung festgelegt werden. Eine Konkretisierung erreicht man, wenn man zusätzlich im Anschluss daran in eigenen Workshops mit Teilnehmern aus allen Mitarbeitergruppen (Mitarbeiter, Führungskräfte, Personalverantwortliche, Belegschaftsvertreter) die Detailplanung vornimmt.

Sowohl das Feedback über die Ergebnisse als auch die einvernehmliche gemeinsame Definition von Maßnahmen zur Verbesserung des Status quo und zur Erreichung der Unternehmensziele sind wesentliche Aktivitäten für eine erfolgreiche (und nachwirkende) Befragung, damit sie ihrer ursprünglichen Intention auch tatsächlich gerecht wird.

14.3.6. Maßnahmenumsetzung

Die Art und Weise, wie der Gesamtprozess der Mitarbeiterbefragung läuft, wie die Beschäftigten sich im Anschluss über die Ergebnisse der Befragung informiert fühlen – und vor allem mit welcher Konsequenz die ausgearbeiteten Maßnahmen umgesetzt werden, ist entscheidend dafür, ob die Mitarbeiter eine solche Befragung ernst nehmen und somit bei einer nachfolgenden wieder antworten. Befragungen ohne abgeleitete Konsequenzen und ohne ein professionell durchgeführtes Monitoring der Maßnahmen sind nutzlos und verursachen nur personelle Aufwendungen und Kosten. Abgesehen davon, dass sie nichts zur Erreichung der Unternehmensstrategie beitragen, tritt ein rascher „Verpuffungseffekt" ein, der mit ziemlicher Sicherheit die Akzeptanz dieses Instruments in der Organisation gewaltig reduziert.

14.3.7. Prozessevaluation

Die Evaluierung, wie die Mitarbeiterbefragung gelaufen ist, welche Erfahrungen mit dem (elektronischen) Fragebogen gemacht wurden und wie die Informations- und Kommunikationsflüsse dem angestrebten Zweck entsprachen, kann für die nächstmalige Durchführung von großem Nutzen sein. Denn durch das Aufzeigen und Beseitigen etwaiger Schwachpunkte lässt sich bei wiederholter Befragung vermutlich ein noch höherer Wirkungsgrad und eine zusätzlich gesteigerte Effizienz bei der Anwendung erreichen.

14.4. Fazit

Summa summarum zeigt sich, dass die Mitarbeiterbefragung aufgrund der oben ausgeführten Positionierung im Organisationskontext mehrheitlich ein Instrument zur Organisations- und Unternehmensanalyse darstellt, das neben der Einholung des Mitarbeiterfeedbacks auch zur strategieorientierten Messung der Zielerreichung dient. Sie darf daher nicht zum Selbstzweck verkommen, indem man sie zwar durchführt, die Ergebnisse nach Durchsicht jedoch ablegt und anschließend sich erst wieder damit auseinandersetzt, wenn die nächste Durchführung ansteht. Dann wäre es nur „schade ums Geld".

Professionell eingesetzt, fördert sie vielmehr Stimmungsbilder, Meinungen und Erkenntnisse zu Tage, die zum einen im Rahmen einer ganzheitlichen Unternehmenssteuerung aufschlussreich sind, zum anderen aber auch wertvolle Ansatzpunkte für die Optimierung der Führungskultur und des individuellen Führungsverhaltens auf allen Organisationsebenen liefert.

15. Mitarbeitergespräch – Persönliches Wachstum im Fokus der Mitarbeiterführung

15.1. Einführung

Mitarbeiter im Sinne eines „*Empowerment*“ dabei zu unterstützen, ihre Aufgaben und Projekte zielgerichtet umzusetzen, dabei die entsprechenden Prioritäten festzulegen und soweit als möglich autonom ihre Entscheidungen zu treffen, ihnen die dafür relevanten Informationen zur Verfügung zu stellen und ihnen insgesamt die für die Leistungserbringung fördernden Rahmenbedingungen zu schaffen, kennzeichnen im Wesentlichen die Aufgaben einer jeden Führungskraft (vgl. dazu auch die Ausführungen im Kapitel 11. „Leadership 4.0“). Zur Wahrnehmung derselben sind systematisch und regelmäßig geführte Mitarbeitergespräche im Rahmen der innerbetrieblichen Kommunikation unerlässlich. Hauptzweck dieses kontinuierlichen Dialogs ist dabei, einen Gleichklang zwischen den gegenseitigen Erwartungen eines Mitarbeiters und seiner Führungskraft herzustellen. Mitarbeitergespräche sind somit ein wesentliches Glied in einer zielorientierten, partnerschaftlichen sowie von Vertrauen geprägten Führung und bilden die Quintessenz der Zusammenarbeit, auch wenn sie in der Alltagspraxis phasenweise aus verschiedenen Gründen so manches Mal an Bedeutung verlieren. Gerade dann ist das Personalmanagement gefordert, diesem wichtigen Instrument einen neuen Schub zu verleihen.

15.2. Zielrichtung und Inhalte des Mitarbeitergesprächs

Das Mitarbeitergespräch kann als systematisches und in regelmäßigen Abständen (mehrmals in einer Leistungs- oder Geschäftsperiode) durchgeführtes Innehalten verstanden werden, das losgelöst vom Alltagsstress einen Rückblick auf die bisherigen Arbeitsleistungen und -ergebnisse ermöglicht sowie einen Vorausblick auf die zukünftigen Ziele und Tätigkeiten ventiliert. Oberste Priorität hat dabei die Schaffung und Stärkung eines Vertrauensklimas zwischen Beschäftigten und Führungskräften, das die gegenseitige Aussprache über die unterschiedlichen Vorstellungen und Erwartungen begünstigt. Kann dies vorurteilsfrei und offen geschehen, so fördert dies ferner das notwendige Verständnis und das beidseitige Commitment im Gespräch.

In diesem Sinne ist es auch als Zwischenstation auf dem Weg zur Erreichung der Mitarbeiter- und in weiterer Folge der Unternehmensziele zu verstehen. Vergleichsweise kann man sich eine Straße („Weg“) mit mehreren Rastplätzen („Mitarbeitergespräche“) vorstellen, die zum gewünschten Ort („Ziel“) führt. Bei diesen Rastplätzen wird über die bisherige Fahrtrichtung nachgedacht sowie deren Richtigkeit überprüft („Rückblick“) und die weitere Reise geplant („Vorausblick“).

Anders ausgedrückt gleicht es einerseits der Erstellung einer Mitarbeiterbilanz über das bisherige Leistungsverhalten und dessen Korrelation mit den Unternehmenszielen und andererseits der Erarbeitung eines Investitionsplans über den zukünftigen Einsatz der Mitarbeiterressourcen. Die individuelle Leistung wird zum Gegenstand der Kommunikation zwischen Führungskraft und Mitarbeiter gemacht, um eine mögliche Steigerung der Leistungsfähigkeit und die Erhaltung der Leistungsbereitschaft zu erreichen. Der

Kommunikationsprozess setzt sich im Prinzip aus zwei Komponenten zusammen beziehungsweise er vereinigt in sich zwei wesentliche Aspekte:

15.2.1. Leistungskomponente

Dabei werden das bisherige Leistungsverhalten und die Zielerreichung bewertet, wobei eine wertschätzende und gegenüber dem Mitarbeiter faire Rückmeldung für einen weiterhin engagierten sowie motivierten Einsatz eine erfolgskritische Grundvoraussetzung darstellt. Weiters werden die Hauptaufgaben und Tätigkeiten des Mitarbeiters überdacht und gegebenenfalls modifiziert. Zusätzlich werden neue Zielvereinbarungen vorgenommen und strategiekonform gemäß den SMART-Kriterien[63] (vgl. dazu auch die Ausführungen im Kapitel 16. „Performance Management“) operationalisiert. Eine Weiterentwicklung dieser tradierten Zielmanagementmethode ist die Anwendung des OKR-Modells, das auf „*Objectives*“ und „*Key Results*“ basiert. *Objectives* werden dabei sowohl Top-Down (Unternehmensziele) als auch Bottom-Up (Mitarbeiterziele oder auch Teamziele) ausverhandelt, festgelegt und gleichzeitig mit Schlüsselergebnissen versehen, mit denen am Ende die Zielerreichung und der tatsächliche *Output* gemessen werden sollen. Periodisch betrachtet stehen dabei die Ziele und Arbeitsergebnisse für die nächsten drei Monate im Fokus. Das OKR-Modell wurde bei *Intel* (einem US-amerikanischen Halbleiterhersteller) entwickelt und anschließend von *Google* übernommen sowie populär gemacht.

15.2.2. Entwicklungskomponente

Schwerpunktmäßig werden hier die Stärken, Kompetenzdefizite und Entwicklungsfelder eines Mitarbeiters ausgelotet sowie identifiziert. Eignungsschwerpunkte der Beschäftigten werden besprochen und neue Einsatzfelder definiert. Entwicklungsansätze und Entwicklungswege werden in Form eines Aktionsplans für Bildungs- und Entwicklungsmaßnahmen ausgearbeitet, um den nachfolgenden, mehrheitlich vom Mitarbeiter selbst organisierten Kompetenzentwicklungsprozess entsprechend anzustoßen und zu unterstützen.

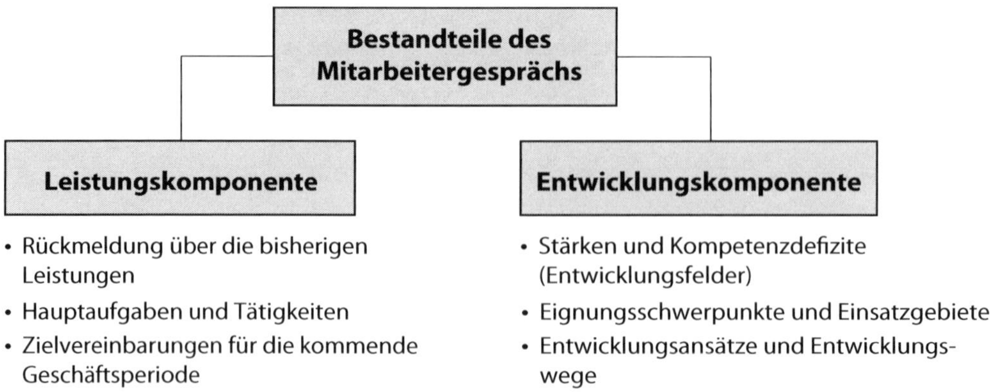

Abb. 31: Bestandteile des Mitarbeitergesprächs

63 Ziele sollten spezifisch (specific), messbar (measurable), erreichbar (attainable), sinnvoll (reasonable) und zeitgebunden (time-bound) formuliert sein.

Natürlich können beide Komponenten nicht isoliert voneinander betrachtet werden, denn beispielsweise beeinflusst die Berücksichtigung der Eignungsschwerpunkte (Stärken) stark die Leistungs- und Einsatzbereitschaft eines Mitarbeiters oder die Erledigung von bestimmten Hauptaufgaben bedingt die Beseitigung von noch evidenten Kompetenzdefiziten. Die Interdependenz darf aus diesen Gründen nicht außer Acht gelassen werden.

15.3. Für Ziele sorgen

Der erste Schritt, damit Arbeitnehmer auch bereit und begeistert sind, sich ins Unternehmen mit ihrer ganzen Kraft einzubringen, liegt im Finden und Formulieren der jeweiligen Ziele. Einsatzbereitschaft und Engagement können nur dann gefordert werden, wenn alle Beteiligten wissen, worum es geht. Ziele sind eine wichtige Voraussetzung für den Unternehmenserfolg und für die Motivation der Mitarbeiter, da sie

- den Blick auf die angestrebten Ergebnisse lenken,
- die Kräfte im Unternehmen bündeln,
- Fortschritte erkennen lassen,
- Eigenverantwortung ermöglichen und
- Sinn vermitteln.

Die Rolle der Führungskraft innerhalb des Zielfindungsprozesses kann unterschiedlich definiert werden. Die Führungskraft kann einerseits Ziele vorgeben und andererseits Ziele mit ihren Teammitgliedern vereinbaren. Die zweite Form erfordert aber auch die entsprechende Fähigkeit der Mitarbeiter, sinnvolle Ziele mit der Führungskraft formulieren und auch wirklich vereinbaren zu können. Aber: Wann ist das der Fall?

Ziele sind dann korrekt vereinbart, wenn alle Beteiligten – und nicht nur die Führungskraft – nach gegenseitigem Meinungsaustausch auf partnerschaftlicher Augenhöhe der Überzeugung sind, dass durch diese Ziele der Zweck erreicht und damit der erwartete Nutzen realisiert werden kann. Lediglich als Vorhaben konzipierte Absichtserklärungen können folglich nicht als Zielformulierungen akzeptiert werden, da dabei meist ignoriert wird, welches Ergebnis am Ende vorliegen soll.

Erfahrungen aus der Führungspraxis zeigen, dass nicht bei allen Beschäftigten diese Fähigkeit gegeben ist, sodass es bei manchen effektiver scheint, nicht am Postulat der ausschließlichen Zielvereinbarung festzuhalten, sondern von Fall zu Fall auch dazu überzugehen, seitens der Führungskraft für Ziele zu sorgen. Gemeint ist damit die mitarbeiterspezifische Definition von Zielen, d. h. entweder Zielvorgaben für manche Mitarbeiter vorab festzulegen oder Zielvereinbarungen gemeinsam mit dazu fähigen Mitarbeitern abzuschließen.

Des Weiteren erfolgt der Zielfindungsprozess je nach Zielsystem in mehreren Schritten. Ausgehend von der Unternehmensvision wird im jeweiligen Verfahren (Top-Down und/oder Bottom-Up) die Unternehmensstrategie in Ziele für die nachgeordneten Ebenen (Teilbereiche, Organisationseinheiten, Mitarbeiter) transformiert, um so die Leistungsbeiträge jedes Einzelnen festzulegen. Jedem Mitarbeiter muss klar sein, was das Unternehmen und seine Organisationsmitglieder an Leistungen erbringen müssen, um sich im Wettbewerb zu behaupten, beziehungsweise was dies für sie und ihren Wertschöpfungsbeitrag bedeutet. Unternehmenssicherung und Leistungsverbesserung der Beschäftigten werden erst dadurch ermöglicht. Ein Arbeitnehmer kann selbst gesteuertes Handeln sinnvollerweise nur dann an den Tag legen, wenn er sich mit seiner Führungskraft auf klare und eindeutig definierte Ziele geeinigt hat. Fehlende Zielsetzungen haben im Gegensatz dazu eine mangelnde Orientierung und eventuell unter den Erwartungen bleibende Leistungsergebnisse zur Folge. Ohne Ziele gibt es kein zielgerichtetes Agieren, keine Planung, keine Steuerung, keine (Selbst-)Kontrolle, was letztendlich zu einer Gefährdung des Unternehmenserfolgs führt.

15.4. Konstruktives Feedback und seine Funktion

Feedback mit einer hohen Frequenz dient einerseits dem laufenden Austausch, inwieweit ein Mitarbeiter sich auf dem richtigen Weg zur angestrebten Zielrealisierung befindet (Statuserhebung), und andererseits der Rückmeldung über die Zielerreichung nach Finalisierung von Arbeits- und Leistungsprozessen. Dieses Rückkopplungsprinzip ist insofern wichtig, als damit wesentliche Hinweise für die weitere Orientierung eines Mitarbeiters übermittelt werden können. Zusätzlich gibt es der Führungskraft auch die Möglichkeit zu evaluieren, ob ihre bisherige, auf *„Empowerment“* ausgerichtete Führungsarbeit erfolgreich war – und wenn nicht, wo die Gründe dafür zu suchen sind.

Feedback erfüllt darüber hinaus eine sogenannte Spiegelfunktion, die eine Einschätzung darüber wiedergibt, wie ein Mitarbeiter als Person, sein Verhalten und seine Handlungen auf andere wirken. Es ist nicht nur wichtig, wie er sich selbst sieht (Selbstbild), sondern auch wie andere ihn wahrnehmen. Das Selbstbild entsteht weniger durch eine sachliche Bestandsaufnahme als vielmehr durch Wunsch- und Erwartungsvorstellungen, die sich jedoch immer wieder durch das reale Leben in Frage stellen lassen müssen. Laufendes Feedback bewirkt, dass sich in weiterer Folge das Selbst- und das Fremdbild stärker angleichen, wenn ein Mitarbeiter selbstreflexiv daran arbeitet und das Feedback positiv für seine eigene Weiterentwicklung nutzt.

Demnach ist es im Zuge des Arbeitsprozesses empfehlenswert, in regelmäßigen Abständen innezuhalten und zu hinterfragen, wie die bisherigen Tätigkeiten gelaufen sind und wo es sinnvoll ist, Änderungen vorzunehmen. Das Geben von Feedback durch die Führungskraft oder von anderen am Arbeitsprozess Beteiligten spielt somit eine wesentliche Rolle, da jeder Arbeitnehmer auf eine Rückmeldung gleichermaßen angewiesen ist, will er eine positive Entwicklung seiner Persönlichkeit vorantreiben.

Wird einem Mitarbeiter nicht die erforderliche Aufmerksamkeit mittels eines konstruktiven Feedbacks geschenkt, könnte er umgekehrt rasch zum Schluss gelangen, dass seine Leistung mangels entsprechender Wertschätzung durch seine Führungskraft nur von geringer Bedeutung ist. Möglicherweise ergibt sich dadurch ein Vertrauensverlust, wenn nämlich er das Gefühl bekommt, dass sein Chef oder seine Chefin nicht immer ehrlich zu ihm ist oder ihn nicht beachtet. In der Folge könnte es zusätzlich dazu führen, dass er unsicher und in seiner weiteren Arbeitsweise beeinträchtigt oder gänzlich destabilisiert wird. Feedback zu geben und auch umgekehrt vom Mitarbeiter seitens der Führungskraft einzufordern, stellt insofern einen Meilenstein des Führungsprozesses dar.

15.5. Ergebnisse des Mitarbeitergesprächs

Die Erwartungen hinsichtlich der Resultate des Mitarbeitergesprächs sind je nach Beteiligtem (Führungskraft, Mitarbeiter) naturgemäß unterschiedlich. Jeder hat hier andere Prioritäten, die sich auch durch differierende Zugänge ergeben.

Führungskräfte sehen als erwartetes Ergebnis primär die Festlegung von Zielen einschließlich der Vereinbarung von Aufgaben und Projekten. Mitarbeiter streben vor allem eine Rückmeldung durch die Führungskraft zum bisherigen Leistungsverhalten an und widmen ihre größte Aufmerksamkeit der Planung ihrer weiteren fachlichen und persönlichen Entwicklung, sofern ihr Veränderungsstreben nicht durch andere – teilweise demotivierende oder als demotivierend erlebte – Aktionen reduziert wurde (z. B. Organisationsänderungen, deren Auswirkungen sie als negativ empfinden).

Insgesamt lassen sich trotzdem aus diesen unterschiedlichen Erwartungshaltungen einige Gesprächsschwerpunkte ableiten, deren Ergebnisse nach einem Mitarbeitergespräch in jedem Fall vorliegen sollten:

- die definierten Aufgaben, Projekte und Arbeitsprozesse, die ein Mitarbeiter aufgrund seiner Funktion oder seines Jobprofils erledigen soll;
- die vereinbarten Ziele in Übereinstimmung mit den Organisations- und/oder Unternehmenszielen, um Klarheit zu schaffen und eine Orientierung für den Mitarbeiter zu gewährleisten;
- ein klar festgelegter Monitoring-Zyklus zur Qualitätssicherung und vor allem zur Messung der Zielerreichung, der überwiegend in Eigenverantwortung ausgeübt und von der Führungskraft nur unterstützt wird;
- die Einschätzung (Feedback) des jeweiligen Gesprächspartners (von der Führungskraft an den Mitarbeiter und vice versa);
- die festgelegten Bildungs- und Entwicklungsziele sowie geplanten Personalentwicklungsaktivitäten, um die Rahmenbedingungen für die Leistungserbringung – ausgehend vom jeweiligen Jobprofil, welches als Hilfsmittel gerade dafür eine gute Basis bildet – zu schaffen.

Es erscheint daher in jedem Fall opportun, die Erwartungen im Vorfeld zwischen den Gesprächspartnern abzugleichen, um etwaige Fragen und Unklarheiten bereits in der Vorbereitungsphase klären und beseitigen zu können, was natürlich eine ausführliche Auseinandersetzung mit den jeweiligen Diskussionsthemen vor dem Gespräch sowohl seitens der Führungskraft als auch seitens des betreffenden Mitarbeiters erfordert.

Gleichzeitig wird durch die Berücksichtigung der oben dargelegten Schwerpunkte erreicht, dass alle Mitarbeitergespräche nach einer gleichartigen Struktur (einem roten Faden) ablaufen und man nicht ausschließlich von situationsbedingten Faktoren in der Erwartungshaltung und Gesprächsführung beeinflusst wird, was jedoch nicht heißen soll, jegliche Individualität auszuschließen. Der rote Faden dient als Rahmen, um die wesentlichen Eckpfeiler während des Gesprächs nicht aus den Augen zu verlieren. In der Praxis tendiert man ansonsten häufig dazu, sich in Detailfragen eines aktuellen Projekts oder einer gegenwärtigen Aufgabe eines Beschäftigten zu vertiefen oder gar zu verzetteln.

15.6. Fazit

Eine ausreichende und offene Informationspolitik in Bezug auf dieses Führungsinstrument – bereits ab der Planung und dem Start der Implementierung – gegenüber allen Beschäftigten scheint aus den genannten Gründen erfolgskritisch und ist somit eine unverzichtbare Vorbedingung für den gesamten Gesprächsprozess, der sich abschließend schematisch wie folgt skizzieren lässt:

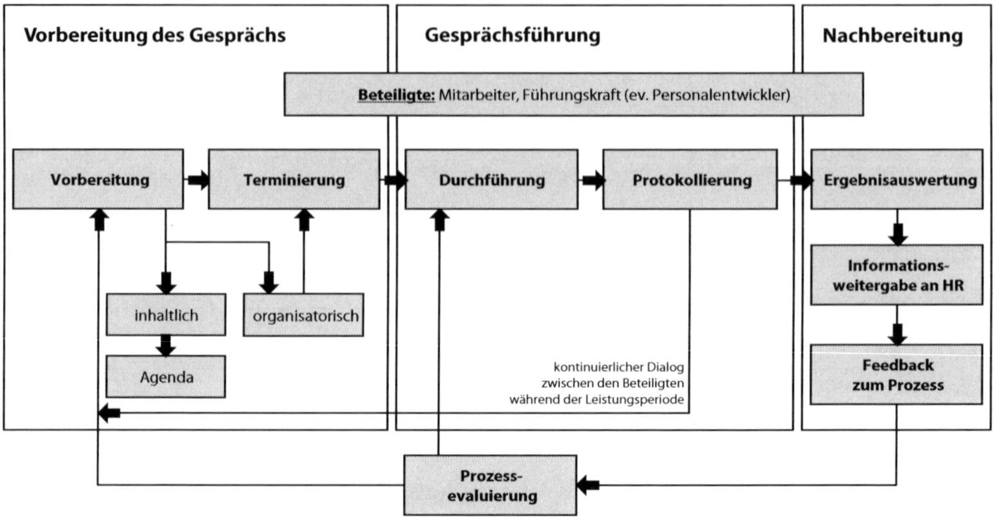

Abb. 32: Struktur des Mitarbeitergesprächsprozesses

16. Performance Management – Höhere Produktivität durch Steuerung der Leistung

16.1. Einführung

Für den Erfolg eines Unternehmens ist am Ende des Tages nicht entscheidend, wer mehr weiß oder wer sich am meisten anstrengt, sondern wer die besseren Ergebnisse erzielt, um im Wettbewerb zu bestehen. Man kann noch so viel investieren: wenn sich am Ende nicht das erwartete Resultat einstellt, war fast alles umsonst.

Viele Unternehmen und Organisationen sind aus diesem Grund dazu übergegangen, den Prozess der Leistungserbringung zu professionalisieren, um die Input-Output-Relation zu optimieren und die Erreichung der gesetzten Ziele zu begünstigen. Im Bereich der Unternehmens- und Mitarbeiterführung wurde dazu der Ansatz des Performance Managements entwickelt, der in systematischer und transparenter Form die Leistungsbereitschaft und Einsatzfähigkeit der Beschäftigten erhöhen und gleichzeitig die outputorientierte Steuerung der Performance möglich machen soll. Darüber hinaus geht es auch darum, die persönliche Entwicklung aller Arbeitnehmer im Hinblick auf ihre Kompetenzen voranzutreiben, um ihr volles Potenzial zur Entfaltung zu bringen und dadurch ebenfalls einen nachhaltigen Beitrag zur Sicherung der Unternehmensleistung zu gewährleisten.

Performance Management lenkt den Blick auf das, was letztlich zählt: Leistung und Ergebnisse. Aus welchen Teilschritten und Elementen sich der Performance-Management-Prozess zusammensetzt und welchen Nutzen man sich davon erwarten kann, damit beschäftigt sich dieses Kapitel, das gleichsam einen Rahmen für die effiziente Steuerung der Leistung in Unternehmen oder Organisationen aufzeigt.

16.2. Konzept und Charakteristika des Performance Managements

Diejenigen, die erstmalig mit diesen konzeptionellen Überlegungen in Berührung kommen, könnten meinen, dass eine weitere Methodik entwickelt wurde, welche ebenfalls die strategische sowie die operative Führungsarbeit erleichtern soll und sich dadurch nahtlos in die Vielzahl der anderen, bereits vorhandenen Managementkonzepte einordnet.

Betrachtet man das Konzept jedoch näher, so wird man feststellen, dass zwar seine einzelnen Instrumente und Elemente mehr oder weniger schon seit längerem bekannt sind, sie aber bei diesem Ansatz in effizienter Weise miteinander verzahnt werden, um einen besseren Steuerungseffekt zu erzielen. Zielsysteme (z. B. *„Management by Objectives – MbO"* oder *„Objectives and Key Results – OKR"* oder *„Balanced Scorecard – BSC"*), mitarbeiterbezogene Dialogformen (z. B. anlassbezogene Personalgespräche, periodisch geführte Mitarbeitergespräche), leistungsabhängige Vergütungssysteme, Personalentwicklungsmaßnahmen etc. sind Methoden und Instrumente, die schon längst in die Welt der Unternehmens- und Mitarbeiterführung Eingang gefunden haben. Aus diesem Grund ist es nur opportun, sie teilweise in adaptierter Form für das Performance Management zu nutzen. Erfolgskritisch und gleichzeitig kennzeichnend für dieses Konzept ist das durchdachte Ineinandergreifen der zumeist bisher isoliert angewandten Führungsmethoden. Worauf es dabei ankommt, ist die intelligente Verknüpfung der einzelnen Instrumente, die sicherstellen soll, dass Strategien umgesetzt, Ziele realisiert und Mitarbeiter entsprechend ihrer Leistungen sowie Potenziale gefördert werden. Wie diese Verknüpfung aussieht, dazu später mehr in diesem Kapitel.

Zuvor sei nochmals betont, dass es sich beim Performance Management um einen ganzheitlichen Prozess handelt, der die Leistung des Unternehmens und seiner Beschäftigten von der strategischen Planung bis hin zur operativen Umsetzung steuert. Er charakterisiert sich

- durch eine nachvollziehbare Definition der Leistung (z. B. durch Ziele, Kennzahlen, erwartete Ergebnisse), die man sich aufgrund der Ausrichtung des Unternehmens und dem damit verbundenen Arbeits- und Geschäftsmodell erwartet,
- durch eine agile Steuerung der Leistungserbringung, bei der man flexibel und schnell auf unvorhergesehene Ereignisse und geänderte Rahmenbedingungen während der Leistungsperiode reagiert sowie Ziele und Erwartungen gegebenenfalls nachjustiert,
- durch die Messung und Evaluierung der Leistungsergebnisse auf Basis von vorab festgelegten Kriterien (z. B. Kennzahlen, *„Key Performance Indicators“*) und
- durch die daraus abgeleiteten Konsequenzen und Maßnahmen für Unternehmen und Mitarbeiter (z. B. Auswirkungen auf die Vergütung, auf die weitere Entwicklung und Potenzialentfaltung).

Diese grundlegenden Dimensionen berühren alle Ebenen im Unternehmen: sowohl Leistung und Ergebnisse eines jeden Einzelnen und eines jeden Teams als auch des Unternehmens insgesamt. Darin spiegelt sich auch die umfassende Idee des Performance Managements wider, auf die im folgenden Abschnitt vertiefend eingegangen wird.

16.3. Idee des Performance Managements

Fragt man einen Mitarbeiter eines Unternehmens oder einer Organisation, ob er denn über deren strategische Zielsetzungen Bescheid weiß und sein Tun daran ausrichtet, beschränkt sich das meist auf ein grobes „Ja, schon – im Großen und Ganzen“. Hakt man nach, ob er mit seinen Arbeitsergebnissen zur Erreichung der übergeordneten Ziele tatsächlich einen Beitrag leistet, so werden seine Antworten größtenteils noch einsilbiger, um sich mit seiner Ahnungslosigkeit oder seinem Halbwissen nicht zu blamieren. Genau darin zeigt sich aber die Misere einer wenig bis gar nicht gelenkten Unternehmens- und Mitarbeiterführung, wenn für jene, die die Leistung erbringen sollen, einerseits die Zusammenhänge unklar sind und sie andererseits über keine konkreten Einblicke darüber verfügen, welche Arbeitsbeiträge ihrerseits im Hinblick auf die Realisierung der Gesamtstrategie erforderlich sind. Erfahrungsgemäß ist so eine Situation oftmals dadurch begründet, dass Mitarbeiterleistung in der Organisation seitens der Führungskräfte mehr schlecht als recht gesteuert, nicht ausreichend gewürdigt und schon gar nicht angemessen honoriert wird – ein fatales und für alle Beteiligten nicht besonders zufriedenstellendes Setting, das jedoch deutlich zum Ausdruck bringt, weswegen es Sinn macht, sich mit der Idee und den Vorteilen eines Performance Managements auseinanderzusetzen, um die oben beschriebene Situation ins Positive zu transformieren.

Diese Überlegungen resultieren aus der Erkenntnis, worauf es beim Performance Management faktisch ankommt, will man damit eine positive Wirkung erzielen:

- marktfähige Strategien entwickeln,
- Ziele festlegen,
- Ziele unter adäquaten Rahmenbedingungen realisieren,
- Menschen dafür gewinnen und gemäß ihrem Potenzial fördern.

Jetzt werden vielleicht einige anmerken, dass diese Wirkungskette logisch und nicht unbedingt erwähnenswert sei, jedoch zeigen einschlägige Untersuchungen immer wieder, dass in rund 70 % aller Unternehmen Performanceprobleme auf eine mangelhafte oder fehlgeleitete Strategieumsetzung zurückzuführen sind. Zu viele verabsäumen es, Strategien und Ziele so zu transformieren, dass die Mitarbeiterleistung in enger Korrelation zum Unternehmenszweck erbracht wird. Häufig ist – wie schon ausgeführt – festzustellen, dass Arbeitnehmer die strategische Ausrichtung des Unternehmens oftmals gar nicht kennen, ihre Leistung nicht im Gesamtkontext der Unternehmensziele einordnen können oder seine Strategie gar als geheimnisumwittertes Konstrukt ansehen, das „die da oben" einmal pro Jahr entwerfen – jedoch ohne wesentliche Konsequenz für ihr eigenes Tun. Keine Frage, dass hier Abhilfe geschaffen und die Wahrnehmung der Beteiligten entsprechend zurechtgerückt werden muss, will man mit seinem Unternehmen oder seiner Organisation nicht ins Hintertreffen geraten.

16.4. Beteiligte beim Performance Management

Wer ist an diesem Prozess beteiligt oder muss aufgrund seiner Funktion spezifische Aufgaben beim Performance Management wahrnehmen? Im Prinzip alle, die im Unternehmen tätig sind:

- das Top Management (z. B. oberste Leitungsebene, Geschäftsleitung, Vorstand), das insbesondere für die Strategieentwicklung und Zielfestlegung Verantwortung trägt, sowie der „*Owner*" des Gesamtprozesses ist,
- die Führungskräfte, die für das Management der Zielrealisierung – also für den Umsetzungsprozess – und den Einsatz der Monitoring- sowie Feedbackinstrumente verantwortlich sind und
- die Mitarbeiter, deren Leistung gefragt ist und deren Resultate adäquat zu honorieren sind.

Abb. 33: Beteiligte beim Performance Management

Solange der Fokus bei allen Beteiligten auf die strategische Ausrichtung und deren Realisierung ausgerichtet ist, lässt sich eine durchgängige Konzentration auf die erforderlichen Ergebnisse generieren sowie eine *„High-Performance-Kultur"* etablieren, die sowohl für Unternehmen als auch Beschäftigte Nutzen stiftet: Unternehmen können dadurch ihre Strategien erfolgreich umsetzen und ihre Ziele erreichen; Arbeitnehmer können ihre Potenziale zur Erzielung herausragender Leistungen voll ausschöpfen und sich in einem herausfordernden und motivierenden Arbeitsumfeld entfalten, sofern sie die ihnen zugestandenen Freiräume dafür nutzen.

16.5. Phasen des Performance Managements

Es handelt sich beim Performance Management um einen zyklischen Prozess, der in jeder Leistungsperiode mit der Planung beginnt, mit der Leistungserbringung seinen Höhepunkt erreicht und schlussendlich nach der Evaluierung in die daraus abgeleiteten Konsequenzen mündet.

Die Planung umfasst die Formulierung der strategischen Schwerpunkte und die Zielfestlegung. Um Strategien und Ziele für ein Unternehmen zu definieren, bedarf es vorab einer sorgfältigen Analyse der aktuellen Unternehmenssituation und seiner Umfeldbedingungen – also der Klärung aller internen und externen Einflussfaktoren, die die langfristige Wettbewerbssituation des Unternehmens oder der Organisation tangieren.

Das Ganze resultiert in einem Arbeits- und Geschäftsmodell, welches die Grundlage für die gesamte Leistungserbringung darstellt und das unternehmerische Handeln determiniert. Nun kommen die Zielsysteme ins Spiel (z. B. *„Management by Objectives"* oder *„Objectives and Key Results"* oder *„Balanced Scorecard"*), die gleichsam das Fundament für die Leistungssteuerung und somit das „Rückgrat" für den gesamten Prozess bilden. Wissen aufgrund des gewählten Zielsystems sowohl die Teams als auch ihre einzelnen Mitglieder danach Bescheid, wohin die Reise geht, d. h. sind die Ziele für sie transparent oder vielmehr plausibel und haben sie ebenso Kenntnis über die Messkriterien für deren Erreichung, so steht der Umsetzung nichts mehr im Wege.

Aber dabei bleibt es nicht, denn auch das konsequente Aussteuern der Umsetzung ist ein – wenn nicht das entscheidende – Erfolgsmerkmal des gesamten Prozesses. Es beinhaltet die fortlaufende Beobachtung und Messung der Zielerreichung, um bei Abweichungen rasch reagieren und gegensteuern zu können. Dabei begünstigen ein regelmäßiger Austausch zwischen den Führungskräften und Beschäftigten hinsichtlich des Fortschritts der Arbeiten sowie ein konstruktives Feedback mit hoher Frequenz eine ziel- und ergebnisorientierte Vorgehensweise. Führungskräfte müssen speziell in dieser Phase ihre Rolle als Coach ihrer Mitarbeiter aufgreifen, da sich ihre Führungsverantwortung nicht nur auf die Arbeitsresultate ihrer Teams, sondern auch auf die Förderung und Entwicklung ihrer Mitglieder erstreckt.

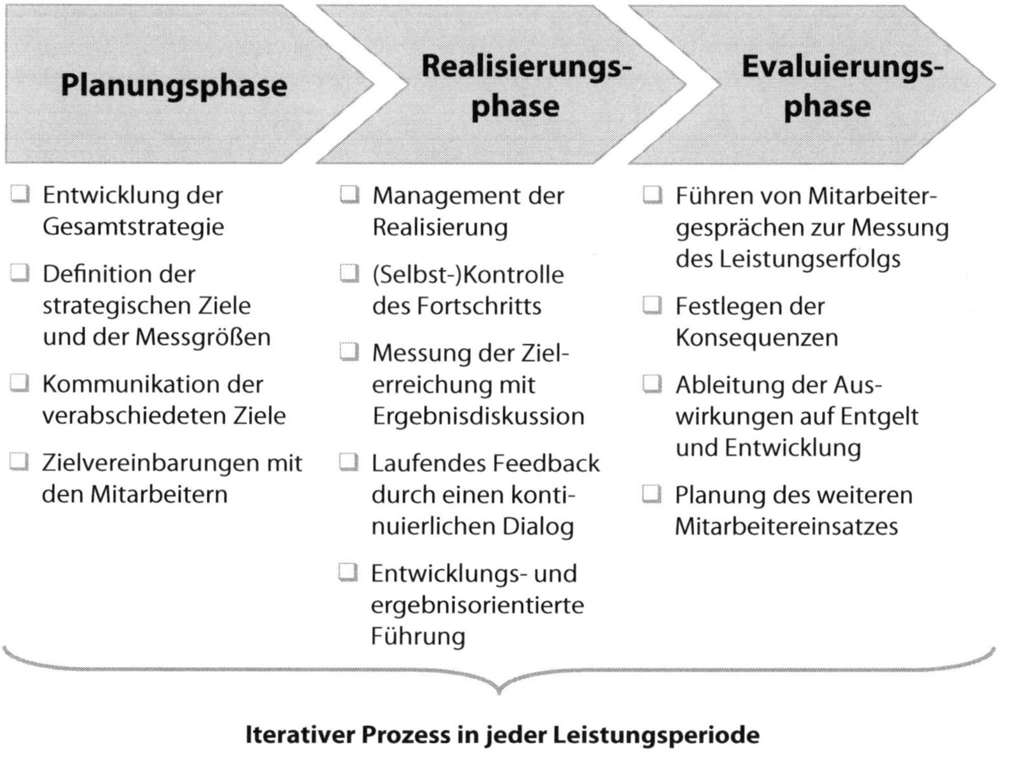

Abb. 34: Phasen des Performance Managements

Nach Abschluss der Leistungsperiode sind die Ergebnisse zu evaluieren, was üblicherweise im Rahmen von Mitarbeitergesprächen oder ähnlich konzipierten Dialogformen (z. B. Teamgespräche, Entwicklungsdialoge, Führungskonferenzen) erfolgt. Einerseits erhält jeder Einzelne dadurch von seiner Führungskraft Feedback zu den erbrachten Leistungen im zurückliegenden Betrachtungszeitraum, andererseits werden die daraus resultierenden Konsequenzen diskutiert und alle weiteren Vereinbarungen sowie etwaigen Maßnahmen im Hinblick auf die Vergütung, die persönliche Entwicklung, den zukünftigen Mitarbeitereinsatz etc. abgeleitet. Aber nicht nur das: damit sich Leistung für den Mitarbeiter lohnt, gehört zu einem konsequenten Performance Management ebenso ein leistungsabhängiges Vergütungssystem, das entsprechende Anreize schafft und die jeweilige Zielerreichung angemessen, nachvollziehbar und fair honoriert. Darüber hinaus darf in dieser Prozessphase auch die weitere Personalentwicklung nicht zu kurz kommen. Deswegen sind zusätzlich geeignete Entwicklungs- und Fördermaßnahmen in den oben genannten Dialogformen zu thematisieren sowie danach anzustoßen oder noch laufende Maßnahmen aus den vorangegangenen Entwicklungsplanungen gegebenenfalls zu adaptieren. Davon profitieren aber nicht nur die Beschäftigten, denn damit lässt sich obendrein insgesamt der Personaleinsatz optimal planen: als *„Top Performer"* ausgewiesene Mitarbeiter stehen gemäß ihren Leistungen und ihrem Potenzial möglicherweise auch für andere, höherwertigere Positionen zur Verfügung; identifizierte *„Talente"* können gezielt gefördert werden; *„Low Performer"* sind bei gravierenden Leistungsmängeln – insbesondere, wenn diese bereits des Öfteren diskutiert wurden – von der aktuellen Position abzuziehen.

Wie bereits angekündigt, werden während des Performance Managements in den einzelnen Phasen schon bisherige in der Praxis angewandte Führungsinstrumente eingesetzt, die nun im Folgenden näher beleuchtet werden. Sie sind Hebel für die Umsetzung und erfordern sowohl eine professionelle als auch konsequente Anwendung seitens aller Beteiligten.

16.6. Elemente und Instrumente des Performance Managements

Insbesondere auf Mitarbeiterebene sind aufeinander abgestimmte Instrumente zur Steuerung der Performance elementar und somit den Führungskräften seitens des Personalmanagements zur Verfügung zu stellen, um den Prozess für alle Beteiligten spürbar voranzutreiben und das Erzielen der erwarteten Ergebnisse zu begünstigen. Folgende Instrumente gelangen daher bei den jeweiligen Prozessschritten idealerweise zur Anwendung (siehe dazu auch die Abbildung):

16.6.1. Zielvereinbarungen mit den Mitarbeitern

Der erste Schritt, damit die Beschäftigten auch bereit und willens sind, sich ins Unternehmen mit ihrer ganzen Kraft einzubringen, liegt im Finden und Formulieren der jeweiligen Ziele. Einsatzbereitschaft und Engagement können nur dann gefordert werden, wenn alle Beteiligten wissen, worum es geht. Das Führen durch Ziele ist somit eine notwendige Voraussetzung für unternehmerisches Handeln. Ziele geben einem Mitarbeiter Orientierung, welchen Beitrag er zum Geschäftserfolg leisten soll, verschaffen ihm den notwendigen Freiraum und bilden die Grundlage für die Bewertung der erreichten Leistung. Gleichzeitig vermitteln sie Sinn und Zweck seines Tuns – nicht zuletzt Aspekte, denen in der aktuellen Diskussion rund um *„New Work"* gerade von den jüngeren Generationen ein hoher Stellenwert beigemessen wird.

Der Zielfindungsprozess erfolgt – wie bereits im Kapitel 15. zum Mitarbeitergespräch erwähnt (vgl. dazu die dortigen Ausführungen sowie jene im Kapitel 26. zu den „Zielvereinbarungen und ihren Kardinalfehlern") – in mehreren Schritten. Ausgehend von der Unternehmensvision und der daraus abgeleiteten Strategie werden in Abhängigkeit vom jeweiligen Zielsystem (z. B. MbO, OKR, BSC) Ziele für die nachgeordneten Ebenen (Teilbereiche, Organisationseinheiten, Teams, Mitarbeiter) entweder Top-Down oder Bottom-Up erarbeitet, um so die Leistungsbeiträge jedes Einzelnen festzulegen. Für jeden Mitarbeiter muss am Ende nachvollziehbar sein, was das Unternehmen und sein Team an Leistungen erbringen muss, um sich im Wettbewerb durchzusetzen, und was das für ihn und seinen Wertschöpfungsbeitrag bedeutet.

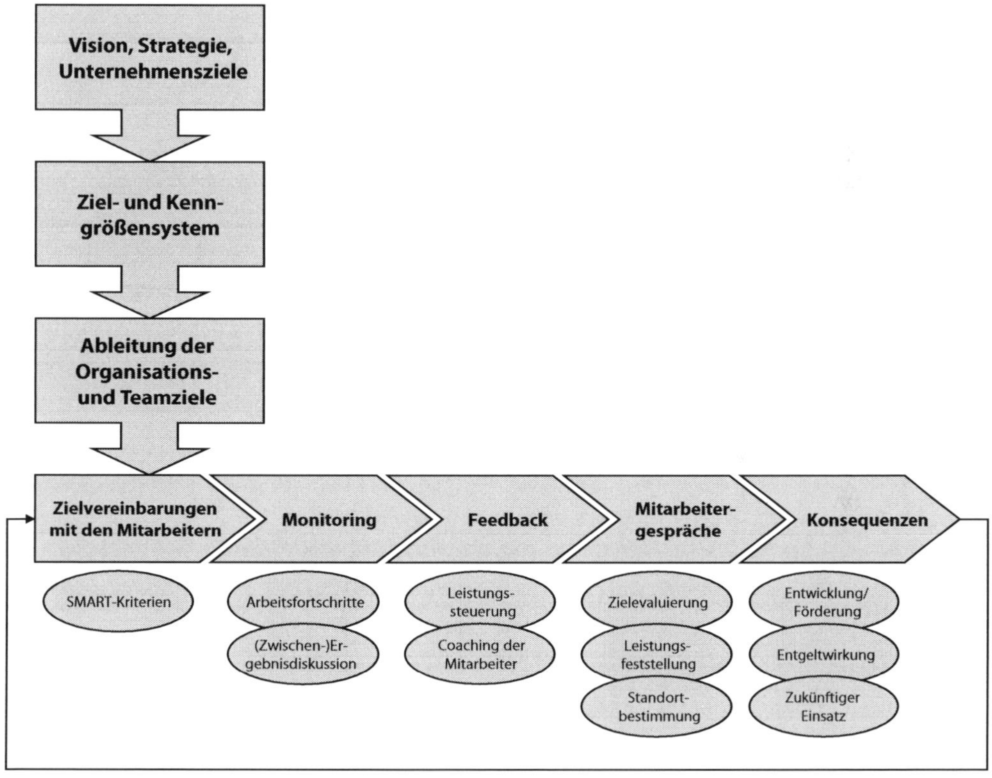

Abb. 35: Elemente und Instrumente des Performance Managements

Dabei sind die mit den Teammitgliedern schriftlich vereinbarten Ziele ***„S.M.A.R.T.“***[64]festzulegen. Es handelt sich hierbei um einen Kriterienraster, der bei der

64 Das Konzept geht auf den Managementforscher und Unternehmensberater *Peter Drucker* zurück und wurde in seinem Werk „People and Performance: The Best of Peter Drucker on Management, New York 1977" erstmals thematisiert.

Definition von Zielen anzuwenden ist. Ziele müssen, um erreichbar und überprüfbar zu sein, demnach den folgenden Anforderungen nachkommen:

„S“spezifisch-konkret
„M“messbar
„A“aktiv beeinflussbar
„R“realistisch
„T“terminiert

Dies bedeutet, dass Ziele zu bestimmen sind, die konkrete Angaben zu den vereinbarten Leistungsverbesserungen enthalten (dient der Orientierung und der Information), leicht beobachtbar und möglichst gut messbar sind (dient der Outputorientierung und der Evaluierung), einerseits erreichbar und andererseits aber auch herausfordernd sind (dient der Motivation und der Anreizgestaltung), für die ausgeübte Tätigkeit erfolgswirksam (dient der Validität) und durch den Mitarbeiter beeinflussbar (dient der Motivation) sind. Zusätzlich müssen auch die Rahmenbedingungen in Betracht gezogen und die entsprechenden Ressourcenplanungen vorgenommen werden, da die Ziele klarerweise eng mit den Mitteln zu deren Erreichung verwoben sind.

Ziele können sich während des Betrachtungszeitraumes (Leistungsperiode) nur aus wesentlichen Gründen ändern: beispielsweise durch die Neuausrichtung der übergeordneten Ziele, durch eine Veränderung des Verantwortungsbereiches oder durch die Versetzung eines Arbeitnehmers. In diesen Fällen sind entweder die bisherigen Ziele zu adaptieren oder neue Ziele mit den davon betroffenen Mitarbeitern zu vereinbaren.

16.6.2. Monitoring und Feedback

Das Vereinbaren von Zielen und die Diskussion zu deren Umsetzung sind zugleich Start für die Leistungserbringung. Um allerdings während der Leistungsperiode überprüfen zu können, ob die Zielrichtung stimmt und ob die richtigen Maßnahmen dafür eingeleitet wurden, sind eine laufende Fortschrittskontrolle und ein regelmäßiger Austausch im Sinne eines kontinuierlichen Dialogs zwischen jedem Mitarbeiter und seiner Führungskraft unverzichtbar. Damit kann auf Abweichungen adäquat reagiert und darüber hinaus können zusätzliche Maßnahmen eingeleitet werden, um etwaig sich abzeichnenden Fehlentwicklungen gegenzusteuern. Überdies hat – wie bereits hingewiesen – die Führungskraft insbesondere bei diesem Prozessschritt ihre Rolle als Coach wahrzunehmen, denn nur durch konstruktives und entwicklungsorientiertes Feedback kann die Leistung des Mitarbeiters zielorientiert kanalisiert und sein *„Empowerment“* im Sinne einer zukünftigen Selbstbefähigung tatsächlich intensiviert werden.

16.6.3. Mitarbeitergespräche

Das Mitarbeitergespräch zwischen einem Mitarbeiter und seiner Führungskraft wird hier als systematisches und in periodischen Abständen durchgeführtes Innehalten verstanden, das zum Rückblick auf die bisher gezeigten Leistungen und Arbeitsergebnisse dient, sowie eine Standortbestimmung des Mitarbeiters für die Verfolgung der Ziele und Ausrichtung seiner Tätigkeiten ermöglicht (vgl. dazu auch die Ausführungen im Kapitel 15.

zum „Mitarbeitergespräch"). Gegenstand ist jedoch nicht nur die Leistungsfeststellung und die Evaluierung der vereinbarten Ziele, sondern auch die Diskussion der daraus abgeleiteten Konsequenzen, die die weiteren Maßnahmen in Bezug auf Personalentwicklung und Vergütung des Mitarbeiters determinieren.

16.6.4. Konsequenzen des Performance Managements

Damit sich Leistung für jeden Beschäftigten tatsächlich lohnt, müssen die erzielten Resultate adäquate Konsequenzen nach sich ziehen. Will man dem entgeltpolitischen Grundsatz *„Pay for Performance"* entsprechendes Leben einhauchen, so ist das Zielsystem mit einem leistungsorientierten Vergütungssystem zu verknüpfen, das die Mitarbeiterergebnisse spürbar honoriert und auch eine Teilhabe am Unternehmenserfolg vorsieht.

Aber die Auswirkungen beschränken sich nicht nur auf Vergütung und Honorierung, sondern es ist zusätzlich die Aufgabe der Führungskraft (häufig mit Unterstützung des Personalmanagements), auf Basis des identifizierten Mitarbeiterpotenzials geeignete Entwicklungs- und Fördermaßnahmen einzuleiten, die einerseits die Leistungserbringung in der nachfolgenden Periode sinnvoll unterstützen und andererseits einen Einsatz des Arbeitnehmers für andere, höherwertigere Funktionen erlauben. Dadurch lässt sich die individuelle Entwicklung mit der organisationsweit angelegten Personalplanung und der strategischen Personalentwicklung und Mitarbeiterförderung verbinden.

In diesem Zusammenhang darf nicht unerwähnt bleiben, dass im Rahmen des Performance Managements konsequenterweise auch eine Differenzierung gemäß der erbrachten Leistung und des Potenzials zu erfolgen hat, will man den in den vorigen Abschnitten dargelegten Grundsätzen tatsächlich nachkommen. Konkret bedeutet dies, dass *„Top Performer"* entsprechend gefördert werden und *„Low Performer"* mit anderen mitarbeiterbezogenen Maßnahmen rechnen müssen. Diese können neben spezifischen Personalentwicklungsmaßnahmen (z. B. Schulungen, Mentoring) auch die Versetzung auf eine neue Position nach sich ziehen (um beispielsweise einem *„Low Performer"* eine weitere Chance zu geben) oder im schlimmsten Fall zur Trennung von der Organisation durch Beendigung des Dienstverhältnisses führen.

Nach Abschluss der zurückliegenden Leistungsperiode startet der Zyklus wieder von vorne, beginnend mit dem Überdenken der strategischen Ausrichtung des Unternehmens oder der Organisation sowie mit der Erarbeitung und Festlegung der neuen Ziele für die kommende Leistungsperiode.

16.7. Mögliche Fehlerquellen bei der Implementierung

Häufig scheitert die Implementierung eines Performance Managements meist schon daran, dass die Vorstellung über die Ausrichtung des Unternehmens unklar ist oder Organisationsziele kaum bis gar nicht explizit formuliert werden. Schwammige Absichtserklärungen, die isoliert aneinandergereiht und für die Nachverfolgung mehr schlecht als recht operationalisiert werden, können nicht zu der intendierten Leistungssteigerung führen. Daher sei nochmals auf diesen Zusammenhang hingewiesen – nämlich, dass Beschäftigte primär dann in der Lage und willens sind, sinnorientiert und zielgerichtet ans

Werk zu gehen, wenn die definierten Ziele in einer Organisation aufeinander abgestimmt, systematisch hergeleitet und bewertbar verankert wurden.

Ein weiterer Hemmschuh ist sehr oft die mangelnde oder auch nur halbherzige Umsetzung der vereinbarten Maßnahmen, die für die Zielerreichung eine unverzichtbare Voraussetzung darstellen. Mitunter fehlt es an wesentlichen Ressourcen oder andere Rahmenbedingungen, die für die Leistungserbringung unabdingbar sind, werden nicht ins Kalkül gezogen.

Eine Hauptursache für das Scheitern dieses Konzepts liegt ferner darin, dass gute oder weniger gute Leistungen zu keinen spürbaren Konsequenzen führen. Wenn Ergebnisse nicht entsprechend gewürdigt und honoriert werden, so werden die Mitarbeiter sehr rasch den Ernst an der Sache aus den Augen verlieren. Wenn sie erleben, dass andere Arbeitnehmer für weniger Leistung dieselbe Kompensation als Honorierung erhalten oder sogar wie die *„Top Performer"* noch gefördert werden, so ist die Motivation rasch am Nullpunkt – und das Konzept nicht mehr als ein Papiertiger.

16.8. Fazit

Führung kann auf Basis eines Performance Managements dann wirksam gelebt werden, wenn es gelingt, die einzelnen Führungsinstrumente in abgestimmter Form miteinander so zu verknüpfen, dass sich ein konkludenter Unternehmens- und Mitarbeitersteuerungsprozess ergibt.

Nur wenn Beschäftigte die Sinnhaftigkeit der verschiedenen Elemente nachvollziehen und sie ihr Handeln sowohl an den eigenen Vorstellungen als auch an den Erwartungen des Unternehmens ausrichten können, werden sie sich mit voller Kraft einbringen und ihre Arbeitsleistung zur Gänze für die Zielerreichung zur Verfügung stellen. Wird eine solche Aktivierung der Mitarbeiter durch dieses Konzept erreicht, so hat Performance Management seinen Zweck erfüllt.

17. Personalentwicklung 4.0 – Mehr Empowerment und weniger Management

17.1. Einführung

Wozu braucht es noch eine Personalentwicklung und dafür verantwortliche Spezialisten im Unternehmen? Hat sich ihr Rollenbild nicht weitgehend überholt, da sich eine langfristig angelegte Personalplanung in Zeiten der rapiden Veränderungen und des stetigen Wandels der bisherigen Arbeits- und Führungsmodelle kaum mehr bezahlt macht? Ergo, sollte man es im Zeitalter der Digitalisierung dann nicht gleich sein lassen und diese Ressourcen für andere, nutzbringendere Zwecke einsetzen? Zugegeben – provokante Fragen, die bei manchen Personalisten, die sich bis dato um die Identifizierung der Mitarbeiterpotenziale und deren Realisierung – sei es durch Entwicklungsprogramme oder andere Trainingsmethoden – gekümmert haben, Existenzängste auslösen. Ihre Daseinsberechtigung im digitalisierten Unternehmen steht zur Disposition und sie werden diese über kurz oder lang verlieren, wenn sie ein-(oder schon aus-)getretene Pfade in der Personalentwicklung weitergehen und sich nicht an die neuen Gegebenheiten der Arbeitswelt 4.0 anpassen. D.h. auch sie müssen die Herausforderungen, die sich in den sich neu etablierenden Formen der Zusammenarbeit, in den sich ständig ändernden Arbeitsplatzanforderungen und in den flacher werdenden Hierarchien manifestieren, annehmen und dafür intelligente Ansätze sowie teilweise neue Methoden entwickeln, die auch in Zukunft zu einer Potenzialentfaltung bei den Mitarbeitern beitragen und so die Nachbesetzung von Schlüsselfunktionen erleichtern. Nur dann werden sie weiterhin ihre Legitimation behalten und gern für ihre Leistungen honoriert werden. Welche neuen Ansätze und Methoden das sind – dazu später mehr. Zuvor soll zum besseren Verständnis, warum sich ebenfalls in diesem personalwirtschaftlichen Bereich ein Transformationsbedarf abzeichnet, näher auf die Ausgangslage und die durch die Digitalisierung ausgelösten Implikationen eingegangen werden.

War es in der Vergangenheit üblich, sich als Personalverantwortlicher mit den Führungskräften und den betroffenen Mitarbeitern zusammenzusetzen, um konkrete Entwicklungsschritte über mehrere Perioden generalstabsmäßig zu planen und für deren Umsetzung aus dem mannigfaltigen Instrumentenbaukasten der Personalentwicklung vermeintlich zielführende Methoden auszuwählen, so zeichnet sich hier aufgrund der zunehmenden Flexibilität in puncto Führung, Zusammenarbeit im Unternehmen und digitalisierter Organisation des Leistungsprozesses ein Umdenken ab – denn der Aufwand für alle Mitarbeiter rechnet sich mancherorts, wenn überhaupt, nur mehr in eingeschränktem Ausmaß. Starre Laufbahnmodelle und das langjährige Hinführen auf die Übernahme einer Schlüsselfunktion entfalten nur noch bedingt ihre beabsichtigte Wirkung – und dies aus mehreren Gründen. Fortlaufend verändern sich Arbeitsplätze und damit verbundene Funktionen, neue (digitale) Jobs entstehen, herkömmliche entfallen zur Gänze, da beispielsweise Routineaufgaben zunehmend durch maschinelle Algorithmen abgelöst werden. Zukünftige Berufsbilder sind oft noch unklar und erscheinen zumeist in einem anderen – teilweise noch nebulösen – Licht. Die Mitarbeiter einzig und allein in eine bestimmte Richtung entwickeln zu wollen, ist in solch einem Szenario nicht nur fragwürdig und kostspielig, sondern vergebliche Liebesmüh und vielfach zwecklos. Klammert man sich hier weiterhin an einmal in der Vergangenheit niedergeschriebene Pläne ohne Bereitschaft und Fähigkeit zur Adaptabilität, so suggeriert dies allenfalls eine vermeintliche Professionalität in der betrieblichen Personalentwicklung, führt aber kaum mehr zum erhofften Erfolg.

Als weiterer Trend zeichnet sich ab, dass sich die nachwachsenden Generationen nicht mehr nur einem Arbeitgeber verschreiben, sondern sie nutzen verstärkt neue Herausforderungen und spannender klingende Aufgaben – auch und gerade, wenn diese in anderen Organisationen angeboten werden, was sich schlussendlich auch auf die Fluktuationsraten in den angestammten Unternehmen auswirken wird. Loyalitäten haben nicht mehr jenen Stellenwert, den sie für frühere Generationen hatten, sondern Angehörige der Y- und Z-Generation entscheiden viel stärker nach dem Kalkül der Sinnhaftigkeit ihres Tuns und nach dem Grundsatz, ob der vakante Job ihren Erwartungen an das Berufsleben entspricht. Sie schrecken dabei auch nicht davor zurück, die Form der Zusammenarbeit zu wechseln und so einmal unselbständig oder ein anderes Mal wieder selbständig tätig zu sein – je nachdem, wie eine Aufgabe es gerade erfordert. Ebenso ist dabei die temporäre Mitarbeit in Projekten oder Netzwerken eine Option, die ihrem Autonomiestreben noch stärker entgegenkommt und sie so intrinsisch motiviert ans Werk gehen lassen. „*Crowdsourcing*[65]", „*Co-Working*[66]" und Arbeiten als „*Freelancer*" stehen für diese neue Arbeitswelt, die es für Personalverantwortliche ebenfalls doppelt schwierig macht, Entwicklungswege und Laufbahnen längerfristig zu planen. Jene, für die sie diese Pläne konzipieren, können ihnen rascher abhandenkommen, als ihnen lieb ist. Viel erfolgskritischer wird es daher sein, nachhaltige Beziehungen zu besonders vielversprechenden Mitarbeitern aufzubauen, um ihnen gegebenenfalls die Rückkehr ins Unternehmen nach einer Phase der Abwesenheit zu ermöglichen und um so vom zusätzlichen Potenzial, das sich bei ihnen aus den bei anderen Aufgaben und Organisationen generierten Erfahrungen speist, zu profitieren.

Ein weiteres Indiz in diesem Zusammenhang ist auch der Wunsch nach zunehmender Zeitautonomie, um die Verteilung von Berufs- und Privatleben je nach Lebensphase frei wählen zu können. Flexibilisierte Arbeitszeitmodelle, Teilzeitangebote und Homeoffice-Konzepte[67] (vgl. dazu auch die Ausführungen im Kapitel 8. zum „Homeoffice"), die teilweise schon auf gesetzlichen Grundlagen beruhen oder in Unternehmen bereits in eigenen Vereinbarungen geregelt wurden, um so die Anspruchsmöglichkeiten der Mitarbeiter auch

65 Beim „*Crowdsourcing*" werden einzelne Tätigkeiten, die bisher intern bearbeitet wurden, beispielsweise an eine Vielzahl von freiwilligen, an der Herausforderung interessierten Arbeitskräften ausgelagert und vielerorts in Form eines Wettbewerbes ausgeführt. Die Tätigkeit kann sich dabei sowohl auf eine Innovation als auch auf bereits bestehende operative Aktivitäten oder Produkte beziehen (vergleichbar mit dem „*Outsourcing*").

66 Beim „*Co-Working*" arbeiten Freiberufler, Kreative, kleinere Startups oder digitale Nomaden in meist größeren, offenen (Arbeits-)Räumen zusammen und können auf diese Weise voneinander profitieren. Sie können auch unabhängig voneinander agieren und für unterschiedliche Firmen und Projekte tätig sein oder gemeinsam Projekte verwirklichen.

67 In Deutschland wird derzeit ein gesetzlicher Anspruch auf „*Homeoffice*" diskutiert, in den Niederlanden ist dieser bereits Realität. In Österreich beschränken sich Homeoffice-Regelungen primär auf die betriebliche Ebene (teilweise mit Rechtsanspruch für die Mitarbeiter, sofern dieser auf einer Betriebsvereinbarung beruht beziehungsweise in einer solchen geregelt wird).

normativ zu definieren, sind hierfür bereits ein probates Mittel zum Zweck. Aus der Sicht mancher Führungskräfte und Personalentscheider spricht das auch nicht gerade für eine auf Kontinuität ausgerichtete Personalentwicklung, da sie stets mit Umbrüchen rechnen müssen, die ursprünglich gesetzte Entwicklungsziele möglicherweise pulverisieren. Vielmehr kommt es dabei auf die jeweiligen Zugänge an, in welcher Form sich Führungskräfte flexibel zeigen und versuchen, den individuellen Bedürfnissen der Mitarbeiter je nach ihren Lebensphasen nachzukommen oder weiterhin an starren Modellen festhalten. So wie die neuen Geschäftsmodelle zu einer stärker ausgeprägten Individualisierung bei der Produktion oder Dienstleistungserbringung führen, um den Kundenbedürfnissen in höchstem Ausmaß entsprechen zu können, ist dieser Trend auch auf der Mitarbeiterseite festzustellen. Auch sie wollen sich mit ihren Wünschen, Erwartungen und persönlichen Vorstellungen wahrgenommen fühlen und nicht in ein vorgefertigtes Korsett gezwängt werden, das eine Entwicklung nur in eine bestimmte Richtung fördert und dem sie eventuell aus ihrer Sicht jedwede Sinnhaftigkeit absprechen. Folglich haben aus diesen Gründen ausschließlich auf Standardisierung fokussierte Personalentwicklungskonzepte keine Berechtigung mehr und können getrost archiviert werden.

Zu guter Letzt ändern sich auch klassische Karrierepfade, die auf einen stetigen Aufstieg nach oben hin in Unternehmen und Organisationen ausgerichtet waren. Primärer Schwerpunkt lag dabei auf der allseits bekannten Karriereleiter, die es zu erklimmen galt. Nur wenn man sich Sprosse um Sprosse in der Hierarchie aufwärts bewegte, hatte man es aus der Sicht jener, die vor allem in den letzten Dekaden des vorigen Jahrhunderts sozialisiert wurden (Gen X und Gen Y), geschafft und man durfte mit Stolz auf das bisherige Arbeitsleben zurückblicken. Alle etwaigen Entbehrungen, die dabei im Privatleben in Kauf genommen werden mussten, wurden tunlichst ausgeblendet, denn man lebte, um zu arbeiten. Auch hier zeichnet sich eine deutliche Trendwende ab, denn die jetzt ins Berufsleben eintretenden Generationen haben dazu einen gänzlich anderen Zugang. Wachstum und individueller Erfolg resultieren für sie nicht mehr unweigerlich aus einem vertikalen Aufstieg und der Übernahme von Führungspositionen, sondern sie definieren Karriere vielfältiger – nämlich in Form einer Kletterwand und nicht als Karriereleiter. Einmal macht man einen Schritt nach oben, dann einen Schritt zur Seite oder wieder ein anderes Mal einen kleinen Schritt nach unten – so wie beim Sportklettern, bei dem ebenfalls andere Motive (etwa persönliche Entwicklung oder Erzielung von Bestleistungen) im Vordergrund stehen, anstatt nur den Gipfel zu erreichen. Spontaneität und Wendigkeit sind dabei gefragt und exakt diese Einstellungen prägen auch ihr Karrierestreben. Man übernimmt im Unternehmen eine Führungsfunktion zur Leitung eines Teams, dann macht man eine Seitwärtsbewegung und agiert als Fachexperte in einem bestimmten Themenbereich und ein anderes Mal steuert man als Projektmanager ein temporär zusammengesetztes Projektteam, um möglicherweise danach wieder in die Expertenfunktion zurückzukehren. Für die Mitarbeiter der Gen X und Gen Y kommt es darauf an, dass ihnen das Unternehmen genau diese Durchlässigkeit zwischen den einzelnen Laufbahnen ermöglicht (vgl. dazu auch die Ausführungen in den Kapiteln 5. und 20. zur „Fach- und Projektlaufbahn"), damit sie sich in unterschiedlichen Rollen erproben können und ihren Einsatz auch als lohnenswert empfinden. Sie orientieren sich hier an gänzlich neuen Werten und haben diesbezüglich somit auch andere Erwartungen.

17.2. Neue Wertvorstellungen und andere Erwartungen

Die im vorhergehenden Abschnitt skizzierten Entwicklungen gehen einher mit einem modifizierten Rollenverständnis bei den Mitarbeitern, das die zukünftigen Karriereerwartungen in einem anderen Licht erscheinen lässt. War es – wie erwähnt – früher bedeutsam, beruflichen Erfolg nach dem Absolvieren standardisierter Personalentwicklungsprogramme primär am Aufstieg in der Hierarchie zu messen, so ist die Erwartungshaltung der jüngeren Generationen nun eine andere. Nicht mehr Ansehen, Status und die mit einer höheren Funktion verbundenen, nach außen hin sichtbaren Insignien der Macht (wie beispielsweise Dienstwagen oder großes Büro) stehen im Vordergrund, sondern die Sinnhaftigkeit der Aufgaben und der Autonomiegrad bei der Arbeitsgestaltung. Je höher beide Faktoren ausgeprägt sind, umso eher empfinden Mitglieder der Nachwuchskohorten dies sowohl als Anerkennung ihrer Person als auch motivierend, selbst an der eigenen Entwicklung zielgerichtet zu arbeiten (womit in diesem Zusammenhang das Stichwort „*Employability*[68]" ebenfalls wieder eine Renaissance erlebt). Enge Strukturen bewerten sie mehr als Fesseln der Organisation denn als Orientierungshilfen, die sie am Ausleben ihrer Individualität hindern. Das individuelle Eingehen auf ihre Interessen und Bedürfnisse im Hinblick auf ihr berufliches Fortkommen ist daher für jede Führungskraft und jeden Personalverantwortlichen eine „*conditio sine qua non*" – speziell dann, wenn man sie dauerhaft an die Organisation binden möchte.

Umgekehrt verlangt dieses neue Rollenverständnis auch von den Mitarbeitern im Hinblick auf ihre Selbstmanagementfähigkeiten einiges ab, was den Willen zur Reflexion auf Basis von Feedback (sei es von der Führungskraft oder den Kollegen in der Peergroup) unabdingbar voraussetzt. Eine größere Freiheit bringt es mit sich, den eigenen Arbeitsprozess so strukturieren zu können, dass er mit den individuellen und den betrieblichen Vorstellungen kompatibel ist und nicht zu einer Über- oder Unterforderung führt. Temporär wechselnde Arbeitsbeziehungen (zum Teil auf Basis atypischer Vertragsverhältnisse) erfordern nicht nur die eigenständige Organisation des Arbeitssettings, sondern auch das Aushalten von damit oftmals einhergehenden Unsicherheiten, was gerade am Beginn der Berufslaufbahn erst gelernt werden muss. Zusätzlich rücken Lernfähigkeit und Offensein für Neues viel stärker in den Fokus und determinieren die Selbstkompetenz zusätzlich, um in einem agilen Umfeld seine Frau oder seinen Mann stehen zu können. Ohne diese Fähigkeiten wäre ein persönliches Wachsen kaum möglich, das sich mehrheitlich durch das eigenverantwortliche Aneignen von Wissen und das Generieren von Erfahrungen nährt. Den Ausbau dieser Kompetenzen und Fähigkeiten zu forcieren, gilt es durch die betriebliche Personalentwicklung zu begleiten, um dem – oftmals bereits mantraartig vorgetragenen – Postulat nach Bedarfsorientierung und Zielgruppengerechtigkeit tatsächlich nachzukommen. Alles andere wäre ein Fortschreiben bisheriger schöngeistiger Plattitüden, die zu Stehsätzen mutieren und keinerlei positive Wirkung in der Organisation hinterlassen.

68 Mit dem Konzept der „*Employability*" sind alle Maßnahmen gemeint, die die Beschäftigungsfähigkeit eines Mitarbeiters erhalten und verbessern, insbesondere, wenn die beruflichen Anforderungen einem ständigen Wandel unterliegen. Es betont das Erfordernis der laufenden Weiterbildung und des lebenslangen Lernens, dem jeder Mitarbeiter eigenverantwortlich nachkommen muss.

17.3. Neue Ansätze und Methoden der Personalentwicklung 4.0

Wie kann man nun im Unternehmen als Entscheidungsträger oder Personalverantwortlicher den vorher skizzierten Trends in der Personalentwicklung adäquat begegnen, um dem Wunsch nach persönlicher Autonomie bei gleichzeitigem Ausbau der Individualität und der Forderung nach Transparenz im Hinblick auf Führungs- und Personalentscheidungen gerecht zu werden? Mit welchen Ansätzen lässt sich ein neues Entwicklungssystem konzipieren und wertschöpfend im Unternehmen etablieren, das den neuen Anforderungen und Erwartungen gerecht wird? Was muss man den Mitarbeitern dafür zur Verfügung stellen? Die im Folgenden dargestellten Methoden sollen dazu nicht nur Denkanstöße liefern, sondern darüber hinaus rasch und unmittelbar zu realisierende Implementierungsmethoden aufzeigen.

17.3.1. „People show their expertise" – Mitarbeiter posten ihre Profile

Will man als Unternehmen wissen, über welche Kompetenzen und über welches fachliche Know-how die Mitarbeiter verfügen, so bietet es sich an, alle entsprechend einzuladen, ihre Expertise und ihren bisherigen Werdegang auf Basis eines einheitlichen Profilrahmens in einer unternehmensinternen Datenbank zu hinterlegen. Sie können damit eigeninitiativ allen in der Organisation zeigen, was sie aufgrund ihrer Kenntnisse und Erfahrungen für Beiträge bei konkreten Aufgaben und Projekten liefern können und was sie für andere Funktionen qualifiziert. Diese Selbstvermarktung führt einerseits zu einer stärkeren Visibilität im Unternehmen und in weiterer Folge zu einem höheren Bekanntheitsgrad (gleichsam einem *„Employee Branding"*), andererseits begünstigt sie zusätzlich den Aufbau einer Expertenreputation und erleichtert die direkte Kontaktaufnahme unabhängig von der hierarchischen Stellung und etwaiger organisatorischer Hürden.

Zugegeben – diese Idee ist nicht gänzlich neu, wird sie doch schon seit geraumer Zeit von den gängigen Social-Media-Plattformen (z. B. LinkedIn, Xing) verfolgt. Für eine interne Anwendung macht es jedoch durchaus Sinn, dafür ein eigenes System aufzubauen, das sowohl die datenschutzrechtlichen Anforderungen als auch betriebliche Spezifika (gerade was den für die Organisation notwendigen Inhalt der Daten, beispielsweise für die Darstellung der Expertise, betrifft) berücksichtigt. Schlussendlich bildet so ein Daten- beziehungsweise Expertenpool die Basis für alle nachfolgenden Methoden, die im Idealfall per Schnittstelle miteinander verbunden sind.

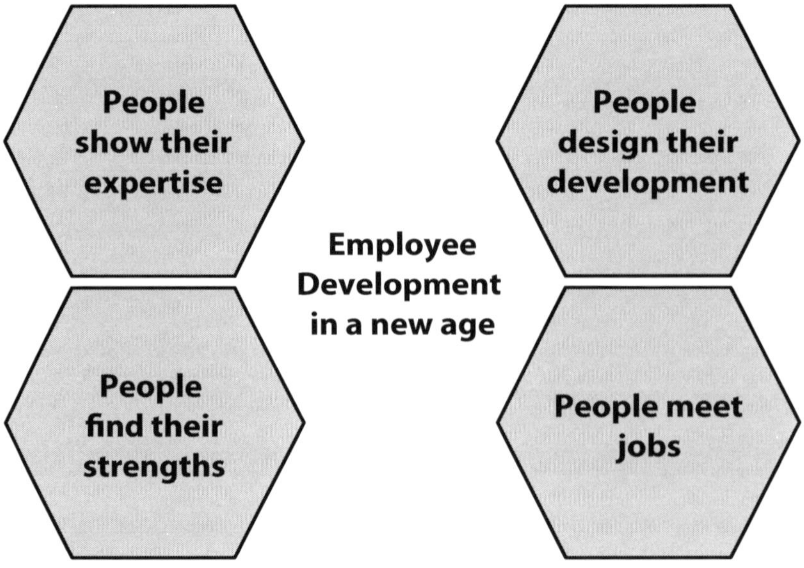

Abb. 36: Ansätze und Methoden für mehr Empowerment

17.3.2. „People find their strengths" – Mitarbeiter analysieren ihre Stärken

Aktiv Feedback zur eigenen Person einzuholen und gleichzeitig auszuloten, wo Stärken und Entwicklungsansätze liegen, sind Grundpfeiler für eine nachhaltige Entwicklung. Diese permanente Reflexion (Wo stehe ich aktuell? Wie bewerten andere mein Verhalten? Was benötige ich noch, um mein Ziel zu erreichen?) kann durch die Bereitstellung verschiedener Analyseverfahren (am besten über eine der am Markt bereits verfügbaren *App*-Anwendungen) optimal unterstützt werden. Digitale Tools erlauben es jetzt schon, mit wenigen Klicks Befragungsprozesse anzustoßen, die Rückmeldeergebnisse elektronisch zu sammeln und auszuwerten. Und nicht nur dieser Nutzen spricht dafür: Investiert nämlich ein Unternehmen in diesen Bereich oder in solche Verfahren, so signalisiert es damit auch gegenüber den Mitarbeitern, dass es darauf vertraut und daran glaubt, dass sie sich tatsächlich eigenständig weiterentwickeln wollen. Dieser Vertrauensvorschuss befeuert die intrinsische Motivation und gleichzeitig die Bereitschaft, diese Tools auch ohne spezielle Aufforderung zu nutzen.

17.3.3. „People design their development" – Mitarbeiter bestimmen ihre Entwicklung

Gerade bei der Vielzahl von Lernangeboten wird es zunehmend wichtiger, den Überblick zu bewahren und jene zu selektieren, die der eigenen Entwicklung dienen. Speziell die Digitalisierung führt hier zu einer regelrechten Schwemme von Online-Learning-Tools, interaktiven Lernvideos über Streaming-Kanäle und frei verfügbaren Wissensdatenbanken und Lernbibliotheken. Aktuell wird im Lernbereich viel über „*Augmented Reality*" diskutiert, welche die IT-gestützte Erweiterung der Realitätswahrnehmung mittels 3D-Technik beim Lernen zusätzlich ermöglichen soll. Darüber hinaus gibt es auch wie bisher unzählbare Präsenzveranstaltungen und Trainings, die zum Auf- und Ausbau der Persönlichkeits- und Sozialkompetenzen dienen (erfahrungsgemäß kann in diesem Segment – noch – nicht alles digitalisiert werden, da die menschlichen Verhaltensaspekte den Lerninhalt und die dafür geeignete Trainingsmethode determinieren). In dieser Flut von Informations- und Lernoptionen als Mitarbeiter das bedarfsgerechte und für die eigene Entwicklung förderliche Angebot zu finden, erscheint schier unmöglich. Somit kommen an diesem Punkt wieder die bisherigen Personalverantwortlichen ins Spiel, denn sie können genau hier im Sinne eines *„People Coach“* als agile Lernbegleiter und Kuratoren fungieren und den Mitarbeitern dabei helfen, sich in diesem Dickicht zurechtzufinden. Ebenso gewinnt die Mentoring-Methode (vgl. dazu die Ausführungen im Kapitel 13. zum „Mentoring“) in diesem Zusammenhang wieder an Fahrt, da ein passender Mentor den Mitarbeiter als Mentee in seiner persönlichen und beruflichen Entwicklung ebenfalls unterstützen und promoten kann. Entscheidet man sich schlussendlich für einen Entwicklungsweg, so muss in jedem Fall – wie bereits weiter oben betont – die Durchlässigkeit zwischen den Entwicklungswegen gewährleistet bleiben, denn das Einschlagen einer Laufbahn (z. B. Führungs-, Fach- oder Projektlaufbahn) darf in besonderem Maße für die nachwachsende Generation nicht zur Einbahnstraße mutieren.

17.3.4. „People meet jobs" – Mitarbeiter orientieren sich am internen Stellenmarkt

Größere Organisationen verfügen bereits seit längerem über einen elektronischen Stellenmarkt („interne Jobbörse“), der Vakanzen – Funktionen, Projekte und Aufgaben betreffend – innerhalb der Mannschaft publiziert und den Mitarbeitern die Chance bietet, ihr Kompetenzprofil mit dem Anforderungsprofil einer Ausschreibung in Eigenregie zu matchen. Analoge Funktionalitäten für externe Bewerber machen natürlich ebenso Sinn und erleichtern es den Personalverantwortlichen ungemein, auf Basis der Matching-Ergebnisse einen Pool von interessanten Kandidaten speziell für den Schlüsselfunktionsnachwuchs der Führungs-, Fach- oder Projektlaufbahn aufzubauen. Interne und Externe können damit ihre Vielseitigkeit unter Beweis stellen und ihr Potenzial dem Entscheidungsgremium gegenüber aufzeigen. Eine Erweiterung dieses Systems wäre ein generelles Angebot an die Mitarbeiter, ihr Interesse für den einen oder anderen Job auch unabhängig davon zu bekunden, ob er tatsächlich zum gegenwärtigen Zeitpunkt frei ist oder nicht. Dieses „Aufzeigen durch virtuelles Handheben“ bringt eine höhere Sichtbarkeit und den Vorteil für die Personalentscheider, zukünftige Potenziale für alle Jobs im Unternehmen rasch und unbürokratisch aufspüren zu können. Konkrete Anwendungsfälle gibt es dazu bereits in der Praxis, wo Mitarbeiter beispielsweise in der betrieblichen Organisationsdatenbank oder im Intranet jene Jobs oder Projekte nach Veröffentlichung mit einem *„Gefällt-mir“*-Button markieren können, die ihren Wünschen und Vorstellungen nachkommen sowie ihren Erwartungen und Stärken entsprechen. Erfolgt auf Basis dieses Signals eine vertrauliche Kontaktaufnahme durch einen Personalverantwortlichen, so können die weiteren Schritte und verfügbaren Optionen sowohl auf Basis des aktuellen Kompetenzprofils des Mitarbeiters als auch seines Potenzials ventiliert werden.

17.4. Fazit

Auch die Personalentwicklung in den Unternehmen unterliegt einer Transformation – das ist Fakt. Flexibilisierung, Agilität und Anpassungsfähigkeit stehen hier ebenfalls und nicht zuletzt aufgrund des zunehmenden Strebens seitens der Mitarbeiter nach Individualität und Autonomie im Fokus. Dieser Paradigmenwechsel findet zwar nicht von heute auf morgen statt, sondern verläuft fließend über mehrere Perioden. Das bedeutet, dass neue Ansätze und Methoden – analog den in den vorherigen Ausführungen dargestellten – konzeptualisiert und implementiert werden müssen, ohne jedoch aber die bisherigen augenblicklich über Bord zu werfen.

Wie bereits angemerkt, gibt es zumeist in allen Organisationen unterschiedliche Generationen mit teilweise differierenden Bedürfnissen und Erwartungshaltungen, was zweifellos eine mehrdimensionale Ausrichtung in der Personalentwicklung verlangt. Die Positionierung der in den HR-Abteilungen dafür Verantwortlichen muss folglich in diesem Kontext zukünftig auch eine andere sein. Galt es für frühere Generationen noch als primäres Ziel, die im Rahmen der betrieblichen Personalentwicklung geradlinig vorgegebenen Laufbahnen zu absolvieren, wird es nun immer wichtiger, die individuellen Pfade der den nachwachsenden Generationen zugehörigen Mitarbeiter gemeinsam mit ihnen als Begleiter und Coach zu identifizieren und sie beim Durchlaufen derselben entsprechend zu unterstützen. Erkennt man diese Herausforderung und nimmt man diese vorbehaltlos an, so steht einem langfristigen Entwicklungserfolg mit ziemlicher Sicherheit nichts mehr im Wege.

18. Potenzialanalyse – Assessment Center unter der Lupe

18.1. Einführung

Befragt man Experten im Personalwesen oder analysiert man aktuelle Studien zu den gegenwärtigen und zukünftigen Schwerpunkten in der Führungs- und Personalentwicklung, so lässt sich weiterhin ein Bedarf nach kompetenzbasierten Analyseverfahren zur Identifizierung des Fach- und Führungskräftenachwuchses erkennen. In Zeiten des Mangels an Arbeitskräften in den genannten Mitarbeitersegmenten ist es für die Entscheidungsträger und ihre Unternehmen besonders überlebenswichtig, aussagekräftige Diagnoseinstrumente einsetzen zu können, die sie dabei unterstützen, Talente und vielversprechende Mitarbeiter mit Potenzial in der eigenen Organisation aufzuspüren.

Für diese Zwecke wird in der betrieblichen Praxis häufig das Assessment Center (kurz: AC) als Methode zur Potenzialanalyse angewandt, welche gegenüber anderen Verfahren einige Vorteile bietet. Jedoch mehren sich auch die Kritikpunkte. Dieses Kapitel thematisiert nach einer kurzen Begriffsdefinition jene Aspekte, die sowohl für als auch gegen den Einsatz von ACs sprechen.

18.2. Entstehung und Grundidee des Assessment Centers

Der Begriff „Assessment Center" basiert auf dem Englischen „to assess", welches für „bewerten, beurteilen, einschätzen" steht. Historisch gesehen stammt dieses Verfahren aus dem Geheimdienst- und Militärbereich und wurde erstmals in der ersten Hälfte des vorigen Jahrhunderts erwähnt. Ziel war es, für den Offiziersnachwuchs eine Auswahlmethode zu entwickeln, um den damals vorherrschenden Adelsprivilegien entgegenzuwirken und auch den Nichtadeligen eine Offizierslaufbahn zu ermöglichen. Seit Mitte der 70er Jahre des vorigen Jahrhunderts setzt sich dieses Instrument auch weltweit in der Wirtschaft durch. Heute wird es zur Beurteilung, Auswahl und Entwicklung von Fach- und Führungskräften sowie von Potenzialträgern genutzt.

Es handelt sich dabei um ein eignungsdiagnostisches[69] Verfahren, dessen Grundidee es ist, ausgewählte Kandidaten in simulierten Arbeitssituationen, die die Anforderungen einer künftigen Aufgabe so weit als möglich widerspiegeln, im Rahmen einer ein- oder auch mehrtägigen Veranstaltung zu beobachten. Wie sie die Übungen bewältigen und welche Verhaltensleistungen sie während der Simulationen zeigen, wird von mehreren Assessoren unabhängig voneinander beobachtet und dokumentiert. Nach Abschluss der Übungssequenzen werden die Bewertungen im Rahmen einer Assessorenkonferenz verdichtet, um so die Ergebnisse zu kalibrieren und zu einem in sich schlüssigen Gesamtergebnis zu gelangen. Dabei werden die einzelnen Anforderungen und beobachteten Fähigkeiten zueinander in Beziehung gesetzt. Auf Basis der festgestellten Korrelationen erfol-

---

69 *„Eignungsdiagnostik"* (auch Personaldiagnostik) ist ein Sammelbegriff für Verfahren zur Messung von Kompetenzen und Verhaltenstendenzen mit Berufsbezug.

gen die schlussendliche Potenzialeinschätzung und die Ableitung der aktuellen Stärken und Entwicklungsfelder der Kandidaten.

Am Ende wird bei jenen Assessment Centers mit Auswahlaspekten eine Selektionsentscheidung getroffen und bei jenen mit Entwicklungsaspekten ein Fördergespräch zwischen einem Assessor und einem Teilnehmer vereinbart, in welchem ein konkreter Entwicklungsplan auf Basis der Ergebnisse erarbeitet wird, um die zur Realisierung des Potenzials notwendigen Kompetenzen eigenverantwortlich aufzubauen, welche für die Übernahme einer zukünftigen Fach- oder Führungsaufgabe erfolgskritisch sind.

Durch die Konfrontation mit Aufgaben und Fragestellungen, die den Verhaltensanforderungen entsprechen oder diesen möglichst nahekommen, können gezeigte Verhaltensleistungen erfasst und bewertet werden. Folgende Methoden und Übungen gelangen dabei mehrheitlich zur Anwendung (entweder in einem persönlichen Setting oder teilweise auch online):

- Präsentationen, Selbstdarstellungen
- Einzel- und Gruppenarbeiten
- (Emotional belastende) Rollenspiele
- Gruppendiskussionen (mit oder ohne Leiter)
- Bearbeitung von Fallstudien
- Impulsreferate zu vorgegebenen Themen
- Bearbeitung von Schriftstücken (die klassische Postkorb-Übung)
- Psychologische Testverfahren
- Strukturierte oder standardisierte Interviews
- Stressinterviews etc.

18.3. Vorteile von ACs

Was spricht nun für, was spricht gegen den Einsatz eines Assessment Centers in der betrieblichen Praxis? Im Vergleich zu anderen Analyseverfahren bietet das Assessment Center folgende Vorteile:

Bewertung anhand eines Kompetenzmodells

Liegt dem Verfahren ein Kompetenzmodell zugrunde, das die zu beobachtenden Bewertungskriterien operationalisiert und deren Verhaltensindikatoren beschreibt, so kann die Bewertung der teilnehmenden Kandidaten mit einer höheren Validität erfolgen. Die Definition des beobachtbaren Verhaltens – schon bei der Konzeption des ACs – schränkt den Radius an Interpretationsmöglichkeiten für die Assessoren entsprechend ein und etwaige Beurteilungsfehler, die ansonsten bei anderen Analyseverfahren auftreten, können sich hier nicht so stark manifestieren.

Diese Überlegungen basieren auf dem verhaltensanalytischen Ansatz der *„Human Resource Competencies“* (abgekürzt: HRC) und gehen davon aus, dass sich die Kompetenzen in Form von leistungsrelevanten Verhaltensdimensionen beschreiben lassen, welche die konkreten sowie erwarteten Handlungsweisen und -alternativen beinhalten.

Die entscheidende Frage dabei lautet: Welches Verhaltensmuster muss ein Kandidat zeigen, damit ihm eine bestimmte Fähigkeit zugeschrieben wird? Wird beispielsweise bereits im Vorfeld ausformuliert, wann ein Kandidat als „teamfähig" einzustufen ist oder welches Verhalten er zum Ausdruck bringen muss, um als teamfähig zu gelten, so verhindert dies individuelle Interpretationen durch die beteiligten Assessoren.

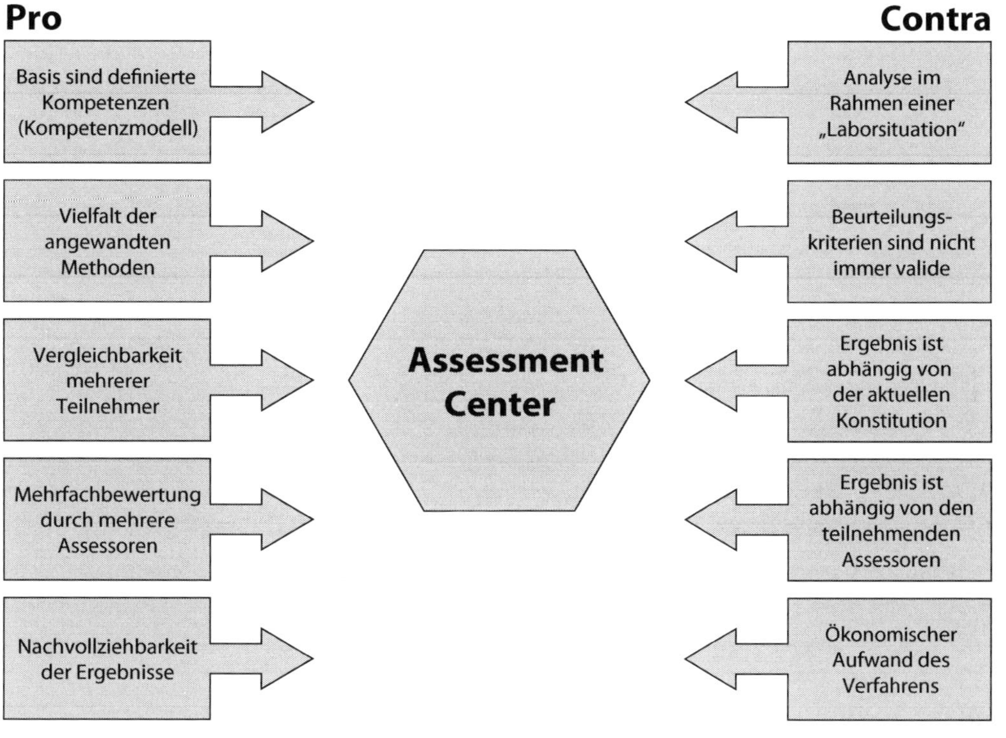

Abb. 37: Pro und Contra Assessment Center

Vielfalt der angewandten Methoden

Wie bereits erwähnt, gelangen beim Assessment Center verschiedene Methoden zur Anwendung, die es den Assessoren ermöglichen, die Kandidaten entlang der zu bewertenden Kompetenzen in verschiedenen Settings zu beobachten. Die Fähigkeiten der Teilnehmer können in simulierten Arbeitssituationen (z. B. Rollenspiele, Gruppenarbeiten, Präsentationen) einer Prüfung unterzogen und deren Übereinstimmung mit den Anforderungen festgestellt werden. Kaum ein anderes Analyseverfahren bietet diese Methodenvielfalt, die wiederum auch die Validität der Ergebnisse begünstigt.

Beobachtungen und davon abgeleitete Kompetenzbewertungen basieren somit nicht nur auf einer einmal gezeigten Verhaltensweise in einer einzelnen Übung, sondern auf mehreren voneinander unabhängigen Übungssequenzen. Bedingung dafür ist jedoch ein standardisierter Bewertungsrahmen, der auf einem vorab definierten Kompetenzmodell aufbaut (vgl. dazu die vorhergehenden Ausführungen). Dies reduziert die Fehlerquelle einer zu starken Generalisierung[70] bei der Ergebnisbeurteilung, da man dadurch über mehrere Verhaltensstichproben verfügt.

Vergleichbarkeit mehrerer Teilnehmer

Als Gruppenveranstaltung organisiert, bietet das Assessment Center den Vorteil, dass mehrere Teilnehmer in unterschiedlichen Übungen beobachtet und bewertet werden können. Dadurch sind die beteiligten Assessoren in der Lage, das gezeigte Verhalten im Quervergleich aller Teilnehmer zu reflektieren. Durch die Diskussion mit anderen Assessoren können die in den einzelnen Sequenzen zum Ausdruck gebrachten Verhaltensweisen noch exakter mit den Anforderungen verglichen und hinsichtlich möglicher Entwicklungsfelder analysiert werden.

Mehrfachbewertung durch mehrere Assessoren

Je nach Ausrichtung und Inhalt des Assessment Centers setzt sich die Gruppe der Assessoren meist einerseits aus Mitgliedern der durchführenden Organisation (z. B. Führungskräfte oder erfahrene sowie psychologisch geschulte Mitarbeiter eines Unternehmens) und andererseits aus externen Teilnehmern (z. B. Berater, Psychologen) zusammen. Dieser Mix an unterschiedlichen Sichtweisen je nach Fachgebiet der Assessoren verhindert, dass die Bewertungen nicht nur auf organisationsinternen Gesichtspunkten aufbauen, sondern dass auch Eindrücke Dritter und organisationsfremder Assessoren zum Tragen kommen.

Eine noch höhere Bewertungssicherheit erreicht man durch den Wechsel der Assessoren auch während der einzelnen Übungen. Das bedeutet, dass nicht immer die gleichen Assessoren während einer gesamten Veranstaltung stets denselben Teilnehmer beobachten, sondern dass die Zusammensetzung der Assessoren bei den Übungen variiert.

Besteht beispielsweise die Assessorengruppe aus vier Personen (A, B, C, D), so beobachten die Assessoren A und B nicht durchgehend bei jeder Übung einen Teilnehmer. Vor jeder Übung werden die Assessorenpaare neu gemischt, um Sympathie-/Antipathie-Effekte (persönliche Zu- oder Abneigung eines Assessors gegenüber einem Teilnehmer) zu vermeiden.

Nachvollziehbarkeit der Ergebnisse

Durch die tiefgehende Analyse der einzelnen Verhaltensweisen und die kompetenzbasierte Einschätzung der abgeleiteten Stärken und Entwicklungsfelder eines Kandidaten ist das Ergebnis für ihn meist leichter nachvollziehbar und besser annehmbar. Diese fundierte Fremdeinschätzung kann anhand des nach der Veranstaltung erstellten Ergebnisgutachtens für den jeweiligen Kandidaten klarer mit dem Selbstbild sowie der Eigeneinschätzung abgeglichen werden. Das begünstigt den Anstoß einer eigenmotivierten Entwicklung durch den Kandidaten, die konkret bei den Entwicklungsfeldern ansetzt und jene Verhaltensweisen weiterzuentwickeln hilft, die noch nicht im beabsichtigten Ausmaß den Anforderungen entsprechen.

---

70 Bei einer oftmals unbewussten Generalisierung wird eine einzelne Beurteilung verallgemeinert.

18.4. Schwachpunkte von ACs

Nach der ausführlichen Darstellung der positiven Aspekte sollte man die im Folgenden angeführten, kritischen Merkmale nicht außer Acht lassen:

Analyse im Rahmen einer Laborsituation

Wie bei anderen Bewertungsverfahren ist auch beim Assessment Center der latente Vorwurf, dass die eingesetzten Übungen nicht der Praxis entsprechen, nicht ganz von der Hand zu weisen. Sehr oft wird dieses Manko dann vorgebracht, wenn bei der Konzeption nicht auf Realitätsnähe und Aussagekraft der jeweiligen Übungen geachtet wird. Bei Entwicklung muss daher diesen Punkten besonderes Augenmerk geschenkt werden, um die Akzeptanz bei den Kandidaten zu gewährleisten. Eine Erhebung der Aufgabenfelder und eine Identifizierung typischer Arbeitssituationen vor der Zusammenstellung der Übungen sind unverzichtbare Voraussetzungen, will man diesem Vorwurf proaktiv begegnen.

Manche Kandidaten merken darüber hinaus an, dass die Übungen in unechten Arbeitssituationen beobachtet und bewertet werden. Sie begründen diesen Vorwurf meist damit, dass sie sich in der betrieblichen Praxis ganz anders verhalten würden, denn das Setting ist konstruiert und die Assessoren bewirken allein schon durch ihre Anwesenheit emotionalen Druck. Diesen – zweifellos nicht ganz abwegigen – Vorbehalten sollte man bereits bei der Vorbereitung der Kandidaten breiten Raum widmen. Als Gegenargument kann man anführen, dass ein klassisches Assessment Center zwar immer als Off-the-job-Maßnahme stattfindet, jedoch bietet diese Analyseform die Möglichkeit, seine Fähigkeiten in mehreren Übungssequenzen (sozusagen im Trockentraining) unter Beweis zu stellen und ausführliches Feedback in strukturierter Form zu erhalten.

Fehlende Validität der Beurteilungskriterien

Immer dann, wenn die Beurteilungskriterien nicht operationalisiert wurden und nur schwer eine Messung der Anforderungen im Assessment Center zulassen, hat man mit dem Vorwurf der mangelnden Validität[71] zu rechnen. Ist es für die Kandidaten unklar, wie man aufgrund der Beobachtungen das Gesamtergebnis generiert, so leiden die Akzeptanz und damit die Sinnhaftigkeit des Verfahrens. Gleichzeitig verschärft eine fehlende Korrelation zwischen den erwarteten Kompetenzen und den Beurteilungskriterien diese Haltung, sodass dem gesamten Verfahren bereits im Vorfeld großes Misstrauen entgegengebracht wird. Gerade im Feedbackgespräch nach dem Assessment Center zur Diskussion der Ergebnisse sollte die Vorgehensweise bei der Beobachtung und Bewertung der Verhaltensleistungen transparent gemacht werden, um so eine Nachvollziehbarkeit für den Kandidaten zu erleichtern.

Wirkung der aktuellen Konstitution eines Kandidaten auf das Ergebnis

Je nach physischer und psychischer Verfassung eines Kandidaten kann das Ergebnis differieren. Diesem Umstand können die Assessoren jedoch nur bis zu einem gewissen Grad Rechnung tragen, da es ihre Aufgabe ist, Kompetenzen und Potenziale in definier-

71 „*Validität*" entspricht der Gültigkeit des Verfahrens und geht den Fragen nach: Wird mit dem Verfahren auch tatsächlich das gemessen, was gemessen werden soll? Wie hoch ist die Prognosegenauigkeit des Verfahrens? Erbringen die Kandidaten mit guten Ergebnissen später auch tatsächlich gute berufliche Leistungen? Ein Verfahren gilt dann als valide, wenn es das misst, was es zu messen vorgibt.

ten Settings festzustellen – unabhängig davon, in welcher (Gemüts-)Verfassung sich ein Kandidat befindet. Sollte die Konstitution allerdings schwer beeinträchtigt sein, so ist anzuraten, die Teilnahme am Assessment Center zu sistieren. Eine Absolvierung zu einem späteren Zeitpunkt kann in diesem Fall ein Ausweg sein.

Abhängigkeit der Bewertung von den jeweiligen Assessoren

Potenzialeinschätzung ist immer mit einer gewissen Subjektivität behaftet, da sich die teilnehmenden Assessoren nicht immer alle möglichen Beurteilungsfehler, die bei der Bewertung auftreten können, vor Augen führen. Die Erfahrung zeigt, dass manche Assessoren in der Beobachtung und Bewertung von Verhaltensleistungen einer Reihe von Fehlern unterliegen. Oftmals treffen sie Fehleinschätzungen in Bezug auf Sachverhalte, Personen oder Situationen und tendieren teilweise dazu, vorurteilsgeleitet zu beobachten, bestimmte Ereignisse ohne unmittelbaren Bezug zum Anforderungsrahmen zu bewerten und sich in ihrer Bewertung am eigenen Maßstab zu orientieren.

Will man versuchen, diese Fehler zu minimieren, so erfordert dies eine permanente Reflexion der Beurteilungen – entweder unmittelbar nach einer Übung mit einem anderen Assessor oder spätestens während der Assessorenkonferenz bei der Diskussion der Gesamtergebnisse. Weiters ist aus diesen Gründen eine ausführliche Assessorenschulung vor dem Assessment Center unabdingbar, um auf etwaige Beurteilungsfehler und mögliche Vermeidungsstrategien bereits im Rahmen der Vorbereitung hinzuweisen.

Ökonomischer Aufwand des Verfahrens

Organisatorische Konzeption, Entwicklung der Übungen, Assessorenschulung, Vorbereitung der teilnehmenden Kandidaten, Durchführung des Assessment Centers und Abhaltung der Feedbackgespräche – das alles ist naturgemäß mit hohen zeitlichen, finanziellen und personellen Aufwendungen verbunden.

Ein Einsatz erscheint daher erst ab einer gewissen Funktionsebene oder bei Schlüsselpositionen ökonomisch sinnvoll, da sich hier der Investitionsaufwand durch den Output einer zielgerichteten Potenzialentwicklung von Kandidaten im Hinblick auf bestimmte Fach- und Führungspositionen erst rechnet. Erfolgt nämlich die weitere Entwicklung eines Mitarbeiters bedarfsorientiert und auf Basis der Gesamtergebnisse des Assessment Centers, so vermeidet man eventuell unnötige Kosten für Bildungs- und Entwicklungsmaßnahmen, die ohne tiefgehende Analyse – mangels Kenntnis über die notwendigen Entwicklungserfordernisse – ansonsten angefallen wären. Liegen dem Assessment Center Auswahlaspekte zugrunde und wird im Anschluss eine fundierte Auswahlentscheidung getroffen, so können dadurch Fehlbesetzungen vermieden werden, die mit ziemlicher Sicherheit höhere Zusatzkosten (im Vergleich zu jenen für dieses Verfahren) verursachen würden.

18.5. Fazit

Vor der Entscheidung, ob ein Assessment Center zum Einsatz gelangt oder nicht, sollten obige Überlegungen zu den Vor- und Nachteilen ausführlich diskutiert und gegeneinander abgewogen werden. Nur nach einer professionellen Reflexion hinsichtlich der Sinnhaftigkeit und Effizienz erscheint eine Konzeptionsentwicklung ratsam, will man die Erzielung des erwarteten Nutzens für die Organisation und deren Mitglieder maximieren.

19. Potenzialentwicklung – Schlummerndes zum Vorschein bringen

19.1. Einführung

Marktpotenziale aufzuspüren ist wichtig, Mitarbeiterpotenziale zu erkennen und zu entwickeln ist jedoch entscheidend für den langfristigen Unternehmenserfolg. Dieser Zusammenhang lässt sich in der Praxis oft bei der Umsetzung von Aufträgen oder bei der Abwicklung von Projekten, die nicht zuletzt des Öfteren aufgrund der fehlenden Leistungsträger (Stichwort: Fachkräftemangel) mit den dafür erforderlichen Kompetenzen und Erfahrungen scheitern, nachweisen – er wird jedoch sehr häufig vernachlässigt. Gerade wenn wichtige Positionen neu besetzt werden sollen oder organisatorische Umstrukturierungen anstehen, ist die Identifizierung der Mitarbeiterpotenziale im Unternehmen notwendig, um neuen Herausforderungen adäquat zu begegnen. In welcher Form dies möglich ist und wann ein vielversprechender Mitarbeiter als Potenzialträger eingestuft werden kann, damit beschäftigt sich das nun vorliegende Kapitel.

Der Wettbewerb der Zukunft wird wesentlich auf dem Personalsektor entschieden, was dazu führt, dass jenes Unternehmen am Markt die Nase vorn haben wird, das am wenigsten Arbeitskräftepotenzial brachliegen lässt. Aus diesem Grund fokussieren Führungskräfte und Personalverantwortliche mehrheitlich ihre Entwicklungsaktivitäten auf die Förderung jener Beschäftigten, die über das Potenzial für anderweitige Positionen und neue jobbezogene Herausforderungen verfügen. Voraussetzung dafür ist eine professionelle Potenzialanalyse, die mit instrumenteller Unterstützung noch schlummernde Fähigkeiten so weit als möglich sichtbar macht und somit ans Tageslicht befördert.

19.2. Potenzial – Versuch einer Begriffsklärung

Bevor man jedoch an diese heikle Aufgabe herangeht, ist zu klären, was unter „Potenzial" eigentlich zu verstehen ist. Wann hat ein Arbeitnehmer Potenzial? Gibt es eine Definition, die eine klare Abgrenzung ermöglicht? Wer hier glaubt, eine wissenschaftlich fundierte Antwort zu finden, wird rasch eines Besseren belehrt, denn eine solche gibt es nicht.

Potenzial ist schwer greifbar, soll doch eine Einschätzung und Vorhersage über den zukünftigen Erfolg eines Mitarbeiters getroffen werden. Prognosen sind naturgemäß stets mit einer gewissen Unsicherheit behaftet, da eine Potenzialanalyse zu klären versucht, welchen zukünftigen Anforderungen ein Arbeitnehmer gerecht werden kann beziehungsweise welche Fähigkeiten er in Hinkunft noch benötigt, um die zu diesem Zeitpunkt gestellten Anforderungen erfüllen zu können. Für die Identifizierung gibt es weder eine einheitliche Definition noch eine Checkliste, anhand derer man die notwendigen Voraussetzungen von Potenzial bei einem Beschäftigten überprüfen und abhaken kann. Nichtsdestotrotz gibt es verschiedene Indikatoren, die auf Potenzial bei einem Mitarbeiter schließen lassen.

19.3. Indikatoren zur Potenzialerkennung

Viele Unternehmen haben in der betrieblichen Praxis für die Potenzialanalyse noch immer Beurteilungsbögen, die aus langen Listen von Eigenschaftswörtern zur Beschreibung der Persönlichkeit oder der Charaktermerkmale und zur Bewertung des Potenzials bestehen. Eingeschätzt werden sollen in den meisten Fällen Kompetenzen wie Selbstvertrauen, Teamfähigkeit, Kommunikationsverhalten und dergleichen. Das Problem dabei ist, dass sie sehr oft aufgrund ihrer Vergangenheitsbetrachtung nicht zwischen bisheriger Leistung und Potenzial unterscheiden. Damit erfüllen sie zwar Erfordernisse der Leistungsbeurteilung, entsprechen jedoch nicht den Anforderungen einer nachvollziehbaren Potenzialeinschätzung.

Will man dieses Manko ausgleichen, so sollte man sich an Indikatoren orientieren, die viel eher eine tatsächliche Potenzialeinschätzung zulassen:

Abb. 38: Indikatoren zur Potenzialerkennung

- Arbeitnehmer mit Potenzial zeichnen sich vor allem dadurch aus, dass sie in der Vergangenheit Herausforderungen aktiv und eigenverantwortlich wahrgenommen haben, um ihren eigenen Erfahrungshintergrund (⇒ *eigenmotivierter Erfahrungszuwachs*) über das erforderliche Maß hinaus auszuweiten. Feststellen lässt sich dies beispielsweise an der engagierten Übernahme von Zusatzaufgaben oder an der Mitarbeit bei Projekten neben ihrer Hauptfunktion.

- Voraussetzung dafür ist eine hohe Leistungsmotivation, da sich Potenzial nicht nur im Können, sondern in erheblichem Maße auch im Wollen ausdrückt (⇒ *ausgeprägte Leistungsmotivation und Erfolgsstreben*).
- Bewältigte der Mitarbeiter seine bisherigen Tätigkeiten souverän oder musste er große Anstrengungen aufwenden, um sein Pensum zu erledigen? Auch dies ist ein Indiz für Potenzial, denn laufende Überforderungen sowie Stress- und Burnout-Symptome lassen keine latenten Zusatzreserven erkennen. Anders ausgedrückt: Beschäftigte, bei denen man aufgrund ihrer Verhaltensweisen vermutet(e), dass sehr oft die Gefahr eines Scheiterns gegeben war und ist, zählen sicherlich nicht zu Potenzialträgern (⇒ *„talentierte" bisherige Aufgabenerfüllung*).
- Mitarbeiter mit rascher Auffassungsgabe und der Fähigkeit zur Komplexitätsreduktion sind eher in der Lage, sich in neue Aufgabengebiete einzuarbeiten und damit verbundene Zusammenhänge zu erkennen sowie in ihre bisherige Erfahrungswelt einzuordnen. Dies ist wiederum ein Hinweis auf Potenzial. Die Möglichkeit zur Übernahme von neuen Funktionen sollte darüber hinaus nicht lokal beschränkt sein, sondern der Arbeitnehmer sollte Bereitschaft signalisieren, dorthin zu gehen, wo die Aufgabe ist (? *mentale Flexibilität und physische Mobilität*).
- Zeigt ein Mitarbeiter in unterschiedlichen zwischenmenschlichen Situationen (insbesondere bei Konflikten) die Fähigkeit, situationsadäquat und erfolgreich zu agieren, manifestiert sich eine weitere Voraussetzung für einen Potenzialträger (⇒ *hohe Sozialkompetenz für ein situationsadäquates Verhalten*).

Wie können diese Aspekte nun in der betrieblichen Praxis eingeschätzt und bewertet werden? Welche Verfahren sind dafür gut anwendbar und zielführend? Diese Fragen beantwortet der folgende Abschnitt.

19.4. Instrumente zur Potenzialeinschätzung

Grundsätzlich stehen dafür mehrere zur Verfügung, wobei man Methoden unterscheiden kann, die

- zur Einschätzung durch den Mitarbeiter selbst,
- zur Einschätzung durch die Führungskraft oder
- zur Einschätzung durch Dritte

dienen. Um eine fundierte Potenzialaussage zu treffen, erweist sich meist eine Kombination aus mehreren Instrumenten als hilfreich (siehe dazu auch den nachfolgenden Prozess der Potenzialanalyse).

Bei Self-Assessment-Verfahren und Persönlichkeitstests gibt der Mitarbeiter seine eigene Einschätzung hinsichtlich seines Potenzials bekannt. Die auf dem Markt zahlreich verfügbaren Testinstrumente und Analyseverfahren bieten hier eine breite Palette an unterschiedlichen Einsatzmöglichkeiten (teilweise werden diese vor dem Feldeinsatz noch an den Erfordernissen der jeweiligen Unternehmensorganisation ausgerichtet). Durch die Beantwortung von Testitems oder mittels der Bewältigung von gestellten Aufgaben im Self-Assessment und deren Auswertung können verschiedene Fähigkeiten hinsichtlich der oben genannten Indikatoren festgestellt werden.

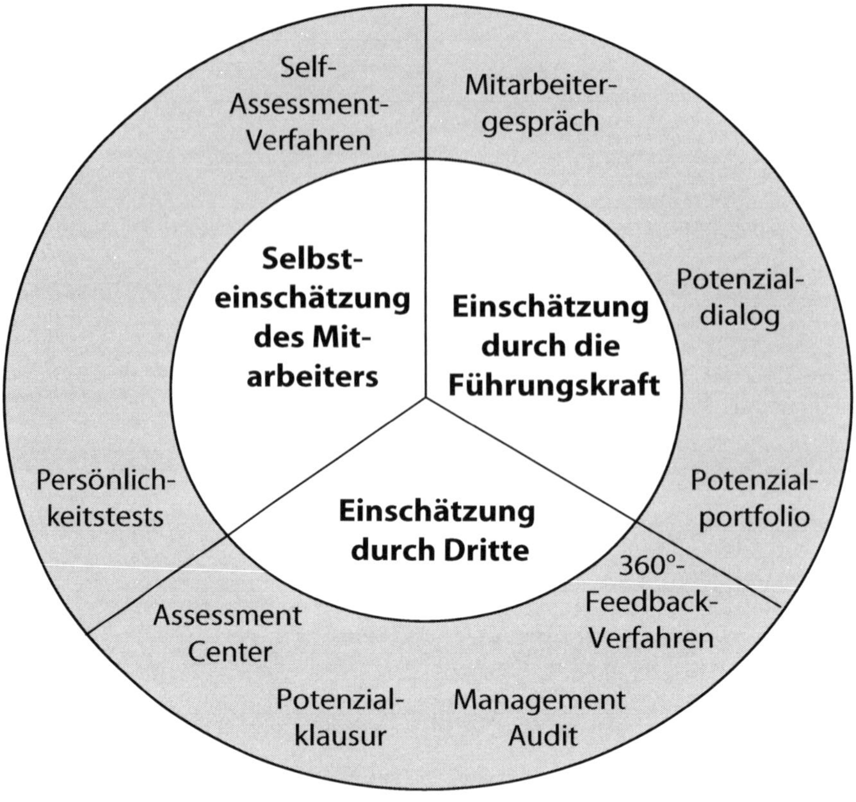

Abb. 39: Instrumente zur Potenzialeinschätzung

Eine Einschätzung durch die unmittelbare Führungskraft des Mitarbeiters kann einerseits im Zuge der meist jährlich stattfindenden Mitarbeitergespräche erfolgen, sofern diese in der Organisation institutionalisiert und etabliert sind. Andererseits kann im Rahmen eines eigenen Potenzialdialogs zwischen Führungskraft und Mitarbeiter gezielt über die Indikatoren diskutiert und eine daraus resultierende Einschätzung abgeleitet werden. Ein Potenzialportfolio dient danach zur Gegenüberstellung des bisherigen Leistungsverhaltens mit den Ergebnissen der Potenzialbeurteilung, wobei zusätzlich mehrere Beschäftigte miteinander verglichen und in einer Matrix positioniert werden können.

Weiters macht das Einholen einer dritten Meinung Sinn, wenn beispielsweise aufgrund der bisher eingesetzten Verfahren noch ein unscharfes Bild besteht. Methodisch stehen dafür das klassische Assessment Center (in welchem mehrere Teilnehmer mit unterschiedlichen erfolgskritischen Alltagssituationen konfrontiert werden, um sie bei deren Bewältigung zu beobachten und ihr dabei gezeigtes Verhalten zu bewerten), die Potenzialklausur (gemeinsame Diskussion der Potenziale und gegenseitiger Austausch über die Mitarbeiter derselben Peergroup durch die jeweiligen Führungskräfte) und verschiedene andere Feedback-Verfahren zur Verfügung (z. B. 360°-Feedback).

Fragt man nach der besten Methode zur Potenzialanalyse oder danach, welche am exaktesten eine Messung möglich macht, so erhält man – meist geprägt durch die jeweiligen positiven und negativen Erfahrungen des Befragten – die unterschiedlichsten Antworten. Wie bereits erwähnt, liefert ein Mix validere Ergebnisse im Vergleich zur Anwendung eines einzelnen Verfahrens. Beeinflusst wird der Anwendungserfolg sicherlich auch durch die Größe der Organisation beziehungsweise des Unternehmens, da für einen professionellen Analyseprozess die notwendigen Investitionen getätigt sowie die erforderlichen Ressourcen (personelle und räumliche Kapazitäten etc.) bereitgestellt werden müssen. Wie ein klassischer Potenzialanalyseprozess abläuft, skizziert der nächste Abschnitt.

19.5. Prozess der Potenzialanalyse

Um den unterschiedlichen, vorher erwähnten Aspekten Rechnung zu tragen, sollte der Prozessablauf – idealerweise wie in der nachfolgenden Abbildung dargestellt – gestaltet werden.

Beginnend mit einer Selbsteinschätzung des Mitarbeiters, welche als Basis für die weiteren Analyseschritte dient, erfolgt eine Thematisierung in einem Dialog mit der unmittelbaren Führungskraft (Mitarbeitergespräch oder Potenzialdialog). Ziel ist es dabei, die Selbstsicht des Mitarbeiters mit den Wahrnehmungen der Führungskraft zum Mitarbeiterverhalten und zu seinem Potenzial (auf Basis der genannten Indikatoren) abzugleichen, um zu einer gemeinsamen Einschätzung zu gelangen.

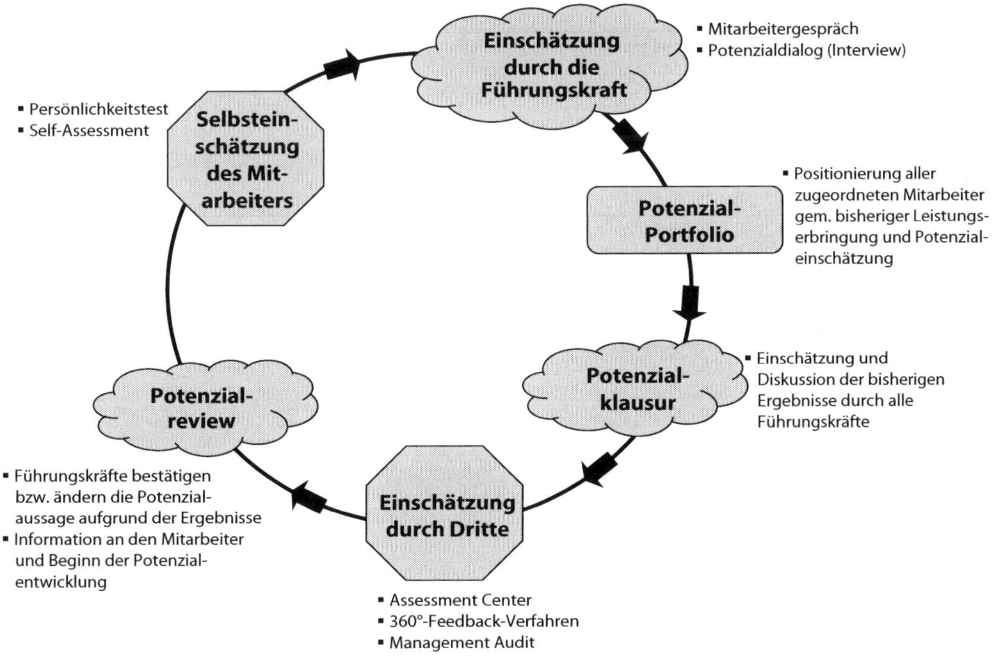

Abb. 40: Prozess der Potenzialanalyse

Nach Führung der Einzelgespräche werden die Ergebnisse in einem Potenzialportfolio (z. B. durch Kategorisierung der Beschäftigten in Talente, High Performer, Solid Performer mit moderatem Potenzial, Low Performer) dargestellt, um einen Gesamtüberblick über die Potenziale in der Organisation zu erhalten (vgl. das Beispiel in der nachfolgenden Abbildung). Dabei werden die aufgrund der bisherigen Einschätzungen identifizierten Potenzialträger sichtbar und sie können so im Rahmen einer eigenen Klausur (zusammengesetzt aus allen Führungskräften der Organisation und zwecks Objektivierung auch der angrenzenden Organisationseinheiten) diskutiert werden. Nur für jene Beschäftigten, bei denen eine positive Potenzialaussage bestätigt wird, läuft der Prozess weiter.

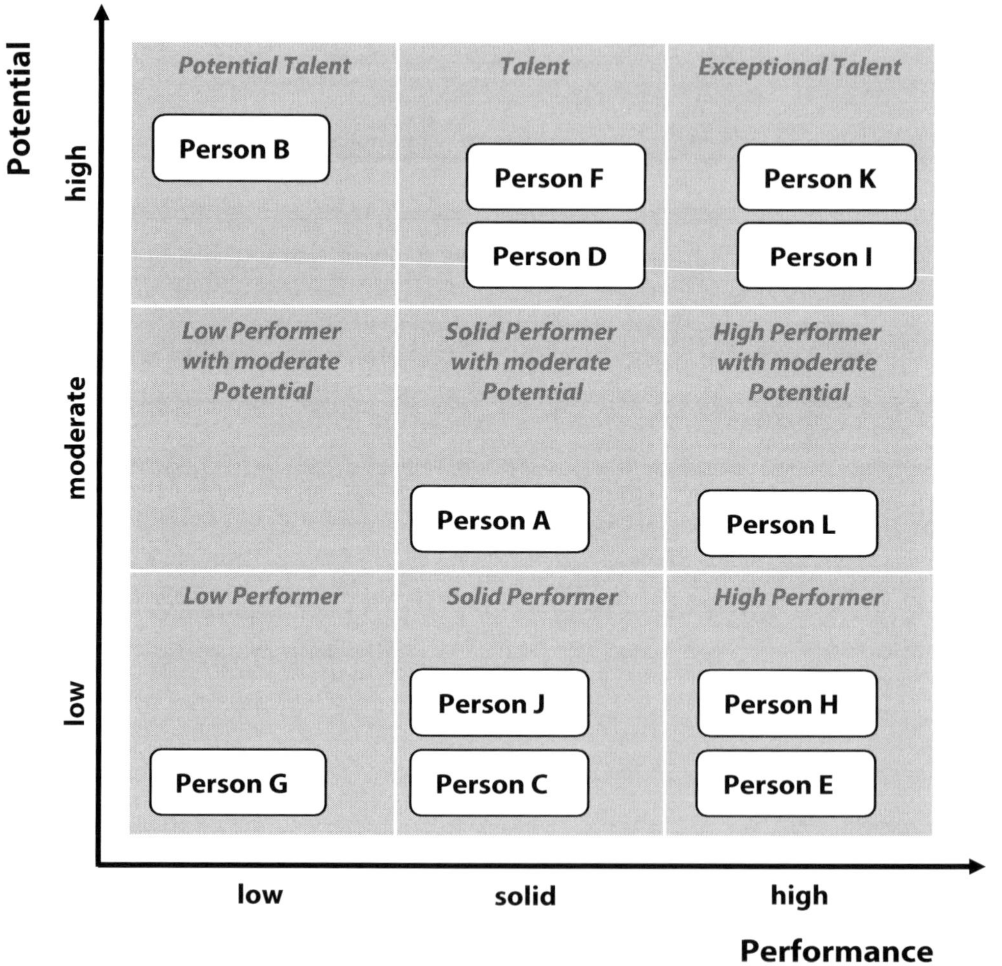

Abb. 41: Potenzialportfolio (Beispiel)

Die bisherigen Ergebnisse können in einem nächsten Schritt durch die Einschätzung Dritter beispielsweise im Zuge eines Assessment Centers zusätzlich überprüft und gegebenenfalls untermauert werden. Gleichzeitig bietet sich auch die Durchführung eines 360-Grad-Feedback-Verfahrens an, welches durch Befragen aller unmittelbaren Interaktionspartner (Mitarbeiter, Kollegen, Führungskräfte, Kunden etc.) ebenfalls wichtige Hinweise zur Einschätzung des Potenzials liefert.

In einem abschließenden Potenzialreview werden alle Analyseresultate zusammengefasst und die endgültige Potenzialaussage für jeden Beschäftigten festgelegt. Erfolgskritisch für den Gesamtprozess ist die Kommunikation der Ergebnisse an die betroffenen Mitarbeiter, da nur dadurch eine eigenverantwortliche Entwicklung initiiert und die Entfaltung des Potenzials angestoßen werden kann (ohne ausreichende Kenntnis wäre das kaum realisierbar).

19.6. Fazit

Als fundamentale Erfolgsfaktoren bei der Implementierung und Anwendung von Potenzialanalyseverfahren gelten neben der sorgfältigen Festlegung der Messkriterien und der Transparenz des Prozesses sowohl die ausführliche Kommunikation gegenüber allen Beteiligten als auch die Berücksichtigung der organisatorischen Rahmenbedingungen. Dies führt einerseits zu einer erhöhten Akzeptanz bei den Betroffenen und andererseits zu einer größeren Bereitschaft bei den Entscheidungsträgern, bei diesem Prozess als *„Key Player“* mitzuwirken und Potenziale in der Organisation aktiv zu fördern sowie für die Zukunft zu sichern. Brachliegendes zum Vorschein zu bringen, ist demzufolge ebenso ein Zeichen guter Führung.

20. Projektlaufbahn – Karriere im Projektmanagement

20.1. Einführung

Agiles Arbeiten macht auch vor Projektteams nicht Halt, scheint es doch gerade dafür prädestiniert zu sein, mittels iterativer Vorgehensweisen und flexiblen Denkmustern innerhalb von Projekten zu operieren und rasche Handlungsfähigkeit zu beweisen, um Projekte zu einem erfolgreichen Abschluss zu führen. Erfahrungsgemäß ändern sich mitunter die ursprünglichen Anforderungen des Projektauftrags, sodass sich alle Projektmitglieder zeitnah auf die revidierten Erwartungen der *„Stakeholder"* einstellen müssen. Für diese Adaptivität sind Projektmanager gefragt, die agile Methoden zur temporären Führung ihrer Teams nicht nur kennen, sondern auch situationsadäquat anwenden können. Doch diese – sei es intern oder extern – zu finden, ist gar nicht so einfach. Folglich lohnt es sich speziell für größere Unternehmen und Organisationen, einen eigenen Nachwuchspool von kompetenten Projektmanagern aufzubauen und sie im Rahmen einer etablierten Projektmanagementlaufbahn gezielt zu entwickeln. Der Ausgestaltung und der Etablierung einer solchen Laufbahn widmet sich daher das nun vorliegende Kapitel. Welche Elemente der Personalentwicklung soll sie beinhalten, welche Maßnahmen zur Kompetenzerweiterung soll sie umfassen? All das wird im Folgenden anhand eines Unternehmensbeispiels dargestellt.

Konkret wird hierbei auf die Projektmanagementlaufbahn eines Großbetriebs Bezug genommen, um nachvollziehbar und anschaulich aufzuzeigen, wie eine Implementierung gelingen kann und welche Rahmenbedingungen dafür gegeben sein müssen. Das Konzept erhebt keinen Anspruch auf Allgemeingültigkeit, erläutert aber exemplarisch jene Elemente, die für die Einführung aufgrund der Ausgangslage in der Großorganisation und seiner Kultur als sinnvoll und zielführend erachtet wurden. Gestartet werden die Ausführungen mit den Beweggründen, warum sich das Unternehmen dazu entschlossen hat, für die in der Organisation tätigen Projektmanager ein eigenes Laufbahnmodell zu schaffen.

20.2. Beweggründe für eine eigene Projektmanagementlaufbahn

Aufgrund von geänderten Marktbedingungen und heterogenen Kundenbedürfnissen gab es in der letzten Dekade innerhalb des Unternehmens mehrere Reorganisationsprojekte, die alle zum Ziel hatten, einerseits die Wertschöpfung und Produktivität zu steigern sowie mit Innovationen am Markt zu punkten und andererseits die Kosten zu reduzieren, um eine wettbewerbsfähige Marktposition zu erreichen und insbesondere eine solche auf neuen Märkten zu erobern.

Mehr als 50 % aller Geschäfte des Unternehmens wurden im Rahmen von Projekten realisiert, die auch in der Abwicklung immer stärker global ausgerichtet waren. Daher sollte durch ein eigenes Organisationsentwicklungsprojekt eine umfassende, bereichsübergreifende Standardisierung von Prozessen, Tools und Methoden für das Management von Projekten geschaffen werden. Als Erfolgskriterium wurde eine letztendlich gestiegene Profitabilität aller Projekte gefordert: also hinreichende Margen bei der Hereinnahme neuer Projekte, Optimierung der Prozesse für die Projektabwicklung und Vermeidung von negativen Abweichungen zwischen Auftragseingangs- und Schlusskalkulation.

Die dafür erforderlichen strukturellen Organisationsänderungen und die Überleitung von Teilbereichen der bisher hierarchisch aufgebauten Linienorganisation in eine flexible, marktnahe Projektorganisation hatten zur Folge, dass es zu einer Reduktion von klassischen Managementpositionen kam. Damit geriet die „schöne heile Welt“ für manche Beschäftigte mit Karriereambitionen ins Taumeln, da wie in vielen anderen Unternehmen Ansehen, Status, Vergütung sowie auch Aufstiegs- und Entwicklungsmöglichkeiten in besonderer Weise bis zu diesem Zeitpunkt nur an Führungspositionen mit Personalverantwortung in der Linie[72] geknüpft waren.

Das Unternehmen stand somit vor der Entscheidung, weiterhin an der Forcierung der Führungslaufbahn festzuhalten oder den neuen Anforderungen der geänderten Rollenstruktur für die Arbeitnehmer in Projektmanagementfunktionen gerecht zu werden und eine eigene Entwicklungslaufbahn zu konzipieren sowie in weiterer Folge mittels verschiedener Führungs- und Kulturelemente in der Organisation zu etablieren. Das verantwortliche Gremium entschied sich sehr rasch dafür, dass Berufsbilder, Vergütungskonzepte, Aufstiegsmöglichkeiten, Personalentwicklungsaktivitäten und Ansehen nicht mehr allein auf die Führungskräfte mit disziplinärer Personalverantwortung fokussiert sein sollten, sondern dass diese auch das zunehmend wichtige Mitarbeitersegment der Projektmanager berücksichtigen. Damit sollten die Bedeutung dieser Mitarbeitergruppe und deren Leistungsbeiträge sichtbar gemacht und durch eine Gleichstellung mit den Führungskräften der Linienorganisation eine deutlich höhere Wertschätzung erreicht werden.

Basierend auf den obigen Überlegungen wurden die folgenden Zielsetzungen abgeleitet und dem Konzept zugrunde gelegt:

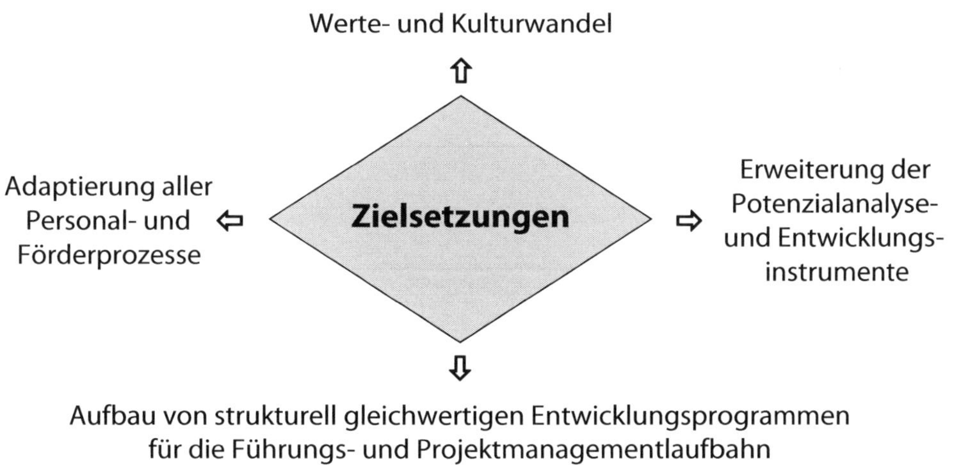

Abb. 42: Zielsetzungen bei der Etablierung einer Projektmanagementlaufbahn

72 Gemeint ist damit die Linienorganisation als jene Form der Aufbauorganisation in hierarchisch organisierten Systemen, die über straffe Zuordnungen der Mitarbeiter zu Führungskräften (Vorgesetzten) und den von ihnen geleiteten Organisationseinheiten (Hierarchieebenen) sowohl die Weisungsbefugnisse als auch die Berichtswege regeln.

- Schaffung einer Personal- und Förderkultur, in der Linien-Führungskräfte und Projektmanager einen vergleichbaren Stellenwert genießen;
  ⇒ *Anstoß eines Werte- und Kulturwandels*
- Etablierung des Berufsbildes „Projektmanager" und Berücksichtigung bei allen personalpolitischen Aktivitäten (Planung, Beschaffung und Auswahl, Entwicklung, Vergütung, Förderung etc.);
  ⇒ *Adaptierung aller Personal- und Förderprozesse*
- Integration der Projektmanagementfunktionen in die Nachfolgeplanung mit Hilfe einer unternehmensweit einheitlichen Analyse- und Entwicklungssystematik, um einerseits Beschäftigte mit hohem Projektmanagementpotenzial zu identifizieren und zu entwickeln sowie um andererseits in Hinkunft für bedeutende und auch organisationsübergreifende Projekte über eine ausreichende Anzahl an qualifizierten Projektmanagern zu verfügen;
  ⇒ *Erweiterung der Potenzialanalyse- und Entwicklungsinstrumente*
- Durchlässigkeit der Entwicklungsprogramme, d. h. die Entscheidung für die Führungs- oder Projektmanagementlaufbahn darf kein *„One-Way Ticket"* in die eine oder andere Richtung sein, sondern geplante Wechsel sollen vielmehr der kontinuierlichen Kompetenzerweiterung und der Flexibilität bei der Mitarbeitereinsatzplanung dienen.
  ⇒ *Aufbau von strukturell gleichwertigen Entwicklungsprogrammen für die Führungs- und Projektmanagementlaufbahn*

Mit der Realisierung dieser Ziele wollte man eine adäquate Antwort auf die Organisationsänderungen innerhalb des Unternehmens liefern und die Projektmanagementlaufbahn attraktiv sowie für die Zielgruppe erstrebenswert erscheinen lassen. Aus welchen Elementen sich die Konzeption nun im Einzelnen zusammensetzte und welche Aktivitäten damit verbunden waren, beschreibt der nächste Abschnitt.

20.3. Themenfelder und Elemente der Projektmanagementlaufbahn

Vorerst wurde durch eine Bestandsaufnahme analysiert, bei welchen Themenfeldern des Personalmanagements sinnvollerweise interveniert werden muss, um das angestrebte Ziel zur Implementierung einer Projektmanagementlaufbahn zu erreichen. Weiters sollte die Frage geklärt werden, in welcher Weise die bestehenden Personal- und Führungsinstrumente adaptiert und zukünftig verlinkt werden müssen, um den angestrebten Kulturwandel auch operativ zu unterstützen sowie für alle Beteiligten sicht- und erlebbar zu machen.

Hauptziel war es dabei, die neuen Regelungen für die Projektmanagementlaufbahn nicht nur einfach zentral zu erarbeiten und anschließend den Unternehmenseinheiten zu verordnen, sondern die Implementierung als Veränderungsprozess anzulegen, der von den Geschäftsbereichen selbst gestaltet wird und bei dem sie aktiv mit einer wesentlichen Rolle eingebunden sind – nämlich mit dem klaren Auftrag, alle Themenstellungen und Arbeitsergebnisse kritisch im Hinblick auf ihre Organisationsanforderungen zu reflektieren und deren Realisierbarkeit zu überprüfen. Nur dadurch, dass alle Beteiligten an einen Tisch geholt wurden, ließ sich eine Nachhaltigkeit des Gesamtprojekts sicherstellen.

Zentrale personalpolitische Prozessthemen und Elemente wurden einer Analyse unterzogen, welche den Kern der Laufbahn bilden und als Nächstes nun skizziert werden:

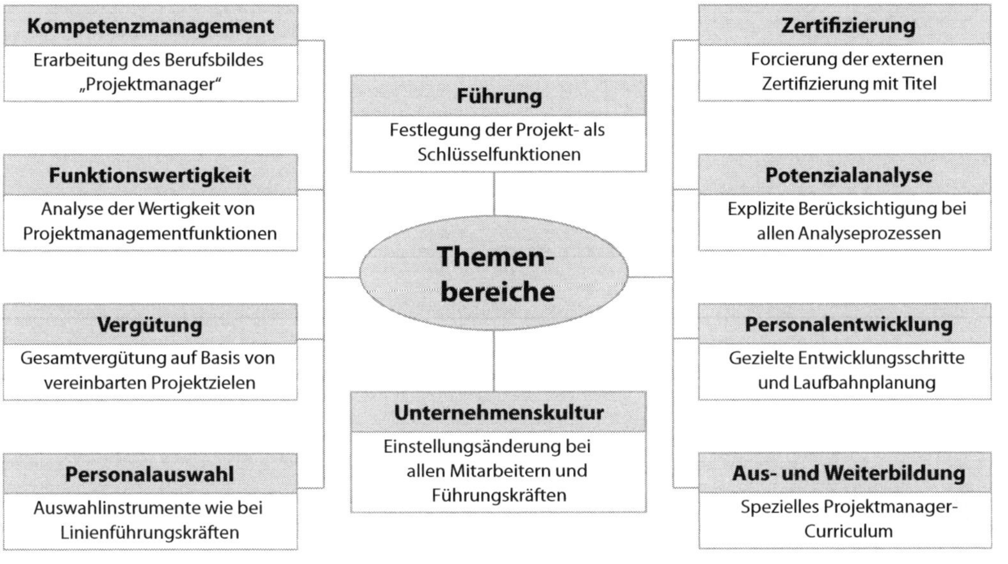

Abb. 43: Themenfelder und Elemente der Projektmanagementlaufbahn

20.3.1. Kompetenzmanagement

Als Grundlage gilt es, die erforderlichen Kompetenzen eines Projektmanagers zu identifizieren, eine gemeinsame Sichtweise über die Anforderungen an diese Funktion zu entwickeln und anschließend für die Gesamtorganisation zu verabschieden. Damit soll das Ziel erreicht werden, eine professionelle Kompetenzentwicklung organisationsweit voranzutreiben, bei der die für das Unternehmen erfolgskritischen Verhaltensanforderungen an die Mitarbeiter qualitativ operationalisiert und in einem eigenen Kompetenzmodell hinterlegt sind. Durch die darauf basierende Formulierung eines Berufsbilds wird bestimmt, über welche Fähigkeiten und Fertigkeiten Projektmanager verfügen müssen, welche Aufgaben und Befugnisse sie haben, sowie in welcher Form ihre Entwicklung geplant ist. Das Berufsbild stellt insofern auch das Fundament für alle nachfolgenden Elemente dar.

20.3.2. Funktionswertigkeit

Wesentliche Funktionen im Projektmanagement werden dabei zunächst nach einer einheitlichen Struktur mit identischen Kriterien (z. B. Projektvolumen, Organisationsgröße, temporäre Führungsspanne, Marktverantwortung) bewertet. Danach können die bewerteten Funktionen auf einer numerischen beziehungsweise alphabetischen (Punkte-)Skala einander gegenübergestellt werden. Dies ermöglicht sowohl einen Vergleich zwischen teilweise sehr unterschiedlichen Projektmanagementfunktionen über Organisationsgrenzen hinweg als auch eine Festlegung der Wertigkeit im Verhältnis zu anderen in der Unternehmensorganisation (Linienorganisation) etablierten Berufsbildern.

20.3.3. Vergütungssystem

Ausgehend von der Überlegung, dass ein positives Leistungs-Beitrags-Denken der Beschäftigten die Wirksamkeit eines Vergütungssystems wesentlich beeinflusst, ist eine leistungsorientierte Anreizgestaltung durch die Entwicklung von Projekt-Incentive-Systemen oder die Auslobung von Projektprämien für die Erreichung des Projekterfolges zweckmäßig. Voraussetzung für eine transparente Regelung ist die Definition von Projektzielen, die im Rahmen einer eigenen Vereinbarung dokumentiert werden. Damit wird nach Projektabschluss der unmittelbare Zusammenhang zwischen Leistung und Honorierung für den Betroffenen klar nachvollziehbar.

20.3.4. Auswahl von Projektmanagern

Auswahlentscheidungen zählen zu den wichtigsten und heikelsten Aufgaben von Führungskräften, denn sie können weitreichende Folgen haben. Bei der Auswahl von Projektmanagern empfiehlt es sich daher, ebenso kompetenzbasierte Selektionsinstrumente anzuwenden, die die Kompetenzprofile der Arbeitnehmer mit den Anforderungen des Berufsbilds für Projektmanager „matchen". Neben dem strukturierten Bewerberinterview erscheinen beispielsweise Projektmanagement-Assessment-Center oder Projektmanagement-Appraisals[73] für diese Zwecke vorteilhaft.

20.3.5. Führungssystem

In der Projektorganisation ist es gleichermaßen wichtig, Aufgaben festzulegen, Verantwortungen zu übertragen und Projektziele zu vereinbaren. Das allein reicht jedoch noch nicht. Die Organisation muss jedem Projektmanager sehr klare Befugnisse zugestehen, damit er die für das Projekt übernommene Verantwortung auch ausüben kann. Gerade in einer hierarchisch geprägten Linienorganisation ist es daher erfolgskritisch, die in der Organisation verankerten Führungsinstrumente und die damit verbundenen, institutionalisierten Gesprächsformen (z. B. das periodische Mitarbeitergespräch oder andere kontinuierliche Dialogformen während der Projektlaufzeit) entsprechend zu erweitern, um den Projektmanagern die Möglichkeit zu bieten, beim Einsatz dieser Instrumente hinreichend Einfluss zu nehmen und um dadurch den Beitrag jedes einzelnen Projektmitarbeiters in ausreichender Form sicherzustellen (insbesondere bei jenen, die neben ihren Projektaufgaben teilweise auch weiterhin operative Themen in der Linienorganisation wahrnehmen).

73 Diese Methode unterstützt die Entscheider bei der Identifizierung von Leistungsträgern und Talenten für das Projektmanagement, indem auf Basis der persönlichen Motivation, der aktuellen Kompetenzen und der bisher gemachten Erfahrungen in der Bewältigung spezifischer Herausforderungen die aktuelle und die zu erwartende Performance analysiert wird – meist unter Hinzuziehung von externen Beratern, um eine neutrale Perspektive zu gewährleisten. Die angewandten Methoden differieren je nach Zielsetzung und stellen meist einen Mix aus verschiedenen Verfahren dar: multimodales Interview (basierend auf den Anforderungskriterien des Berufsbilds), 360-Grad-Feedback (Befragung der unmittelbaren Peergroup hinsichtlich der Verhaltensleistungen), ergänzende Testverfahren etc. Nach Auswertung und Interpretation der Ergebnisse erfolgt die Einordnung der Bewerber in eine Kompetenz- bzw. Potenzialmatrix, die einen strukturierten Überblick über die Einschätzung aller Kandidaten gibt. Im Anschluss daran können die Bewerber mit der höchsten Deckungsgleichheit zwischen den Anforderungen und den bei ihnen vorhandenen Kompetenzen bestimmt und für die vakante Projektmanagement-Position ausgewählt werden.

20.3.6. Zertifizierung

Belegbare Kompetenzen erhöhen nachweislich die Positionierung der Projektmanager innerhalb und außerhalb der Organisation, weswegen der Erwerb eines Qualitätsnachweises in Form einer Zertifizierung in jedem Fall vorzusehen ist. Die Zertifizierungen können dabei sowohl externe Institutionen (z. B. IPMA – International Project Management Association, PMI – Project Management Institute) als auch unternehmensinterne Einheiten (z. B. ein im Unternehmen verantwortliches *„Project Management Office (PMO)“*[74]) vornehmen.

20.3.7. Potenzialanalyse

Bei der Identifikation von Potenzialträgern ist es für das Unternehmen ebenso opportun, nach potenziellen Projektmanagern Ausschau zu halten. Faktisch geht es hierbei um die Frage: Wer könnte in Zukunft (Schlüssel-)Projekte im Hinblick auf bestimmte Komplexitätsstufen und Projektrisiken übernehmen? Idealerweise werden dafür erfahrene (Senior-)Projektmanager bei der Analyse hinzugezogen, denn sie können die bisherigen Leistungen (Performance) und die Fähigkeiten (Potenziale) von zur Diskussion stehenden Projektmanagern oder Projektmitarbeitern aus der täglichen Projektpraxis meist sehr gut – wenn nicht am besten – einschätzen und bewerten.

20.3.8. Personalentwicklung

Bei den Entwicklungskonzepten sind ebenfalls zweckgerichtete Maßnahmen für Funktionsinhaber im Projektmanagement vorzusehen. Die Entwicklungsstufen bilden dabei die notwendigen Kompetenzen und die erforderlichen Erfahrungswerte auf den jeweiligen Ebenen ab (vom *„Project Professional“* oder *„Junior Project Manager“* über den *„Senior Project Manager“* bis zum *„PM Director“*). Instrument dafür ist die Personalentwicklungsplanung im Rahmen des periodischen Mitarbeitergesprächsprozesses zwischen jedem Projektmanager und seiner unmittelbaren Führungskraft, bei dem idealerweise auf Basis einer Kompetenzanalyse ein konkreter Maßnahmenplan erarbeitet und verabschiedet wird. Er enthält die dem Bedarf angemessenen Bildungsaktivitäten und Entwicklungsschritte, die den Projektmanager in seinem Fortkommen unterstützen.

20.3.9. Aus- und Weiterbildung

Um die Kompetenzerweiterung der Beschäftigten zu fördern, benötigt auch das Projektmanagement ein Ausbildungssystem, das sich ebenfalls an den Entwicklungsstufen (z. B. vom *„Project Professional“* bis zum *„PM Director“*) orientiert und ganz auf das Berufsbild zugeschnitten ist. Ein eigenes Projektmanager-Curriculum (Aus- und Weiterbildungsprogramm) schafft dafür eine gute Basis, wenn es die wesentlichen Methoden und Kompetenzen des Projektmanagements vermittelt und sich aus verschiedenen situationsbezogenen Lernanlässen aus dem Projektgeschäft und adäquaten Trainingssettings zusammensetzt (vgl. dazu auch die Ausführungen im Kapitel 12. zum „Lernen 4.0“).

74 Neben der Steuerung und Überwachung aller aktiven Projekte in einem Unternehmen oder in einer Organisation hat es die Aufgabe, Standards zur professionellen Abwicklung von Projekten zu definieren, um die Qualität und die Effizienz sicherzustellen. Verfügt ein Unternehmen über solche organisationsinternen Standards, so ist es zweckmäßig, Mitarbeiter dafür zu zertifizieren.

20.3.10. Unternehmenskultur

Allen Beschäftigten im Unternehmen ist unmissverständlich und im besten Fall anhand von Karrierebeispielen erfolgreicher Projektmanager zu kommunizieren, dass die Projektmanagementlaufbahn ebenso erstrebenswert und für den Unternehmenserfolg gleichermaßen bedeutend ist wie die Führungslaufbahn. Diese Überzeugung kann das Topmanagement festigen, indem es die Projektmanagementlaufbahn aktiv befürwortet. Kommunikationsoffensiven, Informationsveranstaltungen und das Adaptieren beziehungsweise Erweitern der Unternehmensleitlinien um dieses Themenfeld können obendrein dazu beitragen, die Projektmanagementlaufbahn in der jeweiligen Organisation zu einem wesentlichen Baustein der Mitarbeiterentwicklung werden zu lassen.

20.4. Fazit

Personalentwicklung im Projektmanagement ist eine wichtige Personal- und Führungsaufgabe, die eine gesamthafte Unternehmensentwicklung sowie das Management von Projektorganisationen erst möglich macht. Für all jene Organisationen, die einen relevanten und somit strategisch bedeutsamen Anteil ihrer Leistungen oder Innovationen im Rahmen von Projekten realisieren, hat das Thema weit mehr Bedeutung als bislang angenommen.

Ganzheitlich ist der oben dargestellte Ansatz zur Gestaltung der Personalentwicklung im Projektmanagement insofern, als er sämtliche konzeptionellen, prozessualen und organisationsbezogenen Elemente in ihrem Zusammenwirken aufzeigt und sie in enger wechselseitiger Abhängigkeit beleuchtet. Im Zentrum steht neben dem Individuum auch die Organisation, da eine Entwicklung nur dann erfolgversprechend verlaufen kann, wenn man alle Aktivitäten zur Einrichtung einer Projektmanagementlaufbahn auf beide Komponenten im Sinne einer aufeinander abgestimmten Personal- und Organisationsentwicklung hin ausrichtet.

21. Shared Services im Personalbereich – Effizienz durch die Optimierung der Prozesse

21.1. Einführung

Personalverantwortliche klagen oft über die mangelnde Zeit, gemeinsam mit dem Management an personalstrategischen Fragen zur Umsetzung der verabschiedeten Geschäftsziele arbeiten zu können. Einerseits werden sie mit operativen Aufträgen (z. B. Versetzungsanträge, individuelle Entgeltanpassungen, Austrittsmeldungen) der Führungskräfte und Mitarbeiter überschwemmt, andererseits sind diese nicht immer so klar und nachvollziehbar definiert, dass deren Abwicklung rasch und effizient durchgeführt werden kann. Nicht selten werden darüber hinaus gleichartige Personalprozesse zur Umsetzung dieser Aufträge (wie etwa die Personaladministration, die Lohn- und Gehaltsverrechnung oder das Reisemanagement) auch von unterschiedlichen Stellen in der Organisation erbracht, die sich mitunter nicht abstimmen und so Doppelgleisigkeiten verursachen. Diese mangelnde Koordination führt zu einem erhöhten Ressourcenaufwand, der schlussendlich eine Menge Geld kostet.

Angesichts dieser unbefriedigenden Situation entscheiden sich immer mehr Organisationen, rein administrative Aufgaben der Personalarbeit in einem *„Shared Service Center (SSC)"* zu konzentrieren beziehungsweise dort zu bündeln. Durch das Konsolidieren von transaktionsintensiven Personalprozessen und deren Verlagerung in eine eigene Organisationseinheit sollen Synergie-Potenziale genutzt sowie durch die Standardisierung und Optimierung dieser Aktivitäten die Service-Qualität gesteigert werden, um den eigentlichen Fokus von HR wieder verstärkt auf die Gestaltung der Personalstrategie zur Unterstützung der Geschäftsstrategie zu lenken. Damit verschaffen sich die Personalmanager nicht nur mehr Spielraum, sondern erhöhen auch ihre Reputation, wenn sie ihre Expertise am Tisch der Entscheidungsträger einbringen und auf Augenhöhe bei der mittel- bis langfristigen Ausrichtung des Unternehmens mitwirken können.

Welche Herausforderungen dabei bewältigt werden und welchen neuen Anforderungen sich die Beschäftigen im Personalmanagement stellen müssen, um ein Shared Service Center erfolgreich zu etablieren, damit beschäftigt sich dieses Kapitel.

21.2. Rollen und Aufgaben im Personalmanagement

Die heutige HR-Funktion sieht sich in vielen Betrieben und Organisationen im Wesentlichen mit zwei Anforderungen konfrontiert: Sie muss sowohl die Forderung, als Partner des Topmanagements zu fungieren, erfüllen als auch teilweise sehr komplexe Personalprozesse qualitativ einwandfrei und kostengünstig abwickeln. Die Rolle des Business Partners, welche die aktive Mitwirkung an der Gestaltung und Umsetzung der Geschäftsstrategie mit Hilfe einer adäquaten Personalsteuerung zum Inhalt hat, wird jedoch häufig durch das transaktionsgetriebene Tagesgeschäft der Personaladministration beeinträchtigt. Dem eigentlichen Geschäftsauftrag als strategischer Gestalter, sofern Human Resources Management aus unternehmenspolitischen Gründen nicht generell nur auf die verwaltende Dienstleistungsfunktion in einer Organisation reduziert und von strategischen Entscheidungen ferngehalten wird (tatsächlich ist ein solches Szenario noch immer in manchen Unternehmen anzutreffen), kann damit kaum entsprochen werden. Will man dieses Manko beheben, so sind eine Neuorganisation des Personalmanagements und die Etablierung eines Shared Service Centers unerlässlich.

Dieses Organisationsmodell basiert unter anderem auf den Überlegungen des renommierten Management-Vordenkers *Dave Ulrich*[75], Professor für Betriebswirtschaftslehre an der University of Michigan Business School, der eine klare Trennung zwischen Business-Partnerschaft und Dienstleistungsfunktion (ergänzt um sogenannte *„Centers of Competence"*, die aufgrund ihrer Expertise übergreifende Verantwortung für die Definition strategischer HR-Prozesse und -instrumente übernehmen) als erfolgskritisch für ein wertschöpfendes Personalmanagement postuliert. Mit der Veröffentlichung dieser Konzeption hat er einen Paradigmenwechsel eingeläutet und eine komplette Reorganisation vieler HR-Abteilungen ausgelöst. Ziel dabei war es (und ist es auch weiterhin), dass sich die jeweiligen Rollen auf ihre Kernaufgaben konzentrieren, um ein Maximum an Professionalität und die höchste Beitragswirkung zur Strategieerreichung sicherzustellen.

Obigem Postulat folgend haben in der Vergangenheit zahlreiche Unternehmen ihre Personalarbeit völlig umgekrempelt und eigene Shared Service Center (neben dem HR-Business-Partner-Modell und den *„Centers of Competence"*) aufgebaut. Die folgenden Ausführungen basieren auf den dazu publizierten Erfahrungsberichten und beleuchten sowohl die positiven Aspekte als auch die Grenzen dieses Organisationskonzepts.

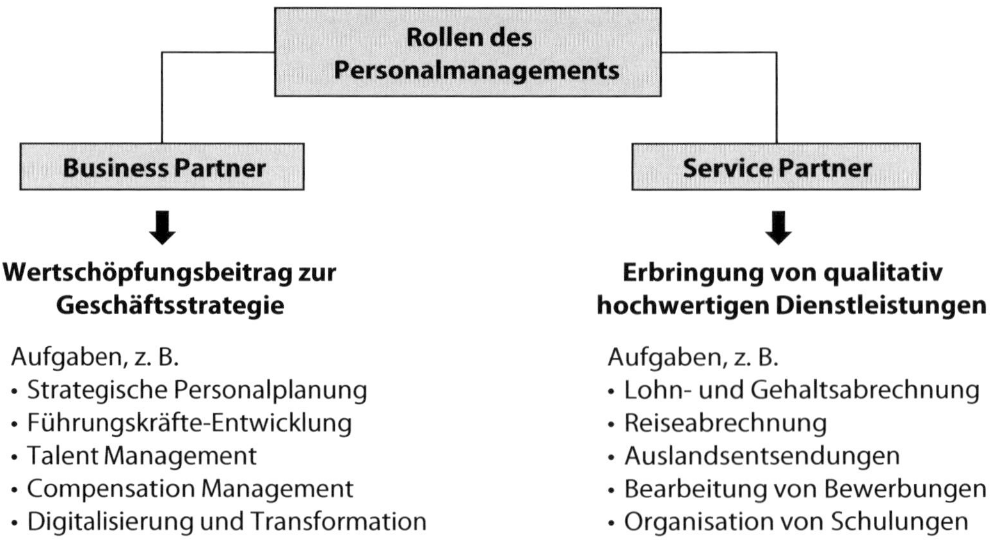

Abb. 44: Rollen des Personalmanagements

75 *Ulrich Dave*, Human Resource Champions: The Next Agenda for Adding Value and Delivering Results, Boston 1997.

21.3. Idee und Konzept eines Shared Service

Kurz gesagt, bedeutet „*Shared Services*" die Zentralisierung von bisher dezentral erbrachten Dienstleistungen, die sich weitgehend standardisieren und arbeitsteilig organisieren lassen. Zu den typischen Unternehmensbereichen, in denen Organisationsformen eines „*Shared Service*" zur Anwendung gelangen, zählen Rechnungswesen, Einkauf, Logistik, IT und eben Personal. Zusammengefasst werden dabei – wie bereits angemerkt – Prozesse der Lohn-, Gehalts- und Reiseabrechnung, der Abwicklung von Entsendungen ins Ausland, der Bearbeitung von Bewerbungen, der Organisation von Trainingsmaßnahmen sowie der Erbringung kaufmännischer Dienstleistungen (z. B. Berechnung von Personalrückstellungen). Jeder dieser Prozesse setzt sich aus verschiedenen Transaktionen zusammen, die in der Regel nach ähnlichen Mustern ablaufen und somit für eine Bündelung an zentraler Stelle in Frage kommen.

Bevor jedoch eine Überführung von Prozessen in ein eigenes Shared Service Center angegangen wird, sollte noch geprüft werden, ob es tatsächlich eine ausreichende Anzahl von Transaktionen gibt, die durch eine Zentralisierung zu Kostenvorteilen[76] (auch Skaleneffekte genannt) führen. Die Erfahrung zeigt, dass erst ab einer bestimmten Unternehmensgröße (ab eintausend oder mehr Beschäftigte) eine solche Organisationsform betriebswirtschaftlich Sinn macht. In kleineren Betrieben werden die zur Diskussion stehenden Transaktionen meist schon aufgrund der überschaubaren Struktur zentral abgewickelt. Hier könnte man allenfalls Überlegungen dahingehend anstellen, ob diese nicht auch am externen Markt von eigens darauf spezialisierten Dienstleistungsunternehmen zugekauft werden können („*Make or buy*"-Entscheidung).

21.4. Erfolgsvoraussetzungen und Produktivitätshebel

„*Shared Service*" bedeutet nicht nur die Zusammenführung von abwicklungsintensiven Prozessen, sondern erfordert auch ihre schrittweise Neustrukturierung, um die Produktivität steigern sowie die Prozessqualität anheben zu können. Erst das Berücksichtigen der folgenden Produktivitätshebel begünstigt den Erfolg eines Shared Service Centers:

21.4.1. Konzentration der Aufgaben an einem Standort

Erste Produktivitätserfolge lassen sich bereits durch eine physische Zusammenführung aller dafür aufgewendeten Ressourcen an einem kostengünstigen Standort erzielen. Die dezentrale Erbringung von Dienstleistungen – auch bei Anwendung eines hybriden Arbeitsmodells – erfordert meist einen erhöhten Aufwand notwendiger Kapazitäten (z. B. Mitarbeiter, Raum, IT-Ausstattung), da ein jederzeitiges Funktionieren jeder noch so kleinen Abwicklungseinheit gewährleistet werden muss. Eine entsprechende Konzentration erleichtert hier die Steuerung und führt zu einem größeren Spielraum in puncto Flexibilität und Mitarbeitereinsatz.

76 Das bekannte Wirtschaftsprüfungs- und Beratungsunternehmen *PWC – PricewaterhouseCoopers* beziffert die Kosteneinsparungspotenziale zwischen 25 und 50 %, wobei der höchste Einsparungserfolg nur in den seltensten Fällen – abhängig von den Rahmenbedingungen – als tatsächlich realisierbar eingeschätzt wird.

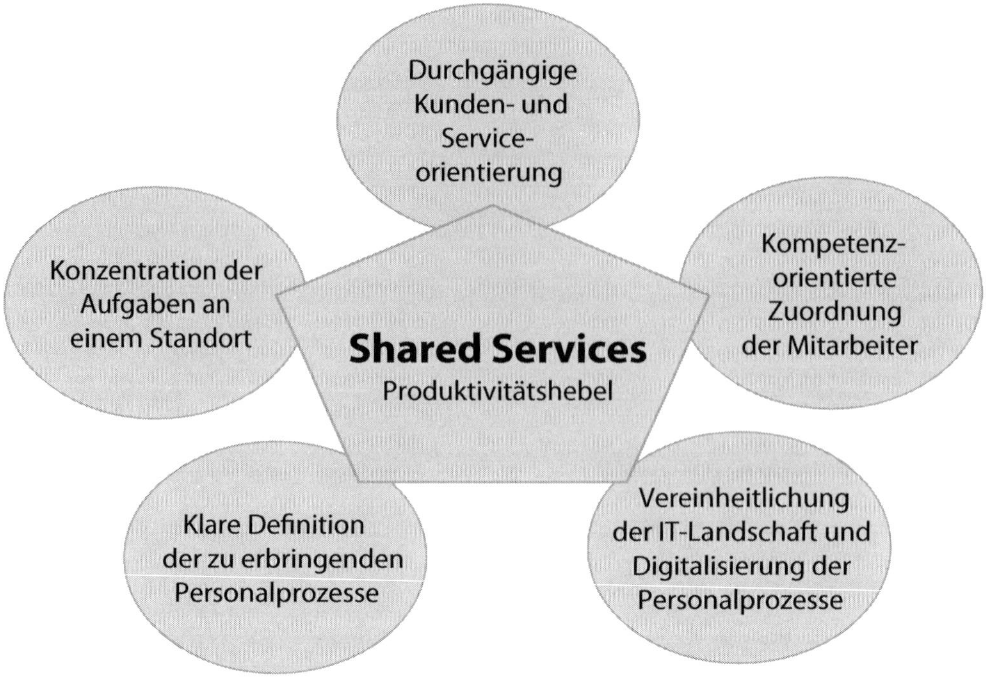

Abb. 45: Produktivitätshebel bei Implementierung eines Shared Service Centers

21.4.2. Klare Definition der Personalprozesse

Essenziell für ein optimales Arbeiten im Shared Service Center sind die Klarheit und die Transparenz der durchzuführenden Personalprozesse. Folglich müssen alle ins Shared Service Center übergeführten Prozesse einem *„Business Process Reengineering"*[77] unterzogen werden, bei dem nicht nur deren (Neu-)Definition im Fokus steht, sondern generell auch die Notwendigkeit und Sinnhaftigkeit derselben hinterfragt wird. Möglicherweise sind bisher eingefahrene Prozesse in Zukunft nicht mehr relevant oder schmälern, da sie nur marginal nachgefragt werden, den Produktivitätserfolg. Studien zeigen, dass gerade in diesem Bereich ein höherer Nachholbedarf in den Unternehmen vorhanden ist, da die Prozesslandschaft noch immer von einer großen Uneinheitlichkeit oder gar von Ungereimtheiten geprägt ist.

Unterzieht man alle Prozesse einem Screening, kommt auch der klaren Einteilung der Verantwortlichkeiten und dem Schnittstellenmanagement eine erfolgskritische Bedeutung zu, d. h. es müssen alle Schnittstellen sowohl zu den vor- als auch zu den nachgelagerten Prozessen korrekt bestimmt werden, um ein Arbeiten ohne Reibungsverluste im Shared Service Center zu ermöglichen und etwaige Doppelgleisigkeiten zu vermeiden.

---

77 Mit dem Begriff *„Business Process Reengineering (BPR)"* ist die Reorganisation der geschäftlichen Abläufe in einer Organisation gemeint. BPR stellt eine organisatorische Maßnahme dar, die darauf abzielt, die Organisationsstruktur einer Einheit über eine tiefgreifende Analyse der bestehenden Abläufe völlig neu zu gestalten.

Konkret geht es dabei um die Festlegung, in welcher Form bestimmte Daten und Anforderungen an das Shared Service Center zu übermitteln sind, um deren Bearbeitung nach den in einem (meist digitalisierten) Handbuch dokumentierten Prozessabläufen zu gewährleisten. Hier ist die Disziplin aller Beteiligten gefragt, denn beispielsweise kann die Versetzung eines Mitarbeiters von einer Organisationseinheit in eine andere nur dann ordnungsgemäß abgewickelt werden, wenn der Auftraggeber (meist die Führungskraft in der Linienorganisation) die notwendigen Spezifikationen und Daten in der dafür vorgesehenen Form zur Verfügung stellt.

21.4.3. Vereinheitlichung der IT-Landschaft

Mit dem Re-Design der Prozesse geht auch eine Analyse der bisherigen IT-Landschaft einher. Inwieweit kann die Heterogenität beim Einsatz von IT-Systemen minimiert werden? Bei welchen Prozessen können einheitliche Systemplattformen genutzt werden, um beispielsweise die mehrfache Erfassung und Pflege von Mitarbeiterstammdaten zu vermeiden? Welche Abläufe lassen sich mittels der Implementierung eines *„Employee- oder Manager-Self-Service-(ESS- bzw. MSS-)Systems“* ohne Schnittstellenprobleme abwickeln? Welche mobilen Applikationen stehen dafür am Markt zur Verfügung und lassen sich mit einer hohen Bedienerfreundlichkeit für die Anwender nutzen? Das sind die zentralen Problemstellungen, die hier gelöst werden müssen. Neben den Personal- sind die IT-Kosten eine der größten Kostenpositionen im Shared Service Center, sodass sich hier durch eine intelligente Aufstellung und durch ein Streben nach IT-Gesamtlösungen auch positive Effekte auf die Produktivität erzielen lassen.

Die Mehrheit der Unternehmen hat bereits begonnen, sukzessive zahlreiche Personalprozesse zu digitalisieren und in kundennutzenorientierter Form anzubieten. Ein professionelles und zugleich virtuelles Servicemodell mittels moderner Technologien zur Betreuung der Führungskräfte und Mitarbeiter bestimmen dabei sowohl die Akzeptanz als auch den Erfolg. Dazu zählen neben den bereits erwähnten Self-Service-Anwendungen die vollständige digitale Abwicklung von Personalprozessen (bis hin zur Archivierung von Personaldokumenten in digitalen Personalakten), die Zurverfügungstellung des digitalen Prozessangebots mittels HR-Apps für mobile Endgeräte sowie die Bereitstellung von Wissensplattformen oder *„Chatbots“* (textbasierte Dialogsysteme[78]), über die sich Führungskräfte und Mitarbeiter selbstständig und zeitunabhängig über HR-Themen informieren können. Zunehmend fungieren Cloud-Lösungen als Datenbasis, um stets standortunabhängig und tagesaktuell auf Dokumente und Personaldaten online zugreifen zu können. Herausforderungen sind dabei die Einhaltung der geltenden Datenschutzrichtlinien und die Erfüllung höchster Sicherheitsstandards, um die missbräuchliche Verwendung von Daten zu verhindern.

78 Ein Beispiel dafür ist *„ChatGPT“* im Bereich der Künstlichen Intelligenz (KI). Es handelt sich dabei um ein Dialogsystem, das auf maschinellem Lernen beruht. Bei *„ChatGPT (Chatbot Generative Pre-trained Transformer)“* kann der Benutzer über Texteingabe mit dem Computer kommunizieren – ähnlich einem Chat. Das Besondere daran ist, dass der Chatbot aus der Unterhaltung lernt. Diesen Chatbot entwickelte das US-amerikanische Unternehmen OpenAI.

21.4.4. Kompetenzorientierte Zuordnung der Mitarbeiter

Hier macht es einen großen Unterschied, ob ein Shared Service Center mit neuen Beschäftigten aufgebaut wird oder ob aus der bestehenden Mannschaft einer etablierten HR-Organisation bisherige Generalisten für das Shared Service Center abgezogen werden. Gerade während der Transformationsphase können Motivations- und Akzeptanzprobleme bei bereits in HR tätigen Arbeitnehmern die Folge sein. Die Umstellung vom Generalisten zum Spezialisten, der nur mehr für eine bestimmte Anzahl von Prozessen und Transaktionen verantwortlich ist, ist naturgemäß nicht einfach und verändert fast vollständig das bisherige Berufsbild. Ausreichende und zeitgerechte Kommunikation, Schulung sowie sensibles Vorgehen sind insbesondere von Seiten der Führungskräfte und seitens des Personalmanagements in dieser Phase gefordert.

Die Erfahrung zeigt, dass bei einer kompetenz- und auch präferenzorientierten Zuordnung der Mitarbeiter zu den einzelnen Funktionen im Shared Service Center diese Transformation mehrheitlich gelingen kann. Manche begrüßen es, im Shared Service Center über einen abgegrenzten Aufgabenbereich zu verfügen. Andere wiederum möchten möglicherweise ihr Generalistenwissen um eine ergänzende Spezialisierung in einem Fachbereich vertiefen oder neue Services in einem „*Innovation Lab*" mit agilen Arbeitsmethoden entwickeln, um zukünftige Kundenanforderungen erfüllen zu können. Gerade die Personalentwicklung ist hier mit ihrer Expertise gefordert, den Prozess der individuellen Kompetenzanalyse und der darauf aufbauenden weiteren Entwicklungsplanung für jeden Beschäftigten im Shared Service Center professionell zu begleiten.

21.4.5. Durchgängige Kunden- und Serviceorientierung

Die vom Shared Service Center gegenüber dem Auftraggeber (interner Kunde) zu erbringenden Leistungen werden in sogenannten „*Service Level Agreements*[79] (kurz: SLA)" vereinbart und dokumentiert. Sie regeln die wesentlichen Punkte der internen Geschäftsbeziehung und sichern die qualitativ und quantitativ vereinbarte Leistungserbringung für den Auftraggeber vertraglich ab. Zu den wichtigsten Inhalten eines Service Level Agreements zählen:

- Leistungsbeschreibung (z. B. das für den Auftraggeber bereitzustellende Produkt-/Prozessportfolio),
- Verantwortlichkeiten sowohl auf Seiten des Auftraggebers (beispielsweise für die erforderliche Datenanlieferung) als auch des Shared Service Centers,
- Verfügbarkeit und Realisierung der einzelnen Service-Leistungen (z. B. Festlegung der Fristen zur Beantwortung und Erledigung von Kundenanfragen),
- Verrechnungspreise für die zu erbringenden Leistungen (z. B. Kostensatz pro Prozess oder Transaktion, Pauschalbetrag pro betreutem Mitarbeiter),
- Fragen des Eskalationsmanagements (z. B. Abstimmung der Vorgehensweise, wenn es zwischen den Vertragspartnern zu unterschiedlichen Auffassungen den Leistungskatalog betreffend kommt),

79 Ein „*Service Level Agreement (SLA)*" bezeichnet die nachvollziehbare Beschreibung einer zu erbringenden Dienstleistung – einschließlich der zu erreichenden Qualität und der anzuwendenden Kennzahlen zu ihrer Messung.

- Rechtsfolgen bei Nichteinhaltung von Vereinbarungen oder der Nichterbringung von festgelegten Leistungen (z. B. Pönale).

Nur durch diesen Fokus auf die Kundenzufriedenheit und die hohe Servicequalität sowie durch die präzise, nachvollziehbare Definition von Leistungen lassen sich eine optimale Kunden-Lieferanten-Beziehung erst etablieren und die Professionalisierung im Shared Service Center vorantreiben.

Will man bei der Einführung eines Shared Service Centers den geplanten Nutzen einer solchen Organisationsform maximieren, ist es empfehlenswert, allen oben erläuterten Aspekten erhöhte Aufmerksamkeit entgegenzubringen. Schon die Vernachlässigung eines Produktivitätshebels kann erfahrungsgemäß das Ergebnis in hohem Maße beeinträchtigen, sodass erwartete Synergieeffekte ausbleiben.

21.5. Struktur eines Shared Service Centers

Ein Shared Service Center zeichnet sich nicht nur durch die Transparenz seiner Prozesse insbesondere für die Abnehmer, sondern ebenso durch seine klaren Kommunikationswege auf Basis einer nachvollziehbaren Organisationsstruktur aus.

Es ist daher zu klären, wie Aufträge von den Kunden an das Shared Service Center übermittelt werden können beziehungsweise in welcher Form diese von den Service-Mitarbeitern entgegengenommen werden. Hier lassen sich – angelehnt an die oftmals anzutreffende Service-Level-Struktur im IT-Supportbereich – mehrere Stufen unterscheiden:

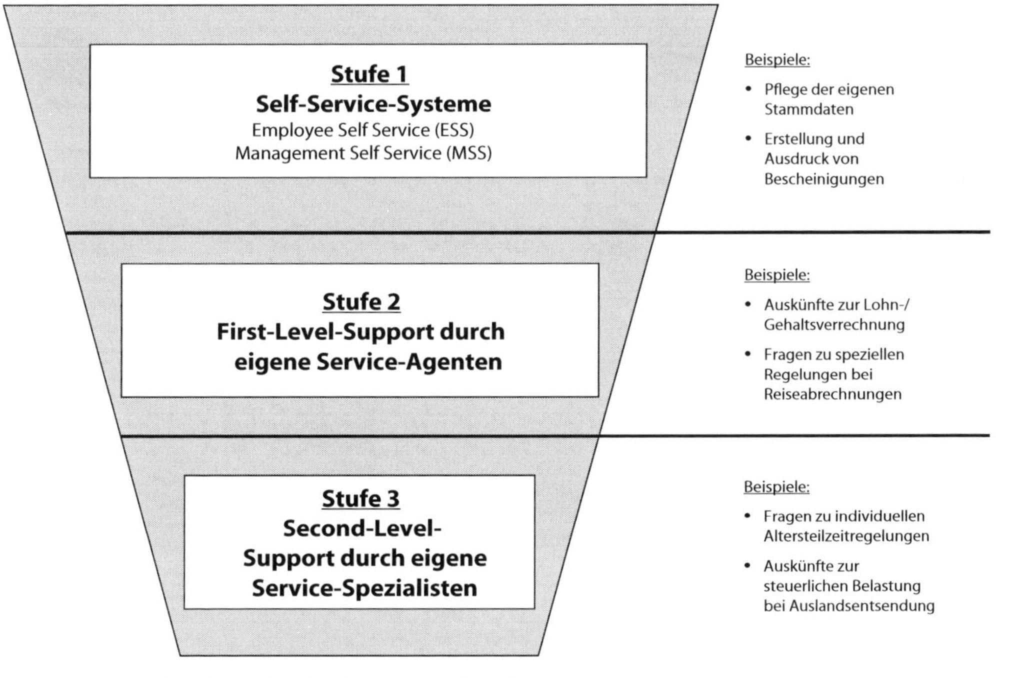

Abb. 46: Struktur bei der Anfragebearbeitung im Shared Service Center

21.5.1. Stufe 1 – Self-Service-Systeme

Benutzerfreundliche *„Employee- oder Management-Self-Service-(ESS- bzw. MSS-)Systeme“* erlauben es den Mitarbeitern und Führungskräften im auftraggebenden Bereich, bestimmte Aufgaben selbst abzuwickeln. Über eigene IT-Portale oder *Apps* können sie dadurch beispielsweise ihre Stammdaten eigenverantwortlich pflegen oder notwendige Bescheinigungen des Arbeitgebers selbst abrufen. Solche Routineanfragen würden ansonsten im Shared Service Center landen und wichtige Personalressourcen, die anderweitig effizienter einsetzbar wären, blockieren. Schätzungen zufolge lassen sich mit solchen Systemen bis zu zwei Drittel aller Anfragen ohne direkte Kontaktaufnahme mit dem Shared Service Center problemlos und anforderungsgerecht erledigen. Zusätzliche Unterstützung für die Beschäftigten bieten dabei interne Suchmaschinen zur Recherche von HR-Begriffen, die Erläuterung von HR-Prozessen mittels Kurzvideos, das Angebot eines HR-Blogs oder die Implementierung eines *„HR Chatbots“* als digitalisiertes Dialogsystem mit Zugriff auf eine Wissensdatenbank.

21.5.2. Stufe 2 – First-Level-Support durch Service-Agenten

Transaktionen, die nicht über die Self-Service-Systeme abgewickelt werden können, erreichen auf dieser Stufe die eigens dafür abgestellten Service-Agenten. Anfragen nehmen sie per Telefon, E-Mail oder interaktiven IT-Plattformen entgegen, erledigen sie entweder selbst (teilweise nach Rücksprache mit dem Second-Level-Support) oder leiten sie je nach Umfang und Komplexität der Anfrage an die Kollegen der nächsten Stufe weiter. Typische Anliegen, die seitens der Service-Agenten auf dieser Stufe bearbeitet werden, sind beispielsweise Standardauskünfte zur Gehaltsabrechnung oder Fragen zu unternehmensspezifischen Regelungen der Reisekostenverrechnung. Erfahrungen zeigen, dass der First-Level-Support bis zu knapp einem Drittel aller Anliegen ordnungsgemäß erfüllen kann.

21.5.3. Stufe 3 – Second-Level-Support durch Service-Spezialisten

Sind die Anfragen derart komplex, dass eine Beantwortung auf den vorigen Stufen nicht möglich ist, so werden sie an eigene Spezialisten weitergeleitet. Dauert die Bearbeitung einer Materie länger, so informieren die Spezialisten den Kunden über den Bearbeitungszeitraum oder vereinbaren mit ihm einen konkreten Erledigungstermin, damit er nicht im Unklaren bleibt, was denn mit seiner Anfrage passiert ist. Beispiele dafür sind die Berechnung der Konditionen für eine individuelle Altersteilzeitregelung oder die Ermittlung steuerlicher Belastungen bei einer vereinbarten Auslandsentsendung.

21.6. Organisation und Leistungsmessung im Shared Service Center

Analysiert man verschiedene Shared-Service-Einrichtungen hinsichtlich ihres Aufbaus, so lässt sich im Gegensatz zur Kommunikations- und Organisationsstruktur nach außen eine im Innenverhältnis angewandte Zweiteilung feststellen.

Diese gliedert sich in ein *„Service Management“*, in dem Prozessexperten die im Shared Service Center zu erbringenden Dienstleistungen definieren und festlegen sowie in weiterer Folge hinsichtlich Aktualität und Regelkonformität qualitativ pflegen, und in ein *„Service Delivery"*, in dem Service-Mitarbeiter die Leistungen gemäß den vereinbarten Zielvorgaben und auf Basis der Leitlinien der Prozessexperten des Service Managements erbringen.

Die Erreichung der Zielsetzungen wird anhand sogenannter *„Key Performance Indicators*[80] (kurz: KPI)" gemessen, um einerseits die Qualität der Leistungserbringung einem laufenden Monitoring unterziehen und um andererseits die eigene Performance mit anderen Organisationen vergleichen zu können (im Sinne eines *„Shared Service Benchmarking"*).

21.7. Fazit

Eine sorgfältige Prüfung der Shared-Service-Möglichkeiten in der bisherigen Personalorganisation durch die Ausarbeitung eines *„Business Case"*, die professionelle Planung des Shared Service Centers unter Berücksichtigung der verschiedenen Produktivitätshebel sowie ein aktives Kommunikationsmanagement im Hinblick auf die beteiligten Mitarbeiter- und Kundengruppen sind die Erfolgsfaktoren für die Etablierung einer performance-orientierten Dienstleistungsorganisation.

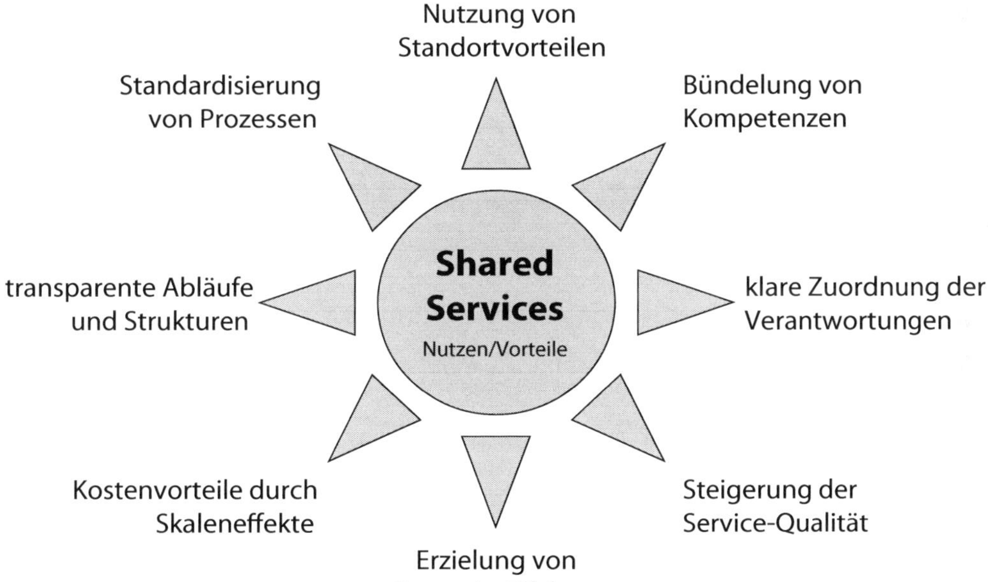

Abb. 47: Nutzen und Vorteile eines Shared Service

80 *„Key Performance Indicator (KPI)"* bezeichnet in der Betriebswirtschaftslehre Kennzahlen, anhand derer der Fortschritt oder der Erfüllungsgrad hinsichtlich wichtiger Zielsetzungen oder kritischer Erfolgsfaktoren innerhalb einer Organisation gemessen und/oder ermittelt werden kann. Beispiele von KPIs für Shared Services sind: die Kosten pro Prozess/pro Transaktion, die Dauer für die Abwicklung eines Prozesses/einer Transaktion oder die generelle Zufriedenheit der Kunden mit der Serviceleistung (der sogenannte *„NPS – Net Promoter Score"*).

Zusätzlich zu den sich ergebenden Vorteilen (Standardisierung und Digitalisierung von Prozessen, transparente Abläufe und Kostenstrukturen, Erzielung von Skaleneffekten, Nutzung von Standortvorteilen, Bündelung von Kompetenzen) ist durch eine Shared-Service-Organisation unter der Voraussetzung eines sauberen Schnittstellenmanagements auch die zu Beginn aufgezeigte Rollentrennung im Personalmanagement effektiver realisierbar.

Professionell strukturiert kann sich somit der eine Teil des Personalmanagements tatsächlich als Business Partner gegenüber den operativen Einheiten positionieren und der andere Teil als qualitativ hochwertiger sowie effizienter Dienstleister profilieren. Dies steigert nicht nur den Stellenwert des gesamten Personalmanagements, sondern führt auch zu einer erhöhten Akzeptanz bei den obersten Entscheidungsträgern in den anderen Organisationseinheiten des Unternehmens.

Darüber hinaus zeichnet sich für die Zukunft ein weiterer Trend immer stärker ab, nämlich die Etablierung von *„Global Business Services (GBS)"* in Form von eigenständig agierenden Geschäftsbereichen oder Unternehmen, die überregional oder sogar weltweit operieren und multifunktionale *„HR Shared Services"* anbieten. Diese werden dann nicht mehr von einer internen Unternehmensfunktion geführt, sondern positionieren sich zunehmend als unabhängige Dienstleister für unterschiedlichste Kunden im öffentlichen und privatwirtschaftlichen Bereich – eine Entwicklung, deren Ausmaß noch nicht abzusehen ist und deren Erfolge noch ausstehen. Hier werden zukünftige Erfahrungsberichte zeigen, ob diese Formen eines „geteilten Service" tatsächlich von Vorteil sind.

22. Talent Management – Gewinnung der Garanten für den Unternehmenserfolg

22.1. Einführung

Der oftmals zitierte „*War for Talents*" hat wieder Hochkonjunktur und determiniert einmal mehr die Schlagzeilen der Fachpresse – speziell auch aufgrund der durch die Digitalisierung ausgelösten Veränderungen in der Arbeitswelt und dem anhaltenden Fach- und Führungskräftemangel nach Ende der COVID-19-Pandemie. Gerade in konjunkturell schwankenden Phasen stehen die unternehmerischen Entscheidungsträger vor der Herausforderung, neue Positionen mit hochqualifizierten und motivierten Mitarbeitern zu besetzen, die meist neben einer profunden Ausbildung auch bereits über mehrjährige Berufserfahrung und vielversprechendes Potenzial verfügen. Die „richtige" Besetzung ist nicht immer einfach – insbesondere, wenn nicht bereits vorausschauend in der Vergangenheit durch eine nachwuchsorientierte Personalplanung dafür vorgesorgt wurde. Gute Führungskräfte nehmen dieses Thema sehr ernst und legen zu jeder Zeit ihr Augenmerk auf jene Mitarbeiter, die über Potenzial für die zukünftige Übernahme von Schlüsselfunktionen vermuten lassen.

Im Gegensatz dazu wählen andere einen aus ihrer Sicht einfacheren Weg und setzen vielmehr ausschließlich die Personalverantwortlichen unter Druck, Talente anzuwerben, zu identifizieren, zu entwickeln und an das Unternehmen zu binden. Diese Situation erscheint ein wenig paradox, denn einerseits brüsten sich manche Führungskräfte ob ihrer hohen Managementverantwortung, andererseits verweisen sie sehr rasch auf das Personalressort, wenn eine zu geringe Anzahl von Nachwuchskräften aus den eigenen Reihen vorhanden ist, ohne einen Eigenbeitrag zur Verbesserung der Nachwuchssituation zu leisten. Die magischen Fähigkeiten der HR-Manager sind eher gering und auch sie können Talente nicht von heute auf morgen aus dem Hut zaubern. Führungskräfte müssen hier vorangehen und sind vielmehr selbst – in Zusammenarbeit mit dem Personalbereich – gefordert, kontinuierlich talentierte Nachwuchskräfte zu identifizieren und zu fördern, um für die Realisierung der eigenen Geschäftsstrategien gewappnet zu sein. Welche Prinzipien dabei beachtet werden sollten und welche Methoden zum Erfolg führen, beschreiben die nun folgenden Abschnitte.

22.2. Erkennungsmerkmale eines Talents

Was ein Talent ausmacht, ist nicht immer leicht zu fassen. Alle sprechen zwar davon, aber kaum jemand kann eine objektive und überprüfbare Definition liefern. Welche Anforderungen muss ein Mitarbeiter erfüllen, dass er als Talent eingestuft werden kann? Welche Verhaltensleistungen müssen in der Vergangenheit gezeigt worden sein, um daraus Schlüsse für die mögliche Übernahme einer höherwertigeren oder verantwortungsvolleren Funktion ziehen zu können? Kann man daraus tatsächlich eine Prognose für den zukünftigen Erfolg ableiten?

Der Begriff „Talent" und dessen Definitionen bieten einen breiten Raum an Interpretationsmöglichkeiten, was den täglichen Gebrauch in der Personal- und Führungsarbeit erschwert. Folglich erscheint es opportun, wenn nicht sogar unerlässlich, dass jede

Organisation vorab für sich festlegt, was unter einem Talent in der eigenen Organisation zu verstehen ist. Nur auf Basis eines gemeinsamen Begriffsverständnisses lässt sich die Wahrnehmung schärfen und ein nachhaltiger Talent-Management-Prozess tatsächlich implementieren, der von allen Beteiligten akzeptiert und getragen wird.

22.3. Heuristische Begriffsdefinition

Recherchiert man in Lexika oder anderen Medien, so findet man für Talent[81] eine eher allgemein gehaltene Erläuterung, nämlich dass es sich dabei „*... um eine besondere Leistungsvoraussetzung und Begabung handelt, über die bestimmte Personen verfügen ...*". Folglich ist es für die Anwendbarkeit in der täglichen Personalentwicklungspraxis unumgänglich, dieses Konstrukt in Form von konkret nachvollziehbaren Kriterien zu operationalisieren.

Ausgangspunkt für diese Überlegungen sind die aktuellen oder auch zukünftigen, sofern schon bekannten Schlüsselfunktionen innerhalb der Organisation, für deren Besetzung entsprechende Nachwuchskräfte als Talente entwickelt werden müssen. Welche Aufgaben erledigen die Inhaber dieser Schlüsselfunktionen und welche Verantwortungen nehmen sie wahr? Welche Kompetenzen benötigen sie dafür? Mit der Beantwortung dieser Fragestellungen geben die Führungskräfte auf Basis der strategischen Ausrichtung den Kurs vor, denn sie können am besten eine solche Einschätzung beisteuern und eine für die Praxis anwendbare Definition liefern. Nach erfolgter Diskussion münden die Ergebnisse in ein organisationsweit gültiges Profil, welches die Grundlage für den gesamten Talent-Management-Prozess bildet und insbesondere zum Aufspüren von Talenten dient. Beispielsweise könnten folgende Anforderungskriterien für die Einschätzung eines Mitarbeiters als Talent ausschlaggebend sein (siehe dazu auch die Abbildung):

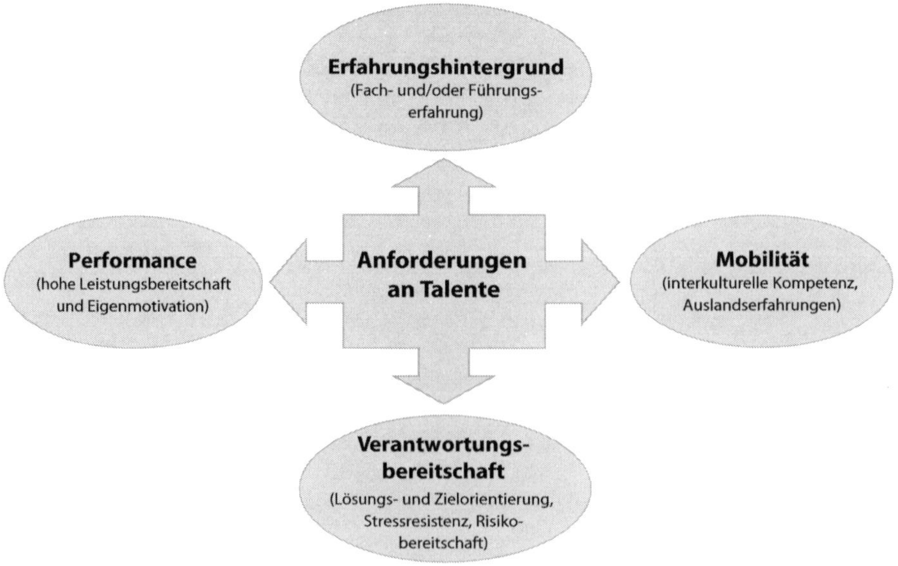

Abb. 48: Anforderungskriterien zur Identifizierung von Talenten

81 Lateinisch: *talentum* = Gabe.

22.3.1. Performance

Die Arbeitsergebnisse des Mitarbeiters heben sich deutlich von der Norm ab und gehen weit über die vereinbarten Zielsetzungen hinaus. Er zeigte in der Vergangenheit sowohl hohe Leistungsbereitschaft als auch Eigenmotivation bei der Erledigung der bisherigen Aufgaben und ist bestrebt, sich selbstbestimmt laufend weiterzuentwickeln. Dabei ist er stets auf der Suche nach Feedback, das ihn weiterbringt.

22.3.2. Verantwortungsbereitschaft

Der Wille, einen deutlich höheren Verantwortungsbereich zu übernehmen, ist bei ihm vorhanden und lässt sich auch in absehbarer Zeit (innerhalb der nächsten drei bis fünf Jahre) realisieren. Dabei bringt sich der Mitarbeiter eigeninitiativ für neue Aufgaben und Projekte ins Spiel, nimmt dazu mit den relevanten Entscheidungsträgern persönlich oder über Online-Plattformen Kontakt auf und scheut nicht davor zurück, seine Stärken situationsadäquat zu vermarkten („*Employee Branding*"). Darüber hinaus ist seine Fähigkeit, auch dann problemlösungs- und zielorientiert zu handeln, wenn es keine Regeln und Ansprechpartner gibt, überdurchschnittlich ausgeprägt, was ebenso seine Stressresistenz untermauert. Probleme werden aufgrund seiner Risikobereitschaft als reizvolle Herausforderung erlebt.

22.3.3. Mobilität

Es besteht die Bereitschaft zur Mobilität und zur Aneignung interkultureller Kompetenz und/oder erste Auslandserfahrungen wurden bereits im bisherigen Karriereverlauf gesammelt.

22.3.4. Erfahrungshintergrund

Das Erfahrungsalter des Mitarbeiters liegt bei mindestens drei Jahren, wobei der bisherige Erfahrungszuwachs nicht an die aktuelle Funktion geknüpft ist. Erfahrungswerte auch aus früheren gleichartigen Funktionen zählen und runden das Gesamtprofil des Mitarbeiters ab.

Diese Liste lässt sich beliebig abändern und erweitern. Für die Praxistauglichkeit ist es jedoch ein „Muss", dass die jeweiligen Organisationsspezifika ausreichend Berücksichtigung finden und auch die strategischen Anforderungen nicht vernachlässigt werden. Zusätzlich hat eine breite Diskussion innerhalb der Organisation den Vorteil, dass die individuellen „Wörterbücher" abgeglichen werden (jedes Organisationsmitglied interpretiert ansonsten Begriffe aufgrund seiner Vorstellungen und Vorerfahrungen unterschiedlich) und man zu einer gemeinsamen Formulierung gelangt. Nur wenn diese vorliegt, kann erfolgreich damit gearbeitet werden.

22.4. Prinzipien eines nachhaltigen Talent Managements

Neben der Festlegung eines einheitlichen Bezugsrahmens, der den Fokus auf die notwendigen Anforderungen lenkt, bestimmen noch weitere Prinzipien die Wirksamkeit eines professionellen Talent Managements:

22.4.1. Commitment der Führungskräfte

Den Führungskräften sollte bewusst sein, dass sie die primären Träger dieses Prozesses sind. Nur wenn sie ihr Hauptaugenmerk auf die Personal- und Potenzialentwicklung der Talente lenken, können sie zum Bedarfszeitpunkt auch die entsprechenden Früchte ernten. Diese essenzielle Führungsaufgabe muss in den Chefetagen verankert sein und kann nicht an Dritte delegiert werden, da ansonsten die für Personalprozesse und -entscheidungen erforderliche Konsequenz und Durchsetzungskraft verwässert wären.

Untermauert wird dies auch durch eine Studie[82] des internationalen Beratungsunternehmens *Kienbaum Consultants International GmbH*, gemäß der die Befragten den größten Einfluss auf das Talent Management bei den Führungskräften insbesondere in ihrer Rolle als Vertreter des Unternehmens sehen: *„Demzufolge gaben 92 % der Befragten an, dass sie von ihrer Führungskraft in ihrer beruflichen Entwicklung unterstützt werden wollen, beispielsweise durch die gemeinsame Erstellung eines Entwicklungsplans“.* Talent Management muss somit zur selbstverständlichen Alltagsaufgabe einer jeden Führungskraft werden und sich in ihrem Verhalten widerspiegeln, ansonsten bleiben vielversprechende Arbeitnehmer unentdeckt.

22.4.2. Steuerung des Prozesses durch das Personalmanagement

Die Mitarbeiter des Personalmanagements haben aufgrund ihrer Expertise die Aufgabe, den Prozess professionell zu strukturieren, die einzelnen Teilschritte zu organisieren, entsprechende Beratungsleistungen zu erbringen und die Ergebnisse in adäquater Form zu dokumentieren. Ihr Aufgabenportfolio beinhaltet darüber hinaus die Pflege des Talente-Pools, um einerseits die Talente bei ihrer Potenzialentwicklung zu unterstützen und um andererseits ihre Sichtbarkeit in der Organisation zu gewährleisten. Kurz gesagt, sie sind die Gestalter sowie Moderatoren und somit die treibenden Kräfte für den gesamten Prozess.

22.4.3. Entwicklungsrahmen mit bedarfsorientierten Methoden

Talente können sich nicht entfalten, wenn ihnen keine Entwicklungschancen geboten werden, die sie auch eigenverantwortlich wahrnehmen können. Für die weitere Förderung der Talente ist daher durch die Bereitstellung von individuell abgestimmten Bildungs- und Entwicklungsmaßnahmen Sorge zu tragen. Diese resultieren aus einer strukturierten Kompetenzanalyse im Rahmen der Mitarbeitergespräche zwischen den jeweiligen Mitarbeitern und ihren Führungskräften. Sie können alle Methoden der klassischen Personalentwicklung umfassen,z. B.Job Rotation, Projektarbeiten, Assistenzfunktionen, Coaching, Mentoring seitens eines Schlüsselfunktionsinhabers, Seminare oder Ausbildungslehrgänge (vgl. dazu auch die Ausführungen im Kapitel 12. zum „Lernen 4.0“). Die Dokumentation erfolgt im persönlichen Entwicklungsplan eines Mitarbeiters, welcher im Zuge des Talent-Management-Prozesses (siehe weiter unten) verabschiedet wird.

---

82 Quelle: Talent-Management-Studie 2020: Engaging Talent – Potenzialträger binden und entwickeln, Kienbaum Consultants International GmbH, Köln 2020.

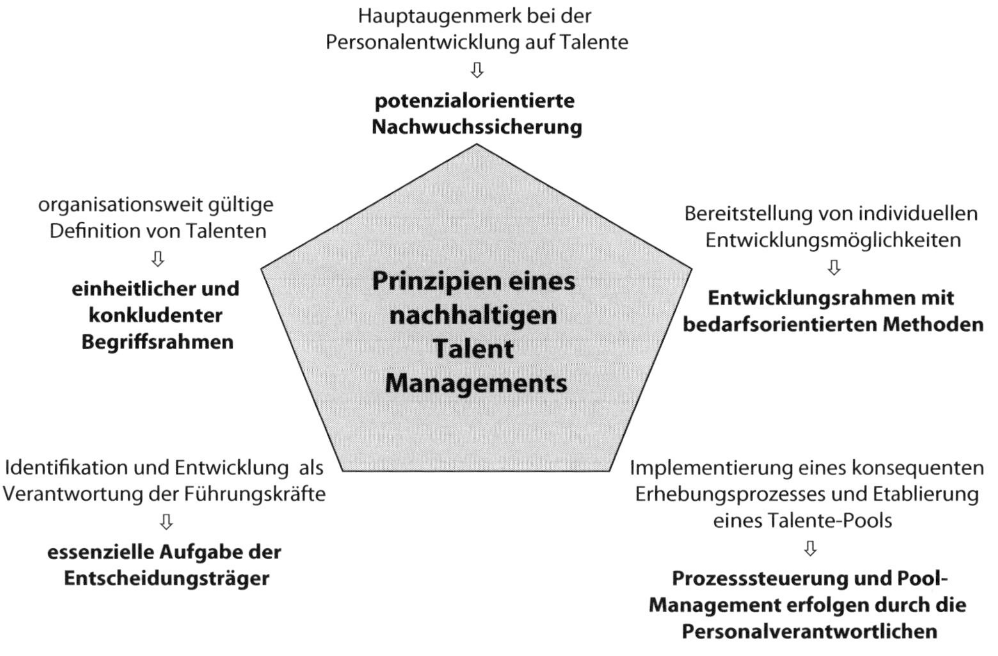

Abb. 49: Prinzipien eines nachhaltigen Talent Managements

Die dargestellten Prinzipien sollten stets ins Bewusstsein aller am Prozess Beteiligten gerufen werden, will man den Erfolg nicht gefährden. Bereits *Lenin* (1870–1924) hat diesen Zusammenhang erkannt und ihn in einem treffenden Zitat zum Ausdruck gebracht: *„Talent ist selten. Folglich muss man es systematisch und behutsam (... gleich einem Pflänzchen ...) pflegen."* Schon die Vernachlässigung eines Prinzips reduziert die Erfolgswahrscheinlichkeit drastisch und kann zu einer mangelnden Ernsthaftigkeit bei der Anwendung führen. Dies kann nicht oft genug betont werden.

22.5. Struktur und Ablauf des Talent-Management-Prozesses

Talente gezielt für die kommenden Herausforderungen der Organisation zu fördern und zu entwickeln, kann jedoch nicht nur allein auf Topmanagement-Ebene ablaufen. Vielmehr bedarf es entsprechender Rahmenbedingungen und eines konsequent gelebten Prozesses, der eine Erhebung und Entwicklung Bottom-Up vorsieht. Die unmittelbaren Führungskräfte an der Basis sind am besten in der Lage, eine erste Bewertung der bisherigen Performance und des präsumtiven Potenzials durchzuführen, erleben sie doch die als Talente zur Diskussion stehenden Mitarbeiter in der täglichen Arbeitspraxis.

Wie erwähnt ist es eminent wichtig, dass das Topmanagement diese Führungsaufgabe von allen Beschäftigten mit Personalverantwortung konsequent einfordert und dass die obersten Entscheidungsträger damit eine bedeutsame Treiberrolle im Prozess übernehmen. Unterstützend könnten dazu die individuellen Zielvereinbarungen der Führungskräfte um das Ziel[83] eines aktiven Talent Managements mit einem konkreten *„Key Performance Indicator (KPI)"* erweitert werden. Dadurch hat das Topmanagement am Ende der Geschäftsperiode die Möglichkeit, den konkreten Beitrag einer jeden Führungskraft zu messen, welcher sich nicht zuletzt auf deren Entwicklungs- und Entgeltsituation auswirken sollte.

Der Prozess startet mit dem Mitarbeitergespräch, in dem eine erste Bewertung der Performance durchgeführt und eine erste Einschätzung des Potenzials als Talent vorgenommen wird. Basis dafür bilden die im Talent-Profil verabschiedeten Kriterien. Wurden in der Vergangenheit bereits verschiedene Gesprächsformen und Personalentwicklungsprozesse in der Organisation etabliert, so sollten diese nur mehr um die Aspekte des Talent Managements erweitert werden. Dies vermeidet Parallelaktivitäten und gewährleistet ein konkludentes Gesamtsystem.

Nach der Durchführung der Erstbewertungen aufgrund des Profilabgleichs erfolgt ein Talent Review Meeting auf Management-Ebene, an dem alle Führungskräfte einer Organisationseinheit und die übergeordnete Führungskraft teilnehmen. Die individuellen Potenzialaussagen können hier in einer strukturierten Diskussion reflektiert und mit der jeweiligen Peergroup des als Talent identifizierten Mitarbeiters verglichen werden. Solch ein Wahrnehmungspluralismus führt im Optimalfall dazu, dass die beteiligten Führungskräfte zu ihren eigenen Mitarbeitern möglicherweise neue Informationen erhalten, die ihre Sichtweisen entweder bestätigen oder widerlegen. Schlussendlich wird eine Potenzialaussage für jeden Mitarbeiter fixiert, die von allen teilnehmenden Führungskräften getragen und danach jedem Mitarbeiter kommuniziert wird (vgl. dazu auch die Ausführungen im Kapitel 19. zur „Potenzialentwicklung").

Im nächsten Schritt sind die unmittelbaren Führungskräfte dazu angehalten, jedem Mitarbeiter die Ergebnisse des Meetings in einem Review-Gespräch mitzuteilen, sodass sie für sie nachvollziehbar und damit annehmbar sind – insbesondere dann, wenn die Potenzialaussage nicht bestätigt wurde. Auf Basis der Ergebnisse werden danach individuelle Entwicklungsmaßnahmen definiert, um das festgestellte Potenzial weiter auszubauen und schlussendlich zur Entfaltung zu bringen. Bei dieser Analyse und der daraus resultierenden Ableitung eines Entwicklungsplans bietet es sich an, einen Mitarbeiter der Personalentwicklung als Berater beizuziehen. Er kann hier seine Expertise hinsichtlich der unterschiedlichen Entwicklungsansätze und der Auswahl von Lern- und Trainingsangeboten einbringen. Das Gespräch wird mit dem beiderseitigen Commitment von Mitarbeiter und Führungskraft zu den getroffenen Vereinbarungen abgeschlossen.

Darauf aufbauend erfolgt die Umsetzung der Entwicklungsmaßnahmen, welche je nach Inhalt, Ziel und Struktur im Sinne eines kontinuierlichen Dialogs entweder durch die Führungskraft, durch einen Mitarbeiter des Personalmanagements oder durch einen externen Berater begleitet wird. Nicht nur deren Absolvierung steht dabei im Fokus, son-

83 Beispielhaft könnte eine entsprechende Zielvereinbarung wie folgt lauten: *„Bis 31.12. sind für alle Schlüsselfunktionen der zu verantwortenden Organisationseinheit jeweils mindestens drei Nachwuchskräfte identifiziert (Verhältnis 1:3), die den Anforderungskriterien für Talente entsprechen. Für jedes Talent liegt ein ausgearbeiteter Entwicklungsplan vor. Sollte kein entsprechendes Potenzial in der Organisationseinheit vorhanden sein, so ist ein konkreter Aktionsplan zu erarbeiten, um dieser unbefriedigenden Situation adäquat zu begegnen."*

dern insbesondere der Transfer der neu angeeigneten Fähigkeiten und Kompetenzen. Erst in der Praxis gezeigte Kompetenzen können eine volle Potenzialnutzung begünstigen oder – anders ausgedrückt – verborgene Talente müssen gezielt ans Tageslicht befördert und somit sichtbar werden.

Um den Erfolg des Prozesses zu evaluieren, ist abschließend ein institutionalisiertes Monitoring vorzusehen. Mitarbeiter und Führungskraft können dabei in periodischen Statusgesprächen nach Abschluss von einzelnen Entwicklungsmaßnahmen die Kompetenzentwicklungsergebnisse reflektieren und weitere notwendige Maßnahmen ausloten. Sollten diese unterjährigen Statusgespräche aus bestimmten Gründen nicht möglich oder gewünscht sein, so sollte das Monitoring spätestens beim nächsten Mitarbeitergespräch zwischen Mitarbeiter und Führungskraft erfolgen. Eine Nachverfolgung ist aber in jedem Fall erfolgskritisch, will man den Transfer in die tägliche Arbeitspraxis sicherstellen. Die bereits erwähnte Konsequenz aller Beteiligten, den begonnenen Prozess einer gezielten Entwicklung von Talenten erfolgreich zu finalisieren, ist von entscheidender Bedeutung und stellt den Schlüssel zum Erfolg dar.

Dieser iterative Prozess entspricht einem Regelkreislauf, der jährlich von neuem angestoßen werden muss. Bestehende Talente sind hinsichtlich ihrer Potenzialeinschätzungen wiederum einem Review zu unterziehen und bei begründetem Verlust des Potenzials aus dem Talente-Pool auszuscheiden. Ersatzweise sind dafür neue Talente zu identifizieren, deren Förderung erneut wie oben dargestellt geplant wird. Im Idealfall geht dieser Prozess den beteiligten Führungskräften in Fleisch und Blut über, sodass das Personalmanagement seine Prozesssteuerungsfunktion optimal wahrnehmen kann.

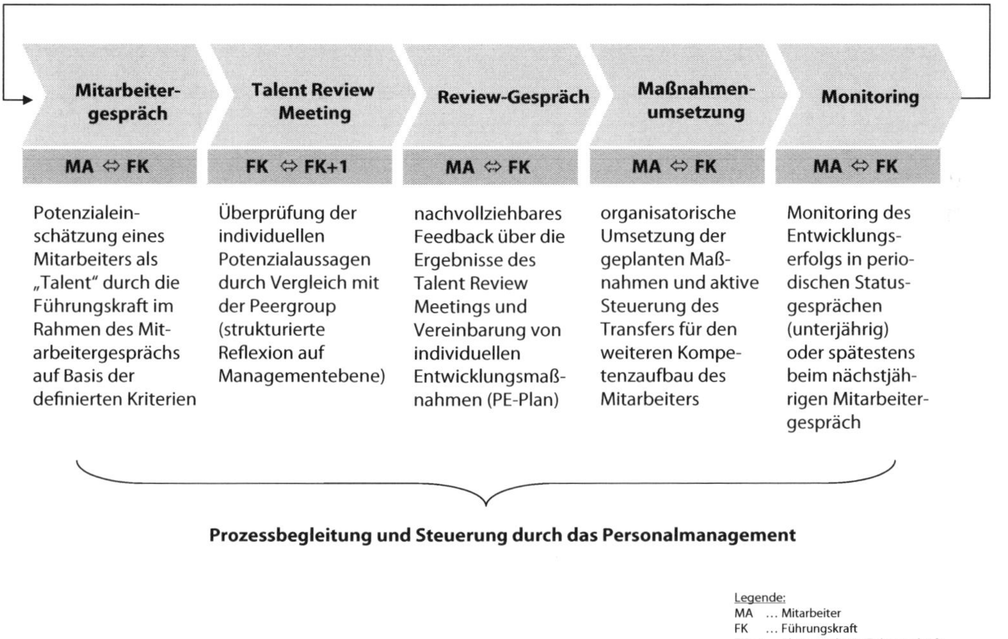

Abb. 50: Talent Management als nachhaltig gelebter Prozess

22.6. Fazit

Manche HR-Manager beklagen, dass sie die ständig an sie gestellte Forderung, Talente in einer Organisation zu identifizieren und zu entwickeln, schon nicht mehr hören können. Nicht sie allein tragen dafür die Hauptverantwortung, sondern ebenso oder sogar primär die jeweiligen Führungskräfte. Die Wahrnehmung dieser Aufgabe trennt die Spreu vom Weizen und zeigt, welche Manager über ein ganzheitliches Verständnis von Führung verfügen – und welche nicht.

Wenn jemand von Führung spricht, sollte die Entwicklung des Humankapitals an oberster Stelle stehen, sofern er einen nachhaltigen Wertschöpfungsbeitrag für die Organisation zu leisten beabsichtigt. Alle Bereiche guter Führung sind dabei zu beleuchten – Talent Management ist einer der wesentlichsten davon. Schließlich verfügt auch derjenige über ein Talent, der bei anderen ein Talent entdeckt und dessen Entfaltung fördert.

23. Transfermanagement – Erfolgsfaktor für die berufliche Bildung und persönliche Entwicklung

23.1. Einführung

Immer wieder ist das Phänomen zu beobachten, dass Mitarbeiter Maßnahmen der Bildung und Kompetenzentwicklung (z. B. Seminare, Workshops, Fortbildungen) absolvieren und danach das Gelernte mehr schlecht als recht oder gar nicht im Arbeitskontext anwenden – einerseits, weil sie dazu ohne Unterstützung kaum in der Lage sind, andererseits weil es ihnen schlichtweg egal ist. Trotzdem man schon frühzeitig begonnen hat, sich über den Lerntransfer (gemeint ist damit die Umsetzung oder Übertragung des erweiterten Wissens oder der neu angeeigneten Fertigkeiten in praktische Handlungen des Berufslebens) Gedanken zu machen, scheinen jedoch die bisher vorgelegten Konzepte und Instrumente, die in diesem Zusammenhang sowohl in der Wissenschaft als auch in der betrieblichen Praxis entwickelt wurden, nur bedingt zweckmäßig. Sie konzentrieren sich oftmals nur auf die Kontrolle der Aufwendungen für Bildung und Kompetenzentwicklung und dringen nachweislich nicht bis zur Ursache des Transferproblems vor, weswegen sie häufig ihr Ziel verfehlen.

Weniger geht es nämlich darum, den Transfererfolg technisch-mathematisch nachzuweisen und über eine Kennzahl auszudrücken, sondern vielmehr darum, wie man Bildung und Kompetenzentwicklung sowie die damit verbundenen Methoden und Maßnahmen lern- und transferförderlich gestalten kann, um eine nachhaltige Wirkung bei den dabei Involvierten zu entfalten. Genau das haben die nun folgenden Ausführungen zum Gegenstand.

Umfrageergebnisse zeigen, dass das Hinterfragen des Nutzens von Bildungs- und Kompetenzentwicklungsmaßnahmen meist verblüffte Gesichter zurücklässt, da dieser Überlegung bei der Planung und Evaluierung von Kompetenzentwicklungsprozessen meist keine hohe Aufmerksamkeit geschenkt wird. Sehr oft hinterlässt die mangelnde Übertragbarkeit in die tägliche Arbeitspraxis von Seminar- und Trainingswissen sowohl bei den Mitarbeitern als auch bei den Führungskräften einen schalen Nachgeschmack. Gründe dafür können im Bereich der mangelnden Bedarfsanalyse von Qualifizierungserfordernissen, in der nicht immer professionellen Planung von Bildungs- und Kompetenzentwicklungsmaßnahmen und in der kaum durchgeführten Umsetzungsevaluierung von neu erworbenem Wissen liegen.

Jedes Unternehmen, das strategisch denkt, ist gut beraten, wenn es den Bildungs- und Kompetenzentwicklungsprozess seiner Mitarbeiter dauerhaft steuert. Die Ausweitung der Mitarbeiterkompetenzen erfordert eine laufende Ausrichtung an den strategischen Markt- und Unternehmenszielen, um die Konkurrenzfähigkeit gegenüber den Mitbewerbern zu sichern. Daher ist es unumgänglich, nach Abschluss einer Entwicklungsperiode oder Trainingssequenz festzustellen, inwieweit ein bestimmter Kompetenzentwicklungsprozess eine Verhaltensänderung beim Mitarbeiter und damit eine bleibende Verbesserung seiner Leistungsergebnisse im Sinne der Unternehmensstrategie bewirkt hat. Unterbleibt dies oder werden diese Prozesse nicht oder falsch gelenkt, so kann das im Endeffekt dazu führen, dass das Wissen im Unternehmen veraltet, die Innovationskraft nachlässt und man den Anschluss verpasst. Zusätzlich sind auch die negativen Folgen auf die Mitarbeitermotivation nicht unerheblich, die zum Abgang der Leistungsträger und Talente mangels zielgerichteter Förderung und entsprechender Entwicklungsmöglichkeiten führen können. Im ungünstigsten Fall mündet dieses Szenario in Umsatzrückgängen, Auslastungsproblemen und Gewinneinbrüchen, an dessen Ende eine negative Gesamtperformance oder sogar die Geschäftsauflösung stehen kann.

23.2. Transfermanagement ist mehr als nur Kontrolle der Aufwendungen

In Zeiten von angespannten Budgets wächst aufgrund der ökonomischen Situation in den meisten Unternehmen oftmals der interne Druck, die Aufwendungen für Bildung und Kompetenzentwicklung zu stabilisieren oder trotz des grassierenden Fachkräftemangels sogar zu reduzieren und gleichzeitig den Beweis zu erbringen, dass sich Kosten und Nutzen von Bildungs- und Kompetenzentwicklungsmaßnahmen die Waage halten. Der Ruf nach einem strategischen Ansatz und einer nachhaltigen Ausrichtung wird dadurch noch lauter, der nicht zuletzt dem punktuellen Reagieren auf akute Kompetenzdefizite mittels einzelner Bildungs- oder Entwicklungsaktivitäten den Garaus machen soll.

Bisher stand primär die Kontrolle der Aufwendungen für Bildung und Kompetenzentwicklung im Vordergrund, d. h. die Erfassung und Auswertung – meist kennzahlenunterstützt – der gesamten in einer Periode aufgewendeten Bildungs- und Entwicklungskosten oder des durchschnittlichen Aufwandes pro absolviertem Bildungstag und Mitarbeiter. Aufgrund dieser stark ökonomischen Ausrichtung wurde meist die lernpsychologisch-didaktische Komponente vernachlässigt und weniger darauf geachtet, ob eine Bildungs- oder Entwicklungsinvestition auch tatsächlich zu einer Verhaltensänderung sowie Kompetenzsteigerung bei Mitarbeitern geführt hat. Ein quantitatives Controlling ist zwar eine nicht ganz unwesentliche Voraussetzung für eine kosteneffiziente Durchführung von Bildungs- und Kompetenzentwicklungsmaßnahmen, es erlaubt aber kaum Rückschlüsse auf den konkreten Nutzen. Viele Unternehmen waren und sind infolgedessen mit diesem rein monetären Zugang unzufrieden. Die stets ins Treffen geführte Argumentation: „Bildung und Kompetenzentwicklung schaden nie, denn irgendeine Verhaltensänderung wird sie bei den Mitarbeitern schon bewirken", wird auch aufgrund der immer kürzer werdenden Halbwertszeiten von Wissen in dieser Form nicht mehr unwidersprochen hingenommen.

23.3. Transferorientierte Steuerung von Bildungs- und Kompetenzentwicklungsprozessen

Um dieser unzureichenden Situation gegenzusteuern, bedarf es einer professionellen Planung, Steuerung und Durchführung von Bildungs- und Kompetenzentwicklungsprozessen, welche im Regelfall in drei Phasen ablaufen und ein Transfermanagement beinhalten, das nicht nur die wirtschaftliche Kontrolle der Aufwendungen, sondern primär die lernpsychologisch-didaktische Perspektive des Prozesses ins zentrale Blickfeld rückt. Diese Phasen unterscheiden sich durch ihre Zielrichtung, ihren Inhalt und die jeweils angewandte Methodik. Insgesamt ergeben sie eine Aufeinanderfolge von Aktivitäten, die bei der Entwicklung von Mitarbeitern idealerweise eingehalten werden sollte, um den nutzenfokussierten Ansprüchen einer transferorientierten Steuerung von Bildungs- und Kompetenzentwicklungsprozessen zu genügen. Die Phasen gliedern sich wie folgt:

23.3.1. Planungsphase

In der Planungsphase wird mittels des Einsatzes verschiedener Methoden analysiert, welche Stärken und Entwicklungsfelder (auch Kompetenzdefizite genannt) bei einem Mitarbeiter vorhanden sind. Konkret werden hier die Anforderungen des jeweiligen Jobs beziehungsweise der zurzeit ausgeübten oder in Zukunft auszuübenden Funktion mit den aktuellen Kompetenzen des Mitarbeiters und seinem Potenzial abgeglichen *(„Matching")*, um den derzeitigen Kompetenzstatus (Abweichung des Ist vom Soll) festzustellen. Als Instrumente dafür sind

- Potenzialanalyseverfahren (z. B. Assessment Center),
- Fördergespräche zwischen Führungskraft und Mitarbeiter (oftmals moderiert durch einen Personalverantwortlichen oder externen Berater),
- strukturierte Interviews mit situativen Fragestellungen, bei denen konkrete Problemsituationen aus der Arbeitspraxis im Fokus stehen und bei denen anhand der Antworten des Mitarbeiters analysiert wird, über welche Handlungskompetenzen er aktuell verfügt,

hilfreich. Dieser Zusammenhang lässt sich – wie in der Abbildung dargestellt – modellieren.

Das Ergebnis dieser Analyse führt zur Ableitung des Kompetenzentwicklungsbedarfs eines Mitarbeiters und der Festlegung von darauf aufbauenden Bildungs- und Entwicklungszielen. Diese sind dabei operational hinsichtlich der beabsichtigten Verhaltens- und Einstellungsänderungen zu definieren (Welches Verhalten soll weiterentwickelt werden? In welcher Form und in welchem Ausmaß soll sich das Verhalten ändern? Welche Kompetenzen sollen aufgebaut werden?), damit auch die erzielten Endresultate konkret nach Abschluss des Entwicklungsprozesses gemessen werden können. Dabei werden schon durch die Zielformulierung richtungweisende Vorentscheidungen für die Zusammenstellung der Entwicklungsmaßnahmen getroffen. Unpräzise oder gänzlich fehlende Ziele können im Gegensatz dazu den angestrebten Entwicklungserfolg gefährden.

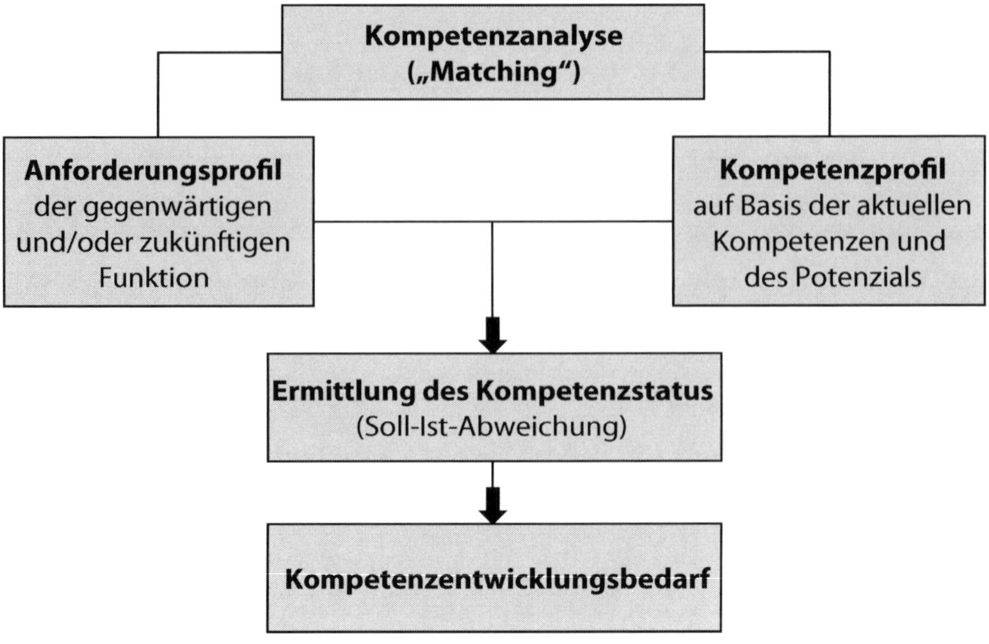

Abb. 51: Kompetenzanalyse als Basis der Entwicklungsplanung

Im darauffolgenden Prozessschritt werden die zur Realisierung der Ziele notwendigen Bildungs- und Entwicklungsmaßnahmen geplant und organisiert, die eine kompetenzorientierte Weiterentwicklung des Mitarbeiters ermöglichen. Wesentlich erscheint in diesem Zusammenhang nochmals die Betonung, dass die Maßnahmen auf die Entwicklungsziele abzustimmen sind, da ansonsten die Effektivität der Kompetenzentwicklung in jedem Fall fraglich ist und sich eine fehlende Synchronisierung mit hoher Wahrscheinlichkeit letztendlich negativ auf das anschließende Transferergebnis niederschlagen wird.

23.3.2. Durchführungsphase

Nach umfassender Bedarfsermittlung folgt die Durchführungsphase, in der es darum geht, die geplanten Bildungs- und Kompetenzentwicklungsmaßnahmen in didaktischer und methodischer Hinsicht einwandfrei umzusetzen. Deren Realisierung ist selbstredend während der einzelnen Entwicklungssequenzen durch regelmäßiges Feedback des Mitarbeiters an seine Führungskraft zu steuern (Welche Maßnahmen wurden absolviert? Welche Kompetenzen wurden dabei erworben? Welches Verhalten wird sich in Hinkunft ändern?), um den Transfer der dabei erworbenen Fähigkeiten und Kompetenzen bereits in dieser Phase vorzubereiten. Wird nämlich die Anwendbarkeit der neuen Kenntnisse im Rahmen der Vermittlung und Realisierung der Maßnahmen – aus welchen Gründen auch immer – außer Acht gelassen, so beeinträchtigt dies ebenso den Transfer, der aufgrund dessen kaum oder nur mehr sehr schwer gelingen wird.

Welche Maßnahmen können dabei zum Einsatz kommen? Entwicklung findet nicht nur in Seminaren und Trainings statt, sondern die erlebte Arbeits- und Alltagspraxis ist vielmehr ein erfolgskritisches Entwicklungsfeld, dem meist zu wenig Beachtung geschenkt wird. Punktuelle Einzelmaßnahmen bringen nicht immer jenen Erfolg, den man sich erwartet, sodass mehrstufige, miteinander kombinierte Bildungs- und Kompetenzentwicklungsmaßnahmen, die wiederholt konkrete Lernchancen bieten, Feedback gewährleisten und den Transfer des Gelernten in den Berufsalltag sicherstellen, zu favorisieren sind. Es gilt dabei, passende Maßnahmen dem individuellen Kompetenzentwicklungserfordernis zuzuordnen (zu den Maßnahmen siehe dazu auch die Ausführungen im Kapitel 12. „Lernen 4.0“). Je nach organisatorischer, inhaltlicher und räumlicher Verbundenheit zum Arbeitsplatz und der Zielrichtung des Entwicklungsprozesses können die möglichen Maßnahmen wie folgt klassifiziert werden:

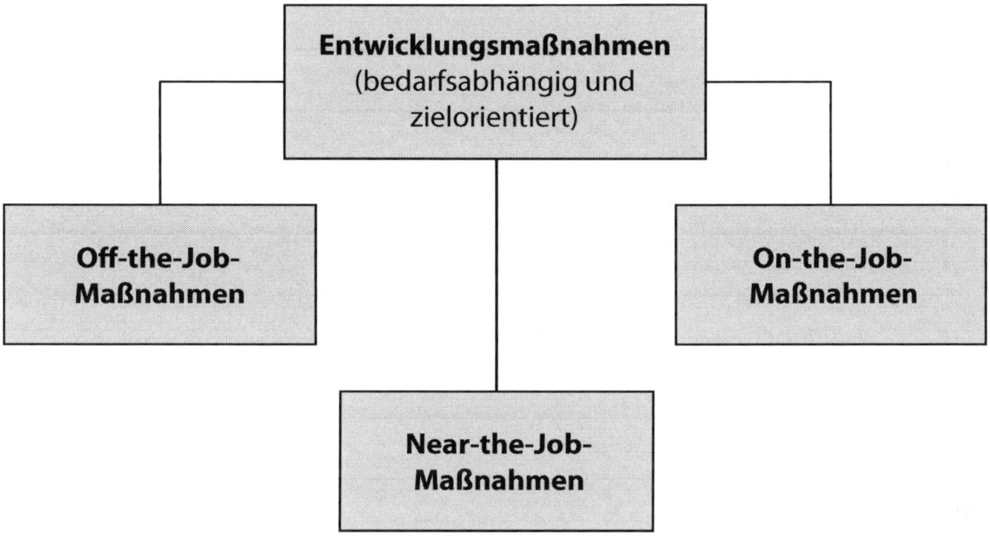

Abb. 52: Klassifizierung von Entwicklungsmaßnahmen

23.3.2.1. Off-the-job-Maßnahmen

finden losgelöst von der eigentlichen Tätigkeit und außerhalb des Arbeitsplatzes statt. Jene, die diese Maßnahmen durchführen (Trainer, Tutoren, Referenten …), sind daher im Besonderen gefordert, den didaktischen und methodischen Aufbau so zu wählen, dass eine Verbindung zum Teilnehmer und eine Einordnung des vermittelten Wissens in dessen Arbeitsfeld stets gewährleistet bleibt. Beispiele dafür sind:

- Besuche von Seminaren und Trainings,
- Fortbildungskurse,
- Tagungen,
- universitäre Lehrgänge,
- Postgraduate-Ausbildungen,

- Trainee-Programme,
- Online-Trainings (digitales Lernen),
- Blended-Learning-Systeme[84],
- Teilnahme an Kongressen und Tagungen etc.

23.3.2.2. On-the-job-Maßnahmen

finden am Arbeitsplatz selbst und in Form einer laufenden Auseinandersetzung mit der jeweiligen Tätigkeit statt. Es besteht damit ein direkter Bezug zur Alltagspraxis, womit ein hoher Realitätsgehalt erreicht wird. Das *„Learning by doing"* ist gekennzeichnet durch einen höheren Transfer und das direkte Zusammenwirken aller Beteiligten (Mitarbeiter, Führungskraft, Kollegen). Beispiele dafür sind:

- Job Rotation (systematisch geplanter Arbeitsplatzwechsel),
- Job Enlargement (Verbreiterung des bisherigen Aufgabengebiets),
- Job Enrichment (Übertragung von mehr Verantwortung im aktuellen Aufgabengebiet),
- Arbeitsunterweisung durch Kollegen oder Führungskräfte,
- Übertragung begrenzter Verantwortlichkeiten zur Vorbereitung auf die Übernahme neuer Aufgaben,
- Zuordnung von Stellvertreter- oder Assistenzfunktionen,
- Leitung von Arbeitssitzungen,
- Moderation von Mitarbeiterbesprechungen (persönlich oder virtuell in Video-Konferenzen) etc.

23.3.2.3. Near-the-job-Maßnahmen

behandeln aktuelle und konkrete Arbeitsprobleme, finden aber nicht im Rahmen der unmittelbaren Alltagspraxis und auch nicht direkt am Arbeitsplatz statt, sondern werden meist nach Abschluss der regulären Tätigkeiten in organisatorischer Nähe zum Berufsumfeld durchgeführt. Sie verbinden den individuellen Lerneffekt mit den Anforderungen der Arbeitswirklichkeit. Beispiele dafür sind:

- Erfahrungsaustauschgruppen,
- temporäre Mitarbeit in Projektgruppen,
- Selbstlernverfahren,
- Qualitätszirkel[85] (Methode der Problemlösung unter Mitwirkung aller Beteiligten am Arbeitsplatz zur qualitativen Verbesserung von Produkten, Arbeitsabläufen und Zusammenarbeitsformen),
- Web Based Trainings (multimedial aufbereitete Lernprogramme) etc.

---

84 Didaktisch sinnvolle Verknüpfung von traditionellen Präsenzveranstaltungen und modernen Formen des virtuellen Lernens.

85 Die Mitglieder eines Qualitätszirkels treffen sich in der Regel alle zwei Wochen während der Arbeitszeit für rund eine Stunde und diskutieren unter der Leitung ihrer Führungskraft (oder eines Moderators) Probleme, die im Zusammenhang mit ihrer Tätigkeit auftreten. Das Mitarbeiten ist freiwillig. Die Sitzung eines Qualitätszirkels verläuft nach besonderen Spielregeln und entspricht einer geführten Diskussion. Konkrete Lösungsvorschläge werden vorbereitet. Arbeitsergebnisse und Anträge werden einer Steuerungsgruppe vorgetragen. Diese umfasst Vertreter des Managements und andere Unternehmensvertreter. Die Steuerungsgruppe hat die erforderlichen Entscheidungsbefugnisse für die Umsetzung.

23.3.3. Transferphase

Finalisiert werden Bildungs- und Kompetenzentwicklungsprozesse in der Transferphase, die die Anwendung der neuen Kenntnisse in der Echtsituation (gemeint ist damit die tägliche Arbeits- und Alltagspraxis) zum Inhalt hat. Durch die Überprüfung des Transfers kann festgestellt werden, in welcher Weise und Ausprägung sich die Mitarbeiter in Bezug auf ihre Kompetenz und damit auch in ihrem Verhalten durch die gesetzten Bildungs- und Kompetenzentwicklungsmaßnahmen verändern konnten. Dafür liegt eine Vielzahl von Evaluierungsinstrumenten vor, die schon seit geraumer Zeit Eingang in die betriebliche Bildungs- und Entwicklungsarbeit gefunden haben. Sie reichen vom herkömmlichen Bewertungsbogen nach Ende eines Seminars oder eines Online-Trainings, über das konkrete Aufgreifen dieser Thematik im Rahmen der periodischen Mitarbeiter- oder Entwicklungsgespräche, bis hin zur Einholung des Feedbacks zum Transfer durch die *„Stakeholder"* in der ersten Zeit nach Start der Umsetzung. Für Letzteres stehen am Markt zahlreiche Feedbackinstrumente zur Verfügung, die auf Basis speziell dafür entwickelter Anwendungssoftware für Mobilgeräte (*„Mobile Apps"*) genutzt werden können und somit die Transferkontrolle erleichtern.

23.4. Transferkontrolle

Gerade der Transfer wird sehr oft vernachlässigt oder dem Mitarbeiter einzig und allein überantwortet. Dadurch wird aber die Kontrolle des aufwendigen Ressourceneinsatzes für die Bildungs- und Kompetenzentwicklung in personeller, organisatorischer und finanzieller Hinsicht ausschließlich dem Mitarbeiter anvertraut, was bei eigenverantwortlich Agierenden sicherlich seine Berechtigung hat. Allerdings vergibt man so die Chance, als Führungskraft die Effektivität und Effizienz von Bildungs- und Kompetenzentwicklungsmaßnahmen zu evaluieren sowie Rückschlüsse für weitere Qualifizierungsprozesse daraus zu ziehen.

Damit soll aber nicht der fremdgesteuerten Kontrolle das Wort geredet werden. Primär sollte der Mitarbeiter selbstverständlich in Eigenregie eine Selbstkontrolle (auch im Sinne der aktuellen Trends in der Arbeitswelt 4.0, durch die sich hinkünftig aus verschiedenen Gründen eine erhöhte Anforderung zur Selbstorganisation für die Mitarbeiter abzeichnet – vgl. dazu die Ausführungen im einleitenden Kapitel 1. „Arbeiten 4.0") durchführen, inwieweit die neu erworbenen Kenntnisse und deren Anwendung eine Verbesserung der Arbeitsergebnisse und damit einen höheren Zielerreichungsgrad gebracht haben. Die Aufgabe der Führungskraft ist es, die Durchführung der Kontrollfunktion zu überwachen und – sofern notwendig – zu unterstützen, sowie aus dem Evaluierungsergebnis Informationen für die weitere Kompetenzentwicklungsplanung abzuleiten.

Die mentale und organisatorische Unterstützung sowohl von Seiten der Führungskraft als auch seitens der Kollegen stellt generell einen wesentlichen Einflussfaktor auf die Erfolgswahrscheinlichkeit des Transfers dar und sollte daher dem Mitarbeiter, der an einer bestimmten Entwicklungsmaßnahme teilgenommen hat, nicht vorenthalten werden. Eine den Transfer begünstigende Arbeitsumgebung ist eine der entscheidenden Komponenten in der gesamten Transferkette, weshalb der Mitarbeiter erwarten kann, dass er von seiner Führungskraft beraten und bei der anwendungsbezogenen Umsetzung seines neu erworbenen Wissens, seiner erweiterten Kompetenzen oder seiner zusätzlichen Fertigkeiten begleitet wird.

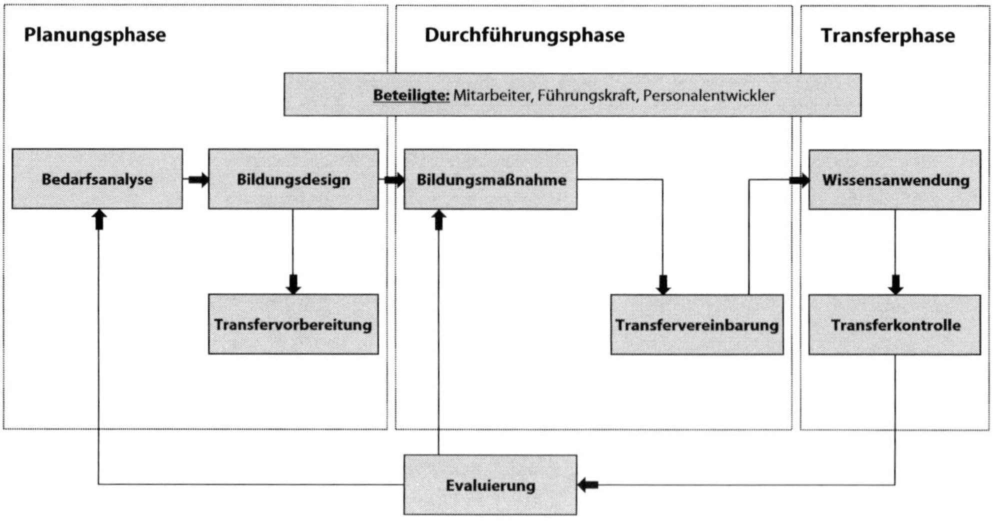

Abb. 53: Phasen des Transfermanagements

23.5. Fazit

Gesamt gesehen beinhaltet ein Transfermanagement oder generell ein Bildungs-Controlling[86] somit alle Maßnahmen, die eine

- systematische Erfassung,
- Weiterleitung,
- Analyse und
- Bewertung von Daten zum Bildungs- und Kompetenzentwicklungsprozess (Stichwort „*Big Data*")

derjenigen Mitarbeiter ermöglichen, die bestimmte Entwicklungsmaßnahmen absolviert haben oder in Zukunft durchlaufen werden. Über die reine Kontrolle hinausgehend unterstützt es Planungs- und Steuerungsprozesse in der Kompetenzentwicklung, bewertet Ergebnisse, koordiniert, informiert und sorgt schlussendlich für mehr Transparenz.

Klarerweise erfordert dies einen intensiveren Ressourcenaufwand, den es jedoch in Kauf zu nehmen gilt, will man für zukünftige Planungen wissen, ob sich Bildungs- und Kompetenzentwicklungsaktivitäten zur Umsetzung der Geschäftsstrategien auch tatsächlich lohnen.

86 Dieses Thema wurde vom Autor bereits in einem eigenen Werk behandelt, in dem vor allem die pädagogische Erfolgskomponente und deren Evaluationsmöglichkeiten auf Grund des evidenten Defizits in der sozial- und wirtschaftswissenschaftlichen Literatur erarbeitet und dargestellt werden. Im Rahmen eines prozessualen 3-Phasen-Modells werden die einzelnen Teilschritte von Kompetenzentwicklungsprozessen aufgezeigt, um die Personalentwicklung effizient zu planen, zu steuern und zu kontrollieren. Durch dieses Transfermanagement soll es allen Beteiligten möglich gemacht werden, den nachhaltigen Erfolg von Bildungs- und Entwicklungsmaßnahmen zu messen und damit insgesamt die Wirksamkeit der Personalentwicklung zu erhöhen. Als zusätzliches Hilfsmittel liegt diesem Werk ein Speichermedium bei, welches alle Instrumentarien und Arbeitsblätter zur Umsetzung in übersichtlicher und strukturierter Form enthält (*Lang Karl*, Bildungs-Controlling – Personalentwicklung effizient planen, steuern und kontrollieren, 2., überarbeitete und erweiterte Auflage, Wien 2006).

24. Trennungsmanagement – Ein Ende ohne Schrecken

24.1. Einführung

Keine Frage: ist ein Mitarbeiterabbau unvermeidbar, so stehen alle Beteiligten vor emotional belastenden Situationen, die nicht immer einfach zu meistern sind. Für die Betroffenen ist es oft ein Schlag ins Gesicht und sie müssen wieder Schritt für Schritt in die Bahn zurückfinden, aus der sie geworfen wurden. Jedoch nicht nur für die Betroffenen ist die Trennung von ihrem bisherigen Arbeitsumfeld ein schwer verdaulicher Prozess. Auch manche Führungskräfte stehen dabei vor neuen Herausforderungen, mit denen sie möglicherweise in der Vergangenheit noch nicht konfrontiert waren. Die Entscheidung, dass es für einen Mitarbeiter keinen Platz mehr gibt, ist zu kommunizieren, mit dem Betroffenen sind zukünftige Perspektiven auszuloten, die Kollegen sind dementsprechend zu informieren – alles in allem Aktivitäten, die behutsam zu planen und professionell auszusteuern sind, um keinen negativen Nachgeschmack sowohl beim Abgehenden als auch bei den Zurückgebliebenen zu hinterlassen. Wie man in Trennungsprozessen vorgehen und worauf man achten sollte, damit beschäftigt sich dieses Kapitel.

Egal, welchen Branchenbereich man analysiert: In fast allen gibt es derzeit aufgrund von ökonomischen Erfordernissen und geänderten Marktbedingungen Organisationsänderungen, Restrukturierungen oder Neuausrichtungen der Geschäftsaufstellung. Zusätzlich befeuert werden diese durch die Nachwehen der mehrjährig andauernden Pandemie und die geopolitischen Krisen, die die Volkswirtschaften weltweit in Atem halten. Damit verbunden sind in den meisten Fällen auch Auswirkungen auf die Beschäftigten, deren mentale Flexibilität und auch physische Mobilität gerade in solchen Situationen besonders gefordert sind. Im Optimalfall ergeben sich dadurch im Unternehmen neue Chancen und Betätigungsfelder, bei denen es nur darauf ankommt, diese entsprechend zu nutzen und nicht durch Veränderungsunwilligkeit zu glänzen. Ansonsten steht am Ende der Worst Case, der in einer Freisetzung mündet, die entweder durch organisationsbedingte Erfordernisse (z. B. Reduktion von Mitarbeitern aufgrund von Verlagerungen oder Schließung von Unternehmensteilen) oder durch in der Person des Mitarbeiters liegende Gründe determiniert wird. Nicht immer geht es um große Strukturveränderungen, auch bei einzelnen Freisetzungsmaßnahmen, die einen Arbeitnehmer oder eine kleinere Gruppe von Mitarbeitern betreffen, sollte man dem Thema des professionellen Umgangs beim Personalabbau erhöhte Aufmerksamkeit schenken, um negative Konsequenzen auf das Unternehmen und Beeinträchtigungen auf die Arbeitsleistung der zurückgebliebenen Mannschaft hintanzuhalten.

Analysiert man die betriebliche Praxis, so zeigt sich ein eher unbefriedigender Befund[87]. Entscheidungen bei bevorstehenden Abbaumaßnahmen werden hinausgezögert (um nicht zu

---

87 *Andrezejewski Laurenz* (2015), anerkannter Trennungsexperte und Autor des Werkes „Trennungs-Kultur und Mitarbeiterbindung: Kündigungen, Aufhebungen, Versetzungen fair und effizient gestalten" beschrieb die Situation in einem Interview mit dem Fachmagazin ‚Personalführung' (Heft 7/2009, Seite 62 ff) noch drastischer: „Die menschlichen Auswirkungen von Entlassungen werden zu wenig reflektiert, es fehlt an der systematischen Vorbereitung von Trennungsgesprächen und nicht zuletzt an der Kompetenz der zum Handeln verdonnerten Führungskräfte und HR-Manager." Sein damaliger Befund fällt heute zum Leidwesen der Betroffenen ähnlich aus und stimmt nachdenklich, warum in den letzten Jahren weiterhin nicht viel in diesem Zusammenhang geschehen ist.

sagen: verschleppt), um sich vor den Folgen zu drücken; Führungskräfte agieren dilettantisch in der Kommunikation; die Betroffenen verlassen frustriert das Unternehmen und werden sich nur mit Schaudern an das Ende und die dabei an den Tag gelegte Vorgangsweise zurückerinnern. Alles in allem ein Mix, der für den zukünftigen Fortbestand einzelner Teams oder sogar des gesamten Unternehmens gefährlich werden könnte.

Auch bekleckern sich manche Personalisten in solchen Situationen nicht gerade mit Ruhm, obwohl sie als Experten vielmehr professionell unterstützen und den gesamten Trennungsprozess zielgerichtet begleiten sollten. Unwissenheit, mangelnde Erfahrung gepaart mit unsicherem Agieren sind oft die Erkenntnisse, die man nach der Evaluierung von solchen Prozessen gewinnt. Genau hier sollte man demgemäß ansetzen, will man als Führungskraft oder Personalverantwortlicher das Ruder herumreißen und dem Vorgehen beim Personalabbau eine andere Richtung geben, sowie Arbeitsverhältnisse mit einzelnen Mitarbeitern ordentlich und vor allem wertschätzend einem Ende zuführen. Eine Auseinandersetzung mit diesem Thema ist daher dringend anzuraten, um die damit verbundenen Herausforderungen zu bewältigen und alle in diesem Zusammenhang zu erledigenden Aufgaben positiv abzuschließen. Insgesamt ist es eine Frage der Unternehmens- und Führungskultur, wie mit solchen Situationen umgegangen wird und wie reif eine Organisation im Vergleich zu anderen ist.

24.2. Herausforderungen bei der Freisetzung von Mitarbeitern

Managemententscheidungen sind nicht immer angenehm. Klar, bei Schönwetter lässt sich Führung leichter leben und die Funktionsinhaber werden durch kleinere oder auch größere Erfolgserlebnisse gerne in ihrem Tun bestätigt. Tatsächliche Führungskompetenzen kommen jedoch erst dann zum Vorschein, wenn es einer Führungskraft gelingt, auch in emotional belastenden Situationen adäquat und weitblickend zu agieren. Schafft sie es, Unternehmenserfordernisse mit den Bedürfnissen ihrer Teammitglieder in Einklang zu bringen sowie unangenehme Konsequenzen für die Mitarbeiter nachvollziehbar zu begründen und das in einem wertschätzenden Klima, zeigt sich durch die von ihr gesetzten Handlungen, wer Führung konsequent lebt und nicht nur davon spricht. Gerade in Konfliktsituationen oder in Veränderungsphasen ist gute Führungsarbeit gefragt, die die Führungskräfte auch in ihrer Persönlichkeit zusätzlich wachsen lässt.

Warum Trennungsprozesse eine erhöhte Sensibilität beim Vorgehen erfordern, leitet sich aus den mannigfaltigen Themenstellungen ab, die sich für die in den Prozess Involvierten ergeben. Da wäre zunächst der vom Mitarbeiterabbau Betroffene selbst. Er muss den ersten Trennungsschock emotional verarbeiten und die darauf folgende Trauerarbeit nach einer Schrecksekunde bewältigen. Damit einhergehen vielfach meist auch Überlebensängste (kann ich mir mein Leben noch leisten?) oder Befürchtungen, die bisherige soziale Stellung zu verlieren (was wird die Familie, was werden meine Freunde und Nachbarn nun von mir denken?). Bei manchen machen sich Gefühle wie Mutlosigkeit, Minderwertig- oder Nutzlosigkeit begleitet von nagendem Selbstzweifel breit. Gleichzeitig erhalten sie gut gemeinte Ratschläge, einen kühlen Kopf zu bewahren und sich zu überlegen, wie sie zu einem neuen Job gelangen.

Wahrlich eine schwierige Situation mit diversen Aspekten, die auch die Führungskraft bewusst adressieren sollte, will sie den Mitarbeiter nicht ins Bodenlose fallen lassen. Wie erwähnt hat aber oft auch sie mit solchen emotional fordernden Situationen zu kämpfen. Wann ist der richtige Zeitpunkt, es dem Mitarbeiter mitzuteilen? Wie werde ich ihm die Entscheidung begründen? Wie kann ich ihn bei der Suche nach neuen Perspektiven unterstützen? All das sind Fragen, die manche Führungskräfte bei jedem Einzelnen genauso (mit)leiden lassen wie die Betroffenen selbst. Sie sind häufig aufgrund ihrer normalen Tagesarbeit damit überfordert, denn Trennungen stehen üblicherweise nicht auf ihrer Agenda. In Großunternehmen kommt noch erschwerend hinzu, dass sie zwar die Trennung kommunizieren und den Abbau realisieren müssen, gleichzeitig aber oft nicht an der Entscheidung beteiligt waren – geschweige denn diese beeinflussen konnten. So betrachtet, stecken sie in einem Loyalitäts-Dilemma einerseits gegenüber der Unternehmensleitung und andererseits gegenüber der verbleibenden Belegschaft, um deren zukünftige Unterstützung sie ebenfalls bangen müssen.

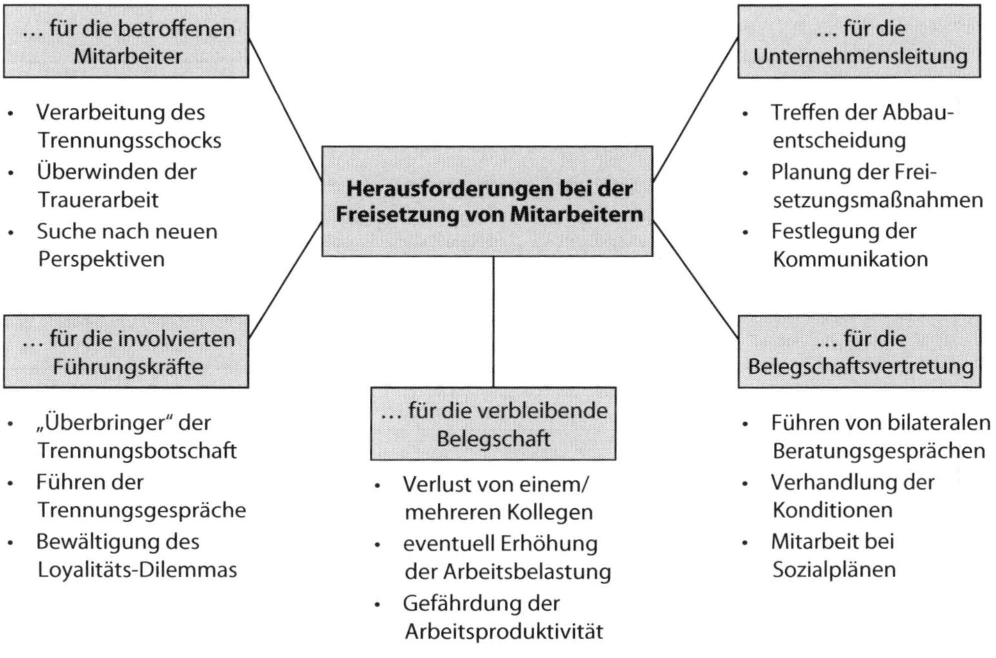

Abb. 54: Herausforderungen bei der Freisetzung von Mitarbeitern

Bei breitflächiger Personalreduktion ist folglich auch die Unternehmensleitung dazu aufgerufen, rasch für klare Verhältnisse zu sorgen und Entscheidungen, die unvermeidbar sind, zeitnah zu treffen sowie zu kommunizieren. Zögern und zaudern würde nur dazu führen, dass der „Flurfunk" immer stärker zunimmt und sich Mitarbeiterängste aus Unwissenheit noch mehr manifestieren. Das A und O für die Unternehmensleitung ist und bleibt die Steuerung der Kommunikation auf allen Ebenen, um die Betroffenen nicht nur zu informieren, sondern ihnen auch gleichzeitig zu signalisieren, dass das Unternehmen zu seiner sozialen Verantwortung steht und daher alle Trennungen sozial verträglich gestalten will. Ziel der Unternehmensleitung muss es dabei sein, durch ihre Haltung und ihr Vorgehen bei der Kommunikation eine positive Grundstimmung in der Belegschaft zu erhalten, um fatale Folgen auf das Betriebsklima nicht wirksam werden zu lassen.

Gibt es aufgrund der Unternehmensgröße einen gewählten Betriebsrat, so ist auch dieser gefordert, in Vertretung des oder der Beschäftigten mit der Unternehmensleitung oder den einzelnen Führungskräften die weitere Vorgangsweise zu verhandeln. Gibt es Möglichkeiten, die auf der Trennungsliste stehenden Mitarbeiter doch noch in andere Unternehmensbereiche zu vermitteln? Mit welchen Konditionen werden die Arbeitnehmer verabschiedet, sollte eine Trennung unausweichlich sein (Stichwort: Sozialplan)? Hier bedarf es neben dem erforderlichen Verhandlungsgeschick auch einer entsprechenden Portion Weitsicht.

Schlussendlich werden auch die Zurückgebliebenen aufgrund des Abgangs eines oder mehrerer Kollegen mit Fragen konfrontiert, die eventuell ihr zukünftiges Aufgabengebiet tangieren. Wer übernimmt die bisherigen Aufgaben des ausscheidenden Kollegen? Bedeutet dies eine höhere Arbeitsbelastung für die verbleibende Belegschaft? Steht es um die wirtschaftliche Situation des Unternehmens schon so schlecht? Bin ich vielleicht der nächste, der gehen muss? Gerade diese Gruppe wird bei der Kommunikation oftmals vergessen, was neben Demotivationsgefühlen auch zu Produktivitäts- und auch Loyalitätsverlusten führen kann. Das Management muss hier pro-aktiv agieren, um nachhaltige Irritationen der Organisation zu vermeiden. Es muss sich bewusst sein, dass durch die Gestaltung des Abschieds wichtige Botschaften auch an die Bleibenden ausgesendet werden.

24.3. Mögliche Folgen eines ungesteuerten Mitarbeiterabbaus

Schenkt man dem Thema kaum Beachtung und versucht man, eine Trennung irgendwie über die Bühne zu bringen, so endet dies aufgrund von Eskalationen zwischen Arbeitgeber und Arbeitnehmer nicht selten vor dem Arbeitsgericht. Oft wird dann Schmutzwäsche gewaschen und jedwede Demütigung, die der betroffene Mitarbeiter während seiner Tätigkeit im Unternehmen aus seiner Sicht erlebt hat, wird vorgebracht, um dem Management neben der Sozialwidrigkeit der Kündigung auch Willkür oder unlautere Motive vorzuwerfen. Dazu nutzen manche Mitarbeiter je nach ihrer seelischen Verstimmung neben dem Gerichtssaal auch die entsprechenden Social-Media-Plattformen, Diskussionsforen und Blogs etc. als virtuelle Propaganda-Instrumente. Manche Arbeitsgerichtsprozesse laufen dann meist über Jahre und verschlingen Unsummen an monetären Ressourcen, die man sich eigentlich ersparen könnte. Auch ein halbherziger Vergleich nach einem langwierigen Gerichtsverfahren ist dafür nur ein schwacher Trost. Hier bewahrheitet sich, dass mangelnde Planung und Vorbereitung oftmals am Ende ein erhöhtes Maß an Nacharbeiten erfordern, deren Aufwendungen kaum in Relation zum erwarteten Nutzen einer Personalreduktion stehen.

Sowohl Führungskräfte als auch Personalverantwortliche sehen bei den Kosten meist nur die Spitze des Eisbergs: Sozialplankosten, Abfindungen, Trainings- und/oder Beratungskosten, Kosten für Gerichtsverfahren (auch als sogenannte „direkte Kosten“ bezeichnet). Die verdeckten oder indirekten Kosten werden eher vernachlässigt (sind aber mittel- bis langfristig erfahrungsgemäß um einiges höher!), da sie nicht immer leicht zu quantifizieren sind, z. B. Motivations- und Vertrauensverluste bei der verbleibenden Belegschaft, Abwandern der eigentlichen Leistungsträger und damit Verlust von implizitem Wissen und fachlichen Ressourcen, Verlust von Imagewerten als attraktiver Arbeitgeber bei Bewerbern und Absolventen von Bildungseinrichtungen, Kosten für innere Kündigungen (zuletzt in der öffentlichen Diskussion auch als „*Quiet Quitting*" bezeichnet, bei dem als Konsequenz ausschließlich Dienst nach Vorschrift erbracht wird) und die Verschlechterung des Betriebsklimas, steigende Fehlzeiten und Absinken der Produktivität. Für eine fehlende Trennungskultur bekommen Unternehmen unausweichlich die Rechnung serviert und die negative Mundpropaganda tut intern sowie extern ihr Übriges, um die Situation noch mehr zu verschärfen. Gerade der bereits erwähnte Flurfunk entzieht sich jeglicher Steuerung und lässt sich ab einem gewissen Stadium auch kaum mehr mit Gegendarstellungen und sachlichen Argumenten in die gewünschte (Gegen-)Richtung lenken. Dies darf man nicht unterschätzen, denn gerät der Stein einmal ins Rollen, so gibt es selten mehr ein Zurück.

Zusammenfassend ist festzuhalten, dass das oben skizzierte Szenario die negativen Folgen bewusst machen und in seinem vollen Umfang den Entscheidungsträgern aufzeigen soll, welche emotionalen Ressentiments sie durch ein unprofessionelles Verhalten auslösen und welche Unternehmensressourcen – seien es pekuniäre und/oder auch zeitliche – sie dabei verschleudern.

24.4. Etablierung einer Trennungskultur

Auf einen Nenner gebracht, geht es dabei um die in einem Unternehmen vorherrschende Grundhaltung und Einstellung, die den vom Abbau betroffenen Beschäftigten entgegengebracht wird. Wird die Trennungsbotschaft in einem menschlich fairen, für die gesamte Belegschaft spürbaren Klima der Anteilnahme und nicht der emotionalen Kälte übermittelt und wird der gesamte Trennungsprozess nicht nur als Reduktion von Mitarbeiterköpfen erlebt, so kann man von einem hohen Reifegrad der Organisation und ihrer Kultur ausgehen.

Es geht gleichsam um das „Wie", d. h. nicht nur die juristisch korrekte Abarbeitung von Freisetzungen ist ausschlaggebend, sondern vielmehr das konkrete Vorgehen der Unternehmensleitung und der Führungskräfte, die durch ihr Handeln Hauptakteure und wesentliche Gestalter der Trennungskultur sind. Deswegen stehen ihre Aussagen und ihr Verhalten in solchen Phasen unter besonderer Beobachtung. Daher nochmals: auf die Art und Weise kommt es an.

Welche Elemente prägen zusätzlich die Trennungskultur in einer Organisation? Dazu zählen neben dem von den Betroffenen erlebten Umsetzen von Trennungsmaßnahmen vor allem die Kommunikationsaktivitäten, die das Beziehungsgeflecht und somit das Klima zwischen den Organisationsmitgliedern wesentlich beeinflussen. Ein durchdachtes Kommunikationskonzept adressiert nicht nur die Gehenden, sondern hat auch stets die Bleibenden und die Kommenden im Blick, denn Letztere beobachten sehr genau, welches Verhalten Unternehmensvertreter gegenüber ihren Arbeitnehmern an den Tag legen. Manche denken nicht daran und sind anschließend erstaunt, auf welchen Eindrücken und Bauchgefühlen die Meinungsbildung bei den obigen Gruppen basiert und wie rasch das Arbeitgeberimage vom Positiven ins Negative kippen kann. Untersuchungen und Studien belegen ostentativ diesen Zusammenhang, nämlich dass für Leistungsträger nicht nur die Verdienst- und Aufstiegsmöglichkeiten bei einer Bewerbungsentscheidung ausschlaggebend sind, sondern ebenso, welche Grundstimmung in einem Unternehmen herrscht und wie die Führungskräfte und Mitarbeiter miteinander umgehen. Aus diesem Grund widmet sich der nächste Abschnitt ausführlich diesem Thema.

24.5. Zielgruppengerechte Planung der Kommunikation

Wurde die Abbauentscheidung getroffen, so gilt es im darauffolgenden Schritt, die Kommunikation zielgruppengerecht zu planen und in der Zeitabfolge zu takten. Die Führungskräfte sind hier des Öfteren in einer Sandwich-Position, denn einerseits fordert die Belegschaft sowie auch deren Vertretung klare Worte (insbesondere dann, wenn informell bereits über den bevorstehenden Abbau gesprochen wird) und andererseits sind sie von den von der Unternehmensleitung freigegebenen Informationen abhängig.

Diese nicht ganz einfache Situation kann man zumindest dahingehend bewältigen, in dem man die Belegschaft fortlaufend über den aktuellen Status aktiv informiert und ihr gleichzeitig mitteilt, wann mit welcher Entscheidung zu rechnen ist. Erfahrungsgemäß legt sich vorerst die Aufregung, wenn die Mitarbeiter zumindest über den Fahrplan Bescheid wissen.

Welche Zielgruppen sind nun seitens der Unternehmensleitung bei der Kommunikationsplanung zu beachten?

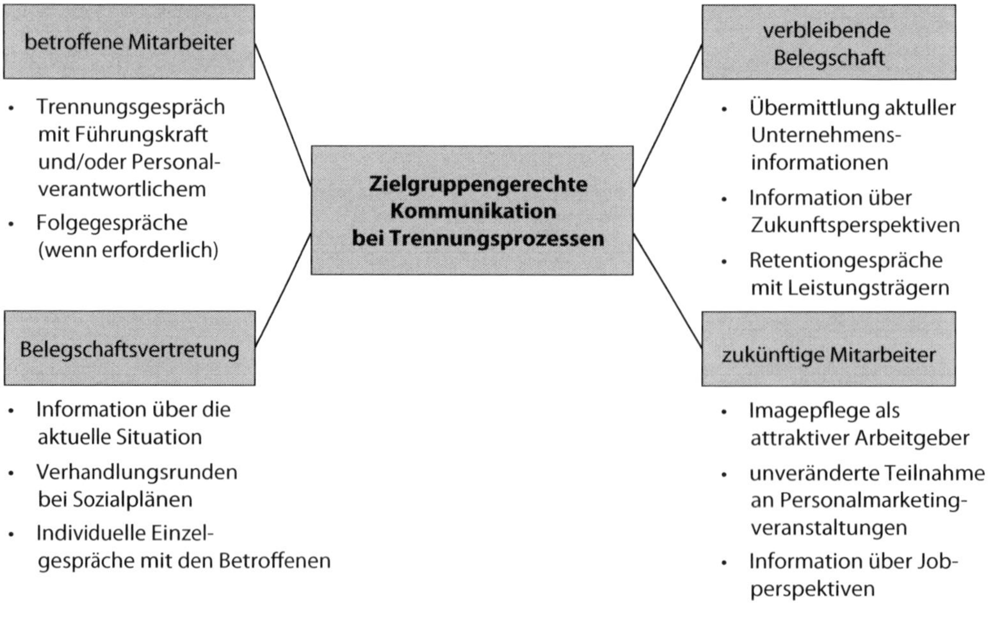

Abb. 55: Zielgruppengerechte Kommunikation bei Trennungsprozessen

24.5.1. Betroffene Mitarbeiter und Führungskräfte

Erste Adressaten sind die von Organisationsänderungen betroffenen Führungskräfte, wenn sie nicht schon von Beginn an in die Entscheidungsfindung involviert waren. Sie haben die herausforderndste Aufgabe im Gesamtprozess, da sie dem jeweils betroffenen Arbeitnehmer die Entscheidung zur Lösung des Dienstverhältnisses in einem Trennungsgespräch (in der Regel unter vier Augen) mitteilen müssen. Dies erfordert nicht nur Erfahrung als Führungskraft hinsichtlich der Gesprächsführung, sondern auch methodische Kenntnis, wie man solche Gespräche aufbaut beziehungsweise wie man sich darauf vorbereitet und welche Möglichkeiten es gibt, emotionalen Reaktionen seitens der betroffenen Mitarbeiter zu begegnen. Manche Linienmanager versuchen, sich solchen Gesprächen zu entziehen, indem sie diese an die Personalverantwortlichen wegdrücken, was bei entsprechender Positionierung und Stärke der Personalfunktion kaum gelingt. Bei größeren Abbauprojekten sind daher entsprechende Schulungen und Workshops mit Rollenspielen für die Führungskräfte als Vorbereitung sinnvoll, damit sie in der Praxis kompetenter und souveräner damit umgehen lernen.

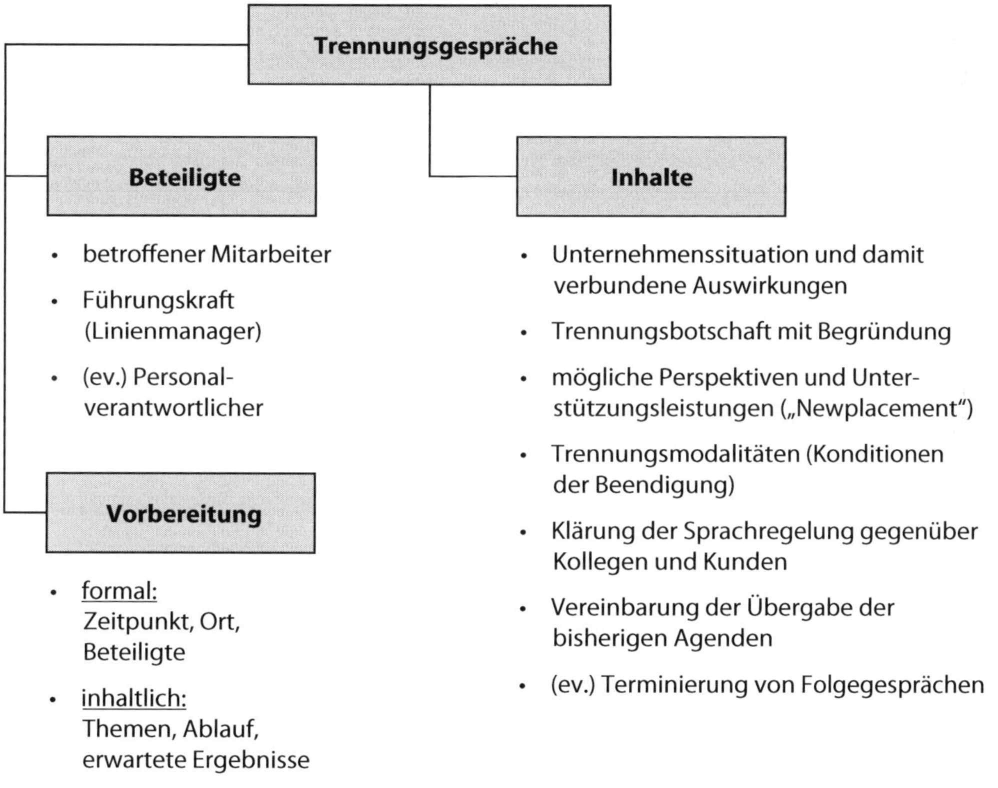

Abb. 56: Organisation und Inhalte von Trennungsgesprächen

Neben der formalen Vorbereitung hinsichtlich der Wahl des Zeitpunktes (am besten nicht an Tagen vor längeren Abwesenheiten oder an Tagen mit bereits hoher Termindichte und nicht mit zu langer Vorlaufzeit – nährt ansonsten Spekulationen!), des Ortes (am besten an einem neutralen Ort, der die Anspannung nicht noch verstärkt) und der Beteiligten (Betroffener, direkte Führungskraft und/oder der Personalverantwortliche zur Unterstützung) ist eine inhaltliche Vorbereitung unumgänglich.

Bei der Gesprächseinleitung macht es wenig Sinn, um den heißen Brei herumzureden. Klare Worte hinsichtlich der getroffenen Entscheidung werden in einer wertschätzenden Atmosphäre möglichst ohne Gesichtsverlust auf beiden Seiten viel besser aufgenommen als langatmige Monologe, bei denen man erst nach längerem Hin und Her zur Sache kommt. Ergänzt man die Trennungsbotschaft um eine entsprechende Begründung (keine Rechtfertigung), warum es zu dieser Entscheidung kam, so ist diese für den Mitarbeiter sicherlich nachvollziehbarer.

Danach erscheint es opportun eine Gesprächspause zu planen, um ihm Zeit zu geben, die ausgesprochene Trennung zu verdauen, und um ihm Verständnis für seine Situation zu signalisieren. Ein „Danke“ für seinen bisherigen Einsatz und seine eventuell langjährige Mitarbeit vermittelt zusätzliche Wertschätzung, die jedoch nicht in einem gemeinsamen Wehklagen über den bevorstehenden Abgang münden darf.

Ist der Arbeitnehmer aufgrund der Schockreaktion anschließend nicht mehr in der Lage, das Gespräch fortzuführen, so sollte man das als Führungskraft akzeptieren und demgemäß ein zweites Gespräch planen. Dies macht sicherlich auch dann Sinn, wenn die emotionale Zerrüttung dermaßen hoch ist, dass eine psychologische Betreuung angezeigt erscheint.

Ansonsten kann das Gespräch fortgesetzt werden, welches jedoch nun in eine positive Richtung gelenkt werden muss, um den Mitarbeiter emotional aufzufangen. Welche Perspektiven hat er? Wie soll es für ihn weitergehen? Welche Unterstützungsleistungen (z. B. *„New Placement“*) werden vom Unternehmen zur Neuorientierung am Arbeitsmarkt angeboten? Eine solche Neuorientierung oder generell ein Jobwechsel kann auch ein Neuanfang sein – mit neuen Chancen und Herausforderungen. Wenn man es schafft, dem Mitarbeiter dies zu vermitteln, hat man schon sehr viel erreicht.

Schließlich sind auch die Trennungsmodalitäten zu akkordieren, die neben den vertraglichen Einzelheiten auch die vereinbarten Konditionen basierend auf einem eventuell vorhandenen Sozialplan umfassen. Auch hier spielt Transparenz eine große Rolle, da die Führungskraft sonst Gefahr läuft, als Falschspieler enttarnt zu werden. Dem weiteren Gesprächsverlauf wäre dies sicherlich nicht dienlich und würde im Gegenteil abrupt zu einem Ende des Gesprächs führen.

Was nicht vergessen werden darf, ist die Klärung der Sprachregelung gegenüber den Kollegen und Dritten (Kunden), um bei diesen sogenannten *„Stakeholdern“* Überraschungseffekte zu vermeiden. Hier lohnt es sich, gemeinsam mit dem Betroffenen zu überlegen, wer, wann und wie über den geplanten Abgang informiert werden sollte.

Der letzte Punkt des Trennungsgesprächs behandelt die Vereinbarung der Übergabe der bisherigen Agenden (wenn erforderlich) an einen oder mehrere Kollegen, damit der reguläre Arbeitsprozess nicht ins Stocken gerät. Ein positiver Abschluss mit einer nochmaligen Bekräftigung hinsichtlich des Unterstützungsangebots bei vollem Verständnis für die aktuelle Situation des Mitarbeiters rundet das Trennungsgespräch ab, ohne das Narben zurückbleiben. Allenfalls können darauf aufbauend Folgegespräche vereinbart werden, falls nicht alle Fragen im Erstgespräch geklärt werden konnten.

24.5.2. Belegschaftsvertretung

Gemäß den gesetzlichen Regelungen ist die Belegschaftsvertretung unter Einhaltung der jeweiligen Fristen über die beabsichtigte Trennung zu informieren. Dies sollte in enger Verbindung mit dem Trennungsgespräch geschehen, damit es zu keiner Zeitverzögerung kommt. Falls die Verhandlung eines Sozialplanes ansteht, ist vorab die Darstellung der wirtschaftlichen Situation und Offenlegung der jeweiligen Gründe für den Mitarbeiterabbau in einer eigenen Gesprächsrunde zwischen Unternehmensleitung und Belegschaftsvertretung erforderlich. Erst danach und nach Vorliegen eines verabschiedeten Sozialplans können sinnvollerweise die bilateralen Einzelgespräche zwischen den Führungskräften und den betroffenen Mitarbeitern starten.

24.5.3. Verbleibende Belegschaft

Will man die Gefahr eines Absinkens von Motivation, Leistungsbereitschaft und Arbeitsproduktivität bei der verbleibenden Belegschaft verhindern, so ist diese Zielgruppe ebenfalls in alle Kommunikationsaktivitäten miteinzubeziehen. Positive Botschaften seitens der Unternehmensleitung, die trotz der angespannten Situation aufgrund des Mitarbeiterabbaus Perspektiven für den Fortbestand des Unternehmens zum Inhalt haben, helfen weiterhin die Arbeitgeberattraktivität und Loyalität der Zurückgebliebenen zu sichern. Primär geht es darum, keinen negativen Abwärtssog – betreffend die unternehmensinterne Stimmung – aufkommen zu lassen, da naturgemäß die Identifikation der Beschäftigten mit ihrem Arbeitgeber in nicht so angenehmen Zeiten tendenziell rasch zurückgeht. Leistungsträger orientieren sich dann am Markt und werden besonders in Zeiten eines Fachkräftemangels von Konkurrenten „mit Handkuss" abgeworben. Einladungen zu speziellen Strategieveranstaltungen und zur Teilnahme an Kommunikationsevents, bei denen das Topmanagement über die zukünftige Geschäfts- und Unternehmensausrichtung aktiv informiert, unterstützen dabei, das Fluktuationsrisiko zu minimieren. Darüber hinaus kommt auch hier den direkten Linienmanagern eine Schlüsselrolle zu, denn auch sie sind dazu aufgerufen, durch gezielte Retentionsmaßnahmen (z. B. Aufzeigen von Aufstiegsmöglichkeiten, Angebot von Entwicklungs- und Bildungsmaßnahmen, Aussicht auf Vergütungszuwächse) Leistungs- und Wissensträger an das Unternehmen zu binden, um einen weiteren Aderlass – vor allem, was das Erfahrungs-, Prozess- und Fachwissen betrifft – zu vermeiden.

24.5.4. Zukünftige Mitarbeiter

In wirtschaftlich schwierigen Zeiten wird überall dort gespart, wo sich relativ leicht Ausgaben streichen lassen. Personalmarketingmaßnahmen oder die Investitionen in die Arbeitgebermarkenbildung („*Employer Branding*") fallen dann meist dem Spardiktat zum Opfer. Ein fataler Fehler, denn gerade in solchen Phasen ist es wichtig, das positive Image als Arbeitgeber weiterhin zu pflegen, um Bewerbern und potenziellen Mitarbeitern zu zeigen, dass es sich lohnt, eine Arbeitsbeziehung mit dem Unternehmen einzugehen. Verlorene Beliebtheitswerte lassen sich nur schwer wieder aufholen und die damit verbundenen Kosten stehen oft in keiner Relation zu den vorherigen, kurzfristig erzielten Einsparungen. Folglich sind die Marketingaktivitäten zumindest auf demselben Niveau wie in wirtschaftlich prosperierenden Geschäftsphasen zu halten. Die gesamte Klaviatur an Personalmarketingmaßnahmen steht dafür zur Verfügung und sollte ohne wesentliche Einschränkungen auch in Abbauperioden genutzt werden.

24.6. Fazit

Es gibt noch viel zu tun. Obwohl Beschäftigte langjährig für ein Unternehmen Leistungen erbracht haben, werden in der betrieblichen Praxis Trennungen oft stümperhaft und ohne jegliche emotionale Anteilnahme technokratisch abgewickelt. Fakt ist, dass ein solches Vorgehen mittel- bis langfristig zu Wettbewerbsnachteilen führen kann, an die im Augenblick der Abbauentscheidung gar keine Gedanken verschwendet werden. Die Folgen eines solchen Agierens bekommt man mit ziemlicher Sicherheit Wochen oder Monate später mit aller Härte zu spüren.

Es lohnt sich daher, dieses Thema aufzugreifen und sich mit dem Trennungsmanagement auf Basis der vorangegangenen Ausführungen intensiv zu beschäftigen – analog dem Vorgehen bei der Personalbeschaffung. Die Suche und Auswahl von neuen Mitarbeitern wird im Regelfall strategisch geplant und prozessgesteuert optimiert, Führungskräfte werden in Interviewtechniken geschult, Recruiting-Events und Job-Messen werden teilweise mit hohem Ressourceneinsatz organisiert etc. Mit der gleichen Aufmerksamkeit und Professionalität sollte man sich auch der Beendigung von Arbeitsverhältnissen widmen, denn wie heißt es so treffend: *„Man trifft sich im Leben mindestens zweimal."* – und ein eventuelles Wiedersehen sollte nicht von negativen Erinnerungen überschattet sein.

25. Vergütung 4.0 – Grundgedanken und Schwerpunkte von „New Pay"

25.1. Einführung

Vergütungsmodelle sowohl in der Privat- als auch in der öffentlichen Wirtschaft sind ebenso wie einige andere Grundpfeiler unseres Arbeitslebens in Bewegung. Mit vorgefertigten und standardisierten Entgeltschemata sowie fixierten Lohn- und Gehaltstabellen finden die Entscheidungsträger aufgrund der geänderten Arbeitsweisen im globalen und digitalen Zeitalter kaum mehr das Auslangen, denn die Beschäftigten in den Unternehmen und potenzielle Mitarbeiter am Beginn ihres Erwerbslebens lassen sich damit nicht mehr so einfach abspeisen, geschweige denn anwerben. Sie haben zunehmend andere Vorstellungen, die sich immer weniger in den bisherigen Vorgehensweisen bei der Entgeltfindung seitens der Personal- und Führungsverantwortlichen widerspiegeln und darin nicht oder nicht zur Gänze abbilden lassen. Schnell werden hier die Rufe nach Mitbestimmung bei der Entgeltfestlegung, nach flexibleren Formen der Entlohnung und nach gesteigerter Transparenz laut. Fantasie ist gefragt und daher müssen neue Ansätze gefunden werden, um den Anschluss am Arbeitsmarkt nicht zu verlieren.

Gerade wenn über *„New Work"* nachgedacht oder dazu im Unternehmen beziehungsweise in der eigenen Organisation ein Diskussionsprozess gestartet wird, landet man relativ rasch beim Thema Vergütung. Passt unsere Vergütung noch zu der Art, wie wir in Zukunft arbeiten wollen? Wenn man anders arbeitet, muss sich zwangsläufig auch die Honorierung ändern. Aber wie kann oder soll Mitarbeiterleistung zukünftig bewertet und honoriert werden? Wer soll in diese Entscheidung eingebunden werden? Wie lässt sich dabei das Prinzip Fairness umsetzen, um zu einer gerecht(er)en Vergütung zu gelangen? Fragen, die wie unter einem Brennglas aufzeigen, was sich im Konkreten hinter *„New Pay"* zu verbergen scheint und deren finale Beantwortung vielfach noch aussteht. Mancherorts wird kritisiert, dass es sich dabei nur um ein weiteres, modern klingendes *„HR Buzzword"* handelt, welches primär zum Diskurs in facheinschlägigen Zirkeln und Medien lanciert wird. Genau bei diesem Vorwurf setzt das vorliegende Kapitel an, um das Ganze mit Leben zu füllen und um Vorgehensweisen für eine erfolgreiche Umsetzung zu skizzieren.

25.2. Was verbirgt sich hinter „New Pay"?

Wesentliche Determinante einer jeden Unternehmens- und Führungskultur ist die Art und Weise, welche Mitarbeiterleistung als solche auch anerkannt und in weiterer Folge honoriert wird. Klarerweise orientieren sich daran die Mitarbeiter und richten ihr Verhalten sowie ihren Arbeitseinsatz danach aus. Was wird belohnt und in welcher Form beziehungsweise durch welche Vergütungselemente kompensiert? Das sind die beiden zentralen Parameter mit Signalwirkung, die es im Zuge von *„New Pay"* zu hinterfragen gilt. Steht die Team- oder eher die individuelle Leistung im Fokus? Kommt es im Hinblick auf den Unternehmenserfolg eher darauf an, dass die Mitarbeiter kollaborieren oder – im umgekehrten Fall – Einzeltätigkeiten verrichten, um Lösungen für ihre Aufgabenstellungen zu finden? Zählt die Anwesenheit oder doch mehrheitlich der Erfolg und Output? Beflügelt das Wissen über die Höhe der Vergütung des jeweils anderen Teammitglieds die Mitarbeiter oder löst diese Kenntnis eher Unmut und Frustrationserlebnisse aus? Diese und weitere sind exakt jene Aspekte, bei denen *„der Hase im Pfeffer"* liegt und auf die bei der Analyse der bisherigen Vergütungsmodelle der Schwerpunkt liegen muss. Aus diesem Grund werden sie im Folgenden näher beleuchtet.

25.2.1. Dimensionen von „New Pay"

Fairness, Transparenz, Partizipation und Flexibilität sind die die zentralen Aspekte von *„New Pay"*. Auf den ersten Blick erscheinen sie nicht grundlegend neu – speziell für jene, die schon seit mehreren Jahren beziehungsweise Jahrzehnten im HR-Business tätig sind. Einiges wurde dabei in der Vergangenheit versucht, um sich dem Ziel einer fairen und gerechte(re)n Vergütung anzunähern. Manches hat funktioniert (wie etwa die Pflicht zur innerbetrieblichen Veröffentlichung von Einkommensdaten[88] oder die überbetrieblich geregelte Möglichkeit für den einzelnen, zwischen Entgelterhöhung oder mehr Freizeit wählen zu können), anderes ist wiederum im Sand verlaufen (beispielsweise die verstärkte Mitbestimmung der Mitarbeiter bei der gemeinsamen Entgeltfestlegung im Team). Und doch nimmt die gegenwärtige Diskussion gerade im Hinblick auf diese Punkte wieder an Fahrt auf, weswegen es sich in jedem Fall lohnt, sie erneut aufzugreifen und im Zusammenhang mit den geänderten Rahmenbedingungen in der Berufswelt – vor allem wenn es um den Abbau von Hierarchien und der zunehmenden Etablierung von Netzwerkstrukturen geht – zu thematisieren:

25.2.1.1. Fairness

Was als fair empfunden wird, hängt meist von den unterschiedlichen Sichtweisen der am Entgeltfindungsprozess Beteiligten ab, da die Fairness stark von den Anforderungen eines Jobs und von den in diesem Job erbrachten Leistungen bestimmt wird. Stellt man dabei die Einschätzungen einer Führungskraft jenen des betroffenen Mitarbeiters gegenüber, so kommt es oft aufgrund unterschiedlicher Erwartungshaltungen und biografisch geprägter Vorerfahrungen zu Diskrepanzen. Länger andauernde Diskussionen zwischen den beiden sind die Folge und überlagern den eigentlichen Arbeitsauftrag, was die komplette Wertschöpfung eines Teams ziemlich konterkarieren kann. Aber ist es ratsamer, alle in einem Team über einen Kamm zu scheren und jedem ein Einheitsgehalt zu zahlen, um sich ein langwieriges Ausverhandeln zu ersparen? Mitnichten, denn auch das würde nicht als fair aufgefasst werden.

Mehrheitlich empfinden Mitarbeiter die Entgeltfestlegung dann als fair, wenn vergleichbare Positionen innerhalb und außerhalb des Unternehmens beziehungsweise der eigenen Organisation annähernd gleich vergütet werden. Darüber hinaus zeigt sich, dass die Akzeptanz durch eine gemeinschaftliche Einschätzung der Leistung aller Mitglieder eines Teams gesteigert werden kann, indem sie miteinander auf gleicher Augenhöhe eine Evaluierung durchführen und danach festlegen, womit und in welcher Höhe die

88 Jeder Arbeitgeber, der dauernd mehr als 150 Arbeitnehmer beschäftigt, ist verpflichtet, alle zwei Jahre einen Einkommensbericht zu erstellen. Einkommensberichte sind schriftliche Aufzeichnungen, in denen Unternehmen die Löhne und Gehälter ihrer Mitarbeiter nach Geschlecht getrennt innerbetrieblich veröffentlichen (siehe österreichisches Bundesgesetz über die Gleichbehandlung/Gleichbehandlungsgesetz – GlBG).

Leistung eines jeden Teammitglieds honoriert werden soll. Durch dieses Vorgehen definiert das Team bis zu einem gewissen Grad selbst, was gerechte Vergütung im Team bedeutet und was als fair angesehen wird.

25.2.1.2. Transparenz

Entlohnungsstrukturen innerhalb eines Unternehmens beziehungsweise einer Organisation von heute auf morgen in unreflektierter Form offen zu legen, erscheint hier sicherlich nicht zielführend – speziell, wenn man dabei die bisherige Unternehmens- und Führungskultur ausblendet. Handelt es sich um ein Start-up oder um ein Unternehmen mit langjähriger Tradition? Ist es stark hierarchisch strukturiert oder arbeiten alle primär in Netzwerken zusammen? Ist es üblich, sich über Beschäftigungsbedingungen des einzelnen im Team auszutauschen oder gibt es diesem Vorgehen gegenüber Ressentiments aufgrund negativer Erfahrungen? In netzwerkartig organisierten Start-ups wird sich Entgelttransparenz vermutlich leichter leben lassen als in komplexen Organisationen mit mehreren Hierarchiestufen und langer Bestandsdauer.

Ein erster Schritt, dem Ziel nach mehr Transparenz auf die Sprünge zu helfen, wäre die Etablierung eines internen „*Benchmarking*"-Systems, bei dem Vergütungsbänder (vgl. dazu die Ausführungen im Kapitel 2. zum „Compensation Management") für vergleichbare Positionen erarbeitet und allen in der Organisation zur Verfügung gestellt werden. Jeder hat dadurch die Möglichkeit zu prüfen, ob die Vergütung für seine Position dem internen Vergütungsband für diesen Job entspricht oder nicht – konkret, ob er sich mit seinem Gehalt innerhalb oder außerhalb des Vergütungsbandes befindet. Diesem ersten Schritt könnte als weitere Konsequenz ein zweiter durch Ausweitung auf ein externes „*Benchmarking*" folgen, damit die Mitarbeiter auch anhand vorliegender Marktdaten nachvollziehen können, wie vergleichbare Positionen am Markt beziehungsweise in anderen Organisationen honoriert werden. Dadurch ließe sich der Kreis zur bereits oben erwähnten Forderung nach mehr Fairness schließen.

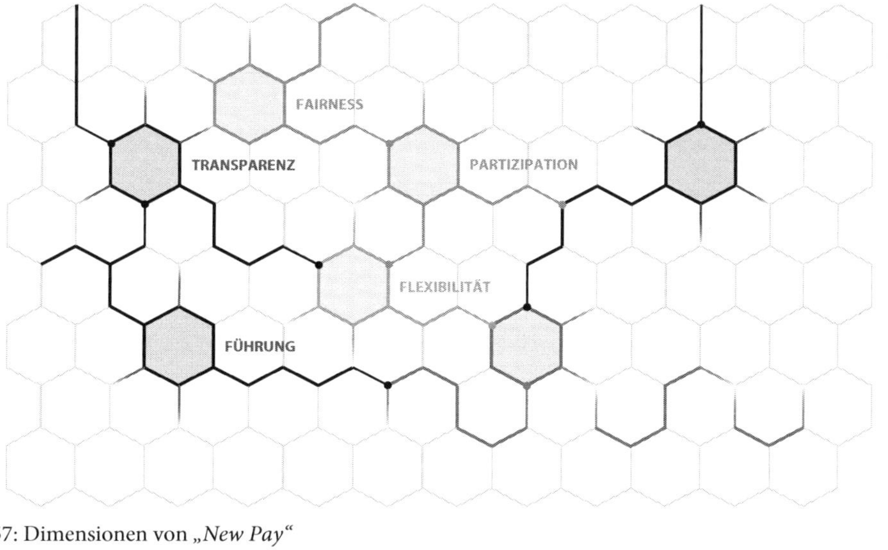

Abb. 57: Dimensionen von „*New Pay*"

25.2.1.3. Partizipation

Agiles Arbeiten, Projektstrukturen und volatile Organisationsformen, die sich rasch einer veränderten Bedarfssituation anpassen (müssen), lassen es zukünftig immer weniger zu, Mitarbeiter hinsichtlich der Vergütung in ein Korsett zu pressen. Schnell stößt man dabei als Arbeitgeber an seine Grenzen und es klingt für die jüngeren Generationen ziemlich antiquiert, wenn man versucht, allein mit der Einstufung in vorgefertigte Schemata das Auslangen zu finden.

In dem Tempo, in dem sich die Formen der Zusammenarbeit nacheinander abwechseln, ändern sich auch die Rollen eines Mitarbeiters, sodass zwangsweise nach neuen Lösungsansätzen bei der Vergütung gesucht werden muss. Dabei ist man gut beraten, die Betroffenen bei der Entwicklung alternativer Entlohnungsmodelle einzubeziehen, um deren Wünsche und Vorstellungen entsprechend zu würdigen. Wie soll die Mitarbeiterleistung zukünftig bewertet werden und durch wen? Sollen bei dieser Evaluierung auch verhaltensorientierte *„Soft Facts"*, wie beispielsweise die Kollegialität des einzelnen im Team oder die Zusammenarbeit über Abteilungsgrenzen hinweg, oder auch das Potenzial des Mitarbeiters Eingang finden? Wie kann die Übernahme temporärer Rollen abgegolten werden? Soll generell über die Gehälter im Team demokratisch abgestimmt werden? Meinungen und Zugänge sind hier höchstwahrscheinlich unterschiedlich – umso mehr lohnt es sich, diese in einem Prozess der Mitbestimmung aufzuarbeiten und in künftige Modelle einfließen zu lassen.

25.2.1.4. Flexibilität

Bereits in den letzten Jahren gab es in puncto Flexibilität sowohl auf betrieblicher als auch überbetrieblicher Ebene ein Umdenken. Dieser Trend wird sich in Zeiten von *„New Work"* noch verstärken. Vergütung wird nicht mehr nur ausschließlich pekuniär verstanden, sondern durch die vermehrte Nutzung von modernen Entlohnungskomponenten eröffnen sich für die Mitarbeiter auch ganz andere Optionen. Gutes Beispiel dafür ist die seit mehreren Jahren in einigen überbetrieblichen Vereinbarungen geschaffene Möglichkeit, zwischen mehr Geld oder mehr Freizeit wählen zu können. Je nach Mitarbeiterpräferenz kann dabei auf die jährliche Entgelterhöhung im Abtausch für ein zu einem späteren Zeitpunkt nutzbares Zeitguthaben verzichtet werden. Umgekehrt ergibt sich durch dieses flexible Instrument für die Betriebe ein vergrößerter Spielraum, den Wünschen des einzelnen nach individueller Lebensgestaltung besser entgegenzukommen.

Eine andere Variante wäre beispielsweise das Angebot einer Pensionsoption, bei der den Mitarbeitern in Betrieben mit Pensionskassenregelung die Möglichkeit eingeräumt wird, zwischen der jährlichen Entgelterhöhung oder einer erhöhten Einzahlung auf das individuelle Pensionskassenkonto zu votieren, um so zu einer höheren Zusatzpension bei Antritt des Ruhestandes zu gelangen. Eine solche Option würde vermehrt dem Vorsorgegedanken der Mitarbeiter Rechnung tragen.

Auch beim Angebot von betrieblichen Zusatzleistungen wird verstärkt auf ein flexibles Vorgehen und ein Mehr an Individualisierung gesetzt. Die im Fachjargon als *„Cafeteria"*-

Systeme bezeichneten Konzepte eröffnen den Mitarbeitern mehrere Wahlmöglichkeiten, aus einer Palette von Leistungen des Arbeitgebers, wie beispielsweise zusätzliche Urlaubstage oder Kostenbeiträge für privaten Versicherungen (Krankheit, Unfall) oder neuerdings die Kostenübernahme für das Klima-Ticket[89], innerhalb eines festgelegten Rahmens zu wählen. Neben dem Effekt der höheren Bindung von bestehenden Mitarbeitern tragen solche Systeme auch zu einer höheren Attraktivität des Arbeitgebers am Bewerbermarkt bei.

25.2.1.5. Führung

„New Work“ bringt auch eine Umgestaltung bei der Führung vieler Organisationen mit sich, um ein höheres Maß an Selbststeuerung der Teams zuzulassen und nicht mehr ausschließlich in fremdgesteuerten Strukturen zu verharren. Einige Unternehmen sind gerade dabei, diesen Kulturwandel zu vollziehen. Hierarchien werden zurückgedrängt, Mitarbeiter erhalten mehr Verantwortung und kooperieren dabei in kleineren Teams (manche sogar ohne unmittelbare Führungskräfte). Sie treffen autonom alle nötigen Entscheidungen für ihre Aufgaben im Team und „verteilen“ anschließend die erzielten Erfolge in Eigenregie, d. h. sie diskutieren die Vergütung aller Teammitglieder und deren leistungsorientierte Honorierung im Rahmen eines demokratischen Verhandlungsprozesses, was jedoch nicht zuletzt eine entsprechende Reife bei den Mitgliedern voraussetzt. Dabei geht es primär um die Beantwortung der Frage: Wer hat was zum Erfolg des ganzen Teams beigetragen? Im Endausbau besteht die Organisation aus einem Netzwerk mit unterschiedlichen, eigenverantwortlich agierenden Teams, deren Mitglieder und Rollen sich laufend den geänderten Anforderungen anpassen und die im wirtschaftlichen Sinn eines Eco-Systems miteinander verbunden sind. Was sie antreibt, ist die gemeinsame Wertschöpfung, da sie davon überzeugt sind, dass das Zusammenwirken im Eco-System weitaus erfolgreicher ist als die Aufsummierung der Einzelbeiträge aller Beteiligten.

25.2.1.6. Conclusio

Bringt man die obigen Ausführungen auf einen gemeinsamen Nenner, so lässt sich dieser wie folgt formulieren: Je transparenter und partizipativer das Verteilungsverfahren bei der Vergütung, desto fairer und gerechter empfinden Mitarbeiter ihre Entlohnung. Gibt man ihnen darüber hinaus noch Freiräume bei der Wahl von einzelnen Vergütungselementen beziehungsweise lässt man sie mitentscheiden, so steigert dies mit hoher Wahrscheinlichkeit die individuelle Zufriedenheit.

Gibt es dazu bereits Praxiserfahrungen? Ja und Nein, denn viele Organisationen experimentieren noch und haben der Weisheit letzten Schluss noch nicht gefunden. Aber es zeichnen sich dadurch bereits einige Trends ab, die alternative Formen der Vergütung beinhalten und die sich zukünftig in verstärktem Ausmaß als *„New Pay“* durchsetzen könnten. Erste Ergebnisse behandelt der folgende Abschnitt.

89 Das Klima-Ticket ist eine Jahreskarte für fast alle öffentlichen Verkehrsmittel in Österreich, eingeführt wurde es am 26. Oktober 2021.

25.2.2. Vergütungsalternativen bei „New Pay"

Unabhängig davon, welche der oben ausgeführten Dimensionen im primären Fokus steht, macht es Sinn, auf die Mitwirkung der betroffenen Mitarbeiter bei der Konzeption und Ausgestaltung von Vergütungsalternativen zu setzen. Logisch, dass dadurch sowohl die Akzeptanz als auch die Erfolgsaussichten bei der Implementierung steigen. Die nachstehende Auswahl von möglichen Alternativen vermittelt einen Eindruck, wie dies gelingen kann:

25.2.2.1. Mehr Zeit statt Geld

Angelehnt an das Konzept der überbetrieblich geregelten Freizeitoption bieten manche Unternehmen eine generelle Arbeitszeitverkürzung (Stichwort: Vier-Tage-Woche) bei vollem Lohnausgleich an, dies unter der Voraussetzung, dass dafür zukünftige Entgeltanpassungen moderat(er) ausfallen. Gleichzeitig bleiben jedoch leistungsbezogene Entgeltkomponenten (wie etwa Prämien, SPOT-Boni oder Ähnliches) erhalten, mit denen der persönliche Einsatz im Team und die damit verbundene Wertschöpfung gewürdigt werden sollen.

Abb. 58: Vergütungsalternativen bei *„New Pay"*

25.2.2.2. Mehr Flexibilität statt Geld

Entgeltgespräche drehen sich in Unternehmen oder Organisationen nicht mehr ausschließlich um die (prozentuelle oder absolute) Anhebung des Lohns beziehungsweise des Gehalts, sondern es werden neben den monetären auch andere Vergütungskomponenten diskutiert, die zugleich auf die jeweilige Lebensphase eines Mitarbeiters Rücksicht nehmen (beispielsweise Angebot eines Sabbaticals oder die Ermöglichung eines gleitenden Pensionsüberganges oder die bezahlte Freistellung für im Interesse des Mitarbeiters liegende Aus- beziehungsweise Weiterbildungsmaßnahmen).

25.2.2.3. Mehr Kollegialität statt Einzelkämpfertum

Dabei erfolgt die Entgeltfestlegung in einem demokratischen Prozess – unter Beteiligung aller anderen Mitglieder des Teams – nicht nur bei der Aufnahme eines neuen

Teammitglieds, sondern es erhalten auch danach alle Teams pro Periode ein Budget zur autonomen Verteilung auf die einzelnen Mitglieder. Jeder hat dabei die Möglichkeit, seine Meinung über den Wertbeitrag des jeweils anderen zum Teamerfolg kundzutun. Final entscheidet das Team, ohne sich dabei an Vorgaben der Führung halten zu müssen (einzige Einschränkung ist die Höhe des Budgets). Solche Unternehmen setzen somit ausschließlich auf die Selbststeuerung und vermeiden Eingriffe von oben.

25.2.2.4. Mehr Offenlegung statt Geheimnistuerei

Über die gesetzlichen Anforderungen hinaus setzen sich Unternehmen vermehrt für mehr Transparenz auf betrieblicher, aber auch auf überbetrieblicher Ebene ein und durchbrechen damit bisherige Konventionen. Sie propagieren so sukzessive einen nachvollziehbaren Entgeltfindungsprozess, dokumentieren diesen idealerweise in unternehmensweit gültigen Regelungen (in facheinschlägigen *„Policies"*) und installieren zusätzlich eigene Ansprechpartner (Ombudsstellen) für den Fall, dass sich der eine oder andere Mitarbeiter benachteiligt fühlt. Der Ansprechpartner ist dann dabei behilflich, die eigene Entgelthöhe einem internen Vergleich mit ähnlichen Positionen zu unterziehen oder auch verfügbaren Marktwerten gegenüberzustellen. Wird ein *„Pay Gap"* sichtbar, so unterstützt er die Unternehmensführung dabei, ein evidentes Lohngefälle in der Organisation bewusst zu reduzieren.

25.2.2.5. Mehr Gemeinwohl statt Einzelwohl

Erzielen Unternehmen Überschüsse (wie etwa Gewinne oder Dividendenerträge), so werden die zur Verteilung geplanten Beträge nicht zur Gänze an die Mitarbeiter ausgeschüttet. Vielmehr erhalten die Beschäftigten ein Mitspracherecht bei der Verteilung dieser Überschüsse, um damit beispielsweise vorab ausgewählte Projekte und Einrichtungen jenseits des unternehmerischen Zwecks zu unterstützen. Im Fokus stehen dabei öffentliche oder karitative Organisationen, die sich für soziale Gerechtigkeit, ökologische Nachhaltigkeit oder Völkersolidarität einsetzen. Konkret manifestiert hat sich dieser Trend bereits in einigen Aktiengesellschaften, die über ein Mitarbeiteraktienmodell verfügen (dabei können an sie auszuzahlende Dividenden von den Mitarbeitern optional für das Gemeinwohl fördernde Aktivitäten verwendet werden).

25.2.2.6. Bewusste Unvollständigkeit („Permanent Beta")

Die skizzierten Alternativen sind Anregungen und dienen zugleich als Denkanstöße, um entsprechende Überlegungen für die eigene Organisation zu starten und dieses Hinterfragen der bisherigen Vorgehensweise im Bereich der Vergütung auch beständig fortzusetzen. Die periodische Analyse des *„Status Quo"* wird auch als *„Permanent Beta"* (dauerhaft unfertig) bezeichnet. Obige Ansätze sind somit keineswegs taxativ und stellen auch keine feststehenden Regeln dar, die nur umzusetzen wären, um den Forderungen nach *„New Pay"* zu genügen – dieser Anspruch wäre vermessen, denn eine Art „Blaupause" gibt es und wird es für dieses Themengebiet auch nicht geben.

Die obigen Erläuterungen zeigen aber damit sehr wohl, dass es sich bei *„New Pay"* nicht nur um ein reines *„HR Buzzword"* handelt, sondern tatsächlich um moderne Ansätze bei der Entlohnung, die dem postulierten Anspruch nach mehr Agilität im Zuge von *„New Work"* auch gerecht werden.

25.3. Fazit

Veränderungen in der Arbeitswelt und der berufliche Wertewandel haben sich tendenziell schneller vollzogen als die in den Unternehmen historisch gewachsenen Führungssysteme. Speziell beim Thema Entlohnung hinken viele noch hinterher. Teilweise trauen sie sich dieses heiße Eisen erst gar nicht anzufassen, um organisatorische Macht und Einfluss im bisherigen Ausmaß zu erhalten. A la longue setzen sie dabei aber auf das falsche Pferd, denn gerade der überwiegende Teil der jüngeren Mitarbeitergeneration, der erst seit kurzem im Arbeitsleben steht oder demnächst in dieses eintritt, hat es aufgrund seiner Sozialisation gelernt, ein Mehr an Verantwortung zu übernehmen und dafür auch ein Mehr an Beteiligung zu fordern. Sich dieser Forderung zu verschließen, führt höchstwahrscheinlich über kurz oder lang dazu, dass Schlüsselkräfte das Unternehmen verlassen und es zunehmend schwieriger wird, neue dafür zu begeistern.

Kreativität von allen Beteiligten im Unternehmen ist daher gefragt, erfordert aber auch Freiräume zum Experimentieren. Ein alleiniges, für alle Organisationen anwendbares Vergütungsmodell, das den Anforderungen von *„New Pay"* nachkommt und dem alle anderen folgen sollten, wird es mit ziemlicher Sicherheit nicht geben. Jede Organisation muss sich entlang der eigenen Kultur fragen, welche Adaptionen Sinn machen, um der beschriebenen Maxime nach mehr Fairness, Transparenz und Mitbestimmung zum Durchbruch zu verhelfen. Sich dazu auf diesem Weg überbetrieblich mit anderen auszutauschen, ist sicherlich kein Fehler, kann man doch aus deren Erfahrungen mit *„New Pay"* für die eigene Organisation lernen.

26. Zielvereinbarungen – Kardinalfehler beim Führen mit Zielen

26.1. Einführung

Zahlreiche Organisationen und Unternehmen nutzen Zielvereinbarungen als Basis für ihre Führungsarbeit. Damit sollen alle Kräfte in die zur Erreichung der Unternehmensstrategie adäquate Richtung gelenkt werden, damit sich der erhoffte Geschäftserfolg auch einstellt. Seitdem *Peter F. Drucker* (1954) das Konzept *„Management by Objectives"* veröffentlicht hat, haben die darin formulierten Prinzipien Eingang in viele Managementkonzepte gefunden. Klare und im Organisationskontext vereinbarte Ziele sollen einerseits dazu dienen, strategische Zielsetzungen mit den konkreten Aufgabenstellungen der Mitarbeiter zu verbinden, und andererseits zur sinnstiftenden Motivation derselben beitragen. Analysiert man jedoch die Anwendung und Umsetzung dieses Führungsansatzes in der Praxis, so lässt sich erkennen, dass die Handhabung des Öfteren auf Probleme stößt oder nicht immer friktionsfrei abläuft. Grundregeln bei der Definition von Zielen werden missachtet, Komplexitätsgrenzen nicht berücksichtigt, sowie Steuerungs- und Kontrollprozesse ineffizient oder unwirksam durchgeführt. Häufig zu konstatierende Fehler könnte man vermeiden, wenn die jeweiligen Entscheidungsträger sich bewusst damit auseinandersetzen und aktiv nach Lösungsstrategien suchen würden. Dieses Kapitel zeigt etwaige Fehler auf – nicht nur um eventuelle Schwachstellen im eigenen Zielemanagement zu erkennen, sondern auch um Denkanstöße zu geben, wie eine nachhaltige Führungs- und Zielkultur etabliert werden kann.

Will eine Organisation seine verabschiedeten Strategien realisieren, ist es für alle Beteiligten wichtig zu wissen, welche Ziele sie als Individuen allein oder im Team verfolgen müssen, um den angestrebten Erfolg sicherzustellen. Dabei sind Transparenz, Klarheit und Messbarkeit erfolgskritische Faktoren, die einen wirksamen Zielvereinbarungs- und Führungsprozess determinieren. Zentrales Element dabei ist das institutionalisierte Mitarbeitergespräch, welches mindestens einmal jährlich zwischen jedem Mitarbeiter und seiner Führungskraft stattfinden sollte und auf dem ein kontinuierlicher Dialog während einer Leistungsperiode (meist Geschäftsjahr) aufbaut. Nicht nur die für das kommende Jahr bedeutsamen Aufgaben und Ziele stehen dabei im Fokus, sondern auch die dafür notwendige Entwicklung der Kompetenzen eines Mitarbeiters und seine Potenziale, die nach ihrer Identifizierung für die mittel- bis langfristige Nachfolgeplanung eine zentrale Rolle spielen. In vielen Organisationen ist das Mitarbeitergespräch als Führungsinstrument bereits etabliert, wobei die Akzeptanz bei den Gesprächspartnern leider nicht immer im gewünschten Ausmaß vorhanden ist. Oftmals wird es als unnötig und administrativ aufwendig abgekanzelt, obwohl die Digitalisierung hier eine massive Erleichterung bei der Steuerung des Gesprächsprozesses durch den Einsatz von begleitenden Software-Produkten und IT-Applikationen zur Nutzung auf Mobilgeräten gebracht hat. Nichtsdestotrotz darf dabei nicht vernachlässigt werden, dass ein gutes Mitarbeitergespräch sowohl Beiträge des Mitarbeiters als auch exzellente Kommunikationsfähigkeiten der Führungskraft erfordert, die in der Lage sein muss,

- die Zielrichtung von Strategien in die konkrete Arbeitssituation eines Arbeitnehmers zu transferieren,
- die Korrelation zwischen den Aufgaben eines Mitarbeiters und den geplanten Aktivitäten der übergeordneten Organisationseinheiten aufzuzeigen,
- wertschöpfende Ziele mit jedem Beschäftigten zu vereinbaren, die klar und nachvollziehbar formuliert sind und deren Erfolg auch gemessen werden kann,
- die Kompetenzen und vorhandenen Potenziale eines Mitarbeiters einzuschätzen und einen konkreten Entwicklungsplan für die kommende Periode auszuarbeiten.

Für eine Bewertung, ob dieses Führungsinstrument im eigenen Unternehmen tatsächlich fachgerecht eingesetzt wird, macht ein Selbst-Check sicherlich Sinn. Gibt es in der Organisation überhaupt ein institutionalisiertes Mitarbeitergespräch? Wenn ja, wie wird dessen Einsatz beziehungsweise seine Relevanz für die unmittelbare Tätigkeit der Mitarbeiter eingeschätzt? Welche Themen werden in überwiegendem Ausmaß zur Zufriedenheit beider Gesprächspartner behandelt, bei welchen Bereichen wünschen sie sich Verbesserungen? Bestimmen die darin dokumentierten Inhalte (insbesondere die festgelegten Ziele) den Arbeitsalltag der Betroffenen? Falls Letzteres positiv beantwortet werden kann, so zählt diese Organisation mit hoher Wahrscheinlichkeit zu einer Minderheit, denn Untersuchungsergebnisse[90] zeigen, dass es gerade beim Finden, Definieren und Vereinbaren von Zielen an der für diesen herausfordernden Prozess notwendigen Professionalität mangelt, weswegen das Konzept „Führen mit Zielen“ sehr oft in Frage gestellt wird. Nicht nur der Stellenwert beziehungsweise die Bedeutung von Zielvereinbarungen wird bagatellisiert – nein, sehr oft führen auch die organisatorischen Rahmenbedingungen und die unzureichenden Fähigkeiten der Führungskräfte zu Fehlerquellen, die die Wirksamkeit des Zielemanagements auf null reduziert. Die nun folgende Auflistung soll dazu dienen, einerseits jene Kardinalfehler aufzuzeigen, die häufig in der Führungspraxis anzutreffen sind, andererseits jedoch auch jene Irrtümer zu thematisieren, denen die an diesem Prozess Beteiligten mancherorts erliegen.

90 Quelle: Studie der Talentsoft GmbH, Köln (08/2020), einem der führenden europäischen Anbieter von SaaS-Anwendungen im Bereich HR- und Talentmanagement, bei der Arbeitnehmerinnen und Arbeitnehmer aus dem deutschsprachigen Raum befragt wurden. Hauptergebnis dabei war, dass 49 % der Befragten mit der Qualität der Mitarbeitergespräche unzufrieden waren.

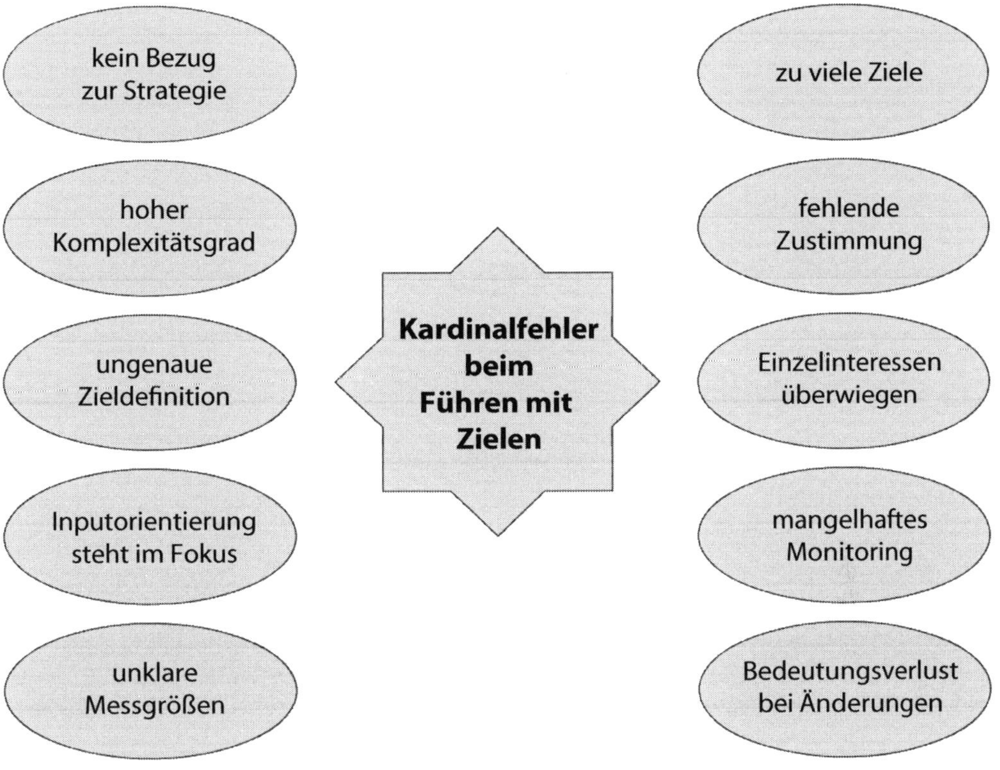

Abb. 59: Kardinalfehler beim Führen mit Zielen

26.2. Irrtümer und Fehler

26.2.1. Kardinalfehler 1: Ziele sind nicht strategiekonform

Wie einleitend bereits erwähnt, bilden erarbeitete und verabschiedete Strategien in einer Organisation die Grundlage für die nachfolgenden Zieldefinitionen auf allen Funktionsebenen, die im Idealfall zu einem konkludenten Zielesystem führen, das Führungskräfte und Mitarbeiter bei der Erfüllung ihrer Aufgaben unterstützt. Begünstigt wird dies dadurch, dass man ferner die strategischen Leitlinien klar und nachvollziehbar dokumentiert und an alle Organisationsmitglieder entsprechend kommuniziert. Alle sollten darüber Bescheid wissen, über welche strategische Ausrichtung ihre Organisation und im Speziellen ihre Organisationseinheit verfügt. Nur so ist es für jeden Beschäftigten möglich, (s)einen Beitrag zur Realisierung zu leisten.

Meist hapert es genau an obigen Voraussetzungen, da Strategien generell oft fehlen oder im stillen Kämmerlein erarbeitet werden. Befragt man diverse Arbeitnehmer, so haben viele keine Kenntnis darüber, was „die da oben" entscheiden oder entschieden haben. Dieses Manko ist fatal, denn aufeinander abgestimmte Zielvereinbarungen auf allen Funktionsebenen lassen sich in diesem Fall kaum herstellen. Sehr oft werden zwischen Mitarbeitern und Führungskräften Ziele festgelegt, deren Ergebnisbeitrag für die übergeordneten Strategien und Zielsetzungen fraglich erscheint. Wie sollen die Beschäftigten ihre Ziele an den strategischen Erfordernissen orientieren, wenn sie Letztere nicht kennen? Führungskräfte sind daher besonders gefordert, Pläne und die damit verbundenen Organisations-/Geschäftsziele aktiv zu kommunizieren, sowie deren Bedeutung für die jeweiligen Teammitglieder und ihre Tätigkeit zu erläutern. Klammert man diese Sinnvermittlung aus, so erscheint ein Nichterreichen der angestrebten Ergebnisse fast vorprogrammiert.

26.2.2. Kardinalfehler 2: Ziele sind nur bedingt akkordierbar

Unterschiedliche Organisationsformen führen meist dazu, dass die Anzahl der Beteiligten am Zielemanagement steigt. Matrix- und Projektorganisationen haben beispielsweise neben ihren unbestrittenen Vorteilen auch den Nachteil, dass bei der Zieldefinition für jeden Einzelnen vermehrte Abstimmungsprozesse erforderlich sind, wenn neben den disziplinären Führungskräften auch die fachlichen Vorgesetzten beziehungsweise die jeweiligen Projektmanager auf ihr Mitspracherecht pochen. Je komplexer die Organisation, desto mehr Mitspieler sind bei Zielvereinbarungen einzubeziehen und desto länger dauert auch der gesamte Prozess. Und nicht nur das: man benötigt auch eine hohe Dichte an Regularien, die alle Teilbereiche des Zielemanagements umfassend normieren. Welche Führungskräfte sind bei der Zielvereinbarung für einen Mitarbeiter zu involvieren? Wer hat das Vorfahrtsrecht und gibt den Ausschlag, wenn es zu unterschiedlichen Auffassungen kommt? Wer entscheidet, wenn die strategische Ausrichtung den Beteiligten nicht immer klar ist beziehungsweise im Worst Case die jeweiligen Sichtweisen konträr einander gegenüberstehen?

Teilweise sind hierzu in der Praxis die erstaunlichsten Skurrilitäten anzutreffen, die am ursprünglichen Sinn vom „Führen mit Zielen" völlig vorbeigehen. Da werden Eitelkeiten zwischen den Führungskräften gepflegt, bewusst politische Spielchen gespielt und Arbeitnehmer im Unklaren gelassen, um sich für die Zielmessung nach Ende der Arbeitsperiode alle Optionen offen zu halten. Der Prozess des Zielemanagements ist daher laufend zu evaluieren und zu hinterfragen, um solche Auswüchse zu vermeiden und um den Aufwand gerade in komplexen Organisationsformen mit dem damit erzielten Nutzen in Einklang zu bringen. Nur wenn die Kosten-Nutzen-Relation positiv bewertet werden kann oder sich zumindest die Waage hält, sollte man am Gesamtkonzept weiterhin festhalten.

26.2.3. Kardinalfehler 3: Ziele sind schwer messbar

Studiert man die dokumentierten Zielvereinbarungen in verschiedenen Organisationen, so lässt sich häufig konstatieren, dass manchen Beteiligten nicht klar zu sein scheint, wie Ziele korrekt zu formulieren sind, um tatsächlich als wertschöpfend zu gelten. Da werden reine Absichtserklärungen oder umgetexte Aufgabenbeschreibungen als Ziele verkauft, die den eigentlichen Anforderungen kaum oder in nur sehr geringem Ausmaß gerecht werden, des Öfteren auch deswegen, um eine nachvollziehbare Messung – insbesondere, wenn von der Zielerreichung die Höhe von Vergütungsbestandteilen abhängig ist – zu verhindern, was auch vielfach im beiderseitigen Einvernehmen zwischen Mitarbeitern und Führungskräften geschieht. Je unklarer die Zielvereinbarungen, desto größer ist der Bewertungsspielraum und desto höher ist die Wahrscheinlichkeit einer diskretionären Entscheidung durch die einzelne Führungskraft, wenn am Ende der Leistungsperiode die Messung der Zielerreichung ansteht. Mitarbeiter mit Selbstvertrauen und guten Kommunikationskompetenzen haben in diesem Fall den Vorteil, dass sie ihre Zielerreichung – auch wenn diese mangelhaft war – mit guten Argumenten positiv darstellen können, unabhängig davon, ob sie de facto einen Wertbeitrag für die übergeordneten Ziele geleistet haben oder nicht.

Damit es nicht dazu kommt, sollte man stets auf eine „SMARTe" und ergebnisorientierte Zielformulierung achten und diese gegebenenfalls durch Profis (beispielsweise durch Mitarbeiter des Personalmanagements) überprüfen lassen. „SMART" steht dabei für jene Kriterien, die einer professionellen Zielformulierung zugrunde liegen:

- Sie sollte den **S**pezifischen Inhalt und das erwartete Endresultat definieren.
- Sie sollte die **M**esskriterien in Form von *„Key Performance Indicators (KPI)"* berücksichtigen, anhand derer die Zielerreichung bewertet werden kann.
- Sie sollte jene Ziele beinhalten, die vom Mitarbeiter **A**usführbar und erreichbar sind, sowie als herausfordernd erlebt werden.
- Sie sollte jene Ziele beschreiben, die für die Realisierung der übergeordneten Strategien **R**elevant sind.
- Sie sollte den geplanten **T**ermin für die Zielerreichung festlegen.

Überdies müssen auch die Rahmenbedingungen in Betracht gezogen und notwendige Ressourcenplanungen (Infrastruktur, Finanzen etc.) vorgenommen werden, da sie die Zielerreichung klarerweise beeinflussen.

26.2.4. Kardinalfehler 4: Ziele sind inputorientiert

Orientiert man sich bei Zielvereinbarungen nur an Inputfaktoren (z. B. Anzahl der geführten Verkaufsgespräche, Prozentsatz der durchgeführten Prozessanalysen), so können sich diese Anstrengungen auch bei noch so hohem Ressourceneinsatz als umsonst erweisen. Inputorientierte Ziele garantieren nicht, dass deren Erreichung etwas zur Realisierung der Strategien und der damit verbundenen Organisations-/Geschäftsziele effektiv beitragen.

Bei Zielvereinbarungen muss stets darauf geachtet werden, Outputgrößen zu identifizieren, die zu einem tatsächlichen Wertschöpfungsbeitrag führen. Dies lässt sich relativ einfach an folgendem Beispiel darstellen: Nicht die geführten Verkaufsgespräche sind für den Geschäftserfolg ausschlaggebend, sondern die erzielten Vertragsabschlüsse. Bei jeder Zielvereinbarung sollte man sich daher überlegen, welcher Output tatsächlich zu einem Mehrwert führt. Hält man sich nicht daran, werden – wiederum im Worst Case – die Mitarbeiter für ihre inputorientierten Anstrengungen belohnt, obwohl sich diese nicht in den betriebswirtschaftlichen Ergebnissen niederschlagen. Der Input ist zwar eine notwendige, aber keine hinreichende Voraussetzung, um den gewünschten Erfolg zu erzielen.

26.2.5. Kardinalfehler 5: Ziele sind nicht sinnvoll quantifizierbar

Finanzziele lassen sich relativ einfach festlegen, da sich die Messgrößen an verschiedenen betriebswirtschaftlichen Kennzahlen orientieren. Bei Prozesszielen ist dies schon bedeutend schwieriger und führt nicht selten zur Resignation bei den Beteiligten, da der unmittelbare Output nur schwer zu fassen ist. Was bringt beispielsweise die Einführung eines neuen Projektmanagementsystems? Anhand welcher Parameter lässt sich der Implementierungserfolg unmittelbar messen? Können diese tatsächlich auf die Implementierung zurückgeführt werden oder sind auch andere Rahmenbedingungen ausschlaggebend?

Zugegeben – keine einfache Angelegenheit, aber auch hier sollte man auf die „SMARTe" Zielformulierung zurückgreifen, um die Qualität der Messung zu erhöhen. Nämlich, indem man die erwarteten Endresultate operationalisiert und nachvollziehbar – abgestuft nach den Erreichungsgraden – beschreibt. Dies ist zwar aufwendiger, aber für die Beteiligten wird dadurch klar, ab wann das Prozessziel als erfolgreich umgesetzt gilt. Der erhöhte Aufwand bei der Zielformulierung durch die Skizzierung der erwarteten Ergebnisse rechnet sich spätestens bei der Messung der Zielerreichung, die anschließend rascher und ohne größere Diskussionen durchgeführt werden kann. Die Tendenz zu diskretionären Entscheidungen lässt sich dadurch zurückdrängen.

26.2.6. Kardinalfehler 6: Ziele konzentrieren sich nicht auf das Wesentliche

Mehr als fünf bis neun Ziele lassen sich in einer Geschäftsperiode pro Mitarbeiter sinnvollerweise nicht verfolgen. Zielvereinbarungen mit zehn, 20 oder gar 30 Zielen sind unrealistisch, hemmen die Motivation der Arbeitnehmer und tendieren dazu, zum Papiertiger zu mutieren. Hier gilt: Weniger ist oft mehr.

Bei der Zielfindung sind daher die primären Erfolgstreiber für die übergeordneten Ziele und Strategien auszuloten und in eine handhabbare Anzahl von Zielen pro Mitarbeiter zu transformieren, die nicht den Blick auf das Wesentliche verstellen und die die Anstrengungen des jeweiligen Arbeitnehmers effizient kanalisieren.

26.2.7. Kardinalfehler 7: Ziele finden keine Zustimmung

Stellen sich Führungskräfte nicht dem notwendigen Diskussionsprozess mit ihren Teammitgliedern, der für von allen Seiten akzeptierte Zielvereinbarungen erforderlich ist, so sind Konflikte vorhersehbar. Ziele der Einfachheit halber lediglich an die Beschäftigten zu kommunizieren (im Extremfall nur schriftlich), führt zu Ressentiments bei den meisten Mitarbeitern, die ein negativ beeinflusstes Verhältnis zwischen den Beteiligten zur Folge haben und zur Demotivation beitragen.

Führungskräfte dürfen sich daher den im Rahmen des Zielemanagements notwendigen Gesprächsformen nicht verschließen, um das erforderliche Commitment aller Beteiligten sicherzustellen. Dabei ist zusätzlich zu beachten, dass auch nur halbherzig geführte Abstimmungsgespräche rasch die Sinnhaftigkeit des Prozesses in Frage stellen. Alle sollten mit dem gebotenen Ernst an die Sache herangehen und sich mit voller Aufmerksamkeit allen Kommunikations- und Abstimmungsprozessen widmen.

26.2.8. Kardinalfehler 8: Ziele begünstigen Einzelinteressen

Sind die Zielvereinbarungen mit monetären Anreizen verknüpft, so tendieren die jeweiligen Mitarbeiter fallweise dazu, einerseits anspruchslose Ziele zu wählen, die ohne große Aufwendungen realisiert werden können, und andererseits individuelle Ziele vorzuschlagen, die primär durch sie allein beeinflussbar sind. Die eigene Optimierung steht dabei im Vordergrund, was die Umsetzung von Organisations-, Abteilungs- beziehungsweise Teamzielen erschwert. Dessen sollte man sich bewusst sein und diesem Umstand beim gesamten Zielemanagement Beachtung schenken.

Die Kunst, ein ausgewogenes Verhältnis zwischen den verschiedenen Zielen und Organisationsebenen zu finden, erfordert erfahrene Führungskräfte, die diese Herausforderung zu bewältigen in der Lage sind. Unerfahrene könnten rasch in einer Sackgasse landen, was wiederum am Endc einer Leistungsperiode diskretionäre und nur schwer nachvollziehbare Entscheidungen seitens der (teilweise überforderten) Führungskräfte begünstigt.

26.2.9. Kardinalfehler 9: Ziele werden nicht laufend überprüft

Ziele werden sinnvollerweise zu Beginn der Geschäfts- oder Arbeitsperiode vereinbart und im Mitarbeitergespräch dokumentiert. Diese erst am Ende zu überprüfen, birgt das Risiko, dass sich aufgrund der Schnelllebigkeit der Wirtschaft und des Arbeitslebens die ursprünglich vereinbarten Ziele im Nachhinein als obsolet – wenn nicht gar widersinnig – erweisen. Ziele können auch während der vereinbarten Periode wegen der Dynamik der Rahmenbedingungen ihre Gültigkeit und somit ihre Strategiekonformität verlieren. Ein Monitoring in periodischen Abständen ist daher unerlässlich. Idealerweise wird dieses durch entsprechende IT-Applikationen unterstützt, die für alle Beteiligten auf Mobilgeräten zur Verfügung gestellt werden.

Führungskräfte und Arbeitnehmer tun gut daran, bereits bei der Verabschiedung der Zielvereinbarungen festzulegen, zu welchen Zeitpunkten (z. B. einmal im Quartal) über den aktuellen Status und eventuelle Zielkorrekturen reflektiert beziehungsweise diskutiert wird, will man die Aktualität und Gültigkeit stets gewährleisten.

26.2.10. Kardinalfehler 10: Ziele verlieren an Bedeutung

Übernimmt ein Beschäftigter eine neue Aufgabe in der Organisation oder ändert sich seine Führungskraft, so geht dies meist mit einem Bedeutungsverlust der für die laufende Periode vereinbarten Ziele einher. Neben den geänderten Aufgabenstellungen ergeben sich auch andere Sichtweisen und Erwartungshaltungen, die in einem neuerlichen Abstimmungsprozess zwischen den neuen Beteiligten auszutauschen sind, um der modifizierten Ausgangslage entsprechend Rechnung zu tragen.

Gibt es für solche Situationen im Zielemanagement keine eigenen Regelungen, können sich latente Konflikte, die beispielsweise durch die Änderung der Rahmenbedingungen oder durch den Funktionswechsel entstanden sind, manifestieren. Was passiert mit den bisherigen Zielen bei vorzeitigem Funktionswechsel? Welche Auswirkungen hat dies auf die Vergütung des Mitarbeiters? Mit wem und in welcher Form sind die neuen Ziele für die noch verbleibende Leistungsperiode zu vereinbaren? Eine klare Beschreibung, wie in diesen Fällen vorzugehen ist, ist sicherlich für alle Beteiligten von Vorteil.

26.3. Fazit

„Führen mit Zielen“ ist kein einfaches Unterfangen, obwohl die Grundregeln relativ simpel nachzuvollziehen sind. Eine Strategie zu erarbeiten, diese umfassend zu kommunizieren und darauf aufbauende Ziele mit den Beschäftigten in einem Top-Down- oder Bottom-Up-Prozess auszuverhandeln, klingt in sich schlüssig und für alle daran Beteiligten nachvollziehbar – und doch gibt es Stolpersteine und Fehlerquellen, die die Professionalität beim Einsatz dieses Managementkonzepts beeinträchtigen können.

Eine aktive Auseinandersetzung mit den latenten Schwachstellen scheint daher angebracht, um in weiterer Folge an den richtigen Stellschrauben des Zielemanagementsystems drehen und um dessen Effektivität auf hohem Niveau halten zu können. Eine laufende Evaluierung wirkt somit präventiv, um nicht ebenfalls einen der aufgezählten Kardinalfehler zu begehen beziehungsweise dem einen oder anderen Irrtum in der Hitze des Gefechts zu erliegen.

Literaturverzeichnis

Allmers Swantje, Trautmann Michael, Magnussen Christoph, On the Way to New Work: Wenn Arbeit zu etwas wird, was Menschen stärkt, 1. Auflage, München, 2022

Andrzejewski Laurenz, Refisch Hermann, Trennungskultur und Mitarbeiterbindung – Kündigungen, Aufhebungen, Versetzungen fair und effizient gestalten, 4. Auflage, Neuwied/Kriftel, 2015

Becker Manfred, Personalentwicklung: Bildung, Förderung und Organisationsentwicklung in Theorie und Praxis, 7., vollständig überarbeitete Auflage, Stuttgart, 2023

Becker Manfred, Systematisches Diversity Management: Konzepte und Instrumente für die Personal- und Führungspolitik, 1. Auflage, Stuttgart, 2015

Beller Tinka, Hoffmeister-Schönfelder Gabriele, Modler Peter, Mentoring – im Tandem zum Erfolg: Das Standardwerk für Mentoren, Mentees und Personalentwickler, 1. Auflage, Offenbach/Main, 2016

Bittlingmaier Torsten, Talent Management erfolgreich implementieren: In 10 Schritten zur nachhaltigen Employee Experience, 1. Auflage, Freiburg, 2019

Brandes-Visbeck Christiane, Create Your Future: Wie Sie zum Digital Leader werden und Ihr Team zum Erfolg führen, Frankfurt, 2017

Buckingham Marcus, Coffman Curt, Erfolgreiche Führung gegen alle Regeln, Wie Sie wertvolle Mitarbeiter gewinnen, halten und fördern, 4., aktualisierte und erweiterte Auflage, Frankfurt/Main, 2012

Buhse Willms, Management by Internet: Neue Führungsmodelle für Unternehmen in Zeiten der digitalen Transformation, Kulmbach, 2014

Denning Stephen, The Age of Agile – How Smart Companies Are Transforming the Way Work Gets Done, New York, 2018

Domsch Michel E., Ladwig Desiree H., Handbuch Mitarbeiterbefragung, 3., vollständig überarbeitete Auflage, Berlin/Heidelberg, 2013

Drucker Peter F., People and Performance: The Best of Peter Drucker on Management, New York, 1977

Drucker Peter F., Die Kunst des Managements, 2. Auflage, München, 2000

Eck Claus D., Jöri Hans, Vogt Marlène, Assessment-Center: Entwicklung und Anwendung – mit 57 AC-Übungen und Checklisten, 3. Auflage, Berlin Heidelberg, 2016

Eichenberg Timm, Bursy Roland (Hrsg.), Management von internationalen HR Shared Service Centern: Implementierungsempfehlungen und Best Practice, 1. Auflage, Wiesbaden, 2017

Einsiedler Herbert u.a., Organisation der Personalentwicklung, Strategisch ausrichten, Zielgenau planen, Effektiv steuern, 2., überarbeitete Auflage, Neuwied/Kriftel, 2003

Engelen Andreas, Tholen Eva, Interkulturelles Management, 1. Auflage, Stuttgart, 2014

Erpenbeck John, von Rosenstiel Lutz (Hrsg.), Handbuch Kompetenzmessung, Erkennen, verstehen und bewerten von Kompetenzen in der betrieblichen, pädagogischen und psychologischen Praxis, 3. Auflage, Stuttgart, 2017

Erpenbeck John, von Rosenstiel Lutz, Grote Sven (Hrsg.), Kompetenzmodelle von Unternehmen, Mit praktischen Hinweisen für ein erfolgreiches Management von Kompetenzen, 1. Auflage, Stuttgart, 2013

Eyer Eckhard, Haussmann Thomas, Zielvereinbarung variable Vergütung: Ein praktischer Leitfaden – nicht nur für Führungskräfte, 8., erweiterte und überarbeitete Auflage, Wiesbaden, 2022

Fischlmayr Iris C., Kopecek Andrea E., Die professionelle Auslandsentsendung: Rechtliche, personalwirtschaftliche und steuerliche Aspekte des Expat-Managements, 2. Auflage, Wien, 2015

Fortmann Harald R., Conrad Daniela (Hrsg.), The Unknown is the New Normal: Was wir aus der Corona-Herausforderung für die digitale Transformation lernen. Das Unbekannte als Chance: Analysen & Strategien für Unternehmen und Arbeitnehmer, 1. Auflage, Frankfurt, 2020

Franke Sven, Hornung Stefanie, Nobile Nadine, New Pay – Alternative Arbeits- und Entlohnungsmodelle, 1. Auflage, Freiburg, 2019

Frankl Viktor E., … trotzdem ja zum Leben sagen, Ein Psychologe erlebt das Konzentrationslager, Wien, 1946

Freitag Isabel, Moderne Führung braucht (Frei)Raum – Wie Führungskräfte zwischen Krisen, dezentraler Führung und den Gesetzen der modernen Arbeitswelt erfolgreich handeln können, 2021

Gabrisch Jochen, Die Besten entdecken, Über 800 Fragen für erfolgreiche Auswahlgespräche mit Fach- und Führungskräften, 4. Auflage, München, 2013

Gall Sabrina, Wittenberg Jörg, Erfolgreich führen in hybriden Arbeitswelten: Analog und digital – Roadmap für Führungskräfte, 1. Auflage, Freiburg, 2021

Gasteiger Rosina M., Laufbahnentwicklung und -beratung: Berufliche Entwicklung begleiten und fördern, 1. Auflage, Göttingen, 2013

Gerhardt Tilman, Ritter Jörg, v. Pierer Heinrich, Management Appraisal: Kompetenzen von Führungskräften bewerten und Potenziale erkennen, 1. Auflage, Frankfurt, 2004

Graf Nele, Edelkraut Frank, Mentoring – das Praxishandbuch für Personalverantwortliche und Unternehmer, 2. Auflage, Wiesbaden, 2017

Groß Matthias, Innovationen im Zeitalter der Digitalisierung: Chancen und Herausforderungen für Topmanager und Mitarbeiter, 1. Auflage, Wiesbaden, 2017

Haberleitner Elisabeth, Deistler Elisabeth, Ungvari Robert, Führen – Fördern – Coachen, So entwickeln Sie die Potentiale Ihrer Mitarbeiter, 4. Auflage, Frankfurt/Wien, 2009

Haller Peter M., Nägele Ulrich, Praxishandbuch Interkulturelles Management – der andere Weg: Affektives Vermitteln interkultureller Kompetenz, Wiesbaden, 2013

Harari Yuval Noah, 21 Lektionen für das 21. Jahrhundert, 15. Edition, München, 2022

Harwardt Mark (Hrsg.), Lernen im Zeitalter der Digitalisierung: Einblicke und Handlungsempfehlungen für die neue Arbeitswelt, Wiesbaden, 2023

Havranek Christian, Mauhart Julian, Gehalt und Leistung managen: Die unternehmerische Gestaltung von Gehaltssystemen (Ausgabe Österreich), 2., überarbeitete Auflage, Wien, 2012

Hawlitzek Jörg, Das Zukunfts-Mindset: Neun Strategien, um auch morgen noch im Spiel zu sein, Berlin, 2018

Hehn Svea von, Systematisches Talent Management: Kompetenzen strategisch einsetzen, 2. Auflage, Stuttgart, 2016

Hertwig Teresa, Micic Pero, Produktivität braucht kein Büro: Wie sich Unternehmen mit hybridem Arbeiten zukunftssicher aufstellen, 1. Auflage, Offenbach, 2022

Hirzel Matthias, Gaida Ingo (Hrsg.), Performance-Management in der Praxis: Die Wettbewerbsfähigkeit von Organisationen aufbauen und sichern, Wiesbaden, 2011

Hofert Svenja, Das agile Mindset: Mitarbeiter entwickeln, Zukunft der Arbeit gestalten, 1. Auflage, Wiesbaden, 2018

Hornung Stefanie, Nobile Nadine, Franke Sven, New Pay Journey: Ein Leitfaden, um Vergütung neu zu denken: Eine Roadmap für die Gestaltung alternativer Vergütungssysteme, 1. Auflage, Freiburg, 2023

Horx Matthias, Fünf Thesen zur Zukunft der Arbeit, Wie weit werden die Veränderungen der neuen Arbeitswelt noch reichen – und welche unternehmenskulturellen Konsequenzen folgen daraus? Zukunftsinstitut, Frankfurt, 2015

Horx Matthias, 15 1/2 Regeln für die Zukunft: Anleitung zum visionären Leben, 4. Auflage, Berlin, 2019

Horx Tristan, Sinnmaximierung: Wie wir in Zukunft arbeiten, 2. Auflage, Köln, 2022

Illner Karlheinz, Purpose, Sinn und Werte: Das „Warum?“ als Leuchtturm in der digitalen Transformation, 1. Auflage, Freiburg, 2021

Jetter Wolfgang, Performance Management, Strategien umsetzen, Ziele realisieren, Mitarbeiter fördern, 2., aktualisierte und überarbeitete Auflage, Stuttgart, 2004

Jöns Ingela, Bungard Walter (Hrsg.), Feedbackinstrumente im Unternehmen: Grundlagen, Gestaltungshinweise, Erfahrungsberichte, 2. Auflage, Wiesbaden, 2018

Kinne Peter, Diversity 4.0: Zukunftsfähig durch intelligent genutzte Vielfalt, 2. Auflage, Wiesbaden, 2022

Klaffke Martin, Generationen-Management: Konzepte, Instrumente, Good-Practice-Ansätze, 3., aktualisierte Auflage, Wiesbaden, 2022

Kopp Lorelei, Die Zukunft der Arbeit ist hybrid: Der praktische Guide für das erfolgreiche Führen in hybriden Arbeitswelten, 2022

Kouzes James, Posner Barry, The Leadership Challenge, How to make extraordinary things happen in organizations, 7. Auflage, New Jersey, 2022

Krell Gertraude, Ortlieb Renate, Sieben Barbara, Gender und Diversity in Organisationen: Grundlegendes zur Chancengleichheit durch Personalpolitik, 1. Auflage, Wiesbaden, 2018

Kreutzer Ralf T., Land Karl-Heinz, Digitaler Darwinismus: Der stille Angriff auf Ihr Geschäftsmodell und Ihre Marke, Wiesbaden, 2016

Kunze Florian, Hampel Kilian, Zimmermann Sophia, Homeoffice und mobiles Arbeiten? Frag doch einfach!, Klare Antworten aus erster Hand, 1. Auflage, Stuttgart, 2021

Laloux Frederic, Reinventing Organizations: Ein Leitfaden zur Gestaltung sinnstiftender Formen der Zusammenarbeit, München, 2015

Lang Karl, Bildungs-Controlling: Personalentwicklung effizient planen, steuern und kontrollieren, 2., überarbeitete und erweiterte Auflage, Wien, 2006

Lang Karl, Personalführung – nicht nur reden, sondern leben! Methoden für eine erfolgreiche Kompetenz- und Potenzialentwicklung – mit praxiserprobten Instrumenten und Umsetzungsbeispielen, 3., überarbeitete und erweiterte Auflage, Wien, 2009

Lang Karl, Karriere im Management von Wissen – Entwicklung und Förderung von FachexpertInnen im Rahmen einer eigenen Fachlaufbahn – gezeigt am Beispiel der Siemens AG Österreich, in: Niedermair Gerhard (Hrsg.), Betriebliche Ausbildung, Weiterbildung und Personalentwicklung – Ein Blick in die Praxis, Seite 81–100, Linz, 2009

Lang Karl, Projektkarriere auf dem Prüfstand – ein Praxisbericht, in: Nachbagauer Andreas/Schirl Iris (Hrsg.), Human Resource Management in projektorientierten Unternehmen, Seite 221–237, Wien, 2013

Lang Karl, Rattay Günter, Leben in Projekten – projektorientierte Karriere- und Laufbahnmodelle, Wien 2005

Leberecht Tim, Hofmann Niklas, Business-Romantiker: Von der Sehnsucht nach einem anderen Wirtschaftsleben, München, 2015

Lehky Maren, Die 10 größten Führungsfehler und wie Sie sie vermeiden, 2., überarbeitete Auflage, Frankfurt/Main, 2017

Leif E. Moll, Strategische Erfolgsfaktoren von Shared Services im Personalbereich: Eine Praxisorientierte Analyse zur Wertorientierten Unternehmensführung, Wiesbaden, 2012

Linke Ralf, Mitarbeiterbefragungen optimieren: Von der Befragung zum wirksamen Management-Instrument, 1. Auflage, Wiesbaden, 2018

Malik Fredmund, Management – Das A und O des Handwerks, 2., aktualisierte Auflage, Frankfurt/Main, 2013

Malik Fredmund, Führen – Leisten – Leben: Wirksames Management für eine neue Welt, 1. Edition, Frankfurt/Main, 2019

Mentzel Wolfgang, Grotzfeld Svenja, Haub Christine, Mitarbeitergespräche erfolgreich führen – inkl. Arbeitshilfen online: Einzelgespräche, Meetings, Zielvereinbarungen und Mitarbeiterbeurteilungen, 13. Auflage, Freiburg, 2022

Mueller Karsten, Kempen Regina, Straatmann Tammo, Mitarbeiterbefragung: Organisationales Feedback wirksam gestalten (Praxis der Personalpsychologie 39), Göttingen, 2021

Netzer Marc, Führungskraft werden mit Leadership 4.0: Die wichtigsten Kompetenzen und Qualifikationen für den modernen Teamleader, 2023

North Klaus, Reinhardt Kai, Sieber-Suter Barbara, Kompetenzmanagement in der Praxis: Mitarbeiterkompetenzen systematisch identifizieren, nutzen und entwickeln, mit vielen Praxisbeispielen, 3., überarbeitete und erweiterte Auflage, Wiesbaden, 2018

Obermann Christof, Assessment Center: Entwicklung, Durchführung, Trends – mit neuen originalen AC-Übungen, 6. Auflage, Wiesbaden, 2018

Paschen Michael u.a., Assessment Center professionell – worauf es ankommt und wie Sie vorgehen, 3. Auflage, Göttingen, 2013

Petry Thorsten, Jäger Wolfgang (Hrsg.), Digital HR: Smarte und agile Systeme, Prozesse und Strukturen im Personalmanagement, 2. Auflage, Freiburg, 2021

Pflügler Sebastian, Kommunikation für die digitale Ära: Wie wir heute miteinander reden – und was dabei immer noch wichtig ist, München, 2020

Philips Jack J., Schirmer Frank C., Return on Investment in der Personalentwicklung: Der 5-Stufen-Evaluationsprozess, 2., aktualisierte und erweiterte Auflage, Berlin/Heidelberg, 2008

Precht Richard David, Künstliche Intelligenz und der Sinn des Lebens: Ein Essay, München, 2021

Precht Richard David, Freiheit für alle – Das Ende der Arbeit wie wir sie kannten, 1. Auflage, München, 2022

Prensky Marc, Digital Natives, Digital Immigrants, in: On The Horizon, MCB University Press, Vol. 9 No. 5, 2001

Pulakos Elaine D. (u.a.), Performance Management Transformation: Lessons Learned and Next Steps, 1. Auflage, Oxford, 2020

Rimser Markus, Generation Resource Management – Nachhaltige HR-Konzepte im demografischen Wandel, Wiesbaden, 2015

Ritz Adrian, Thom Norbert (Hrsg.), Talent Management: Talente identifizieren, Kompetenzen entwickeln, Leistungsträger erhalten, 3. Auflage, Wiesbaden, 2018

Sattelberger Thomas, Welpe Isabell, Boes Andreas, Das demokratische Unternehmen: Neue Arbeits- und Führungskulturen im Zeitalter digitaler Wirtschaft, Freiburg, 2015

Schermuly Carsten C., New Work – Gute Arbeit gestalten: Psychologisches Empowerment von Mitarbeitern, 3. Auflage, Freiburg, 2021

Schmidt Erich, Rosenberg Jonathan, How Google Works, New York, 2014

Schnell Nils, Schnell Anna, New Work Hacks: 50 Inspirationen für modernes und innovatives Arbeiten, 1. Auflage, Wiesbaden, 2019

Schönenberg Ulrich, Prozessexzellenz im HR-Management: Professionelle Prozesse mit dem HR-Management Maturity Model, Berlin/Heidelberg, 2010

Schulenberg Nils, Führung einer neuen Generation: Wie die Generation Y führen und geführt werden sollte, 1. Auflage, Wiesbaden, 2016

Schuler Heinz, Kanning Uwe P. (Hrsg.), Lehrbuch der Personalpsychologie, 3. Auflage, Göttingen, 2014

Schwuchow Karlheinz, Gutmann Joachim (Hrsg.), HR-Trends 2022: COVID-19, Smart Work, Purpose, Digitalisierung, 2. Auflage, Freiburg, 2021

Schwuchow Karlheinz, Gutmann Joachim (Hrsg.), Hidden Champions HR: Personalmanagement der Weltmarktführer, 1. Auflage, Freiburg, 2022

Siegel Felix, Siegel Thomas, Steuern und Sozialversicherung bei Homeoffice im Ausland: Rechtssicherheit für Unternehmen und Beschäftigte, 1. Auflage, Wiesbaden, 2022

Shields John (u.a.), Managing Employee Performance and Reward: Concepts, Practices, Strategies, 3. Auflage, Cambridge, 2020

Sprenger Reinhard K., Radikal digital: Weil der Mensch den Unterschied macht – 111 Führungskonzepte, München, 2018

Steiner Eberhard, Landes Miriam, Leistungsorientierte Vergütung: Anreizsysteme wirkungsvoll gestalten, 1. Auflage, Freiburg, 2017

Ternès Anabel, Wilke Clarissa-Diana (Hrsg.), Agenda HR – Digitalisierung, Arbeit 4.0, New Leadership: Was Personalverantwortliche und Management jetzt nicht verpassen sollten, 1. Auflage, Wiesbaden, 2018

Ulrich Dave, Human Resource Champions: The Next Agenda for Adding Value and Delivering Results, Boston, 1997

Ulrich Dave, Brockbank Wayne, The HR Value Proposition, 2005

Ulrich Dave, Younger Jon, Brockbank Wayne, Ulrich Mike, HR from the Outside in: Six Competencies for the Future of Human Resources, 2012

Waellnitz Jürgen, Talentmanagement – Schlüsselfaktor für unternehmerischen Erfolg: Mit moderner Personalführung dem Fachkräftemangel trotzen. Erfolgreiche Personalstrategien großer Konzerne als KMU anwenden, 2023

Watzka Klaus, Zielvereinbarungen in Unternehmen: Grundlagen, Umsetzung, Rechtsfragen, 2. Auflage, Wiesbaden, 2017

Weber Max, Wirtschaft und Gesellschaft: Grundriss der verstehenden Soziologie, 5. Auflage, Tübingen, 2002

Weißenrieder Jürgen (Hrsg.), Nachhaltiges Leistungs- und Vergütungsmanagement: Entgeltsysteme zwischen Status quo, Agilität und New Pay, 2. überarbeitete und erweiterte Auflage, Wiesbaden, 2019

Werther Simon, Einführung in Feedbackinstrumente in Organisationen: Vom 360-Grad-Feedback bis hin zur Mitarbeiterbefragung, 1. Auflage, Berlin/Heidelberg, 2015

Werther Simon, Bruckner Laura (Hrsg.), Arbeit 4.0 aktiv gestalten, Die Zukunft der Arbeit zwischen Agilität, People Analytics und Digitalisierung, Berlin 2018

Wolf Gunther, Performance Management mit Zielvereinbarungen: Aufwand reduzieren, Nutzen maximieren, Chancen realisieren, 2. Auflage, Freiburg, 2021

Wurth Karin, Trennungsmanagement in Unternehmen: Trennungsprozesse in Führung und Personalwesen fair und transparent gestalten, 1. Auflage, Berlin/Heidelberg, 2017

Autorenprofil

© Siemens

Karl Lang, Mag. rer. soc. oec., Hon.Prof.(FH), Jahrgang 1968, geboren in Wien, Absolvent der Wirtschaftsuniversität Wien (Studium der wirtschaftspädagogischen Studienrichtung der Sozial- und Wirtschaftswissenschaften mit den Schwerpunkten Personalmanagement, Arbeitsrecht und Wirtschaftsinformatik), war mehr als zehn Jahre im Personal- und Bildungsbereich von Kreditinstituten tätig, ist derzeit Senior HR Director und stv. Leiter des Bereiches People & Organization für den Wirtschaftsraum CEE sowie Leiter des Bereiches People & Organization in der Slowakei eines Industriekonzerns und Autor mehrerer Bücher sowie zahlreicher Fachpublikationen. Zusätzlich ist er in seinem Fachgebiet Lektor an verschiedenen Fachhochschulen und Universitäten, fachkundiger Laienrichter in der österreichischen Justizverwaltung sowie Mitglied des Regionalbeirates beim Arbeitsmarktservice Wien.

Zu seinen Kernkompetenzen und Schwerpunktthemen zählen das Management der HR-Funktion im Unternehmen und deren Transformation im Rahmen von Veränderungsprozessen, die Entwicklung und Implementierung von Führungsmethoden, die Erstellung und Anwendung von Instrumenten zur Personal- bzw. Kompetenzentwicklung und des Transfermanagements sowie die konzeptive Erarbeitung und Umsetzung von Personalstrategien. Aktuell beschäftigt er sich neben den Themen *„New Work"* und *„New Pay"* mit dem Wandel in der Gesellschaft, seinen Auswirkungen auf die Arbeitswelt und mit jenen Megatrends, die zukünftig die Personalarbeit verändern.

Wenn Sie mit dem Autor Kontakt aufnehmen möchten, wenden Sie sich bitte an den Verlag.

Stichwortverzeichnis